普通高等学校"十三五"规划教材

U0183903

# Visual Basic 程序设计
# 实用教程

主　编　赵雪梅　邵洪成

副主编　董　琴　孙　花　严长虹

中国铁道出版社有限公司
CHINA RAILWAY PUBLISHING HOUSE CO., LTD.

## 内 容 简 介

本书根据教育部考试中心最新颁布的《全国计算机等级考试二级 Visual Basic 考试大纲》编写而成。本书以 Visual Basic 6.0 中文版为背景，详细介绍了 Visual Basic 程序设计的基本知识、窗体与常用控件、语言基础、三种基本结构、数组、过程、文件、编程方法和常用算法，同时将可视化界面设计与程序设计语言有机地结合，通过内容丰富的实例较系统地介绍了使用 Visual Basic 开发 Windows 应用程序的方法，使学生逐步领会面向对象程序设计的编程思想和程序设计技巧。针对初学者的特点，本书在编排方面注意了由简入繁、循序渐进地切入主题，内容翔实、图文并茂、通俗易懂、简洁实用。

本书适合作为普通高等学校非计算机专业"Visual Basic 语言程序设计"课程的教材，也可作为全国计算机等级考试二级 Visual Basic 的培训教材，还可作为相关工程技术人员和计算机爱好者学习 Visual Basic 语言程序设计的参考书。

**图书在版编目（CIP）数据**

Visual Basic 程序设计实用教程/赵雪梅，邵洪成主编.—北京：
中国铁道出版社有限公司，2020.8（2022.7 重印）
普通高等学校"十三五"规划教材
ISBN 978-7-113-27092-6

Ⅰ.①V… Ⅱ.①赵…②邵… Ⅲ.①BASIC 语言-程序设计-高等学校-教材 Ⅳ.①TP312.8

中国版本图书馆 CIP 数据核字(2020)第 134081 号

书　　名：Visual Basic 程序设计实用教程
作　　者：赵雪梅　邵洪成

策　　划：张围伟　　　　　　　　　　　　编辑部电话：（010）63560043
责任编辑：何红艳　包　宁
封面设计：付　巍
封面制作：刘　颖
责任校对：张玉华
责任印制：樊启鹏

出版发行：中国铁道出版社有限公司（100054，北京市西城区右安门西街 8 号）
网　　址：http://www.tdpress.com/51eds/
印　　刷：三河市兴达印务有限公司
版　　次：2020 年 8 月第 1 版　2022 年 7 月第 3 次印刷
开　　本：787 mm×1 092 mm 1/16　印张：24.25　字数：651 千
书　　号：ISBN 978-7-113-27092-6
定　　价：54.00 元

**版权所有　侵权必究**

凡购买铁道版图书，如有印制质量问题，请与本社教材图书营销部联系调换。电话：（010）63550836
打击盗版举报电话：（010）63549461

# 前　言

全国计算机等级考试二级 Visual Basic 是注重实际应用的一项考试。编者针对最新的考试大纲和考试内容，结合多年的教学经验，有针对性地编写了本书。本书适用于普通高等学校非计算机专业学生的 Visual Basic 语言程序设计课程的学习，更适合各院校、企业、事业单位中参加全国计算机等级考试二级 Visual Basic 人员备考和学习时使用。

本书完全按照全国计算机等级考试二级 Visual Basic 的模块编排各章内容。第 1 章为 Visual Basic 语言程序设计概述；第 2 章主要讲述窗体与常用控件的属性、方法与事件；第 3 章为 Visual Basic 程序设计语言基础；第 4 章主要讲述算法与结构化程序设计；第 5 章主要讲述顺序结构程序设计；第 6 章主要讲述选择结构程序设计；第 7 章主要讲述循环结构程序设计；第 8 章主要讲述数组的相关知识；第 9 章主要讲述通用过程和函数过程；第 10 章主要讲述键盘、鼠标、菜单与对话框等其他对象及应用；第 11 章主要讲述文件管理控件与文件相关的操作；第 12 章主要讲述如何调试程序；第 13 章主要讲述数据结构与算法、程序设计基础、软件工程基础、数据库设计基础等全国计算机等级考试二级公共基础内容，通过系统学习本书内容和配套的上机练习，可使学生熟练掌握全国计算机等级考试二级 Visual Basic 的基本内容和上机考试操作的基本要领，帮助参加考试的考生顺利通过考试。

本书还可以和我们编写的《Visual Basic 程序设计实验与上机考试教程》（由苏州大学出版社出版）配套使用。按照全国计算机等级考试二级 Visual Basic 最新考试模拟题编排，通过学习可使考生快速、高效地掌握教材内容和上机考试操作要领，缩短学习和上机操作时间，起到事半功倍的作用。实际应用中，大幅度提高了考生的通过率。

本书由赵雪梅、邵洪成任主编，董琴、孙花、严长虹任副主编。本书的编者长期从事 "Visual Basic 语言程序设计"等课程的教学研究工作和指导学生进行计算机等级考试强化训练等教学工作，有着丰富的教学经验。本书在编写过程中得到了盐城工学院教务处、信息工程学院的领导及同行教师的关心和支持，在此一并表示衷心的感谢！

本书虽经过多次讨论和反复修改，但由于编者的水平有限，书中难免出现疏漏或不足之处，恳请同行及读者批评指正，在此表示衷心感谢。

读者可以到盐城工学院计算中心网站（http://jsjzx.ycit.cn）上下载相关素材与文件，也可以直接与编者联系索取（E-mail: shc@ycit.cn）。

编　者
2020 年 3 月

# 目　　录

# 第 1 章 Visual Basic 语言程序设计概述

Visual Basic（简称 VB）作为一种功能强大而且简单易学的程序设计语言，成为很多编程初学者选择的语言，也是很多高校首选的计算机公共基础课教学用程序设计语言。

程序设计就是设计、书写及检查程序的过程。要设计出一个好的程序，首先必须了解利用计算机解决问题的过程，其次应该掌握程序设计的基本技术，最后需要熟练掌握一种程序设计语言。

本章重点介绍 VB 6.0 的功能特点以及开发环境，对程序设计的基本原理进行简要叙述，介绍VB 面向对象的基本概念、程序设计的基本步骤和工程管理的方法。最后通过简单的例子说明 VB应用程序设计的一般过程。

## 1.1 Visual Basic 简介

VB 是在 Windows 环境下运行的一种可视化、面向对象和采用事件驱动方式的结构化高级程序设计语言，可用于开发 Windows 环境下的各类应用程序。

VB 是微软公司推出的一款程序设计语言，是在 BASIC 语言的基础上研制而成的，是面向对象程序设计中的有利工具。它继承了 BASIC 的特点，是一种简单易学、效率高且功能强大的计算机语言，对计算机的推广、应用起到了强大的促进作用，成为广为流行的程序设计语言。

VB 应用程序的开发是在一个集成开发环境中进行的，只有了解了这个环境，才能编写出 VB应用程序。

### 1.1.1 VB 的主要特点

VB 是可视的，程序员在图形用户界面下开发应用程序，不需要编写大量代码去描述界面元素的外观和位置，只要把预先建立的对象放到界面上即可。

VB 是易学易懂、非常受欢迎的 Windows 应用程序的开发语言，它具有以下基本特点：

#### 1. 可视化编程与面向对象的程序设计

传统的面向过程的程序设计，用户界面是通过编写代码实现的，开发者在设计过程中看不到界面的实际显示效果，只有等到编译后程序运行时才能观察到，若对界面作修改，必须返回到程序中去修改，显然影响了软件开发效率。而在 VB 中，应用的是面向对象的程序设计，把程序和数据封装起来成为一个对象，每个对象都是可视的，依靠 VB 提供的可视化设计平台，开发者不必再为界面的设计而编写大量的程序代码，只需按照设计要求的屏幕布局，在屏幕上"画"出各种"部件"并设置这些对象的位置、大小、颜色等属性，VB 将自动产生出界面设计代码，开发者需要编写的只是实现程序功能的那部分代码，这种"所见即所得"的可视化用户界面设计大大提高了程序的开发效率。

### 2．结构化的程序设计语言

VB 具有高级程序设计语言的三种基本结构，即顺序结构、分支（选择）结构和循环（重复）结构，是一种结构化的程序设计语言。

### 3．事件驱动编程机制

在传统的应用程序中，应用程序自身控制了执行哪一部分代码和按何种顺序执行代码。从第一行代码执行程序并按应用程序中预定的路径执行，必要时调用过程。

在事件驱动的应用程序中，代码不是按照预定的路径执行，而是在响应不同事件时执行不同的代码片段。事件可以由用户操作触发，也可以由来自操作系统或其他应用程序的消息触发，甚至由应用程序本身的消息触发。这些事件的顺序决定了代码的执行顺序，因此应用程序每次运行时所经过的代码路径都是不同的。

## 1.1.2　VB 6.0 的版本

VB 6.0 有三个版本，为不同层次的人员和开发需求而设计，用户可以根据自己的情况和需要进行购买、安装相应软件。

VB 学习版：是初学者学习 VB 开发应用程序的学习版本，提供了各种控件和数据库访问的基本功能。

VB 专业版：在学习版的功能基础上，提供了更加完整的工具集和各种附加功能，为专业人员开发客户端/服务器应用程序提供条件。

VB 企业版：包含专业版的全部功能和特征，适合专业人员开发更高性能的分布式应用程序，能够快速访问 Oracle 和 Microsoft SQL Server 等数据库，为创建更高级的客户端/服务器或 Internet/Intranet 应用程序而设计。

# 1.2　VB 集成开发环境

VB 系统为用户开发应用程序提供了一个良好的集成开发环境，它集成了各种不同的功能，例如用户界面设计、代码编辑、模块的编译、运行、调试等，该界面由多个窗口构成了 VB 的集成开发环境。开发 VB 应用程序时，需要将这些窗口配合使用。

## 1.2.1　VB 的启动与退出

### 1．VB 的启动方法

启动 VB 如同启动 Windows 其他应用程序一样，可以通过多种操作方式实现：

方法 1：单击任务栏中的"开始"按钮，选择"所有程序"→"Microsoft Visual Basic 6.0 中文版"→"Microsoft Visual Basic 6.0 中文版"命令，如图 1-1 所示。

方法 2：在桌面上建立 VB 的快捷方式，双击该快捷方式，如图 1-2 所示。

VB 启动成功后，进入 VB 集成开发环境主界面，如图 1-3 所示。

图 1-1　启动 VB 的方法 1

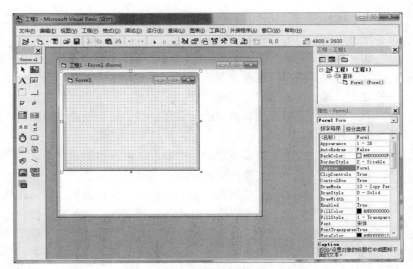

图 1-2　启动 VB 的方法 2　　　　　　　　　图 1-3　VB 集成开发环境主界面

### 2．退出 VB

单击主界面中的"关闭"按钮，或选择"文件"→"退出"命令，即可退出 VB。如果当前应用程序没有保存，系统会提示是否保存。

### 1.2.2　VB 集成开发环境的组成

VB 系统的主窗口由标题栏、菜单栏、工具栏、控件工具箱、初始窗体和工程资源管理器子窗口、属性子窗口等组成，为用户提供了开发 VB 应用程序的各种命令和工具。

### 1．标题栏

标题栏与 Windows 其他应用程序相似，它是窗口顶部的水平长条，显示应用程序的标题。启动 VB 后，标题栏中显示的标题是"工程 1-Microsoft Visual Basic[设计]"。标题栏上也显示 VB 的三种工作模式：设计、运行和 break。VB 的三种工作模式及其作用如下：

① 设计模式：在该模式下，用户可以进行程序界面的设计和代码的编写工作。

② 运行模式：程序界面和代码的设计完成后，运行应用程序时处于该模式。VB 应用程序运行后，一直处于等待事件发生的状态中，退出应用程序，则回到设计模式。运行阶段不能进行界面和代码的编辑工作。

③ 中断模式：应用程序运行出现错误时，处于中断模式。该阶段可以编辑代码，重新运行程序，但是程序界面不能被编辑。

### 2．菜单栏

菜单栏中包含 VB 系统所有可用命令，处于标题栏的下面，这是程序开发过程中用于设计、调试、运行和保存应用程序所需要的命令，菜单的各种状态和操作同 Windows。

①"文件"菜单：主要有新建工程、打开工程、添加工程、移除工程、保存工程、工程另存为、保存窗体、窗体另存为、生成工程等常用命令。

②"编辑"菜单：主要有剪切、复制、粘贴等常用命令，提供对应用程序进行编辑的各种操作命令。

③"视图"菜单：主要有代码窗口、对象窗口、立即窗口、本地窗口、监视窗口、工程资源

管理器、属性窗口、窗体布局窗口、工程箱、工具栏等常用命令，实现设计程序界面、运行和调试程序时各种窗口的切换。

④ "工程"菜单：主要有添加窗体、添加模块、添加文件、引用、部件、工程属性等常用命令。

⑤ "格式"菜单：主要有对齐、统一尺寸、水平间距、垂直间距等常用命令，实现对窗体控件的对齐、尺寸及间距等格式化。

⑥ "调试"菜单：主要有逐语句、逐过程、切换断点、清除所有断点等常用命令，提供调试程序的各种命令。

⑦ "运行"菜单：主要有启动、中断、结束、重新启动等常用命令。

⑧ "查询"菜单：主要有对数据库查询的相关命令。

⑨ "图表"菜单：主要有对图表的新建、设置、添加、显示和修改等命令。

⑩ "工具"菜单：主要有添加过程、过程属性、菜单编辑器、选项等常用命令。

⑪ "外接程序"菜单：主要提供在 VB 中进行数据库管理和外接程序管理器的功能。

⑫ "窗口"菜单：主要提供窗口的排列和文件的切换命令。

⑬ "帮助"菜单：启动帮助系统，打开帮助窗口，为用户提供相关信息。

### 3．工具栏

工具栏中集中了各种用图标表示的按钮，每个按钮对应一个命令，单击按钮，即可执行其对应的命令。默认情况下，VB 启动后显示标准工具栏。此外，VB 还提供了编辑、窗体编辑器和调试等专用的工具栏。可以通过选择"视图"→"工具栏"命令将其他工具栏在集成环境中显示或隐藏，标准工具栏上各个工具、名称、功能如表 1-1 所示。

表 1-1    标准工具栏上各个工具、名称、功能简介

| 工　　具 | 名　　称 | 功　　能 |
|---|---|---|
|  | 添加 Standard EXE 工程 | 添加一个新工程 |
|  | 添加窗体 | 在工程中添加一个新窗体 |
|  | 菜单编辑器 | 打开菜单编辑对话框 |
|  | 打开工程 | 打开一个已有的工程文件 |
|  | 保存工程 | 保存当前工程文件 |
|  | 剪切 | 将选定的内容剪切到剪贴板 |
|  | 复制 | 将选定的内容复制到剪贴板 |
|  | 粘贴 | 将剪贴板中的内容粘贴到当前位置 |
|  | 撤销 | 撤销当前操作 |
|  | 重复 | 对"撤销"的反操作 |
|  | 启动 | 运行一个应用程序 |
|  | 中断 | 暂停一个应用程序的运行 |
|  | 结束 | 结束一个应用程序的运行 |
|  | 工程资源管理器 | 打开或切换至工程资源管理器窗口 |
|  | 属性窗口 | 打开或切换至属性窗口 |
|  | 窗体布局窗口 | 打开或切换至窗体布局窗口 |
|  | 对象浏览器 | 打开"对象浏览器"窗口 |
|  | 工具箱 | 打开或切换至工具箱窗口 |

#### 4．工具箱

VB 的标准工具箱包含建立应用程序所需的各种控件，如图 1-4 所示。另外，VB 还提供了很多 ActiveX 控件，可以将它们添加到"工具箱"中。如果"工具箱"在集成环境中没有显示，可以选择"视图"→"工具箱"命令或单击标准工具栏中的"工具箱"按钮使其显示。

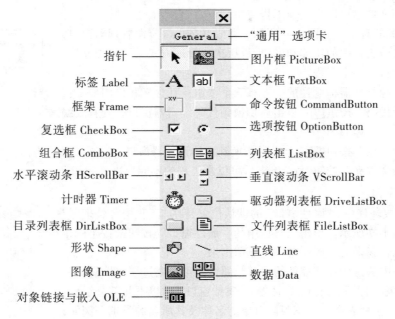

图 1-4　工具箱

工具箱位于窗体的左侧，工具箱窗口内的 General 选项卡中包含 21 个控件，控件是用户设计应用程序界面的工具。主要有指针、图片框、标签、文本框、框架、命令按钮、复选框、选项按钮、组合框、列表框、水平滚动条、垂直滚动条、计时器、驱动器列表框、目录列表框、文件列表框、形状、直线、图像、数据、OLE 等常用控件。用户也可通过选择"工程"→"部件"命令装入其他控件到工具箱中。

#### 5．窗体设计器

"窗体设计器"如图 1-5 所示，是用户设计应用程序界面的窗口。窗体是用来开发 VB 应用程序界面的，用户可以在窗体中放置各种控件，窗体中的控件可以随意在窗体上移动、缩放。

窗体是 VB 应用程序的主要部分，用户通过与窗体上的控件进行交互得到操作结果。每个窗体必须有唯一的窗体名称，建立窗体时的默认名称为 Form1、Form2、……，用户可以根据需要在工程中建立多个窗体。在窗体的空白处右击，在弹出的快捷菜单中选择"查看代码"、"菜单编辑器"或"属性窗口"命令，可以快速切换到其他窗口。

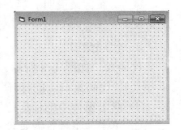

图 1-5　窗体设计器

如果"窗体设计器"在集成环境中没有显示，可以选择"视图"→"对象窗口"命令使其显示。

### 6. 工程资源管理器

工程是应用程序各种类型文件的集合，应用程序是建立在工程的基础上的，工程文件的扩展名为.vbp。它包含的三类主要文件为：窗体文件（.frm）、标准模块文件（.bas）、类模块文件（.cls）。工程文件就是与该工程有关的所有文件和对象的清单，这些文件和对象自动链接到工程。每个工程中的对象和文件也可以供其他工程使用。

"工程资源管理器"如图 1-6 所示，类似 Windows 资源管理器窗口，窗口中列出当前工程中的窗体和模块，以层次化管理方式显示各类文件，而且允许同时打开多个工程。

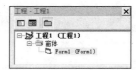

图 1-6　工程资源管理器

在工程资源管理器标题栏的下方有三个按钮，其含义和作用如下：

① "查看代码"按钮：单击后切换到代码编辑器窗口，查看或编辑代码。

② "查看对象"按钮：单击后切换到窗体设计器窗口，查看或设计当前窗体。

③ "切换文件夹"按钮：单击后可以在工程的不同层次之间切换。

### 7. 属性窗口

在 VB 集成环境中，"属性窗口"的默认位置是在"工程资源管理器"的下方，如图 1-7 所示。单击工具栏中的"属性窗口"按钮或按【F4】键，可以使隐藏起来的"属性窗口"显示出来。

应用程序中的窗体及其控件的大多数属性，可以通过"属性窗口"设置，例如名称、标题、颜色、字体等。"属性窗口"由以下几部分组成：

① 对象下拉列表框：标识当前对象的名称及其所属的类别，例如，图 1-7 中 Form1 是名称，Form 说明是窗体。单击其右边的下拉按钮可列出所选窗体中包含的对象列表。

② 选项卡：有"按字母序"和"按分类序"两种方式显示所选对象的属性。

③ 属性列表：该表中列出所选对象的各个属性的默认值，可以在设计模式设置、修改其属性值，不同对象的属性也不尽相同，列表左边列出的是各种属性，右边是对应的属性值。

图 1-7　属性窗口

④ 属性含义说明。当在属性列表框中选中某一属性时，在属性含义说明中将显示所选属性的含义。

### 8. 代码窗口

代码窗口如图 1-8 所示，是用来对代码进行编辑的窗口。

（1）"代码窗口"的打开

① 双击窗体中的任何位置。

② 单击"工程资源管理器"中的"查看代码"按钮。

③ 右击并在弹出的快捷菜单中选择"查看代码"命令。

④ 选择"视图"→"代码窗口"命令。

（2）"代码窗口"的组成

① 对象下拉列表框：位于标题栏下的左边。单击下拉按钮，在弹出的列表中给出当前窗体及所包含的所有对象名称。

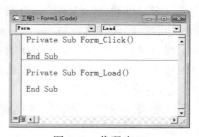

图 1-8　代码窗口

② 过程下拉列表框：位于标题栏下的右边。单击下拉按钮，在弹出的列表中给出所选对象的所有事件名称。

③ 代码编辑区：窗口中的空白区域即为代码编辑区。用户可以在其中编辑程序代码，操作方法与通常文字处理软件类似，而且在代码编辑方面提供了一些自动功能。

④ 查看视图按钮：在代码窗口的左下角，有"过程查看"和"全模块查看"两个按钮，前者用于查看一个过程，后者可以查看程序中的所有过程。

（3）代码编辑器的自动功能

用户在编辑程序代码时可以直接输入语句、函数、对象的属性或方法等内容，也可以利用 VB 提供的自动功能简化输入过程。

① 自动提示信息：当用户输入正确的 VB 函数后，在当前行的下面会自动显示出该函数的语法格式，当前项加黑显示，为用户输入提供参考。输入一项后，下一项又变为加黑显示。

② 自动列出成员：用户在输入控件名后面的小数点时，VB 系统会自动弹出下拉列表框，列表中包含了该控件的所有属性、方法，继续输入成员名的字母，系统会自动显示出相关的属性名和方法名，可以从中选择所需的内容。

③ 自动语法检查：在输入代码的过程中，每次按【Enter】键时，VB 都会自动检查该行语句的语法。如果出现错误，VB 会警告提示，同时该语句变为红色。

**9. 窗体布局窗口**

窗体布局窗口如图 1-9 所示，用于程序运行时窗体的初始位置。主要为所开发的应用程序能在不同分辨率的显示器上使用，用户只要用鼠标拖动窗体布局窗口中的 Form 窗体的位置，就设置了窗体运行时的初始位置。若一个工程中有多个窗体，在窗体布局窗口中同时可以观察多个窗体的相对布局。

**10. 立即窗口**

"立即窗口"是用来观察处理结果、调试程序使用的窗口。选择"视图"→"立即窗口"命令，即可打开"立即窗口"。可以在"立即窗口"中直接输入命令，观察结果；也可以在程序中使用 Debug 对象输出的方式，将结果送到"立即窗口"。例如，在程序中输入 Debug.Print Now 即可在"立即窗口"中显示当前系统日期与时间，如图 1-10 所示。

图 1-9　窗体布局窗口

图 1-10　立即窗口

# 1.3　对象、属性、方法和事件

VB 是一种面向对象的软件开发工具，其程序设计思想是面向对象的，提供了一种所见即所得的可视化程序设计方法，把很多复杂的设计方法简化了，变得易学易用，因此掌握对象相关的知识是十分重要的。

### 1.3.1　对象和属性

#### 1．对象和对象类

（1）对象

动作体的逻辑模型称为对象，在现实生活中到处可以见到，如一辆汽车、一本书等都可看作一个对象，VB 中的主要对象有窗体、控件、菜单、对话框等。

（2）对象类

对象类是具有共同抽象的对象的集合，在面向对象的程序设计中，对象类是创建对象实例的模板，它包含所创建对象的共同属性描述和共同行为特征的定义。例如，各种各样的汽车可以看作一个汽车类，具体到某一辆特定的汽车则称为汽车类的一个实例，即一个对象。

#### 2．属性

属性用于描述一个对象的特性，不同的对象有不同的属性，所有的对象都有名称属性。例如人有身高、体重、年龄等属性。在 VB 中，设置对象属性的方法有两种：①通过属性窗口进行设置；②通过程序代码进行设置。程序代码设置属性的格式为：对象名.属性=属性值。对象的很多属性既可以在设计模式时通过属性窗口设置，也可以在运行模式时设置，但有些属性只能在设计模式时设置（通常称为设计属性，又称只读属性），有些属性只能在运行模式时设置（通常称为运行属性）。例如，将名称为 Command1 的命令按钮的 Caption 属性值设为"确定"：

方法 1：直接在该命令按钮的属性框中将其默认的 Caption 属性值"Command1"修改为"确定"。

方法 2：在事件过程代码中书写语句：Command1.Caption="确定"。

### 1.3.2　方法和事件

#### 1．方法

方法是指对象可以进行的动作或行为，即对象本身的动作。方法只能在代码中使用，通过调用方法，可以让对象完成某项任务。方法的使用格式为：[对象].方法 [参数]。其中，[ ]为可选项。若省略了对象名称，则表示当前对象，一般指窗体对象。

例如：

```
Print "盐城工学院"        '调用 Print 方法在当前窗体上显示"盐城工学院"
Form1.Cls                '调用 Cls 方法，清除窗体 Form1 上显示的内容
```

#### 2．事件

事件就是使某个对象进入活动状态的一种操作或动作，即使对象动作起来的动作。如鼠标的单击事件（Click）、双击事件（DblClick）等。

例如，一只白色的足球被踢飞进球门，对象：足球；属性：白色；方法：飞；事件：踢。

#### 3．事件过程

当在某对象上发生了事件后，应用程序就要处理这个事件，处理的过程称为事件过程，事件过程是指附在该对象上的程序代码，VB 应用程序设计的主要工作就是为对象编写事件过程中的程序代码。

#### 4．事件驱动

在 VB 程序执行后等待某个事件的发生，然后去执行处理此事件的事件过程，待事件过程执行完毕后，系统又处于等待某事件发生的状态，这就是事件驱动的程序设计方式。事件发生的顺序决定了代码执行顺序，若事件不被驱动，则该事件相应的事件过程代码永远不执行。

# 1.4　工　程　管　理

在使用 VB 开发应用程序的时候，每个应用程序的源程序就是一个工程。工程里可以包含多种文件。程序中的每个窗体都是一个独立的窗体文件，用户可以在其他应用程序中重用以前创建的窗体，在修改某个窗体的时候也不会影响工程的其他部分。

VB 工程分为几种类型，每种类型都有自己的特点和用途。其中最常用的工程类型是标准 EXE 工程。这种类型的工程可以编译成扩展名为.exe 的可执行文件。其他常用的工程类型还有 ActiveX EXE 工程、ActiveX DLL 工程、ActiveX 控件工程、VB 企业版控件等。

VB 工程中可以包含以下几种文件。

**1．工程组文件**（.vbg）

一个工程组（Group Project）可以包含几个 VB 工程。

**2．工程文件**（.vbp）

工程文件（Project File）中列出了组成工程的所有文件和组件的清单，以及对编程环境的设置，如字体、工具箱中的工具、属性窗口的位置等信息。每次保存时，VB 将自动更新工程文件。

**3．窗体模块文件**（.frm）

窗体模块（Form Module）文件中保存着窗体和所有控件的属性设置，以及所有窗体级的声明，包括变量声明、函数声明、自定义数据类型声明等。

**4．窗体数据文件**（.frx）

VB 为每个窗体创建一个二进制数据文件，用于存储和窗体相关的二进制数据，如图标、背景图片等。窗体数据文件是自动创建的，而且不能直接编辑。

**5．标准模块文件**（.bas）

标准模块（Standard Module）文件中包含全局变量、自定义类型、公有过程的声明和定义，可供工程中的所有文件使用。

**6．类模块文件**（.cls）

类模块（Class Module）与窗体模块类似，只是没有可视界面，用于创建自定义类（Class）。

**7．用户控件文件**（.ctl）

用户控件（User Control）模块与窗体模块类似，用于设计自定义 ActiveX 控件。

**8．ActiveX 控件文件**（.ocx）

ActiveX 控件可以被添加进"工具箱"，并在窗体上使用。选择"工程"→"部件"命令可添加新的 ActiveX 控件。

**9．其他文件**

VB 工程中可能还会用到一些其他类型的文件，如 ActiveX 设计器文件（.dsr）、属性页文件（.pag）、ActiveX 文档文件（.dob）、资源文件（.res）等，这些文件各有用途，可以选择"工程"→"添加×××"命令添加。

# 1.5　模　　　块

模块是 VB 用于将不同类型过程代码组织到一起而提供的一种结构，有窗体模块、标准模块和类模块三种类型。

### 1．窗体模块

应用程序中的每个窗体都有一个相对应的窗体模块，窗体模块不仅包含用于处理发生在窗体中的各个对象的事件过程，而且包含窗体及窗体中各个控件对象的属性设置以及相关的说明。如果某些通用过程仅供本窗体内的其他过程调用，则它也可以包含在窗体模块之中。窗体模块文件的扩展名是.frm。

### 2．标准模块

标准模块又称全局模块，由全局变量声明、模块级声明及通用过程等几部分组成。其中全局声明放在标准模块的首部，全局变量声明总是在启动时执行。标准模块文件的扩展名是.bas。

### 3．类模块

在 VB 中，类模块是面向对象编程的基础，它是具有多态性的用户定义类型。程序员可在类模块中编写代码建立新对象，这些新对象可以包含自定义的属性和方法，可以在应用程序内的过程中使用。类模块文件的扩展名是.cls。

## 1.6　VB 的简单应用

VB 是一个功能强大而又易于操作的开发环境，它为 VB 应用程序开发提供了极大的便利。

### 1.6.1　创建一个可执行应用程序的步骤

在 VB 中创建一个可执行应用程序主要有 6 个步骤：① 创建应用程序的界面；② 设置界面上各个对象的属性；③ 编写对象响应事件的程序代码；④ 保存工程；⑤ 测试和调试应用程序、检查并排除程序中的错误；⑥ 创建可执行程序。这 6 个步骤中最主要的是前三个步骤。

### 1．创建应用程序的界面

（1）向窗体中加入控件

方法 1：在控件工具箱中双击需要的控件，该控件会自动出现在窗体中间，通过拖动该控件调整控件的位置。

方法 2：在控件工具箱中单击需要的控件，此时鼠标指针变成十字形状，然后到窗体的适当位置按下鼠标左键拖动即可。

（2）选定控件

选定一个控件：在窗体中单击要选定的控件，控件的四周出现 8 个拖动柄，表示该控件被选中。

选定多个控件：按住【Ctrl】键，分别单击要选定的控件。

（3）调整控件的大小

选中要调整大小的控件，将鼠标指针指向该控件的某个拖动柄上，拖动鼠标直到控件达到所希望的大小为止，四角上的拖动柄可以调整控件的水平和垂直方向的大小，而四边上的拖动柄只能调整控件的水平或垂直方向的大小；如果要精确调整控件的大小，可使用控件的 Height 属性和 Width 属性。

（4）删除控件

选中要删除的控件，按【Delete】键，控件就会从窗体中删除。

（5）格式化同类控件

首先选定一个要格式化的控件，设置其大小和位置，其他同类控件就以该控件为基准，然后再选定要格式化的其他控件，注意为基准控件的拖动柄的背景颜色为深色，最后选择"格式"→"统一尺寸"命令设置同类控件的大小；"对齐"命令用于设置同类控件的对齐方式；"水平间距"或"垂直间距"命令用于设置同类控件的间距。

**2．设置界面上各个对象的属性**

在设计模式设置对象的属性，应在属性窗口中完成。

（1）打开属性窗口

方法 1：单击工具栏中的"属性窗口"按钮。

方法 2：选择"视图"→"属性窗口"命令。

（2）在属性窗口中设置属性

在属性窗口中设置属性的方法如下：

① 在窗体上选定对象或在属性窗口的对象下拉列表框中选定对象。

② 从属性列表中选定属性。

③ 在相应的右列中输入或选定新值。

**注意：**属性右列中属性设置框右边若有下拉按钮，表示该属性有预定义的设置值清单，单击下拉按钮，可以显示这个清单，双击列表项可以循环显示该清单。

**3．编写对象响应事件的程序代码**

（1）打开"代码编辑器"窗口

"代码编辑器"窗口（见图 1-8）是编写应用程序代码的地方，打开该窗口的方法如下：

方法 1：双击要编写代码的窗体或控件。

方法 2：在"工程资源管理器"窗口中选定窗体或模块，单击"查看代码"按钮。

（2）编写程序代码

① 若通过方法 1 进入"代码编辑器"窗口，则在该窗口中自动显示：

```
Private Sub 对象_事件(参数表)

End Sub
```

其中事件为该控件对象的默认事件，如图 1-8 中显示的是命令按钮的单击事件。

② 若通过方法 2 进入"代码编辑器"窗口，则要从"对象"下拉列表框中选定对象，从"事件"下拉列表框中选定事件，"代码编辑器"窗口中才显示如下信息：

```
Private Sub 对象_事件(参数表)

End Sub
```

然后在 Private Sub 和 End Sub 两行代码中间，编写自己的程序代码。

**4．打开和保存工程**

（1）打开工程

选择"文件"→"打开工程"命令或单击工具栏中的"打开工程"按钮，弹出"打开工程"对话框，如图 1-11 所示，在"查找范围"下拉列表框中选择工

图 1-11　"打开工程"对话框

程文件的位置，在文件列表框中选择要打开的工程文件，单击"打开"按钮即可打开该工程文件。

（2）保存工程

如果是第一次保存工程，系统将依次提示保存窗体和工程，否则系统将自动保存所有修改过的窗体和工程。图 1-12 和图 1-13 为保存工程时的两个对话框。

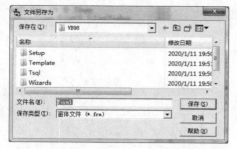

图 1-12　保存窗体文件对话框

图 1-13　保存工程文件对话框

### 5．执行应用程序

要执行应用程序，只要选择"运行"→"启动"命令，或单击工具栏中的"启动"按钮，VB 就会自动将工程文件装入窗体并运行。

要关闭正在运行的应用程序，返回设计模式，可用以下几种方法：

方法 1：单击工具栏中的"结束"按钮。

方法 2：选择"运行"→"结束"命令。

方法 3：单击标题栏右边的"关闭"按钮。

### 6．创建可执行程序

应用程序调试成功后，选择"文件"→"生成[工程名].exe"命令，即可将该工程编译成可脱离 VB 环境而独立运行的可执行程序。

## 1.6.2　一个简单应用程序示例

本节通过一个简单应用程序示例来介绍使用 VB 进行程序设计的方法和步骤，理解事件驱动的编程机制。

设计一个程序，包括一个窗体，窗体上有一个标签和两个命令按钮。单击"显示"按钮在文本框中显示"盐城工学院"，单击"结束"按钮则退出应用程序，运行界面如图 1-14 所示。

使用 VB 开发应用程序的时候，每个应用程序的源程序是一个工程。所以首先要新建工程，选择"文件"→"新建工程"命令，弹出"新建工程"对话框，选择"标准 EXE"，然后单击"确定"按钮。

图 1-14　程序运行界面

### 1．界面设计

建立用户界面就是在窗体上放置各个控件。单击工具箱中的标签控件，在窗体适当的位置画一个标签，再单击工具箱中的命令按钮控件，在窗体的适当位置画一个命令按钮，使用同样的方法再画另一个命令按钮，名称依次为 Label1、Command1 和 Command2，按图 1-15 所示排列控件，设置控件大小。

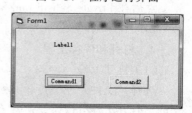

图 1-15　程序设计界面

### 2．设置属性

按照表 1-2 在属性窗口中设置控件的属性。

表 1-2　对象属性设置

| 对　　象 | 属　　性 | 属　性　值 |
| --- | --- | --- |
| Form1 | Caption | 程序示例 |
| Label1 | AutoSize | True |
|  | Font | 宋体、三号、粗体 |
| Command1 | Caption | 显示 |
| Command2 | Caption | 结束 |

### 3．编写代码

通常来说，程序设计可以分为界面设计和编写代码两部分，程序靠执行代码来完成特定的功能。打开"代码窗口"，单击"对象"下拉按钮，选择 Command1 对象，系统会自动给出 Command1_Click()事件过程代码框架（或双击窗体上的"显示"按钮），用户即可在其间输入相应代码。用同样的方法输入 Command2 对象的代码，程序代码如下：

```
Private Sub Command1_Click()
    Label1.Caption = "盐城工学院"
End Sub

Private Sub Command2_Click()
    End
End Sub
```

### 4．保存工程

在设计应用程序时应及时保存，否则一旦计算机出现故障就会造成无法挽回的损失。在 VB 集成开发环境下，单击工具栏中的"保存工程"按钮🖫，或者选择"文件"→"保存工程"命令即可。本例中将窗体文件保存为 f1.frm，工程文件保存为 p1.vbp。因为 VB 创建的源文件较多，所以应该先创建一个新文件夹，然后将所有文件存放于同一个文件夹中。

### 5．运行程序

单击工具栏中的"启动"按钮▶，或选择"运行"→"启动"命令即可运行工程。单击"显示"按钮，程序运行界面如图 1-14 所示。单击"结束"按钮结束程序的运行。

### 6．创建可执行程序

使用 VB 创建的工程文件（.vbp 文件）只能在 VB 开发环境下运行。只有将工程文件编译成可执行文件，即扩展名为.exe 的文件才能在 Windows 环境下独立运行。

在 VB 集成开发环境下，选择"文件"→"生成 p1.exe"命令即可完成编译，生成的 p1.exe 文件能直接在 Windows 环境下运行。

 习题

### 一、选择题

1．VB 6.0 包括三种版本，其中不包括_____。

    A．通用版　　　　　　B．企业版　　　　　　C．学习版　　　　　　D．专业版

2. VB 窗体文件的扩展名是_____。

    A. .vbp                B. .frm                C. .vbw                D. .baw

3. 以下叙述中错误的是_____。

    A. .vbp 文件是工程文件，一个工程可以包含.bas 文件

    B. .frm 文件是窗体文件，一个窗体可以包含.bas 文件

    C. .vbp 文件是工程文件，一个工程可以由多个.frm 文件组成

    D. .vbg 文件是工程组文件，一个工程组可以由多个工程组成

4. 在设计阶段，双击窗体上的某个控件时，所打开的窗口是_____。

    A. 窗体布局窗口      B. 工具箱窗口      C. 代码窗口      D. 属性窗口

5. 以下叙述中错误的是_____。

    A. 在 VB 窗体中，一个命令按钮是一个对象

    B. 事件是能够被对象识别的状态变化或动作

    C. 事件都是由用户的键盘操作或鼠标操作触发的

    D. 不同对象可以具有相同的方法

6. 在 VB 集成环境中，可以列出工程中所有模块名称的窗口是_____。

    A. 工程资源管理器窗口           B. 窗体设计窗口

    C. 属性窗口                      D. 代码窗口

7. 在设计阶段，当按【Ctrl+R】组合键时，所打开的窗口是_____。

    A. 代码窗口                     B. 工具箱窗口

    C. 属性窗口                     D. 工程资源管理器窗口

8. 在 VB 集成环境中要结束一个正在运行的工程，可单击标准工具栏中的_____按钮。

    A. ■               B. ⬚               C. ▶               D. ↶

9. 下面关于 VB 应用程序的叙述中正确的是_____。

    A. VB 应用程序必须先编译，然后解释执行

    B. VB 应用程序只能编译运行

    C. VB 应用程序只能解释运行

    D. VB 应用程序既能解释运行，也能编译运行

10. 在编辑 VB 应用程序时，如果不小心关闭了属性窗口，则可以单击主窗口标准工具栏中的_____按钮直接打开属性窗口。

    A. ⬚               B. ▣               C. ⬚               D. ⬚

## 二、填空题

1. VB 是一种面向_____的语言。

2. 工程文件、窗体文件和标准模块文件的扩展名分别是_____、_____、_____。

3. 为了把一个 VB 应用程序装入内存，只要装入_____文件即可。

## 三、简答题

1. 什么是对象？什么是对象的属性、方法与事件？

2. 有一个红色充满氢气的气球，如果人不小心松开手抓的引线，它就会飞走；如果用针刺，它会爆破。请问对于气球对象，哪些是属性？哪些是方法？哪些是事件？

3. VB 6.0 集成开发环境由哪些部分组成？

4. 简述创建一个可执行程序的步骤。

# 第 2 章　窗体与常用控件

在 VB 集成开发环境中，窗体（Form）是程序设计中最重要的对象，它是包容程序窗口或对话框所需的各种控件对象的容器，一个窗体对应一个窗体模块。窗体和控件都是 VB 中的对象，它们是应用程序的"积木块"，共同构成应用程序的界面。本章主要介绍窗体与常用控件的基本属性、常用方法及事件。

## 2.1　窗　　体

窗体是控件界面的基本构造模块，控件都包容在窗体中。通过设置窗体的属性并编写响应事件的代码，能够编写出满足用户要求的各种程序界面，完成各种不同的任务。窗体的结构与 Windows 下的窗口非常类似，如图 2-1 所示。

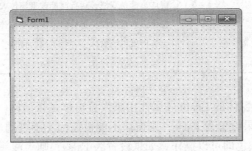

图 2-1　窗体的结构

### 2.1.1　窗体常用属性

#### 1. Name 属性

名称属性，所有对象均有名称属性，代表所创建对象的名称，其属性值将作为对象的标识在程序中被引用。Name 属性只能在设计阶段即只能通过属性窗口来设置或修改，在运行时是只读的，不能在代码运行阶段修改。

系统为应用程序的第一个窗体设置默认名称为 Form1。Name 属性在程序代码中作为对象的标识名，以识别不同的窗体。自行命名时必须遵循一定的规则：以字母开头，后跟字母、数字和下画线，长度不超过 40 个字符。

#### 2. Caption 属性

标题属性，用于设置窗体的标题，即在窗体的标题栏上显示的文本内容，其默认值为窗体的名称。该属性既可在设计阶段也可在代码运行阶段设置或改变。

注意：Name 属性与 Caption 属性的区别。

### 3. Font 属性

字体属性，窗体的 Font 属性用来设置窗体上输出字符的字体、字形、字号等，通过该属性能设置 FontName（字体名称）、FontSize（字体大小）、FontBold（粗体）、FontItalic（斜体）、FontStrikethru（加删除线）、Font Underline（加下画线）等。单击 Font 属性右侧的 ⋯ 按钮或双击 Font 属性，弹出图 2-2 所示的"字体"对话框，在其中可完成所需要的设置。如果用户所设计的界面中所有控件具有相同的 Font 属性，则只需对窗体的 Font 属性作设置，窗体内其他控件就具有该属性。

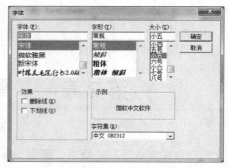

图 2-2　"字体"对话框

### 4. BorderStyle 属性

边框风格属性，窗体的边框风格由 BorderStyle 属性决定，其值可取 6 种。设定值、内部常量及不同风格，如表 2-1 所示。

表 2-1　窗体的边框风格

| 设定值 | 内部常量 | 边框风格 |
| --- | --- | --- |
| 0 | vbBSNone | 窗体没有边框 |
| 1 | vbFixedSingle | 窗体边框是单线，运行时不能改变窗体大小 |
| 2 | vbSizable | 窗体边框是双线，运行时能改变窗体大小，此属性值为默认设置值 |
| 3 | vbFixeDouble | 窗体边框是双线，运行时不能改变窗体大小 |
| 4 | vbFixeToolWindow | 工具栏风格的窗体，有"关闭"按钮，大小不能改变 |
| 5 | vbSizableToolWindow | 工具栏风格的窗体，有"关闭"按钮，大小可以改变 |

### 5. Enabled 属性

活动属性（可用属性），窗体的 Enabled 属性用来设置窗体是否活动（是否可用），默认值为 True，窗口能被访问（可用），如果设置为 False，则窗口不能被访问（不可用）。控件和菜单也有本属性，如果设置为 True，则为深颜色即可以操作，如果设置为 False，则为浅颜色（灰化）即不可以操作。

### 6. Visible 属性

可见属性，窗体的 Visible 属性用来设置窗体是否可见。默认值为 True，窗口可见，如果设置为 False，则窗口不可见。控件和菜单也有本属性，如果设置为 True，则可见，如果设置为 False，则不可见。

注意：Enabled 属性与 Visible 属性的区别。

### 7. ForeColor 属性

前景色属性，该属性用于设置窗体上显示的文本或图形的颜色。其值是一个十六进制常数，如 ForeColor 设置为&H000000FF&，表示前景为红色。大多数时候用户可以通过调色板直接选择所需颜色。

### 8. BackColor 属性

背景色属性，该属性用于设置背景颜色，其值设置方法和意义同 ForeColor 属性。

### 9. Top、Left、Width 和 Height 属性

窗体的 Top 和 Left 属性是窗体左上角的坐标，决定窗体的位置。Top 属性表示窗体到屏幕顶

部的距离，Left 表示窗体到屏幕左边的距离，对其他控件而言，Top 属性表示控件到窗体顶部的距离，Left 表示控件到窗体左边框的距离。

窗体的 Width 和 Height 属性分别表示窗体的宽度和高度，决定窗体的大小。水平方向向右为正方向，垂直方向向下为正方向，坐标值默认单位是特维（twip），1twip=1/20 点=1/1440 英寸=1/567 厘米。

### 10．MaxButton 属性和 MinButton 属性

用于设置窗体的标题栏是否有最大化和最小化按钮，其值为逻辑值 True 或 False。取值为 True 时（默认值），表示有此按钮；若其中一个按钮取值为 False，则该按钮变灰，不可操作；若两个按钮取值均为 False，则窗体的标题栏不显示最大化和最小化按钮。

### 11．ControlBox 属性

控制框属性，用于设置窗体标题栏左侧是否显示控制框，其值为逻辑值。取值为 True 时（默认值），窗体标题栏左侧显示控制框；取值为 False 时，窗体标题栏左侧无控制框。

### 12．Appearance 属性

窗体外观属性，用于设置窗体外观，取值为 0-Flat 表示外观为平面；取值为 1-3D 表示外观为三维。

### 13．Picture 属性

图片属性，用于设置窗体的背景图案。单击 Picture 属性右侧的 … 按钮或双击 Picture 属性，弹出"加载图片"对话框，选择一个图片文件，系统即可将该图片作为窗体的背景图案。

Picture 属性可以显示多种文件格式的图片文件，如.ico、.bmp、.wmf、.jpg、.gif 等。

### 14．WindowState 属性

窗口状态属性，用于设置窗体运行时的状态，它是一个运行属性，有三种形式可供选择：

① 取值为 0-Normal 时，表示正常显示，窗体运行时，窗口的大小和设计阶段的尺寸相同。

② 取值为 1-Minimized 时，表示最小化显示，窗体运行时，在任务栏上以一个图标的形式出现，其效果相当于单击"最小化"按钮。

③ 取值为 2-Maximized 时，表示最大化显示，窗体运行时，窗口布满整个桌面，其效果相当于单击"最大化"按钮。

### 15．Moveable 属性

移动属性，该属性决定窗体在程序运行时是否可以被移动。取值为 True（默认值），窗体可以移动；取值为 False 时，窗体不可以被移动。

### 16．Icon 属性

图标属性，用于设置窗体标题栏左侧的图标，VB 默认的窗体左上角控制框图标为 🖼️，当窗体最小化时，在任务栏上显示。该属性在属性窗口中设置，单击 Icon 属性右侧的 … 按钮或双击 ICON 属性，弹出"加载图标"对话框，选择相应的图标文件即可（文件的扩展名为.ico 或.cur）。

### 17．MousePointer 属性

鼠标指针类型属性，用于设置在程序运行时当鼠标移至某一对象的特定部分时所显示的鼠标指针类型。设置值为 0（默认值）、1、2、……、15、99 共 17 种选择，其中 0~15 的含义可通过属性列表查看，99 表示用户自定义鼠标指针类型。

### 18．MouseIcon 属性

鼠标图标属性，仅当 MousePointer 属性值为 99 时，MouseIcon 属性可用。该属性用于设置用

户自定义的鼠标图标，文件的扩展名为.ico 或.cur。

## 2.1.2  窗体常用方法

窗体常用方法有 Print（打印）、Hide（隐藏）、Show（显示）、Move（移动）、Cls（清除）、Refresh（刷新）等。

### 1. Print 方法

功能：用于输出信息。

格式：[对象.]Print[Spc(n)|Tab(n)][输出项 1<;|,>输出项 2<;|,>……][;|,]

说明：如果缺省对象，表示当前窗体，对象还可以是图片框（PictureBox）、立即窗口（Debug）、打印机（Printer）。逗号格式是指标准格式，每个数据输出占 14 列，如果输出的是数值型数据，正号用空格表示；分号格式（也可以是空格分隔，相当于分号）是指紧凑格式，下一个输出项紧接着上一个输出项后面输出，如果是数值型数据，输出一个空格作为两个数据之间的分隔符。如果行末带逗号或分号，则下一个 Print 中的输出项紧接着上一行末尾输出。Print 方法具有计算和输出双重功能，对于表达式，它先计算后输出。

与 Print 有关的函数有 Tab(n)、Spc(n)。Tab(n)：将光标移到第 n 列；Spc(n)：跳过 n 列，相当于函数 Space(n)。

**注意：**  Tab(n)、Spc(n)函数只能用于 Print 方法中。

【例 2-1】Print 方法的使用一。

在窗体的单击事件过程中编写如下代码：

```
Private Sub Form_Click()
    Print 1, -2, 3, -4, 5
    Print "A", "B", "C", "D", "E"
    Print "12345678901234567890123456 7890"
    Print 1; -2; 3; -4; 5
    Print "A"; "B"; "C"; "D"; "E"
End Sub
```

运行程序，单击窗体后的输出结果如图 2-3 所示。

图 2-3  Print 方法示例一

【例 2-2】Print 方法的使用二。

在窗体的单击事件过程中编写如下代码：

```
Private Sub Form_Click()
    Print 1; -2; 3; -4; 5
    Print 1; -2; 3;
    Print -4; 5
    Print "1234567890"
    Print Tab(5); "A"
    Print Spc(5); "A"
End Sub
```

运行程序，单击窗体后的输出结果如图 2-4 所示。

### 2．Cls 方法

功能：清除窗体上显示的文本。

格式：[对象.]Cls

说明：如果缺省对象，表示当前窗体，对象还可以是图片框。

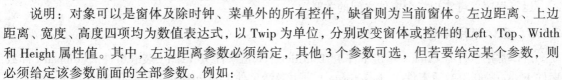

图 2-4　Print 方法示例二

### 3．Move 方法

功能：用于移动窗体或控件，并可在移动过程中改变其大小。

格式：[对象.]Move 左边距离[,上边距离[,宽度[,高度]]]

说明：对象可以是窗体及除时钟、菜单外的所有控件，缺省则为当前窗体。左边距离、上边距离、宽度、高度四项均为数值表达式，以 Twip 为单位，分别改变窗体或控件的 Left、Top、Width 和 Height 属性值。其中，左边距离参数必须给定，其他 3 个参数可选，但若要给定某个参数，则必须给定该参数前面的全部参数。例如：

```
Move Left + 500, Top + 500, Width + 800, Height + 800
```

该语句的功能是把窗体向右和向下移动 500 Twip，同时窗体的宽度和高度增加了 800 Twip。

### 4．Hide 方法和 Show 方法

功能：Hide 方法用于隐藏窗体，Show 方法用于显示窗体。

格式：[对象.]Hide，[对象.]Show

说明：缺省对象为当前窗体。

【例2-3】Hide 方法和 Show 方法的使用。新建一个工程，添加 3 个窗体，窗体 Form1 上添加一个命令按钮 Command1，标题为"下一步"，窗体 Form2 上添加两个命令按钮：Command1 的标题为"上一步"，Command2 的标题为"下一步"，窗体 Form3 上添加两个命令按钮：Command1 的标题为"上一步"，Command2 的标题为"完成"，如图 2-5 所示。

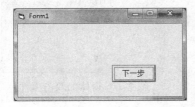 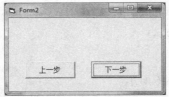 

图 2-5　Hide 和 Show 方法示例

窗体 Form1 中的程序代码如下：

```
Private Sub Command1_Click()
    Form1.Hide
    Form2.Show
End Sub
```

窗体 Form2 中的程序代码如下：

```
Private Sub Command1_Click()
    Form2.Hide
    Form1.Show
End Sub
Private Sub Command2_Click()
    Form2.Hide
```

```
        Form3.Show
    End Sub
```
窗体 Form3 中的程序代码如下：
```
Private Sub Command1_Click()
    Form3.Hide
    Form2.Show
End Sub
Private Sub Command2_Click()
    End
End Sub
```
运行程序，可实现三个窗体之间的关联。

### 2.1.3 窗体常用事件

窗体常用事件有 Click（单击事件）、DblClick（双击事件）、Load（装载事件）、Unload（卸载事件）、Activate（激活事件）、Deactivate（失去激活事件）、Initialize（初始化事件）、Resize（改变大小事件）等。

#### 1. Click 事件

当用户单击窗体时，触发窗体的 Click 事件，VB 激活 Form_Click 事件过程。

#### 2. DblClick 事件

当用户双击窗体时，触发窗体的 DblClick 事件，VB 激活 Form_DblClick 事件过程。实际上，当在窗体上双击时，首先触发的是窗体的 Click 事件，然后才是 DblClick 事件，如果在两个事件过程都编写了代码，则会被依次执行。

【例 2-4】窗体的 Click 事件和 DblClick 事件。
```
Private Sub Form_Click()
    Print "盐城工学院"
End Sub

Private Sub Form_DblClick()
    Print "信息工程学院"
End Sub
```
双击窗体后的输出结果如图 2-6 所示。

图 2-6　窗体的双击事件

#### 3. Load 事件

当用户启动程序时，系统装载窗体（窗体从外存调入内存，注意此时还没有显示窗体）触发 Load 事件，该事件由系统自动执行。通常将变量的初始化和控件属性的设置等放在 Form_Load 事件过程中，但不能使用 SetFocue（设置焦点）方法。

【例 2-5】窗体的 Load 事件，新建一个工程，窗体 Form1 上添加一个名称为 List1 的列表框，使窗体的标题显示为"例 2-5"，并给变量 a 赋值为 5，列表框中添加 AA、BB、CC、DD 四个列表项。
```
Private Sub Form_Load()
    Dim a As Integer
    a = 5
    Form1.Caption = "例 2-5"
    List1.AddItem "AA"
    List1.AddItem "BB"
    List1.AddItem "CC"
```

```
        List1.AddItem "DD"
End Sub
```

程序运行后，窗体上的信息如图 2-7 所示。

【例 2-6】在窗体的 Load 事件中使用 SetFocus 方法，新建一个工程，窗体 Form1 上添加一个名称为 Text1 的文本框。

```
Private Sub Form_Load()
    Text1.SetFocus
End Sub
```

程序运行后，得到的信息如图 2-8 所示。这是由于 Load 事件的功能是将窗体从外存调入内存，还没有在屏幕上显示窗体，所以不能将焦点放在文本框 Text1 中。

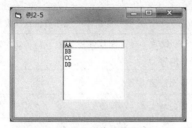

图 2-7　Load 事件　　　　　　　　　　　　图 2-8　运行出错

如要得到正确的运行结果，可使用 Show 方法或使用 Activate 事件。

```
Private Sub Form_Load()
    Form1.Show
    Text1.SetFocus
End Sub
```

或使用下面的程序代码：

```
Private Sub Form_Activate()
    Text1.SetFocus
End Sub
```

### 4. Unload 事件

当用户单击程序窗口中的"关闭"按钮时，触发 Unload 事件。通常将程序的运行结果保存在文件中，相应的代码段放在 Form_Unload 事件过程中。

```
Private Sub Form_Unload(Cancel As Integer)
    Open "D:\shc\out.txt" For Output As #1
    Print #1, Text1.Text
    Close #1
End Sub
```

编写窗体事件过程，应该掌握这些事件过程在一个应用程序中执行的次序。VB 应用程序运行时，首先触发 Initialize 事件，然后触发 Load 事件，VB 将窗体装入内存，窗体被激活，触发 Activate 事件。由于窗体的 Initialize 事件和 Load 事件都是发生在窗体被显示之前，因此放在这两个事件过程中的语句有所限制。

## 2.2　常　用　控　件

窗体和控件都是 VB 中的对象，它们共同构成用户界面。因为有了控件，才使得 VB 不但功能强大，而且易于使用。控件以图标的形式放在"工具箱"中，每种控件都有与之对应的图标。

VB 6.0 的控件分为以下 3 类：标准控件（又称内部控件）、ActiveX 控件和可插入对象。

① 标准控件，如文本框、命令按钮、图片框等。启动 VB 后，内部控件就出现在工具箱中。

② ActiveX 控件，是扩展名为.ocx 的独立文件，其中包括各种版本 VB 提供的控件和仅在专业版和企业版中提供的控件，另外还包括第三方提供的 ActiveX 控件。

③ 可插入对象，因为这些对象能添加到工具箱中，所以可把它们当作控件使用。其中一些对象支持 OLE，使用这类控件可在 VB 应用程序中控制另一个应用程序（如 Word）的对象。

表 2-2 列出了标准工具箱中各控件的名称和作用。

表 2-2　VB 6.0 的标准控件

| 控件 | 名　称 | 作　用 |
|---|---|---|
| | Pointer　指针 | 不是一个控件，只有在选择 Pointer 后，才能改变窗体中控件的位置和大小 |
| | PictureBox　图片框 | 用于显示文本、图形与图像，可以装入位图、图标以及.wmf、.jpg、.gif 等各种图形格式的文件，或作为其他控件的容器 |
| A | Label　标签 | 可以显示（输出）文本信息，但不能输入文本 |
| abl | TextBox　文本框 | 既可输入也可输出文本，并且可以对文本进行编辑 |
| | Frame　框架 | 组合相关的对象，将控件集中在一起，作为其他控件的容器 |
| | CommandButton　命令按钮 | 用于向 VB 应用程序发出指令，当单击此按钮时，可执行指定操作 |
| | CheckBox　复选框 | 又称检查框，用于多项选择 |
| | OptionButton　单选按钮 | 用于单项选择 |
| | ComboBox　组合框 | 为用户提供对列表的选择，并允许用户在附加框内输入列表项。它把 TextBox（文本框）和 ListBox（列表框）组合在一起，既可选择内容，又可进行编辑 |
| | ListBox　列表框 | 用于显示可供用户选择的列表 |
| | HScrollBar　水平滚动条 | 用于表示在一定范围内的数值选择。常放在列表框或文本框中用来浏览信息，或用来设置数值输入 |
| | VScrollBar　垂直滚动条 | 用于表示在一定范围内的数值选择 |
| | Timer　计时器 | 在设定的时刻触发某一事件 |
| | DriveListBox　驱动器列表框 | 显示用户系统中所有有效磁盘驱动器的列表 |
| | DirListBox　文件夹列表框 | 以树状结构形式显示文件夹列表 |
| | FileListBox　文件列表框 | 显示选定文件类型的文件列表 |
| | Shape　形状 | 在窗体中绘制矩形、圆等几何图形 |
| | Line　直线 | 在窗体中画直线 |
| | Image　图像 | 显示一个位图图像，可作为背景或装饰的图像元素 |
| | Data　数据 | 用于访问数据库 |
| | OLEContainer　OLE 容器 | 用于对象的链接与嵌入 |

## 2.2.1　标签

Label 控件即标签控件，主要用于在窗体上显示各种文字，如标题、说明等。

### 1．标签的常用属性

① Name 属性：名称属性，用来设置标签的名称，第一个标签的默认名称为 Label1。

② Caption 属性：标题属性，用于设置标签上要显示的文本内容，这是标签控件常用属性。

③ AutoSize 属性：大小自适应属性，用来确定是否根据 Caption 属性指定的标题自动调整标签的大小。取值为 True 时，可根据标签上文本大小自动调整标签大小；取值为 False 时，标签大小不能改变，过长的文本将不能全部显示，系统默认值为 False。

④ Alignment 属性：对齐属性，用于设置标签上文本的对齐方式。取值为 0–Left Justify 表示文本左对齐，取值为 1–Right Justify 表示文本右对齐，取值为 2–Center 表示文本居中，系统默认值为 0。

⑤ BorderStyle 属性：用于设置标签是否带有边框。取值为 0 时，表示没有边框，取值为 1 时，有边框，系统默认值为 0。

⑥ BackStyle 属性：背景风格属性，用于设置标签框的背景风格。当取值为 0 时，表示透明显示，此时标签不覆盖所在容器的背景内容；若取值为 1，则表示不透明显示，此时标签将覆盖原背景内容，系统默认值为 1。

⑦ Enabled 属性：活动属性，用于设置标签是否响应用户的操作，其值为逻辑值。当取值为 True 时，响应用户操作；取值为 False 时，程序启动后标签框中的文本变灰，并且不能响应用户操作，系统默认值为 True。

⑧ Visible 属性：可见属性，用于设置程序运行时控件是否可见，其值为逻辑值。取值为 True 时，控件可见，取值为 False 时，控件不可见，系统默认值为 True。

⑨ FontName 属性：字体名称属性，用于设置标签上显示文本的字体，格式为：[对象.]FontName="字体名称"或[对象.]Font.Name="字体名称"。

⑩ FontSize 属性：字体大小属性，用于设置标签上显示文本的字体大小，格式：[对象.]FontSize=字体大小或[对象.]Font.Size=字体大小。

⑪ FontBold 属性：粗体属性，用于设置标签上的文本是否为粗体，格式：[对象.]FontBold=True | False 或[对象.]Font.Bold=True | False，取值为 False，为非粗体；取值为 True，为粗体。

⑫ FontItalic 属性：斜体属性，用于设置标签上的文本是否为斜体，格式：[对象.]FontItalic=True | False 或[对象.]Font.Italic=True | False，取值为 False，为非斜体；取值为 True，为斜体。

⑬ FontStrikethru 属性：删除线属性，用于设置标签上的文本是否加删除线，格式：[对象.]FontStrikethru=True | False，取值为 False，不加删除线；取值为 True，加删除线。

⑭ FontUnderline 属性：下画线属性，用于设置标签上的文本是否加下画线，格式：[对象.]FontUnderline =True | False，取值为 False，不加下画线；取值为 True，加下画线。

⑮ Top 和 Left、Width 和 Height 属性：用于设置标签的位置和大小。标签的 Top 和 Left 属性是标签左上角的坐标，决定标签的位置，Top 属性表示标签到窗体顶部的距离，Left 表示标签到窗体左边的距离。标签的 Width 和 Height 属性分别表示了标签的宽度和高度，决定标签的大小。属性值的默认单位是（Twip）。

### 2．标签的常用方法

标签最常用的方法是 Move 方法。

功能：用于在窗体上移动标签，并可在移动过程中改变标签大小。

格式：[对象.]Move 左边距离[,上边距离[,宽度[,高度]]]

说明：左边距离、上边距离、宽度、高度四项均为数值表达式，以 Twip 为单位，分别改变标签控件的 Left、Top、Width 和 Height 属性值。其中，左边距离参数必须给定，其他 3 个参数可选，但若要给定某个参数，则必须给定该参数前面的全部参数。

**3. 标签的常用事件**

① Click 事件：当用户单击标签时，触发标签的 Click 事件，VB 激活其 Click 事件过程。

② DblClick 事件：当用户双击标签时，触发标签的 DblClick 事件，VB 激活其 DblClick 事件过程。

**4. 标签应用实例**

【例 2-7】在窗体 Form1 上有一个标签 Label1，要求编写程序，使得单击标签时，其高度和宽度都放大 1 倍（放大后的标签中心位置不变）、标签上的文字"盐城工学院"也放大 1 倍（请设置标签的大小自适应属性为 True）。

程序代码如下：

```
Private Sub Label1_Click()
    Label1.Left = Label1.Left - Label1.Width / 2
    Label1.Top = Label1.Top - Label1.Height / 2
    Label1.Height = Label1.Height * 2
    Label1.Width = Label1.Width * 2
    Label1.FontSize = Label1.FontSize * 2
End Sub
```

## 2.2.2 文本框

TextBox 控件即文本框控件，主要用于接收用户在框内输入的信息，如姓名、账号、密码等，也可以对文本框中的内容进行编辑修改，或显示由程序提供的信息。

**1. 文本框的常用属性**

前面介绍的标签控件的部分属性也适用于文本框，这些属性包括 Name、FontName、FontSize、Alignment、ForeColor、BackColor、Height、Left、Top、Width 等。不同的是文本框没有 Caption 属性，有 Text 属性，文本框中的文本就是靠 Text 属性返回和设置的。

① Name 属性：名称属性，用来设置文本框的名称，第一个文本框的默认名称为 Text1。

② Text 属性：文本属性，用于设置和返回文本框中显示的内容，这是文本框控件最常用的属性，文本框中数据类型是字符型，文本大小不超过 64 KB（65 536 个字符），文本框数据的清空就用 Text 属性，即 Text1.Text = ""或设置其 Text 属性为空。

③ PasswordChar 属性：口令属性，用于设置文本框是否用于输入口令。当取值为空字符串（零长度字符串）时，表示创建一个普通的文本框，将用户输入的内容按照原样显示到文本框中；若该属性取值为一个字符（如"*"），则用户输入的文本用被设置的字符表示，但系统接收的仍为用户输入的文本内容，系统默认值为空字符串。

④ MaxLength 属性：最大长度属性，用来设置文本框中输入的最大字符数。当取值为 0 时，在文本框中输入的字符数不能超过 64 KB；当取值为非 0 值时，此非 0 值即为可输入的最大字符数，系统默认值为 0。

⑤ MultiLine 属性：多行属性，用于设置文本框是单行显示还是多行显示文本。当取值为 False 时，表示不管文本框有多大的高度，只能在文本框中输入单行文本即单行文本框；当取值为 True 时，则可以输入多行文本即多行文本框，系统默认值为 False。

　　**注意：**该属性只能在设计模式改变，不能在程序代码中改变，当本属性为 True 时，口令属性设置无效。在设计模式输入多行文本的方法如下：首先设置文本框多行属性为 True，然后在 Text 属性中按【Ctrl+Enter】组合键换行，在程序代码中用函数 Chr(13) & Chr(10) 或用内部常量 vbCrLf 来换行。

　　⑥ ScrollBars 属性：滚动条属性，用于设置文本框是否具有滚动条。取值为 0 时，没有滚动条；取值为 1 时，只有水平滚动条；取值为 2 时，只有垂直滚动条；取值为 3 时，既有水平滚动条又有垂直滚动条，系统默认值为 0。

　　**注意：**只有当 MultiLine 属性设置为 True 时，文本框才能有滚动条；否则，即使 ScrollBars 设置为非 0 值，也没有滚动条。

　　⑦ Locked 属性：锁定属性，用于指定文本框中的内容是否可以被编辑。当取值为 False 时，表示未锁定，可以编辑文本框中的文本；当取值为 True 时，表示锁定，此时，可以显示和选择控件中的文本，但不能进行编辑，系统默认值为 False。

　　⑧ SelLength 属性：选定字符串长度属性，用于设置在当前文本框中选择的字符个数。当在文本框中选择文本时，该属性值会随着选择字符的多少而改变，如果 SelLength 属性值为 0，表示未选中任何字符。

　　⑨ SelStart 属性：选定起始位置属性，用于定义当前选择的文本起始位置。0 表示选择的开始位置在第一个字符之前，1 表示从第二个字符之前开始选择，依此类推。

　　⑩ SelText 属性：选定字符串属性，用于返回或设置当前所选的文本字符串。如果没有选择文本，则该属性为一个空字符串。

　　【例 2-8】运行下列程序，结果如图 2-9 所示。

```
Private Sub Form_Click()
    Text1.SelStart = 1
    Text1.SelLength = 3
    Print Text1.SelText
End Sub
```

**2．文本框的常用方法**

图 2-9　程序运行界面

　　文本框最常用的方法是 SetFocus 方法。

　　功能：当窗体上有多个控件时，可以使用 SetFocus 方法将焦点移至指定的控件。

　　格式：`<对象名>.SetFocus`

　　说明：通过本方法可使指定的文本框获得焦点，也就是当前文本框，获得焦点的文本框中具有闪动的光标。

　　例如：若要将焦点放到文本框 Text2 中，可以使用以下语句实现：

　　`Text2.SetFocus`

　　控制焦点在控件间移动，可以预先设置 Tab 键顺序。Tab 键顺序就是在按【Tab】键时，焦点在控件间移动的顺序。默认情况下，Tab 键顺序与建立这些控件的顺序相同。通过在属性窗口或程序代码中设置控件的 TabIndex 属性，可以改变它的 Tab 键顺序。

　　格式：`<对象名>.TabIndex =Index`

　　说明：Index 为指定控件的顺序号。取值从 0 开始，最大值总是比 Tab 键顺序中控件的数目少 1。

**3．文本框的常用事件**

　　文本框的常用事件有：Change 事件（改变事件）、KeyPress 事件（按键事件）、LostFocus 事件

（失去焦点事件）和 GotFocus 事件（获得焦点事件）。

① Change 事件：当用户向文本框中输入新的文本或者用户从程序中改变 Text 属性值（即文本框中的内容发生变化）时触发该事件，同时激活这一事件的处理程序。例如用户在文本框中每输入一个字符，就会产生一次 Change 事件。

【例 2-9】在文本框 Text1 中每输入一个字符就在文本框 Text2 中显示出来。

```
Private Sub Text1_Change()
    Text2.Text = Text1.Text
End Sub
```

程序运行结果如图 2-10 所示。

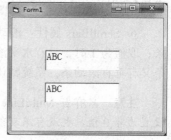

图 2-10　Change 事件

② KeyPress 事件：用户按下并释放键盘上的一个可打印字符，将会触发焦点所在控件的 KeyPress 事件，如焦点在文本框上，就会触发文本框的 KeyPress 事件，此事件会把输入字符的 ASCII 值作为参数返回到该事件过程中。如按下键盘上小写字母 "a"，则返回 KeyAscii 的值为 97，按下键盘上的大写字母 "A"，则返回 KeyAscii 的值为 65。如按【Enter】键，则返回 KeyAscii 的值为 13，通常表示文本输入结束，实际应用中，常常利用该事件的返回参数判断是否输入结束。

【例 2-10】在文本框 Text1 中输入字符，按【Enter】键结束，并将输入的内容显示在窗体上。

```
Private Sub Text1_KeyPress(KeyAscii As Integer)
    If KeyAscii = 13 Then Print Text1.Text
End Sub
```

程序运行结果如图 2-11 所示。

③ GotFocus 事件：当文本框获得焦点时，将触发 GotFocus 事件，同时激活这一事件的处理程序。程序运行时用鼠标单击文本框，或用【Tab】键，或用 SetFocus 方法将焦点设置到文本框时，触发该事件。

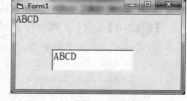

图 2-11　KeyPress 事件

④ LostFocus 事件：当文本框失去焦点时，将触发 LostFocus 事件。程序运行时用鼠标单击其他对象，或用【Tab】键，或用 SetFocus 方法将焦点设置到其他对象时，触发该事件。

### 4. 文本框应用实例

【例 2-11】在窗体 Form1 上有两个文本框 Text1 和 Text2，编写程序，使得用户在文本框 Text1 中输入百分制成绩（要求判断文本框中输入的是否是数值型数据），按【Enter】键在文本框 Text2 中输出等级合格或不合格。

```
Private Sub Text1_KeyPress(KeyAscii As Integer)
    If KeyAscii = 13 Then
        If Text1 <> "" And Not IsNumeric(Text1) Then
            MsgBox "输入的数据不是数值型数据"
            Text1.Text = ""
            Text1.SetFocus
        Else
            If Val(Text1.Text) >= 60 Then
                Text2.Text = "及格"
            Else
                Text2.Text = "不及格"
```

```
        End If
      End If
    End If
End Sub
```

程序运行提示界面与结果如图 2-12 所示。

图 2-12　提示界面与结果

### 2.2.3　命令按钮

CommandButton 控件即命令按钮控件，主要用于接收用户的指令，但具体产生的动作则由相应事件过程中的程序代码决定。

**1．命令按钮的常用属性**

CommandButton 控件也具有 Name、Font、Top、Left、Width、Height、Enable、Visible、Alignment、BackColor、ForeColor、TabIndex 等属性，它们的功能与前面的控件相同。

① Name 属性：名称属性，用来表示命令按钮的名称，第一个命令按钮的默认名称为 Command1。

② Caption 属性：标题属性，用于设定命令按钮的标题，即命令按钮上显示的文本。在该属性中用户可以设定热键字母，设置方法是在这一字母前加上 "&" 符号，当程序运行时，热键字母带下画线显示，只要按 "Alt+相应字母" 即可激活它的 Click 事件。

③ Cancel 属性：取消属性，用于设置命令按钮是否等同于按【Esc】键的功能，即当用户按【Esc】键时，是否激活它的 Click 事件。当取值为 True 时，按【Esc】键相当于单击该命令按钮；当取值为 False 时，则不响应【Esc】键，系统默认值为 False。

**注意**：在窗体中最多只能有一个命令按钮的此属性被设置为 True。

④ Default 属性：确定属性，用于设置命令按钮是否为默认按钮。即当程序运行时，用户按【Enter】键是否激活该按钮的 Click 事件。当取值为 True，表示该命令按钮为默认按钮；取值为 False，则不是默认按钮，系统的默认值为 False。

**注意**：在窗体中最多只能设置一个命令按钮为默认按钮。

⑤ Style 属性：外观属性，用于设置命令按钮的外观类别。当取值为 0-Standard 时，是标准风格的命令按钮，它既不支持背景颜色（BackColor），也不支持图片属性（Picture）；当取值为 1-Graphical 时，是图形显示风格的命令按钮，它既能设置 BackColor，也能设置 Picture 属性，系统的默认值为 0。

⑥ Picture 属性：图片属性，用于设定命令按钮上所显示的图形。可以在设计阶段单击 Picture 右侧的 … 按钮或双击 Picture 属性，弹出 "加载图片" 对话框，选择一个相应的图形文件；也可以在代码中设置该属性。

**注意**：只有当命令按钮的 Style 属性设置为 1 - Graphical 时，才能在命令按钮上显示图形。

⑦ Enabled 属性：活动属性，用来设定命令按钮是否活动。当取值为 True 时，该命令按钮处于活动状态，即可操作状态；当取值为 False 时，该命令按钮处于非活动状态，即该命令按钮变灰，表示处于不可操作状态，系统的默认值为 True。

【例2-12】在窗体 Form1 上有两个命令按钮 Command1 和 Command2，编写程序，使得用户单击命令按钮 Command1 时，Command1 不可用，Command2 可用；单击命令按钮 Command2 时，Command2 不可用，Command1 可用，程序一开始运行时，命令按钮 Command2 不可用。

```
Private Sub Command1_Click()
    Command2.Enabled = True
    Command1.Enabled = False
End Sub

Private Sub Command2_Click()
    Command2.Enabled = False
    Command1.Enabled = True
End Sub

Private Sub Form_Load()
    Command2.Enabled = False
End Sub
```

程序运行效果如图 2-13 所示。

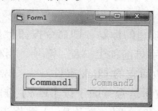 

图 2-13　Enabled 属性

⑧ Visible 属性：可见属性，用来设定命令按钮是否可见。取值为 True 时，该命令按钮可见；当取值为 False 时，该命令按钮不可见，系统的默认值为 True。

【例2-13】在窗体 Form1 上有两个命令按钮 Command1 和 Command2，编写程序，使得用户单击命令按钮 Command1 时，Command1 不可见，Command2 可见；单击命令按钮 Command2 时，Command2 不可见，Command1 可见，程序一开始运行时，命令按钮 Command2 不可见。

```
Private Sub Command1_Click()
    Command2.Visible = True
    Command1.Visible = False
End Sub

Private Sub Command2_Click()
    Command2.Visible = False
    Command1.Visible = True
End Sub

Private Sub Form_Load()
    Command2.Visible = False
End Sub
```

程序运行效果如图 2-14 所示。

图 2-14　Visible 属性

### 2．命令按钮的常用方法

命令按钮控件的常用方法有：SetFocus（设置焦点）方法，设置为焦点的命令按钮将有一个边框，如图 2-15 所示，可直接按【Enter】键执行命令按钮的单击事件。

### 3．命令按钮的常用事件

命令按钮的常用事件是单击（Click）事件，当单击一个命令按钮时，触发 Click 事件。

**注意：** 命令按钮没有双击（DblClick）事件。

### 4．命令按钮应用实例

【例 2-14】窗体上有一个文本框和两个命令按钮。当程序运行时，若按【Enter】键，则触发"显示"按钮的单击事件，在文本框中显示"盐工欢迎你！"，若按【Esc】键，则触发"重置"按钮的单击事件，清除文本框中的内容，并将焦点定位于文本框中。

（1）界面设计

在 Form1 窗体上，根据题目要求设计界面如图 2-16 所示。

图 2-15　焦点在"确定"按钮上　　　　图 2-16　程序设计界面

（2）设置控件的属性，如表 2-3 所示。

表 2-3　控件属性设置

| 对　　象 | 属　　性 | 属　性　值 |
| --- | --- | --- |
| Text1 | Text | 空 |
|  | Alignment | 2 |
|  | Font | 华文中宋、粗体、三号 |
| Command1 | Caption | 显示(&S) |
|  | Default | True |
| Command2 | Caption | 重置(&X) |
|  | Cancel | True |

（3）程序代码如下：

```
Private Sub Command1_Click()
    Text1.Text = "盐工欢迎你！"
End Sub

Private Sub Command2_Click()
    Text1.Text = ""
    Text1.SetFocus
End Sub
```

当程序运行时，若单击"显示"按钮、按【Enter】键或按【Alt+S】组合键，运行界面如图 2-17 所示；若单击"重置"按钮、按【Esc】键或按【Alt+X】组合键，运行界面如图 2-16 所示。

图 2-17　程序运行界面

### 2.2.4　列表框

ListBox 控件即列表框控件，用于列出可供用户选择的项目列表，当列表项目不能在列表框中全部显示时，列表框会自动添加一个垂直滚动条。

#### 1. 列表框的常用属性

① Name 属性：名称属性，用来表示列表框的名称，第一个列表框的默认名称为 List1。

② List 属性：表属性，该属性是一个字符型数组，用于存放列表项目。它的项目引用格式：对象.List(列表项序号)，其中，对象为列表框名称；列表项序号为 List 数组的下标，它的取值范围为 0～ListCount-1，也就是说 List 数组的下标是从 0 开始的，即第一个列表项的下标是 0，第二个列表项的下标是 1，最后一个列表项的下标是 ListCount-1。

在设计模式下，通过 List 属性右侧的下拉列表框输入列表项内容，每输入一个列表项后，按【Ctrl+Enter】组合键，便可继续输入下一个列表项，按【Enter】键可结束列表项内容的输入，如图 2-18 所示。List 属性既可以在设计模式下设置，也可以在程序代码中设置或引用。

③ ListCount 属性：列表项数目属性，ListCount 的值表示列表框中列表项的总数，即 List 数组中元素的个数。

④ ListIndex 属性：列表项索引属性，其值为最后选中的列表项序号，列表框中第一个列表项的索引是 0，第二个列表项的索引为 1，依此类推；如果未选中任何列表项，ListIndex 的值为-1。

⑤ Style 属性：外观属性，用于设置列表框控件外观，只能在设计模式时设置。当取值为 0 - Standard 时，是标准风格的列表框；当取值为 1- Checkbox 时，是复选框风格的列表框，如图 2-19 所示，系统的默认值为 0。

图 2-18　List 属性

图 2-19　列表框的外观

⑥ Sorted 属性：排序属性，用于设定列表框中的列表项是否按字母、数字升序排列，当取值为 True，程序运行后列表框中的列表项按升序排序；当取值为 False，程序运行后列表框中的列表项不排序，系统的默认值为 False。

⑦ Text 属性：列表项正文属性，其值为最后被选中的列表项文本。它与 List1.List(List1.ListIndex)功能相同。

⑧ MultiSelect 属性：多选属性，设置一次可以选择的列表项数目。当取值为 0 时，每次只能选择一个列表项；当取值为 1 时，同时选择多个列表项，直接使用鼠标单击即可选择多个列表项；当取值为 2 时，可以用【Shift】或【Ctrl】键选择多个列表项，系统的默认值为 0。

注意：如果选择了多个列表项，ListIndex 和 Text 的属性只表示最后一次选择的列表项的相应的值。

⑨ Selected 属性：选择属性，表示选中某个列表项，是一个逻辑型数组。其格式如下：

`对象.Selected(列表项序号)=True|False`

例如：如果 List1.Selected(0)的值为 True，则表示列表框中第一列表项被选中。

**2．列表框的常用方法**

列表框常用的方法有 AddItem（添加列表项）、RemoveItem（删除列表项）、Clear（删除所有列表项）等。

（1）AddItem 方法

功能：AddItem 方法用来在列表框中添加（插入）一个列表项。

格式：`对象.AddItem <列表项文本>[,插入位置序号]`

说明：对象可以是列表框或组合框；列表项文本必须是字符串表达式，即将要加入列表框中的列表项；插入位置序号决定列表项文本在列表框中的位置，如果省略，则将列表项文本添加到列表的末尾。

（2）RemoveItem 方法

功能：RemoveItem 方法用来删除列表框中指定的列表项。

格式：`对象.RemoveItem 删除项序号`

说明：对象可以是列表框或组合框；删除项序号是被删除列表项在列表框中的位置。

（3）Clear 方法

功能：Clear 方法用来删除列表框中所有的列表项。

格式：`对象.Clear`

说明：对象可以是列表框或组合框。

**3．列表框的常用事件**

① Click 事件：单击某一列表选项时触发该事件。

② DblClick 事件：双击某一列表选项时触发该事件。

**4．列表框应用实例**

【例 2-15】窗体上有一个文本框、一个列表框和三个命令按钮。初始状态下，文本框为空，列表框中有列表项 AAA、BBB、CCC。当程序运行时，通过文本框向列表框添加数据，如果文本框中没有数据，则"添加列表项"按钮不可用，如果没有选中列表框中的列表项，则"删除列表项"按钮不可用，如果删除了所有列表项，则"删除所有项"按钮不可用。

① 界面设计。在 Form1 窗体上，根据题目要求设计界面如图 2-20 所示。

图 2-20　程序设计界面

② 设置控件的属性，如表 2-4 所示。

表 2-4　控件属性设置

| 对　象 | 属　性 | 属　性　值 |
| --- | --- | --- |
| Text1 | Text | 空 |
| List1 | List | 空 |
| Command1 | Caption | 添加列表项 |
| Command2 | Caption | 删除列表项 |
| Command3 | Caption | 删除所有项 |

③ 实现其基本功能的程序代码如下：

```
Private Sub Command1_Click()
    List1.AddItem Text1.Text
End Sub

Private Sub Command2_Click()
    List1.RemoveItem List1.ListIndex
End Sub

Private Sub Command3_Click()
    List1.Clear
End Sub

Private Sub Form_Load()
    Form1.Show
    Text1.Text = ""
    List1.AddItem "AAA"
    List1.AddItem "BBB"
    List1.AddItem "CCC"
End Sub
```

在调试程序时，发现如果文本框中不输入数据，也可以单击"添加列表项"按钮，从而向列表框中添加一个空白列表项，这样不符合题目的要求，为了避免出现这种现象，我们在 Form_Load() 事件中加入代码：Command1.Enabled = False。此时又发现向文本框中输入数据后，"添加列表项"按钮还是不可使用，为了解决这个问题，增加一个事件：

```
Private Sub Text1_Change()
    If Text1.Text <> "" Then Command1.Enabled = True
End Sub
```

这个时候可以将文本框中输入的内容添加到列表框中，但又存在问题，这个时候"添加列表项"按钮仍然可用，可以再次单击该按钮，添加相同的列表项，而且文本框中的内容添加到列表框后，应该将文本框清空，焦点放在文本框中便于下一次输入，为了解决这些问题，需要在 Command1_Click() 事件中加入如下代码：

```
Private Sub Command1_Click()
    List1.AddItem Text1.Text
    Text1.Text = ""
    Text1.SetFocus
    Command1.Enabled = False
End Sub
```

这样"添加列表项"按钮的程序代码就比较完善了，在调试过程中同样会发现"删除列表项"按钮和"删除所有项"按钮的程序代码也不完善，请读者根据下面的程序代码分析不完善的地方。

④ 完善的程序代码如下：

```
Private Sub Command1_Click()
    List1.AddItem Text1.Text
    Text1.Text = ""
    Text1.SetFocus
    Command1.Enabled = False
    If List1.ListCount > 0 Then Command3.Enabled = True
End Sub

Private Sub Command2_Click()
    List1.RemoveItem List1.ListIndex
    Command2.Enabled = False
    If List1.ListCount = 0 Then Command3.Enabled = False
End Sub

Private Sub Command3_Click()
    List1.Clear
    Command3.Enabled = False
End Sub

Private Sub Form_Load()
    Form1.Show
    Text1.Text = ""
    List1.AddItem "AAA"
    List1.AddItem "BBB"
    List1.AddItem "CCC"
    Command1.Enabled = False
    Command2.Enabled = False
End Sub

Private Sub List1_Click()
    If List1.ListIndex <> -1 Then Command2.Enabled = True
End Sub

Private Sub Text1_Change()
    If Text1.Text <> "" Then Command1.Enabled = True
End Sub
```

### 2.2.5　组合框

ComboBox 控件即组合框控件，是由列表框和文本框组合而成的控件。也就是说，组合框是一个独立的控件，但它兼有列表框和文本框的功能。组合框在列表框中列出可供用户选择的选项，当用户选定某项后，该项内容自动装入文本框中。

#### 1. 组合框的常用属性

ComboBox 控件也具有 Name、List、ListCount、ListIndex、Sorted 等属性，它们的功能与 ListBox 控件相同。

① Name 属性：名称属性，用来表示组合框的名称，第一个组合框的默认名称为 Combo1。

② Style 属性：外观属性，用于设置组合框控件的类型和功能，只能在设计模式时设置。当取值为 0 – Dropdown Combo 时，表示下拉式组合框；当取值为 1 – Simple Combo 时，表示简单组合框（在设计模式必须改变组合框的高度才能显示组合框中的列表项，用 Height 属性设置简单组合框的高度时，要将 IntegralHeight 属性设置为 False，如果是 True，改变大小的值固定，即扩大或缩小某一个值）；当取值 2 – Dropdown List 时，表示下拉列表框，如图 2-21 所示，系统的默认值为 0。

③ Text：正文属性，其值为用户所选文本或直接输入的文本（如果 Style 属性值为 2，其值为用户所选文本）。

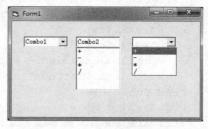

图 2-21　组合框的类型

**注意：** 组合框界面上文本框数据的清空就用 Text 属性，即 Combo1.Text = ""或设置其 Text 属性为空（如果 Style 属性值为 2，不需要清空）。

**2．组合框的常用方法**

组合框的常用方法有 AddItem（添加列表项）、RemoveItem（删除列表项）、Clear（删除所有列表项）等，它们的功能与使用方法与 ListBox 控件相同。

**3．组合框的常用事件**

① Click 事件：单击某一列表选项时触发该事件。

② DblClick 事件：双击某一列表选项时触发该事件（Style 属性值为 1 才有双击事件，Style 属性值为 0 或 2，没有双击事件）。

③ Change 事件：当组合框上面的文本框中的内容发生变化时触发该事件。

**4．组合框应用实例**

【例2-16】窗体上有三个文本框、一个下拉式列表框、一个标签和三个命令按钮。初始状态下，三个文本框为空，下拉列表框中有列表项+、-、*、/。当程序运行时，通过前两个文本框输入数值型数据，在下拉式列表框中选择一个算术运算符，单击"计算"按钮，将计算结果显示在第三个文本框中，单击"清除"按钮，清空三个文本框中的内容，焦点定位于第一个文本框中，单击"结束"按钮，结束程序运行。

① 界面设计。在 Form1 窗体上，根据题目要求设计界面如图 2-22 所示。

② 设置控件的属性，如表 2-5 所示。

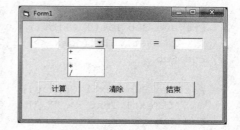

图 2-22　程序设计界面

表 2-5　控件属性设置

| 对　　象 | 属　　性 | 属　性　值 |
| --- | --- | --- |
| Text1 | Text | 空 |
| Text2 | Text | 空 |
| Text3 | Text | 空 |
| Combo1 | Style | 2 |

续表

| 对　　象 | 属　　性 | 属　性　值 |
| --- | --- | --- |
| Label1 | Caption | = |
|  | AutoSize | True |
|  | Font | 宋体、三号 |
| Command1 | Caption | 计算 |
| Command2 | Caption | 清除 |
| Command3 | Caption | 结束 |

③ 程序代码如下：

```
Private Sub Command1_Click()
    Dim a As Single, b As Single
    Dim c As Single
    a = Val(Text1.Text)
    b = Val(Text2.Text)
    Select Case Combo1.Text
        Case "+"
            c = a + b
        Case "-"
            c = a - b
        Case "*"
            c = a * b
        Case "/"
            If b = 0 Then
                MsgBox "除数为 0，请重新输入"
                Text2.Text = ""
                Text2.SetFocus
            Else
                c = a / b
            End If
        Case Else
            MsgBox "请选择一种运算符"
    End Select
    Text3.Text = CStr(c)
End Sub

Private Sub Command2_Click()
    Text1.Text = ""
    Text2.Text = ""
    Text3.Text = ""
    Text1.SetFocus
End Sub

Private Sub Command3_Click()
    End
End Sub

Private Sub Form_Load()
    Text1.Text = ""
```

```
        Text2.Text = ""
        Text3.Text = ""
        Combo1.AddItem "+"
        Combo1.AddItem "-"
        Combo1.AddItem "*"
        Combo1.AddItem "/"
End Sub
```
程序运行提示界面与结果如图 2-23 所示。

图 2-23　程序提示界面与结果

### 2.2.6　框架

Frame 控件即框架控件，它是一个容器控件，用于将屏幕上的对象分组。使用框架的主要目的是对控件进行分组，即把指定的控件放到框架中。因此必须先画框架，然后在框架内画出需要成为一组的控件，这样才能使框架内的控件成为一个整体，和框架一起移动。

框架控件的常用属性有：Name 和 Caption。

框架可以响应 Click 和 DblClick 事件。但是，在应用程序中一般不需要编写有关框架的事件过程。

### 2.2.7　选项按钮和复选框

OptionButton 控件即选项按钮控件，用于从一组互斥的选项中选取其一，其外观有两种：○ 表示未选中，⊙ 表示被选中，在选中了一个选项按钮之后，组中的其他选项按钮都自动变成未选中。

CheckBox 控件即复选框控件，用于从一组可选项中同时选中多个选项，其外观有三种：□ 表示未选中，☑ 表示被选中，☑ 表示被选中同时灰化。

#### 1.　常用属性

① Name 属性：名称属性，用来表示选项按钮和复选框的名称，第一个选项按钮的默认名称为 Option1，第一个复选框默认名称为 Check1。

② Caption 属性：标题属性，设置选项按钮和复选框的文本标题。

③ Alignment 属性：对齐属性，设置标题与按钮的对齐方式。当取值为 0 – Left Justify 时，控件在 Caption 文本左侧，即控件在左侧，文本在右侧；当取值为 1 – Right Justify 时，控件在 Caption 文本右侧，即控件在右侧，文本在左侧，系统的默认值为 0。

④ Value 属性：取值属性，选项按钮的 Value 属性有两个值，当取值为 False 时，表示未选中（○）；当取值为 True 表示被选中（⊙），系统的默认值为 False。复选框的 Value 属性有三个值，当取值为 0 时，表示未选中（□）；当取值为 1 时，表示被选中（☑）；当取值为 2 时，表示被选中同时灰化（☑），系统的默认值为 0。

⑤ Style 属性：外观属性，设置控件的外观。当取值为 0 时，控件以标准方式显示；当取值

为 1 时，控件以图形方式显示，系统的默认值为 0。

**2．常用方法**

选项按钮和复选框的常用方法是 Move 与 SetFocus 方法。

**3．常用事件**

选项按钮和复选框的常用事件是 Click 事件。

（1）选项按钮

单击选项按钮时，若它原来未被选中，则选中该选项按钮，其 Value 属性值变为 True，同组中的其他选项按钮的 Value 属性值变为 False，并执行单击事件过程代码；若它原来已选中，则不再执行单击事件过程代码。

（2）复选框

单击复选框时，无论其原先是否被选中，都将触发一次 Click 事件。当单击未选中的复选框时，该复选框被选中，其 Value 属性变为 1；当单击已选中的复选框时，该复选框取消选中状态，其 Value 属性变为 0；当单击灰化的复选框时，该复选框取消选中状态，Value 属性变为 0。

**4．应用实例**

【例2-17】框架、选项按钮、复选框的综合使用。

① 界面设计。在 Form1 窗体上，根据题目要求设计界面如图 2-24 所示。

② 设置控件的属性，如表 2-6 所示。

图 2-24　程序设计界面

表 2-6　控件属性设置

| 对　　象 | 属　　性 | 属　性　值 |
|---|---|---|
| Text1 | Alignment | 2 |
| Frame1 | Caption | 字体 |
| Frame2 | Caption | 大小 |
| Frame3 | Caption | 字形 |
| Option1 | Caption | 宋体 |
| Option2 | Caption | 黑体 |
| Option3 | Caption | 隶书 |
| Option4 | Caption | 幼圆 |
| Option5 | Caption | 12 号 |
| Option6 | Caption | 16 号 |
| Option7 | Caption | 20 号 |
| Check1 | Caption | 斜体 |
| Check2 | Caption | 粗体 |
| Command1 | Caption | 结束 |

③ 程序代码如下：

```
Private Sub Check1_Click()
    If Check1.Value = 0 Then
```

```vb
            Text1.FontItalic = False
        Else
            Text1.Font.Italic = True
        End If
    End Sub

    Private Sub Check2_Click()
        If Check2.Value = 1 Then
            Text1.FontBold = True
        Else
            Text1.Font.Bold = False
        End If
    End Sub

    Private Sub Command1_Click()
        End
    End Sub

    Private Sub Form_Load()
        Text1.Text = "盐城工学院"
        Option1.Value = True
        Option5.Value = True
        Text1.Font.Size = 12
        Text1.Font.Name = "宋体"
    End Sub

    Private Sub Option1_Click()
        Text1.FontName = "宋体"
    End Sub

    Private Sub Option2_Click()
        Text1.Font.Name = "黑体"
    End Sub

    Private Sub Option3_Click()
        Text1.FontName = "隶书"
    End Sub

    Private Sub Option4_Click()
        Text1.Font.Name = "幼圆"
    End Sub

    Private Sub Option5_Click()
        Text1.FontSize = 12
    End Sub

    Private Sub Option6_Click()
        Text1.Font.Size = 16
    End Sub
```

```
Private Sub Option7_Click()
    Text1.FontSize = 20
End Sub
```

### 2.2.8　图片框与图像

PictureBox 控件即图片框控件，用于在窗体的指定位置显示图形和文本信息，还可以创建动画图形。图片框控件还可以像窗体、框架控件一样作为其他控件的容器。

Image 控件即图像控件，用于在窗体的指定位置显示图形。

**1. 常用属性**

图片框控件和图像控件有些属性与前面所讲属性相同，但在使用时应注意，对象名不能省略，必须是具体的图片框或图像名称。

① Name：名称属性，用来表示图片框和图像的名称，第一个图片框控件的默认名称为 Picture1，第一个图像控件的默认名称为 Iamge1。

② CurrentX 和 CurrentY：横坐标属性和纵坐标属性，用来设置输出的水平和垂直坐标位置。这两个属性只能在运行期间使用，格式为：[对象.]CurrentX[=X]，[对象.]CurrentY[=Y]。其中，"对象"可以是窗体、图片框和打印机，X 和 Y 表示横坐标和纵坐标值，默认以 Twip 为单位。如果省略"对象"，则指当前窗体。

【例 2-18】单击窗体，则在窗体上显示"盐城工学院"，单击图片框，则在图片框的(600,600)位置显示"计算机等级考试"。

程序代码如下：

```
Private Sub Form_Click()
    Print "盐城工学院"
End Sub

Private Sub Picture1_Click()
    Picture1.CurrentX = 600
    Picture1.CurrentY = 600
    Picture1.Print "计算机等级考试"
End Sub
```

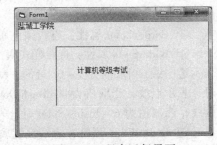

图 2-25　程序运行界面

程序运行结果如图 2-25 所示。

③ Picture 属性：图片属性，该属性用于窗体、图片框和图像，可以通过属性窗口设置，用来把图形装入这些对象中。

④ AutoSize 属性：该属性用于图片框控件，大小自适应属性。当取值为 False 时，图片框大小不变，如果图片太大，只能显示部分图片；当取值为 True 时，图片框的大小随加载图片的大小自动调整，系统的默认值为 False。

⑤ Stretch 属性：该属性用于图像控件，可自动调整图像控件中图形的大小。当取值为 False 时，图像控件的大小随加载图片的大小自动调整，即调整图像控件的大小以适应图片大小；当取值为 True 时，图像控件大小不变，调整图片大小以适应图像控件的大小，此时可能引起图片的失真，系统的默认值为 False。

**2. 常用方法**

和窗体一样，图片框控件的常用方法有：Cls 和 Print 方法，图片框控件还支持图形方法，主要有：Circle、Line 和 Pset 等。

**3．常用事件**

和窗体一样，图片框和图像控件的常用事件有：Click 和 DblClick 事件。

**4．装入图形文件**

图片框控件和图像控件都可以在设计模式和运行模式装入图形文件。在设计模式装入图形文件是通过 Pictrue 属性实现的；在运行模式可以用 LoadPicture()函数把图形文件装入窗体、图片框或图像控件中。LoadPicture()函数的格式如下：

`[对象.]Picture = LoadPicture("文件名")`

例如：将 D 盘 shc 文件夹下的 aa.bmp 图形文件装入图片框 Picture1，则语句为：

`Picture1.Picture = LoadPicture("D:\shc\aa.bmp")`

图片框控件和图像控件中的图形也可以使用 LoadPicture()函数删除，其格式如下：

`[对象.]Picture = LoadPicture("")` 或 `[对象.]Picture = LoadPicture()`

### 2.2.9 直线和形状

Line 控件即直线控件，用直线控件可以画出简单的直线，可以画水平线、垂直线或者对角线，通过属性的变化可以改变直线的粗细、颜色及线型。

Shape 控件即形状控件，用形状控件可以在窗体上画矩形、正方形、椭圆、圆形、圆角矩形或者圆角正方形，同时，可设置形状的颜色和填充图案。

**1．直线控件的常用属性**

① Name：名称属性，用来表示直线控件的名称，第一个直线控件的默认名称为 Line1。

② X1、Y1、X2、Y2 属性：坐标属性，该属性返回或设置直线控件的起点(X1,Y1)和终点(X2,Y2)的坐标。

③ BorderColor 属性：直线颜色属性，用来设置所画直线的颜色。

④ BoderStyle 属性：直线样式属性，用来设置所画直线的线型。当取值为 0 – Transparent 时，表示透明线；当取值为 1 – Solid 时，表示实线；当取值为 2 – Dash 时，表示虚线，当取值为 3 – Dot 时，表示点线；当取值为 4 – Dash Dot 时，表示点画线；当取值为 5 – Dash Dot Dot 时，表示双点画线；当取值为 6 – Inside Solid 时，表示内实线，系统的默认值为 1。

⑤ BoderWidth 属性：直线宽度属性，用来设置直线的宽度，默认时以像素为单位。

**2．形状控件的常用属性**

形状控件也具有 BorderColor、BorderStyle、BorderWidth 等属性，它们的功能与 Line 控件相同。

① Name：名称属性，用来表示形状控件的名称，第一个形状框控件的默认名称为 Shape1。

② Shape 属性：形状属性，用来表示形状的几何图形。当取值为 0 – Rectangle 时，表示矩形；当取值 1 – Square 时，表示正方形；当取值 2 – Oval 时，表示椭圆；当取值 3 – Circle 时，表示圆；当取值为 4 – Rounded Rectangle 时，表示四角圆化的矩形；当取值为 5 – Rounded Square 时，表示四角圆化的正方形，系统的默认值为 0。

③ BackStyle 属性：背景风格属性，用来表示形状的背景样式是透明的还是不透明的。当取值为 0 时，形状边界内的区域是透明的；当取值为 1 时，形状边界内的区域由 BackColor 属性所指定的颜色来填充，系统的默认值为 0。

④ BackColor 属性：背景颜色属性，用来设置形状的背景颜色。

⑤ FillColor 属性：填充色属性，用来设置形状内部的填充色，只有当 FillStyle 的属性值为 0 时，才能使用某种填充颜色。

⑥ FillStyle 属性：填充风格属性，用来设置形状内部的填充图案。当取值为 0 时，表示实心，即由 FillColor 属性所指定的颜色来填充；当取值为 1 时，表示透明；当取值为 2 时，表示用水平线填充；当取值为 3 时，表示用垂直线填充；当取值为 4 时，表示用向上对角线填充；当取值为 5 时，表示用向下对角线填充；当取值为 6 时，表示用交叉线填充；当取值为 7 时，表示用对角交叉线填充，系统的默认值为 1。

**3．应用实例**

【例 2-19】在窗体 From1 上画一个形状控件 Shape1，画两个命令按钮分别为 Command1、Command2，标题分别为"圆形""红色边框"，如图 2-26 所示。编写事件过程使得程序在运行时，单击"圆形"按钮将形状控件设为圆形，单击"红色边框"按钮，将形状控件的边框颜色设为红色（&H000000FF&）。

程序代码如下：

图 2-26　程序运行界面

```
Private Sub Command1_Click()
  Shape1.Shape = 3
End Sub
Private Sub Command2_Click()
  Shape1.BorderColor = &HFF&
End Sub
```

### 2.2.10　滚动条

滚动条（ScrollBar）分为水平滚动条（HScrollBar）和垂直滚动条（VScrollBar）两种，在项目列表很长或者信息量很大时，可以使用滚动条提供简便的定位，也可用来作为渐变数据的输入工具，或数量、速度的指示器。

除方向不同外，水平滚动条和垂直滚动条的结构和操作是相同的。滚动条的两端各有一个滚动箭头，在滚动箭头之间有一个滚动块，如图 2-27 所示。

滚动箭头——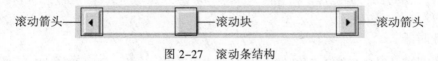——滚动块　　　　　　滚动箭头

图 2-27　滚动条结构

**1．滚动条的常用属性**

在一般情况下，水平滚动条的值从左向右递增，最左端代表最小值（Min），最右端代表最大值（Max）；垂直滚动条的值由上往下递增，最上端代表最小值（Min），最下端代表最大值（Max）。注意也可以相反，即水平滚动条最左端代表最大值，最右端代表最小值，垂直滚动条最上端代表最大值，最下端代表最小值。滚动条的值用整数表示，其取值范围为 –32 768～32 767。

① Name：名称属性，用来表示滚动条控件的名称，第一个水平滚动条控件的默认名称为 HScroll1，第一个垂直滚动条控件的默认名称为 VScroll1。

② Max 属性：最大值属性，该属性表示滚动条所能表示的最大值，即滚动块处于水平滚动条最右端或垂直滚动条最下端时 Value 属性的最大值。取值范围为 –32 768～32 767，系统的默认值为 32 767。

③ Min 属性：最小值属性，该属性表示滚动条所能表示的最小值，即滚动块处于水平滚动条最左端或垂直滚动条最上端时 Value 属性的最小值。取值范围为 – 32 768～32 767，系统的默认值

为 0。

④ Value 属性：值属性，该属性的值表示滚动块在滚动条上的位置。

⑤ LargeChange 属性：最大改变量属性，用来设置当用户用鼠标单击滚动条中滚动块两侧空白区域时，Value 属性值的改变量，系统的默认值为 1。

⑥ SmallChange 属性：最小改变量属性，用来设置当用户用鼠标单击滚动条中滚动箭头时，Value 属性值的改变量，系统的默认值为 1。

**2．滚动条的常用方法**

滚动条的常用方法有：SetFocus。

**3．滚动条的常用事件**

① Scroll 事件：当在滚动条内拖动滚动块时会触发该事件（单击滚动箭头、单击滚动块两侧空白区域时不触发 Scroll 事件），当滚动块移动时，该事件一直发生。Scroll 事件用于跟踪滚动条中的动态变化。

② Change 事件：单击滚动箭头、单击滚动块两侧空白区域、释放拖动的滚动块都将触发 Change 事件，改变滚动条的 Value 属性值时也将触发 Change 事件。

**4．滚动条应用实例**

【例 2-20】在窗体 Form1 上画一个水平滚动条 HScroll1，设置 Min 为 1，Max 为 100，LargeChange 为 10，SmallChange 为 5，单击滚动按钮和单击滚动块两侧的空白区域，看窗体上输出的信息。

程序代码如下：

```
Private Sub Form_Activate()
    Print HScroll1.Min, HScroll1.Max
    Print HScroll1.SmallChange, HScroll1.LargeChange
End Sub

Private Sub HScroll1_Change()
    Print HScroll1.Value
End Sub
```

## 2.2.11　计时器

Timer 控件即计时器控件，又称时钟或定时器，用于按一定的时间间隔定时执行 Timer 事件，有规律地执行 Timer 事件过程中的程序代码。

与其他控件不同，加入窗体的计时器控件大小不可改变，在程序运行时不可见，所以在界面设计时可以将计时器放置在窗体的任何位置。一个窗体可以使用多个计时器控件，它们按各自的时间间隔相互独立。

**1．计时器控件的常用属性**

① Name：名称属性，用来表示计时器控件的名称，第一个计时器控件的默认名称为 Timer1。

② Interval 属性：时间间隔属性，该属性用来设置计时器事件之间的间隔，单位为毫秒，表示每隔多少毫秒自动执行 Timer 事件一次。如将 Interval 属性设置为 1 000，表示每隔 1 秒自动执行 Timer 事件一次。

③ Enabled 属性：活动属性，用来表示计时器是否可用。取值为 True 时，计时器可用；取值为 False 时，计时器不可用，系统默认值为 True。

### 2．计时器控件的常用方法

计时器控件没有方法。

### 3．计时器控件的常用事件

计时器控件只有一个 Timer 事件，对于一个含有计时器控件的窗体，每经过一段由 Interval 属性指定的时间间隔，就自动执行一次 Timer 事件。

### 4．计时器应用实例

【例2-21】在窗体 Form1 上有一个 Label1，其 Caption 属性为空，AutoSize 为 True，BorderStyle 为 1，一个计时器 Timer1，两个命令按钮 Command1、Command2，标题分别为"显示"和"停止"，如图 2-28 所示。编写适当的事件过程，使得程序运行后单击"显示"按钮，在标签上显示系统的当前时间，并且每秒更新一次；单击"停止"按钮，则时间停止更新。

程序代码如下：

```
Private Sub Command1_Click()
    Timer1.Enabled = True
End Sub

Private Sub Command2_Click()
    Timer1.Enabled = False
End Sub

Private Sub Form_Load()
    Timer1.Interval = 1000
    Timer1.Enabled = False
End Sub

Private Sub Timer1_Timer()
    Label1.Caption = Time
End Sub
```

图 2-28　程序运行界面

## 2.3　控　件　值

VB 为每个控件规定了一个默认属性，在设置这样的属性时，不必给出属性名称，通常将该属性称为控件值，如文本框的控件值为 Text 属性，则程序代码中 Text1.Text 可写成 Text1。VB 常用控件的控件值如表 2-7 所示。

表 2-7　常用控件的控件值

| 控 件 对 象 | 控 件 值 | 控 件 对 象 | 控 件 值 |
|---|---|---|---|
| PictureBox | Picture | VScrollBar | Value |
| Image | Picture | ComboBox | Text |
| Label | Caption | ListBox | Text |
| Frame | Caption | TextBox | Text |
| CommandButton | Value | Timer | Enabled |
| CheckBox | Value | Shape | Shape |
| HScrollBar | Value | OptionButton | Value |

# 2.4 窗体与控件示例

【例2-22】窗体上有一个形状控件 Shape1，其 Shape 属性为 3，Width 与 Height 属性均为 500，FillStyle 属性为 0，FillColor 属性为红色（&H000000FF&），BorderColor 属性为红色（&H000000FF&），一个计时器 Timer1，两个命令按钮 Command1、Command2，标题分别为"开始"和"停止"，如图 2-29 所示。编写适当的事件过程，使得程序运行后单击"开始"按钮，形状每隔 0.1 秒向右移动 100，当形状右侧到达窗体右边界时，形状每隔 0.1 秒向左移动 100，当形状左侧到达窗体左边界时再向右移动；单击"停止"按钮，形状停止移动。

程序代码如下：

```
Dim k As Integer
Private Sub Command1_Click()
    Timer1.Enabled = True
End Sub

Private Sub Command2_Click()
    Timer1.Enabled = False
End Sub

Private Sub Form_Load()
    Timer1.Interval = 100
    Timer1.Enabled = False
    k = 1
End Sub

Private Sub Timer1_Timer()
    Shape1.Left = Shape1.Left + k * 100
    If Shape1.Left + Shape1.Width >= Form1.Width Or Shape1.Left <= 0 Then
        k = -k
    End If
End Sub
```

图 2-29　程序运行界面

 习题

## 一、选择题

1. 假定编写了以下几个窗体的事件过程，则运行程序并显示窗体后，已经执行的事件过程是_____。

    A. Load            B. Click            C. LostFocus            D. KeyPress

2. 决定控件上文字的字体、字形、大小、效果的属性是_____。

    A. Text            B. Caption            C. Name            D. Font

3. 用来设置文字字体是否斜体的属性是_____。

    A. FontUnderline      B. FontBold            C. FontSize            D. FontItalic

4. 能够获得一个文本框中被选取文本内容的属性是_____。

    A. Text            B. SelLength          C. SelText            D. SelStart

5. 以下能够触发文本框 Change 事件的操作是_____。

A.　文本框失去焦点　　　　　　　　　B.　文本框获得焦点

C.　设置文本框的焦点　　　　　　　　D.　改变文本框中的内容

6.　使文本框获得焦点的方法是_____。

A.　Change　　　　　B.　GotFocus　　　　　C.　SetFocus　　　　　D.　LostFocus

7.　为了使文本框同时具有水平和垂直滚动条，应先把 MultiLine 属性设置为 True，然后再把 ScrollBars 属性设置为_____。

A.　0　　　　　　　　B.　1　　　　　　　　C.　2　　　　　　　　D.　3

8.　若设置了文本框的属性 PasswordChar = "$"，运行程序时向文本框中输入 8 个任意字符后，文本框中显示的是_____。

A.　8 个 "$"　　　　B.　1 个 "$"　　　　　C.　8 个 "*"　　　　　D.　无任何内容

9.　在窗体上画一个文本框，其名称为 Text1，Text 为空，为了在程序运行后隐藏该文本框，应当使用的语句为_____。

A.　Text1.Clear　　　　　　　　　　　B.　Text1.Visible = False

C.　Text1.Hide　　　　　　　　　　　D.　Text1.Enabled = False

10.　在窗体上画一个文本框（其名称为 Text1，Text 为空）和一个标签（其名称为 Label1）。要求程序运行后，如果在文本框中输入字符，则立即在标签中显示相同的内容。以下可以实现上述操作的事件过程是_____。

A.　`Private Sub Text1_Change()`
　　　`Label1.Caption = Text1.Text`
　　`End Sub`

B.　`Private Sub Text1_Click()`
　　　`Label1.Caption = Text1.Text`
　　`End Sub`

C.　`Private Sub Label1_Change()`
　　　`Label1.Caption = Text1.Text`
　　`End Sub`

D.　`Private Sub Label1_Click()`
　　　`Label1.Caption = Text1.Text`
　　`End Sub`

11.　在窗体上有一个文本框控件，名称为 TxtTime；一个计时器控件，名称为 Timer1，Interval 属性为 1 000，要求每秒在文本框中显示一次当前的时间。程序为：

```
Private Sub Timer1_____()
    TxtTime.Text = Time
End Sub
```

在横线上应填入的内容是_____。

A.　Enabled　　　　　B.　Visible　　　　　C.　Interval　　　　　D.　Timer

12.　为了在按【Enter】键时执行某个命令按钮的 Click 事件过程，需要把该命令按钮的一个属性设置为 True，这个属性是_____。

A.　Value　　　　　　B.　Cancel　　　　　C.　Enabled　　　　　D.　Default

13.　要把一个命令按钮设置成无效，应设置的属性是_____。

A.　Visible　　　　　B.　Enabled　　　　　C.　Default　　　　　D.　Cancel

14.　为了在按【Esc】键时执行某个命令按钮的 Click 事件过程，需要把该命令按钮的_____属性设置为 True。

A.　Value　　　　　　B.　Default　　　　　C.　Cancel　　　　　D.　Enabled

15.　要使两个单选按钮属于同一个框架，正确的操作是_____。

A.　先画一个框架，再在框架中画两个单选按钮

B.　先画一个框架，再在框架外画两个单选按钮，然后把单选按钮拖到框架中

  C.　先画两个单选按钮，再画框架将单选按钮框起来

  D.　以上三种方法都正确

16.　通过改变选项按钮控件的_____属性值，可以改变选项按钮的选中状态。

  A.　Value     B.　Style     C.　Appearance    D.　Caption

17.　设窗体上有一个列表框控件 List1，含有若干列表项。以下能表示当前被选中的列表项内容的是_____。

  A.　List1.List    B.　List1.ListIndex   C.　List1.Text   D.　List1.Index

18.　列表框中的列表项的数目可以通过_____属性的值获得。

  A.　Count     B.　ListCount    C.　ListIndex    D.　Index

19.　在列表框中当前被选中的列表项的序号由_____属性表示。

  A.　List      B.　Index     C.　ListIndex    D.　TabIndex

20.　要将一个组合框设置为简单组合框，则应将其 Style 属性设置为_____。

  A.　0       B.　1       C.　2       D.　3

21.　设窗体上有一个列表框控件 List1，且其中含有若干列表项。则_____能表示最后一个列表项序号。

  A.　List1.ListCount        B.　List1.ListCount-1

  C.　List1.ListIndex        D.　List1.Index

22.　在窗体上画一个名称为 List1 的列表框，一个名称为 L1 的标签。列表框中显示若干城市的名称。当单击列表框中的某个城市名时，在标签中显示选中城市的名称。下列能正确实现上述功能的程序是_____。

```
A. Private Sub List1_Click()        B. Private Sub List1_Click()
       L1.Caption=List1.ListIndex          L1.Name=List1.ListIndex
   End Sub                              End Sub
C. Private Sub List1_Click()        D. Private Sub List1_Click()
       L1.Name=List1.Text                  L1.Caption=List1.Text
   End Sub                              End Sub
```

23.　为了清除列表框中的所有内容，应使用的方法是_____。

  A.　Cls      B.　Clear     C.　Remove    D.　RemoveItem

24.　窗体上有一个名称为 HScroll1 的水平滚动条，程序运行后，当单击滚动条两端的滚动箭头时，立即在窗体上显示滚动块的位置，下面能够实现上述操作的事件过程是_____。

```
A. Private Sub HScroll1_Change()    B. Private Sub HScroll1_Change()
       Print HScroll1.Value                Print HScroll1.SmallChange
   End Sub                              End Sub
C. Private Sub HScroll1_Scroll()    D. Private Sub HScroll1_Scroll()
       Print HScroll1.Value                Print HScroll1.SmallChange
   End Sub                              End Sub
```

25.　要将一个组合框设置为下拉式列表框，则应将其 Style 属性设置为_____。

  A.　0       B.　1       C.　2       D.　3

26.　设在窗体上有一个名称为 Combo1 的组合框，含有 5 个项目，如果要删除最后一项，正确的语句是_____。

  A.　Combo1.RemoveItem Combo1.Text   B.　Combo1.RemoveItem 4

C. Combo1.RemoveItem Combo1.ListCount　　　D. Combo1.RemoveItem 5

27. 为了使图片框的大小可以自动适应图片的尺寸,则应_____。

    A. 将其 AutoSize 属性值设置为 True　　　　B. 将其 AutoSize 属性值设置为 False

    C. 将其 Stretch 属性值设置为 True　　　　D. 将其 Stretch 属性值设置为 False

28. 在程序代码中清除图片框 Picture1 中的图形的正确语句是_____。

    A. Picture1.Picture=""　　　　　　　　　B. Picture1.Picture=LoadPicture("")

    C. Picture1.Image=""　　　　　　　　　　D. Picture1.Picture=Null

29. 在程序代码中将图片文件 mypic.jpg 装入图片框 Picture1 的语句是_____。

    A. Picture1.Picture="mypic.jpg"

    B. Picture1.Image="mypic.jpg"

    C. Picture1.Picture=LoadPicture("mypic.jpg")

    D. LoadPicture("mypic.jpg")

30. VB 中图像控件通过_____属性可以自动调整图像控件的大小,以适应加入图形的尺寸。

    A. AutoSize　　　　B. Stretch　　　　　C. AutoRedraw　　　D. Appearance

31. 为使计时器控件每隔 5 秒产生一个计时器事件(Timer 事件),则应将其 Interval 属性值设置为_____。

    A. 5　　　　　　　　B. 500　　　　　　　C. 300　　　　　　　D. 5 000

32. 为了暂时关闭计时器,应把计时器的_____属性设置为 False。

    A. Visible　　　　　B. Timer　　　　　　C. Enabled　　　　　D. Interval

33. 下面控件中没有 Caption 属性的是_____。

    A. 复选框　　　　　B. 单选按钮　　　　　C. 组合框　　　　　D. 框架

34. 设窗体上有一个水平滚动条,已经通过属性窗口将其 Max 属性设置为 1,Min 属性设置为 100。下面叙述中正确的是_____。

    A. 程序运行时,若使滚动块向左移动,滚动条的 Value 属性值就增加

    B. 程序运行时,若使滚动块向左移动,滚动条的 Value 属性值就减少

    C. 由于滚动条的 Max 属性值小于 Min 属性值,程序会出错

    D. 由于滚动条的 Max 属性值小于 Min 属性值,滚动块无法移动

35. 设窗体上有一个水平滚动条 HScroll1 和一个命令按钮 Command1,及下面的事件过程:

```
Private Sub Form_Load()
    HScroll1.Min = 0
    HScroll1.Max = 100
End Sub

Private Sub Command1_Click()
    HScroll1.Value = 70
End Sub
```

程序运行时单击命令按钮,则滚动条上滚动块位置的图示是_____。

    A. 　　　　　　　　B.

    C. 　　　　　　　　D.

## 二、填空题

1. 为了使标签能自动调整大小以显示全部文本内容,应把标签的_____属性设置为 True。

2. 要想在文本框中显示水平滚动条，必须把_____属性设置为 1，同时还应把 MultiLine 属性设置为_____。

3. 使文本框获得焦点的方法是_____。

4. 为了在按【Esc】键时执行某个命令按钮的事件过程，需要把该命令按钮的_____属性设置为 True。

5. 窗体、图片框或图像中的图形通过对象的_____属性设置。

6. 为了在程序运行时把 E:\pic 文件夹下的图形文件 aa.jpg 装入图片框 Picture1，所使用的语句是_____。

7. 计时器事件之间的间隔通过_____属性设置。

8. 计时器控件能有规律地以一定时间间隔触发_____事件，并执行该事件过程中的程序代码。

9. 组合框有三种不同的类型，它们是_____、简单组合框和下拉式列表框，可以通过设置组合框的_____属性的不同取值来实现。

10. 一个控件在窗体上的位置由_____和_____属性决定，其大小由_____和_____属性决定。

11. 在窗体上画一个列表框，然后编写如下两个事件过程：

```
Private Sub Form_Click()
    List1.RemoveItem 1
    List1.RemoveItem 3
    List1.RemoveItem 2
End Sub

Private Sub Form_Load()
    List1.AddItem "itemA"
    List1.AddItem "itemB"
    List1.AddItem "itemC"
    List1.AddItem "itemD"
    List1.AddItem "itemE"
End Sub
```

运行上面的程序，然后单击窗体，列表框中所显示的项目为_____、_____。

三、简答题

1. 窗体有哪些常用的属性、方法和事件？

2. 对象属性的设置有哪两种方法？举例说明哪些属性只能在属性窗口中设置？哪些属性只能在程序代码中设置？

3. 对于一个命令按钮控件来说，Name 属性和 Caption 属性有什么区别？

4. 决定控件位置的属性有哪些？决定控件大小的属性有哪些？

5. 除窗体外，还有哪些控件可作为其他控件的容器使用？

# 第 3 章 | Visual Basic 程序设计语言基础

前两章介绍了简单 VB 应用程序的建立和常用控件的使用方法，设计较复杂的应用程序时需要用到大量的程序代码，编写代码是程序设计的一个重要环节。本章将介绍构成 VB 应用程序的基本元素以及使用方法，主要包括数据类型、表达式和运算符、常用函数等内容，这些都是进行 VB 程序设计的基础。

## 3.1 数 据 类 型

对计算机来讲，数据不仅仅是数值，凡是能够输入到计算机中、被计算机识别并加工处理的符号的集合称为数据。数值、文字、字符、图形、图像和声音等都是数据。数据既是计算机程序处理的对象，也是运算产生的结果。数据按其构造、处理方式、用途及基本属性，可分为若干不同的类型。

与其他程序设计语言一样，VB 规定了可以使用的数据类型。VB 提供的基本数据类型包括数值型、字符型、日期型、逻辑型、字节型、货币型、变体型和对象型等多种，表 3-1 列出了 VB 常见的基本数据类型。此外，VB 还允许用户利用 VB 提供的基本数据类型组合成一个新的数据类型。

表 3-1 Visual Basic 的基本数据类型

| 数 据 类 型 | 关 键 字 | 类型说明符 | 字 节 数 | 取 值 范 围 |
|---|---|---|---|---|
| 整型 | Integer | % | 2 | -32 768～32 767 |
| 长整型 | Long | & | 4 | -2 147 483 648～2 147 483 647 |
| 单精度型 | Single | ! | 4 | -3.402 823E38～-1.401 298E-45<br>1.401 298E-45～3.402 823E38 |
| 双精度型 | Double | # | 8 | -1.797 693 134 862 32D308～-4.940 656 458 412 47D-324<br>4.940 656 458 412 47D-324～1.797 693 134 862 32D308 |
| 逻辑型 | Boolean | 无 | 2 | True 或 False |
| 定长字符型 | String | $ | 字符串长 | 1～65 535 个字符 |
| 变长字符型 | String | $ | 10+字符串长 | 0～约 20 亿个字符 |
| 日期型 | Date | 无 | 8 | 100 年 1 月 1 日～9999 年 12 月 31 日 |
| 货币型 | Currency | @ | 8 | -922 337 203 685 477.580 8～922 337 203 685 477.580 7 |
| 字节型 | Byte | 无 | 1 | 0～255 |
| 对象型 | Object | 无 | 4 | 任何对象引用 |
| 变体型 | Variant | 无 | 按需分配 | 数值型可达 Double 型的范围，字符型可达变长字符型的长度 |

VB 提供多种数据类型的目的是提高程序代码的运行效率，不同类型的数据在计算机内部占

用的存储单元个数不同，表示的数据范围也不同，如果需要处理的数据超出了相应数据类型的表示范围，则产生"数据溢出"。

### 3.1.1 数值型数据

VB 提供了四种数值型数据，它们分别是整型（Integer）、长整型（Long）、单精度型（Single）、双精度型（Double）。

#### 1. 整型（Integer）

整型是不带小数点和指数符号的数，可以是负整数、0 或正整数。一个整型数在内存中占 2 字节（16 位二进制），十进制整型数的取值范围为 -32 768 ~ 32 767，其类型说明符为%，如 -10、20、100 等都是整型数。整型数在机器内以二进制补码形式表示。

#### 2. 长整型（Long）

一个长整型在内存中占 4 字节，其取值范围为 -2 147 483 648 ~ 2 147 483 647，其类型说明符为&，如 -33566、56432、-10&、15&等都是长整型数。

#### 3. 单精度（Single）

单精度是带有小数点或写成指数形式的数，又称实数。一个单精度数在内在中占 4 字节，指数形式由符号、指数和尾数三部分组成，单精度数的指数用 E 或 e 来表示，其中符号占 1 位，指数占 8 位，尾数占 23 位，有效数字精确到 7 位小数，其类型说明符为"!"，如 -1.5、10.62、-8.1E-10、2.1E15、1E10 等都是单精度数。

#### 4. 双精度（Double）

一个双精度数在内存中占 8 字节，有效数字精确到 16 位小数，双精度数的指数用 D 或 d 来表示，其类型说明符为 "#"，如 -1.45D-75、1.2325D100、-1.5#、10.56#等都是双精度数。

### 3.1.2 字符型数据

字符型（String）数据由 ASCII 字符和汉字组成，它是用西文双引号括起来的一串字符。一个西文字符占 1 字节，一个汉字或全角字符占 2 字节。字符串中包含字符的个数称为字符串长度，长度为 0 的字符串，称为空字符串（""，注意双引号中没有任何字符）。如"256"、"abcd"、"盐城工学院"、" "（空格字符串，注意双引号中有一个西文的空格，其字符串长度为 1）等。

VB 中字符串有两种：定长字符串和变长字符串。

#### 1. 定长字符串

定长字符串是指在程序执行过程中长度始终保持不变的字符串，其最大长度不超过 65 535 个字符。在定义变量时，定长字符串的长度用 String 加上一个星号 "*" 和常数表示，格式为：Dim 变量名 As String *常数。如语句 Dim a As String * 6，将变量 a 定义为长度为 6 个字符的定长字符串，如果赋给该变量的字符串少于 6 个字符，不足部分用空格补足；若超过 6 个字符，则超出部分被截去。

#### 2. 变长字符串

变长字符串是指长度不固定的字符串，随着对字符串变量赋予新的值，其长度可增可减。一个字符串如果没有定义为定长的，都属于变长字符串。

说明：如果字符串中本身含有双引号，则要用两个连续的双引号表示。如描述字符串：AB"CD，正确的表示形式为："AB""CD"。

### 3.1.3　逻辑型数据

逻辑型（Boolean）数据又称布尔型数据，在内存中占 2 字节。逻辑型数据取值只有两种：True（真）和 False（假）。

说明：逻辑型数据与整型数据可以相互转换，将逻辑型数据转换成整型数据，则 True 转换为 −1，False 转换为 0；若将整型数据转换为逻辑型数据，则非 0 数转换为 True，0 转换为 False。

### 3.1.4　日期型数据

日期型（Date）数据表示由年、月、日组成的日期信息或由时、分、秒组成的时间信息。日期型数据在内存中占 8 字节，表示的日期范围是从 100 年 1 月 1 日～9999 年 12 月 31 日，时间范围为 0:00:00～23:59:59。

日期的书写格式为 mm/dd/yyyy 或 mm-dd-yyyy，或者是其他可以辨认的日期，时间的书写格式为 hh:mm:ss。日期型数据必须用英文的"#"号括起来。如#1/16/2020#、#1/16/2020 11:35:23 AM#（日期与时间、时间与 AM 之间有一个英文的空格）。

### 3.1.5　货币型数据

货币型（Currency）数据是专门用来表示货币的数据类型。货币型数据在内存中占 8 字节，精确到小数点后 4 位，取值范围为−922 337 203 685 477.580 8～922 337 203 685 447.580 7。

### 3.1.6　字节型数据

字节型（Byte）数据在内存中占 1 字节，无符号，取值范围为 0～255。

### 3.1.7　对象型数据

对象型（Object）数据用来表示图形、OLE 对象或其他对象，在内存中占 4 字节。

### 3.1.8　变体型数据

变体型（Variant）数据是一种可变的数据类型，它可以表示任何类型的数据，是所有未定义的变量的默认数据类型。

### 3.1.9　记录类型

用户可以利用 Type 语句定义记录类型，其格式如下：

```
[Public|Private]Type 记录类型名
    字段名 1 As 数据类型
    字段名 2 As 数据类型
    ...
End Type
```

### 3.1.10　枚举类型

所谓"枚举"是指将变量的值一一列举出来。变量的值只限于列举出来值的范围。枚举类型放在窗体模块、标准模块或公用类模块的声明部分，通过 Enum 语句来定义，格式如下：

```
[Public|Private] Enum 数据类型名
    成员名[= 常数表达式]
    成员名[= 常数表达式]
    ...
End Enum
```

# 3.2　常量与变量

VB 的数据有常量和变量之分，在程序运行过程中值不发生变化的数据称为常量，而变量是指在程序运行过程中其值可以根据需要改变的数据。

## 3.2.1　命名规则

在 VB 中，常量、变量、数组、通用过程名、函数过程名等命名都必须遵循以下规则：

① 必须以字母开头，由字母、数字或下画线"_"组成，长度不超过 255 个字符，最后一个字符可以是类型说明符。

② 不能直接使用 VB 中的系统关键字，如 As、If、Print 等。

③ 不区分字母的大小写，如 XY、Xy、xY 和 xy 认为是同一个名字。

## 3.2.2　常量

所谓常量是指在程序中事先设置、运行过程中值保持不变的数据。VB 中常量分为 3 种：普通常量、符号常量及内部常量。

### 1．普通常量

普通常量包括字符型常量（字符串）、数值型常量（整数、长整数、单精度数、双精度数）、逻辑型常量和日期型常量。

（1）字符型常量

字符型常量就是用西文双引号括起来的一串字符，又称字符串。如"中国"、"ABCDEF"、"15"等。

（2）数值型常量

数值型常量有 4 种表示形式：整数、长整数、单精度数、双精度数。

① 整数：十进制整数可以带有正号或负号，由数字 0～9 组成，如 10、–15。VB 中还允许使用八进制整数与十六进制整数，八进制整数由数字 0～7 组成，数字前面加&O（大写字母），如&O2345；十六进制整数由数字 0～9、字母 A～F 组成，数字前面加&H，如&HA1B。

② 长整数：表示方法是在数的最后加上长整型类型说明符"&"，如 654&、–85670&。

③ 单精度数：用指数符号 E 或在数的最后加单精度类型说明符"!"，如 1.5!、– 2.1E16。

④ 双精度数：用指数符号 D 或在数的最后加双精度类型说明符"#"，如 1.2#、5.1D150。

（3）逻辑型（布尔型）常量

逻辑型常量只有 True（真）和 False（假）两个值。

（4）日期型常量

日期型常量的表示方法是用两个"#"号把表示的日期和时间的值括起来，如#1/16/2020#。

### 2．符号常量

如果在程序中经常用到某些普通常量，为了便于程序的书写、阅读和理解，这些普通常量可以用符号来表示，以符号形式表示的常量称为"符号常量"。如数学中的圆周率 π，如果用符号 PI 来表示，不仅书写方便，而且增加了程序的可读性。

在程序中使用符号常量，一定要先说明后使用，符号常量用 Const 语句进行说明，格式如下：

```
[Public | Private] Const 常量名 [As 数据类型] = 表达式
```

其中，Public 选项只能用在标准模块中，用以说明可在整个应用程序中使用的常量；Private

选项可用于模块级常量，它们都不能在过程中使用。As 数据类型选项表示要定义符号常量的数据类型，如果缺少该项，则符号常量的数据类型由后面的表达式值的类型决定。例如：

```
Const PI As Single = 3.14159
```

该语句的功能是定义了单精度类型的符号常量 PI，其值为 3.14159。

**3. 内部常量**

内部常量又称系统常量，是由 VB 系统定义的，可以在程序中直接使用，通常以 vb 开头，如 vbCrLf、vbOK、vbYes、vbNo、vbMonday、vbTrue 等。选择"视图"→"对象浏览器"命令，打开"对象浏览器"窗口，在该窗口中可以查看到内部常量。

### 3.2.3　变量

变量是指在程序运行过程中，以符号形式出现且取值可以改变的数据。在 VB 中进行数据处理时，通常使用变量来存储临时数据。每个变量都有一个名字和相应的数据类型。通过名字来引用变量，而数据类型则决定了其存储方式及在内存中所占存储单元的大小。变量名实际上代表一个内存地址，VB 编译时，由系统为每个变量分配一个内存地址，变量的值就存放在该地址的存储单元中。在程序中，从变量中取值或给变量赋值，其过程就是通过变量名找到相应的内存地址，然后从存储单元中取出数据或将数据写入存储单元。

**1. 变量的说明和类型**

在 VB 中使用一个变量时，一般是先定义（声明）后使用。定义变量的目的是为变量命名，同时由系统通过其类型为其分配存储单元，变量也可以不加任何定义而直接使用。变量的定义分显式定义（用说明语句定义）和隐式定义（用类型说明符标识）两种。

（1）显式定义

所谓显式定义，是指每个变量在使用前用说明语句先定义，其格式为：

```
<Public | Private | Static | Dim>变量名 As 数据类型[,变量名 As 数据类型]…
```

说明：

① Public 关键字用于说明全局变量（公有变量），Private 关键字用于说明窗体（模块）级变量，它们都只能用在模块的通用/声明部分；Static 用于说明过程级的静态变量，只能用在过程中；Dim 关键字既可以说明窗体/模块级变量（在模块的通用/声明部分说明）也可以说明过程级变量（在过程中说明）。

② <数据类型>可以是 Integer、Long、Single、Double、String、Boolean 等基本数据类型。

③ 用 As String 可以定义变长字符型变量，用 As String * <常数>可以定义定长字符型变量。

④ 一个语句可以定义多个变量，但每个变量都要用 As 数据类型定义其数据类型，否则该变量被说明为变体型（Variant）变量。如语句 Dim a As Integer, b As Integer，说明变量 a、b 为整型；而语句 Dim a, b As Integer，说明 a 为变体型，b 为整型。

⑤ 变量定义后，系统自动为该变量赋予一个初值，数值型初值为 0；定长字符型（设长度为 n）初值为 n 个空格；变长字符型初值为空串即零长度字符串；逻辑型初值为 False；变体类型的初值为 Empty（空）。

（2）隐式定义

所谓隐式定义，是指用类型说明符来标识，把类型说明符放在变量名的尾部，来标识不同的变量类型。常用的类型说明符如表 3-2 所示。

表 3-2　类型说明符

| 类型说明符 | 类　　型 | 举例及说明 |
| --- | --- | --- |
| % | 整型 | a%：表示 a 是整型 |
| & | 长整型 | b&：表示 b 是长整型 |
| ! | 单精度 | c!：表示 c 是单精度 |
| # | 双精度 | d#：表示 d 是双精度 |
| $ | 字符型 | s$：表示 s 是字符型 |

　　VB 允许用户编程时可以不加任何定义而直接使用变量，系统运行时再临时为变量分配存储空间，通常称这种方式为隐式定义。使用隐式定义虽然省事，但却容易在发生错误时令系统产生误解，所以变量在使用前最好显式定义。

### 2．Option Explicit 语句

　　在模块中使用 Option Explicit 语句，系统将检查模块中所有未进行显式定义的变量，一旦发现有这样的变量存在，就会产生一个"变量未定义"的错误信息，如图 3-1 所示。

图 3-1　变量未定义错误信息

　　该语句的使用方法：选择"工具"→"选项"命令，弹出"选项"对话框，选择"编辑器"选项卡，选中"要求变量声明"复选框，最后单击"确定"按钮。设置完毕后，每当创建新模块时，VB将把 Option Explicit 语句自动加到代码窗口的通用/声明部分。当然，也可以由用户直接在通用/声明部分输入这条语句。

### 3．变量的作用域

　　变量的作用域是指变量能被程序识别的范围。根据变量的说明位置和所使用的变量说明关键字的不同，VB 中的变量作用域可以分为 3 类：局部（过程级）变量、模块（窗体级）变量和公有（全局）变量。

　　（1）过程级变量

　　过程级变量又称局部变量，只能用 Dim、Static 在过程中定义，作用范围是该过程，脱离该过程后无效，即只有在该过程内的代码才能访问或改变该变量的值。

　　使用 Dim 在过程中定义的变量，离开过程后变量的值不能保留，每次执行过程时，该变量取默认的初值。使用 Static 在过程中定义的变量称为静态变量，离开过程后变量的值保留，下次执行过程时，该变量取上次执行过程时的值。

　　【例3-1】过程级变量，在窗体上画两个命令按钮，并编写以下程序代码：

```
Private Sub Command1_Click()
    Dim a As Integer
    a = 5
    Print a
End Sub

Private Sub Command2_Click()
    Print a
End Sub
```

程序运行时，单击 Command1 命令按钮时，窗体上显示 5；单击 Command2 命令按钮时，窗体上不显示任何内容。由于变量 a 是 Command1_Click()事件中说明的过程级变量，所以变量 a 只

能在 Command1_Click()事件中有效，在 Command2_Click()事件中无效，即 Command2_Click()事件中的变量 a 是变体型，初值为空。

【例 3-2】过程级变量与静态变量，编写以下程序代码：

```
Private Sub Form_Click()
    Dim a As Integer
    Static b As Integer
    a = a + 1
    b = b + 2
    Print a, b
End Sub
```

第一次单击窗体时，在窗体上显示 1　2；第二次单击窗体时，在窗体上显示 1　4；第三次单击窗体时，在窗体显示 1　6。由于变量 a 是过程级变量，所以每次单击窗体时，变量 a 的初值为 0，执行语句 a = a + 1，变量 a 的值变为 1，因而每次输出的值均为 1；变量 b 是静态变量，所以每次单击窗体时，变量 b 的值为上次执行过程时的值，第一次单击窗体时，变量 b 的初值为 0，执行语句 b = b + 2，变量 b 的值变为 2，因而第一次输出 2，第二次单击窗体时，变量 b 的值为 2，执行语句 b = b + 2，变量 b 的值变为 4，因而第二次输出 4，第三次单击窗体时，变量 b 的值为 4，执行语句 b = b + 2，变量 b 的值变为 6，因而第三次输出 6。

（2）窗体级变量

窗体级变量又称模块级变量，用 Private、Dim 在模块的通用/声明部分定义，作用范围是该模块中所有过程，脱离该模块后无效，即只有该模块内的代码才能访问或改变该变量的值。

【例 3-3】窗体级变量，在窗体 Form1 上画三个命令按钮，并编写以下程序代码：

```
Dim a As Integer
Private Sub Command1_Click()
    a = 5
    Print a
End Sub

Private Sub Command2_Click()
    Print a
End Sub

Private Sub Command3_Click()
    Form1.Hide
    Form2.Show
End Sub
```

在窗体 Form2 上画一个命令按钮，并编写以下程序代码：

```
Private Sub Command1_Click()
    Print a
End Sub
```

程序运行时，单击窗体 Form1 上的 Command1 命令按钮时，窗体上显示 5，单击 Command2 命令按钮时，窗体上显示 5，单击 Command3 命令按钮时，隐藏窗体 Form1，显示窗体 Form2；单击窗体 Form2 上的 Command1 命令按钮时，窗体上不显示任何内容。由于变量 a 是窗体 Form1 通用/声明处说明的窗体级变量，所以变量 a 在窗体 Form1 的所有过程中有效，在窗体 Form2 的所有过程中无效，即窗体 Form2 中的变量 a 是变体型，初值为空。

【例 3-4】过程级变量和窗体级变量，有以下程序代码：

```
Dim a As Integer
Private Sub Form_Click()
    Dim b As Integer
    a = a + 1
    b = b + 2
    Print a, b
End Sub
```

第一次单击窗体时，在窗体上显示 1　2；第二次单击窗体时，在窗体上显示 2　2；第三次单击窗体时，在窗体显示 3　2。由于变量 b 是过程级变量，所以每次单击窗体时，变量 b 的初值为 0，执行语句 b = b + 2，变量 b 的值变为 2，因而每次输出的值均为 2；变量 a 是窗体级变量，所以第一次单击窗体时，变量 a 的初值为 0，执行语句 a = a + 1，变量 a 的值变为 1，因而第一次输出 1，第二次单击窗体时，变量 a 的值为 1，执行语句 a = a + 1，变量 a 的值变为 2，因而第二次输出 2，第三次单击窗体时，变量 a 的值为 2，执行语句 a = a + 1，变量 a 的值变为 3，因而第三次输出 3。

（3）全局变量

全局变量又称公有变量，用 Public 在模块的通用/声明部分定义；如果在标准模块中定义，则作用范围为该应用程序中所有窗体所有过程，调用时直接使用变量名；如果在窗体模块中定义，则作用范围为该应用程序所有窗体所有过程，但在本窗体的所有过程中调用时直接使用变量名，该应用程序其他窗体的所有过程中调用时，须加定义时的窗体名作为前缀。

说明：常数、固定长度字符串、数组不能在窗体的通用/声明部分用 Public，但可以在标准模块的通用/声明部分用 Public。

【例 3-5】在标准模块中说明的全局变量，在窗体 Form1 上画三个命令按钮，并编写以下程序代码：

```
Private Sub Command1_Click()
    Print a
End Sub

Private Sub Command2_Click()
    Print a
End Sub

Private Sub Command3_Click()
    Form1.Hide
    Form2.Show
End Sub
```

在窗体 Form2 上画一个命令按钮，并编写以下程序代码：

```
Private Sub Command1_Click()
    Print a
End Sub
```

在标准模块 Module1 上，编写以下程序代码：

```
Public a As Integer
Sub Main()
    a = 5
    Form1.Show
End Sub
```

　　本程序在运行前，先设置启动对象为 Sub Main，操作步骤如下：选择"工程"→"工程 1 属性"命令，弹出"工程 1 - 工程属性"对话框，选择"通用"选项卡，在"启动对象"下拉列表框中选择"Sub Main"，最后单击"确定"按钮。然后运行程序，单击窗体 Form1 上的 Command1 命令按钮时，窗体上显示 5，单击 Command2 命令按钮时，窗体上显示 5，单击 Command3 命令按钮时，隐藏窗体 Form1，显示窗体 Form2；单击窗体 Form2 上的 Command1 命令按钮时，窗体上显示 5。由于变量 a 是标准模块通用/声明处说明的全局变量，所以变量 a 在窗体 Form1 和窗体 Form2 的所有过程中有效。

　　【例3-6】在窗体模块中说明的全局变量，在窗体 Form1 上画三个命令按钮，并编写以下程序代码：

```
Public a As Integer
Private Sub Command1_Click()
    a = 5
    Print a
End Sub

Private Sub Command2_Click()
    Print a
End Sub

Private Sub Command3_Click()
    Form1.Hide
    Form2.Show
End Sub
```

在窗体 Form2 上画一个命令按钮，并编写以下程序代码：

```
Private Sub Command1_Click()
    Print Form1.a
End Sub
```

　　程序运行时，单击窗体 Form1 上的 Command1 命令按钮时，窗体上显示 5，单击 Command2 命令按钮时，窗体上显示 5，单击 Command3 命令按钮时，隐藏窗体 Form1，显示窗体 Form2；单击窗体 Form2 上的 Command1 命令按钮时，窗体上显示 5。由于变量 a 是窗体 Form1 模块通用/声明处说明的全局变量，所以变量 a 在窗体 Form1 的所有过程中有效，直接使用变量名 a，由于窗体 Form2 中变量 a 的引用格式为 Form1.a，所以在窗体 Form2 的过程中也有效。

　　思考：窗体 Form2 中变量直接使用变量名 a，单击窗体 Form2 上的 Command1 命令按钮时，窗体上显示什么？

　　**4．变体型变量**

　　对于变量来说，如果不用说明语句定义，也没有用类型说明符（%、&、!、#、@、$）来标记类型说明，VB 把该变量作为变体型变量。

　　【例3-7】有以下程序代码：

```
Private Sub Form_Click()
    Dim a As Variant
    Dim b, c As Integer
    Dim x
    Print y
End Sub
```

其中变量 a、b、x、y 为变体型变量。

# 3.3　运算符和表达式

　　运算符是代表某种运算功能的符号，表达式是数据之间运算关系的表达形式，由常量、变量、函数等数据和运算符组成。参与运算的数据称为操作数，由操作数和运算符组成的表达式描述了要进行操作的具体内容和顺序，单个变量或常量也可以看作表达式的特例。

　　VB 中的运算符可分成算术运算符、关系运算符、逻辑运算符和字符串运算符四大类。

## 3.3.1　算术运算符和算术表达式

　　算术运算符是常用的运算符，可以对数值型数据进行算术运算，运算结果为数值。VB 中提供了 8 个算术运算符，表 3-3 按运算符优先级从高到低的顺序列出了算术运算符。

表 3-3　常用算术运算符

| 优 先 级 | 运　　算 | 运 算 符 | 举　　例 |
|---|---|---|---|
| 1 | 乘方 | ^ | 2^3 |
| 2 | 负号 | − | −5 |
| 3 | 乘、除 | *、/ | 2*3、5/2 |
| 4 | 整除 | \ | 5\2 |
| 5 | 求余 | Mod | 5 Mod 3 |
| 6 | 加、减 | +、− | 5+3、5−3 |

### 1．算术运算符

　　（1）乘方运算

　　乘方运算用来计算乘方和方根。

　　例如：2^3 表示 2 的 3 次方，结果为 8；8^2 表示 8 的平方，结果为 64；49^0.5 表示 49 的平方根，结果为 7；27^(1/3)表示 27 的 3 次方根，结果为 3。

　　（2）乘法运算与除法运算

　　例如：33/3 表示 33 除以 3，结果为 11；3*2 表示 3 乘以 2，结果为 6。

　　说明：对于除法运算，不论除数与被除数是何种数据类型，运算结果总是双精度。

　　（3）整除运算

　　整除运算用来计算第 1 个操作数除以第 2 个操作数所得到的整数部分。

　　例如：32\5，结果为 6；22.8\5.2，结果为 4。

　　说明：对单精度或双精度进行整除运算时，系统会将该数四舍五入取整（相同于用 CInt 函数）后再进行整除运算。

　　（4）求余运算

　　求余运算用来计算第 1 个操作数除以第 2 个操作数所得到的余数部分，其结果的正负号始终与第 1 个操作数的符号相同，通常用来判断一个数是否能被另一个数整除。

　　例如：9 Mod 2，结果为 1；9 Mod −2，结果为 1；−9 Mod 2，结果为−1；−9 Mod −2，结果为−1；22.8 Mod 5.2，结果为 3。

　　说明：①对单精度或双精度进行求余运算时，系统会将该数四舍五入取整（相同于用 CInt 函数）后再进行求余运算。②判断一个数能否被另一个数整除：n Mod m = 0，则 n 能被 m 整除。③判断一个数是否为偶数：n Mod 2 = 0，则 n 为偶数。④判断一个数是否为奇数：n Mod 2 = 1，则 n 为奇数。

（5）加法运算与减法运算

对于整型数据进行加减运算时，运算结果仍为整型，要注意数据的溢出；如 5+32763，结果为溢出。算术运算符两边的操作数应是数值型，若是数字字符或逻辑型，则自动转换成数值类型后再运算，如 True + 3 − "1"的结果为 1，True 转换为−1，"1"转换为 1。

**2．算术表达式**

算术表达式由算术运算符、数值型常量、变量、函数和括号组成，其运算结果为数值。

（1）表达式的书写规则

① 表达式中的所有操作数和运算符都必须在同一水平线上，不能出现 $X_1$、$X^2$、$2XY$、$\dfrac{1}{2}$ 等数学中常用的表达形式，应分别写成 X1、X^2、2*X*Y、1/2 等形式。

② 乘号不能省略。

③ 不能使用方括号或花括号，只能用圆括号，且圆括号要成对出现。如数学表达式 4{2X[(7−5)×6]+9}应写成 4*(2*X*((7−5)*6)+9)。

（2）算术运算符的优先级

当算术表达式中出现多种算术运算符时，其运算优先级为：^ → −（负号）→*和/ → \ → Mod → +和−。

【例 3-8】算术运算符和算术表达式举例。有以下程序代码，运行结果如图 3-2 所示。

```
Private Sub Command1_Click()
    Dim n As Integer
    Print 4 ^ 2; 4 ^ (0.5)
    Print 5 * 2; 5 / 2
    Print 13 \ 4; 13 Mod 4
    Print 22.8 \ 5.2; 22.8 Mod 5.2
    n = 396
    Print n \ 100; n \ 10 Mod 10; n Mod 10
End Sub
```

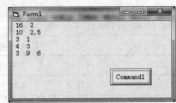

图 3-2　运算结果

## 3.3.2　字符串运算符

VB 中字符串运算符包括两个 "&" 和 "+"，用来连接两个或多个字符串。当两个字符串用连接运算符连接起来后，第二个字符串将直接添加到第一个字符串的尾部，组合成一个新的字符串。

&：连接符两边的操作数不管是字符型还是数值型，进行操作前，系统先将操作数转换成字符型，然后再连接。

+：如果两个操作数均为字符型，则进行字符连接运算；如果两个操作数均为数值型，则进行算术加运算；如果一个操作数为数字字符串，另一个为数值型，则自动将数字字符串转换为数值，然后进行算术加运算；如果一个操作数为非数字字符串，另一个为数值型，则出现类型不匹配的错误。

说明：在字符型变量后使用 "&" 运算符应注意变量和 "&" 之间应加一个空格，以区分其作为类型说明符。

【例 3-9】字符串运算符举例。有以下程序代码，运行结果如图 3-3 所示。

```
Private Sub Command1_Click()
    Print "1" & "2"
    Print 1 & "2"
    Print "1" & 2
    Print 1 & 2
    Print "1" + "2"
    Print 1 + "2"
    Print "1" + 2
    Print 1 + 2
End Sub
```

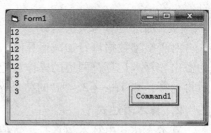

图 3-3 运算结果

### 3.3.3 关系运算符和关系表达式

#### 1. 关系运算符

关系运算符又称比较运算符，用于对两个相同类型的表达式进行比较，其结果是一个逻辑值，若关系成立，结果为 True（真），否则为 False（假）。进行比较的数据可以是数值型、字符型或日期型，逻辑型一般只用 "=" 和 "<>"。VB 提供了 8 个关系运算符，关系运算符没有优先级，常用关系运算符如表 3-4 表示。

表 3-4 常用关系运算符

| 运 算 符 | 含 义 | 实 例 | 结 果 |
|---|---|---|---|
| = | 等于 | 5=4 | False |
| > | 大于 | 5 > 4 | True |
| < | 小于 | 5< 4 | False |
| >= | 大于或等于 | 5 >= 4 | True |
| <= | 小于或等于 | 5 <= 4 | False |
| <>或>< | 不等于 | 5 <> 4 | True |
| Like | 字符串匹配 | "New" like "*ew" | True |
| Is | 比较对象 | | |

说明：如果两个操作数是数值型，则按其大小比较；如果两个操作数是字符型，则按字符的 ASCII 码值从左到右逐一比较，若第一个字符相同，则比较第二个，依此类推，直到出现不同的字符，其 ASCII 码值大的字符串大，如果两个字符串完全相同，才是相等；如果两个操作数是日期型，则按日期先后进行比较，后边的日期大于前边的日期。

#### 2. 关系表达式

用关系运算符将两个比较对象连接起来的式子称为关系表达式。

【例 3-10】关系运算符举例。有以下程序代码，运行结果如图 3-4 所示。

```
Private Sub Command1_Click()
    Print 5 > 10, 5 < 10
    Print "A" > "B", "A" < "B"
    Print "BASIC" = "basic"
    Print "ABC" < "ABCD"
    Print "ABC" > "AAB"
    Print #1/15/2020# > #2/18/2020#
End Sub
```

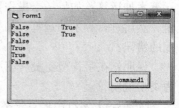

图 3-4 运算结果

### 3.3.4　逻辑运算符和逻辑表达式

#### 1．逻辑运算符

逻辑运算又称布尔运算，用于对逻辑值进行的运算，其结果为逻辑值 True 或 False。VB 中提供了 6 种逻辑运算符，表 3-5 按运算优先级从高到低的顺序列出了逻辑运算符。

表 3-5　逻辑运算符

| 优先级 | 运算符 | 运算 | 举例 | 结果 |
| --- | --- | --- | --- | --- |
| 1 | Not | 非 | Not 3 > 9 | True |
| 2 | And | 与 | 1 > 4 And 3 < 9 | False |
| 3 | Or | 或 | 1 > 4 Or 3 < 9 | True |
| 4 | Xor | 异或 | 1 < 4 Xor 3 < 9 | False |
| 5 | Eqv | 等价 | 1 > 4 Eqv 3 > 9 | True |
| 6 | Imp | 蕴含 | 1 > 4 Imp 3 < 9 | True |

（1）非（Not）运算

进行取反运算。如果 a = True，则 Not a 结果为 False，如果 a = False，则 Not a 结果为 True。

（2）与（And）运算

运算符两侧均为 True，结果为 True，否则为 False。如果 a = True，b = True，则 a And b 结果为 True；如果 a = True，b = False，则 a And b 结果为 False；如果 a = False，b = True，则 a And b 结果为 False；如果 a = False，b = False，则 a And b 结果为 False。

（3）或（Or）运算

运算符两侧均为 False，结果为 False，否则为 True。如果 a = True，b = True，则 a Or b 结果为 True；如果 a = True，b = False，则 a Or b 结果为 True；如果 a = False，b = True，则 a Or b 结果为 True；如果 a = False，b = False，则 a Or b 结果为 False。

（4）异或（Xor）运算

运算符两侧同时为 True 或同时为 False，结果为 False，否则为 True。如果 a = True，b = True，则 a Xor b 结果为 False；如果 a = True，b = False，则 a Xor b 结果为 True；如果 a = False，b = True，则 a Xor b 结果为 True；如果 a = False，b = False，则 a Xor b 结果为 False。

（5）等价（Eqv）运算

运算符两侧同时为 True 或同时为 False，结果为 True，否则为 False。

（6）蕴含（Imp）运算

当第 1 个表达式为 True，第 2 个表达式为 False 时，结果为 False，否则为 True。

#### 2．逻辑表达式

用逻辑运算符将逻辑量连接起来的式子称为逻辑表达式。

【例 3-11】逻辑运算符举例。有以下程序代码，运行结果如图 3-5 所示。

```
Private Sub Command1_Click()
    Print Not 6 > 5, Not 6 < 5
    Print 6 > 5 And 10 < 12, 6 > 5 Or 10 < 12
    Print 6 > 5 And 10 > 12, 6 > 5 Or 10 > 12
    Print 6 < 5 And 10 < 12, 6 < 5 Or 10 < 12
    Print 6 < 5 And 10 > 12, 6 < 5 Or 10 > 12
    Print 1 > 2 > 3, 1 < 2 < 3
End Sub
```

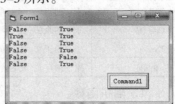

图 3-5　运算结果

整型数据与逻辑型数据可以进行相互转换,整型 0 转换为逻辑型 False,非 0 转换为逻辑型 True;逻辑型 False 转换为整型 0,逻辑型 True 转换为整型–1。上例中 1>2>3 的执行过程如下:首先计算 1>2,得到 False,然后将 False 转换为 0,再计算 0>3,得到结果为 False;1<2<3 的执行过程如下:首先计算 1<2,得到 True,然后将 True 转换为–1,再计算–1<3,得到结果为 True。

### 3.3.5  表达式的执行顺序

当一个表达式中出现多个运算符时,VB 系统按其运算优先级进行运算,优先级高的先算,优先级低的后算,运算符的优先级相同时,由左向右进行运算。各运算符的优先级为:函数运算→括号→算术运算符→字符串运算符→关系运算符→逻辑运算符。

## 3.4  VB 内部函数

函数一般用来实现数据处理过程中的特定运算与操作,它是 VB 的一个重要组成部分,VB 的函数有两类:内部函数和用户自定义函数(函数过程)。

内部函数又称标准函数,是 VB 系统本身将一些常用的操作,事先编写好的一段程序代码并封装起来,用户通过函数名调用这段程序并返回一个函数值。VB 内部函数非常丰富,提供了对各种数据类型进行操作的功能,灵活地使用内部函数,将大大提高编程效率。

内部函数使用方法非常简单,用户只需按照系统提供的函数名,直接调用即可。调用格式为:函数名(<自变量>)。其中,括号中的自变量又称参数,对函数的各个参数都有其规定的数据类型,使用时必须与规定相符。

函数通常都有一个返回值,按返回值的数据类型可以将 VB 中的函数分为:算术函数、字符函数、转换函数、日期与时间函数等。

### 3.4.1  算术函数

算术函数用于完成各类算术运算,VB 中常用的算术函数如表 3-6 所示。

表 3-6  常用算术函数

| 函 数 名 | 功 能 | 举 例 | 函 数 值 |
|---|---|---|---|
| Sqr(x) | 求平方根,x>=0,即求 $\sqrt{x}$ | Sqr(16) | 4 |
| Log(x) | 求自然对数,x>0,即求 lnx | Log(5) | 1.609 |
| Exp(x) | 求以 e 为底的幂,即求 $e^x$ | Exp(2) | 7.389 |
| Abs(x) | 求 x 的绝对值,即求 \|x\| | Abs(–5) | 5 |
| Sgn(x) | 求 x 的符号,当 x>0 返回 1;当 x=0 返回 0;x<0 返回–1 | Sgn(3.1)<br>Sgn(0)<br>Sgn(–3.1) | 1<br>0<br>–1 |
| Rnd(x) | 产生一个在(0,1)区间均匀分布的随机数 | | |
| Sin(x) | 求 x 的正弦,x 的单位是弧度 | Sin(0) | 0 |
| Cos(x) | 求 x 的余弦,x 的单位是弧度 | Cos(0) | 1 |
| Tan(x) | 求 x 的正切,x 的单位是弧度 | Tan(0) | 0 |
| Atn(x) | 求 x 的反正切,x 的单位是弧度 | Atn(0) | 0 |

**1. 随机函数**

随机函数 Rnd(x),产生一个(0,1)之间的单精度型的随机数。

使用 Rnd 函数还可以产生[a,b]区间的随机整数，表达式为：Int(Rnd*(b−a+1))+a。如产生两位整数[10,99]的表达式为：Int(Rnd*90)+10。

**2．随机数种子语句**

当一个应用程序不断地重复使用随机函数 Rnd，VB 可能会提供相同的种子，即同一序列的随机数可能会反复出现，用随机数种子语句可以消除这种情况。随机数种子语句的格式为：Randomize；功能是根据一套算法产生随机数。

【例 3-12】算术函数举例。有以下程序代码，运行结果如图 3-6 所示。

图 3-6　程序运行结果

```
Private Sub Command1_Click()
    Dim i As Integer
    For i = 1 To 5
        Print Rnd
    Next i
    For i = 1 To 5
        Print Int(Rnd * 90) + 10;
    Next i
End Sub
```

再次运行程序，所产生的结果与图 3-6 相同，即同一序列的随机数会反复出现。

如果将程序改写如下：

```
Private Sub Command1_Click()
    Dim i As Integer
    Randomize
    For i = 1 To 5
        Print Rnd
    Next i
    For i = 1 To 5
        Print Int(Rnd * 90) + 10;
    Next i
End Sub
```

运行程序，单击 Command1 命令按钮，运行结果如图 3-7 所示。

再次运行程序，单击 Command1 命令按钮，运行结果如图 3-8 所示，从这两个图中可以看出，程序中添加了随机数种子语句 Randomize 后，两次运行程序所产生的随机数不同。

图 3-7　第一次运行结果

图 3-8　第二次运行结果

### 3.4.2　字符函数

字符函数用于实现字符型变量或常量的处理，VB 中常用的字符函数如表 3-7 所示。

表 3-7　常用字符函数

| 函　数　名 | 功　　能 | 举　　例 | 函　数　值 |
|---|---|---|---|
| Len(x) | 求 x 字符串的长度（字符个数），一个汉字也是一个字符 | Len("ABCDEF")<br>Len("ABC 汉字")<br>Len("")<br>Len(" ") | 6<br>5<br>0<br>1 |
| Left[$](x,n) | 从 x 字符串左边起取 n 个字符 | Left("ABCDEF",3) | ABC |
| Right[$](x,n) | 从 x 字符串右边起取 n 个字符 | Right("ABCDEF",3) | DEF |
| Mid[$](x,n1[,n2]) | 从 x 字符串左边第 n1 个位置开始向右起取 n2 个字符 | Mid("ABCDEF",3,2)<br>Mid("ABCDEF",3) | CD<br>CDEF |
| UCase[$](x) | 将 x 字符串中所有小写字母转换为大写字母 | UCase("AbcD12") | ABCD12 |
| LCase[$](x) | 将 x 字符串中所有大写字母转换为小写字母 | LCase("AbcD12") | abcd12 |
| LTrim[$](x) | 删除 x 左边的空格 | Ltrim(" ABCD ") | "ABCD " |
| RTrim[$](x) | 删除 x 右边的空格 | Rtrim(" ABCD ") | " ABCD" |
| Trim[$](x) | 删除 x 左右两边的空格 | Trim(" ABCD ") | "ABCD" |
| InStr([n],x,"字符串") | 从 x 的第 n 个位置起查找特定的字符串，返回该字符串在 x 中的位置，找不到为 0 | InStr("XABCABAB","AB")<br>InStr(3,"XABCABAB ","AB")<br>InStr("XABCABAB","XY") | 2<br>5<br>0 |
| String[$](n,"字符串")<br>String[$](n,ASCII) | 返回由字符串中首字符或 ASCII 码对应的字符组成的 n 个相同的字符串 | String(3,"ABCD")<br>String(3,65) | AAA<br>AAA |
| Space[$](n) | 得到 n 个空格 | Space(3) | "　　　" |

【例 3-13】字符函数举例。有以下程序代码，运行结果如图 3-9 所示。

```
Private Sub Command1_Click()
    Print Len("VB 程序设计")
    Print Left("ABCDEF", 3)
    Print Right("ABCDEF", 3)
    Print Mid("ABCDEF", 2, 3)
    Print Mid("ABCDEF", 2)
    Print UCase("ABcd12")
    Print LCase("ABcd12")
    Print LTrim(" AB  C ")
    Print RTrim(" AB  C ")
    Print Trim(" AB  C ")
    Print InStr("ABCDBCXYB", "B")
    Print InStr(3, "ABCDBCXYB", "B")
    Print InStr("ABCDBCXYB", "BC")
    Print InStr("ABCDBCXYB", "b")
    Print String(5, "ABC")
    Print String(5, 65)
End Sub
```

图 3-9　程序运行结果

### 3.4.3　转换函数

转换函数用于实现不同类型数据的转换，VB 中常用的转换函数如表 3-8 所示。

表 3-8 常用转换函数

| 函 数 名 | 功 能 | 举 例 | 函 数 值 |
|---|---|---|---|
| Str[$](x) | 将数值 x 转换成字符串, 正数前有符号位 | Str(12.5) | " 12.5" |
| CStr(x) | 将 x 转换成字符串型, 正数前无符号位 | CStr(12.5) | "12.5" |
| Val(x) | 将数字字符串中的数字转换成数值 | Val("12.5") | 12.5 |
| Chr[$](x) | 返回以 x 为 ASCII 码值的字符 | Chr(65) | A |
| Asc(x) | 给出字符 x 的 ASCII 码值(十进制数) | Asc("A") | 65 |
| CInt(x) | 将数值型数据 x 的小数部分四舍五入取整 | CInt(3.9)<br>CInt(3.1)<br>CInt(−3.9)<br>CInt(−3.1) | 4<br>3<br>−4<br>−3 |
| Fix(x) | 将数值型数据 x 的小数部分舍去取整 | Fix(3.9)<br>Fix(3.1)<br>Fix(−3.9)<br>Fix(−3.1) | 3<br>3<br>−3<br>−3 |
| Int(x) | 取小于或等于 x 的最大整数 | Int(3.9)<br>Int(3.1)<br>Int(−3.9)<br>Int(−3.1) | 3<br>3<br>−4<br>−4 |
| CLng(x) | 将 x 的小数部分四舍五入转换为长整型数 | CLng(3.6) | 4 |
| CSng(x) | 将 x 转换为单精度数 | CSng(3.6) | 3.6 |
| CDbl(x) | 将 x 转换为双精度数 | CDbl(3.6) | 3.6 |
| Oct[$](x) | 将一个十进制数转换为八进制数 | Oct$(125) | 175 |
| Hex[$](x) | 将一个十进制数转换为十六进制数 | Hex(100) | 7D |

说明:

① Str 函数将非负数转换成字符串类型后, 会在转换后的字符串左边加一个空格, 即数值的符号位。如 Str(123)的结果为" 123"(注意: 1 左侧有一个西文的空格)。

② Val 函数将数字字符串转换为数值, 当字符串中出现非数字字符时, 停止转换, 函数返回的是停止转换前的结果, 如 Val("−12.34AB")转换的结果为−12.34;当字符中第一个字符不是符号或数字时, 函数返回值为 0;如 Val("AB")转换的结果为 0。

③ 若希望保留两位小数, 对第三位小数四舍五入, 可使用表达式 Int(x*100+0.5)/100。

④ 关于 CInt 函数:对于一位小数为 5, 四舍五入的结果为靠近它的偶数, 如 CInt(4.5)结果为 4, CInt(5.5)结果为 6, 即

$$CInt(x.5)=\begin{cases} x & 当\ x\ 是偶数 \\ x+1 & 当\ x\ 是奇数 \end{cases}$$

【例 3-14】转换函数举例。有以下程序代码, 运行结果如图 3-10 所示。

```
Private Sub Command1_Click()
    Print Str(3.6)
    Print CStr(3.6)
    Print Len(Str(3.6)); Len(CStr(3.6))
```

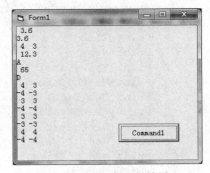

图 3-10 程序运行结果

```
        Print Val("12.3")
        Print Chr(65)
        Print Asc("A")
        Print Chr(Asc("A") + 3)
        Print CInt(3.6); CInt(3.4)
        Print CInt(-3.6); CInt(-3.4)
        Print Int(3.6); Int(3.4)
        Print Int(-3.6); Int(-3.4)
        Print Fix(3.6); Fix(3.4)
        Print Fix(-3.6); Fix(-3.4)
        Print CInt(3.5); CInt(4.5)
        Print CInt(-3.5); CInt(-4.5)
    End Sub
```

### 3.4.4 日期与时间函数

VB 中常用的日期与时间函数如表 3-9 所示。

表 3-9　常用日期与时间函数

| 函　数　名 | 功　　能 | 举　　例 | 函　数　值 |
|---|---|---|---|
| Date[$] | 返回系统日期 | Date | 2020/1/20 |
| Time[$] | 返回系统时间 | Time | 11:22:11 |
| Now | 返回系统日期和时间 | Now | 2020/1/20 11:22:25 |
| Year(x) | 返回日期 x 中的年 | Year(Date) | 2020 |
| Month(x) | 返回日期 x 中的月 | Month(Date) | 1 |
| Day(x) | 返回日期 x 中的日 | Day(Date) | 20 |
| Weekday(x[,c]) | 返回日期 x 中的星期 | Weekday(Date) | 2（星期一） |
| | | Weekday(Date,vbMonday) | 1（星期一） |
| Hour(x) | 返回时间 x 中的时（0~23） | Hour(#11:22:25 AM#) | 11 |
| Minute(x) | 返回时间 x 中的分（0~59） | Minute(#11:22:25 AM#) | 22 |
| Second(x) | 返回时间 x 中的秒（0~59） | Second(#11:22:25 AM#) | 25 |

说明：Weekday 函数在不带参数 c 的情况下，星期日的函数值为 1，星期一的函数值为 2，依此类推，即一周的第一天为星期日；如带参数 vbMonday，则星期一的函数值为 1，星期二的函数值为 2，依此类推，即一周的第一天为星期一。

【例 3-15】日期与时间函数举例。有以下程序代码，运行结果如图 3-11 所示。

```
Private Sub Command1_Click()
    Print Date
    Print Time
    Print Now
    Print Year(Date)
    Print Month(Date)
    Print Day(Date)
    Print Weekday(Date)
    Print Weekday(Date, vbMonday)
    Print Hour(Time)
    Print Minute(Time)
    Print Second(Time)
End Sub
```

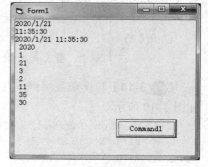

图 3-11　程序运行结果

【例3-16】在窗体 Form1 上有三个文本框 Text1、Text2 和 Text3，其 Text 属性值为空，Alignment 属性为 2，四个标签 Label1、Label2、Label3 和 Label4，其 AutoSize 属性值为 True，一个命令按钮，如图 3-12 所示，要求单击命令按钮时，在三个文本框中分别显示当前系统的年、月和日。

```
Private Sub Command1_Click()
    Text1.Text = Year(Date)
    Text2.Text = Month(Date)
    Text3.Text = Day(Date)
End Sub
```

图 3-12　程序运行界面

### 3.4.5　测试函数

VB 中常用的测试函数如表 3-10 所示。

表 3-10　常用测试函数

| 函　数　名 | 功　　能 | 举　　例 | 函　数　值 |
|---|---|---|---|
| IIf(E,z1,z2) | 若表达式 E 为 True，返回表达式 z1 的值，否则返回表达式 z2 的值 | IIf(10 > 5, 1, 0) | 1 |
| | | IIf(10 < 5, 1, 0) | 0 |
| IsNumeric(E) | 测试表达式的值是否为数值型 | IsNumeric(8.5) | True |
| | | IsNumeric("AA") | False |
| IsArray(V) | 测试变量是否为数组 | IsArray(a)，a 为数组 | True |
| | | IsArray(b)，b 为变量 | False |
| VarType(E) | 测试表达式值的数据类型 | VarType(a)，a 为 Empty | 0 |
| | | VarType(b)，b 为 Null | 1 |
| | | VarType(c)，c 为整型 | 2 |
| | | VarType(d)，d 为长整型 | 3 |
| | | VarType(e)，e 为单精度 | 4 |
| | | VarType(f)，f 为双精度 | 5 |
| | | VarType(g)，g 为货币型 | 6 |
| | | VarType(h)，h 为日期型 | 7 |
| | | VarType(i)，i 为字符型 | 8 |
| | | VarType(j)，j 为对象型 | 9 |
| | | VarType(k)，k 为逻辑型 | 11 |
| | | VarType(l)，l 为变体型 | 12 |
| | | VarType(m)，m 为字节型 | 17 |

### 3.4.6　格式化函数

格式函数 Format[$]用于将要输出的数据以某种特定的格式输出，其返回值是字符串。

格式：Format[$](表达式,格式控制字符)

功能：按格式控制字符指定的格式以字符串形式返回表达式的值。

说明：① 表达式可以是数值型、日期与时间型或字符串型数据；② 格式控制字符由 VB 规定的符号组成，用于控制输出的格式；③ 格式控制字符包括数值格式、日期与时间格式或字符串格式三类。

## 1．数值格式化

VB 中常用的数值格式化格式控制字符如表 3–11 所示。

表 3-11　常用数值格式化格式控制字符

| 符　　号 | 功　　能 | 示　　例 | 输　　出 |
|---|---|---|---|
| # | 表示一个数字位，#的个数决定了显示区段的长度。如果要输出的数值位小于格式控制字符指定的区段长度，不足的位不补；如果要输出的数值位大于格式控制字符指定的区段长度，则数值按原样输出 | Format(123.45,"####.###")<br>Format(123.45,"##.#") | 123.45<br>123.5 |
| 0 | 与#功能相同，只是不足的位以 0 补齐 | Format(123.45,"0000.000")<br>Format(123.45,"00.0") | 0123.450<br>123.5 |
| . | 显示小数点，小数点与#和 0 结合使用，可以放在显示区段的任何位置。对于小数部分的数值大于格式控制字符指定的区段长度，对其下一位四舍五入 | Format(123.456,"00.00") | 123.46 |
| , | 显示千位分隔符，在格式字符串中插入逗号起到"分位"的作用，逗号可以放在小数点左边的任何位置（不能放在头部，也不能放在紧靠小数点），输出格式都是从小数点左边一位开始，每三位用一个逗号分开 | Format(12345.678,"#,###.##")<br>Format(12345.678,"##,##.##") | 12,345.68<br>12,345.68 |
| % | 百分号占位符，将表达式的值乘以 100 后输出，再输出一个百分号 | Format(0.12345,"0.0%")<br>Format(0.12345,"#.#%") | 12.3%<br>12.3% |
| $ | 在输出的数值前加$ | Format(1234.56,"$##.#") | $1234.6 |
| + | 在输出的数值前加 + | Format(1234.56,"+##.#") | +1234.6 |
| – | 在输出的数值前加 – | Format(1234.56,"–##.#") | –1234.6 |
| E+ | 用指数形式输出，正号用+表示 | Format(0.0123,"0.00E+00")<br>Format(123,"0.00E+00") | 1.23E–02<br>1.23E+02 |
| E– | 用指数形式输出，正号缺省 | Format(0.0123,"0.00E–00")<br>Format(123,"0.00E–00") | 1.23E–02<br>1.23E02 |

【例3-17】数值格式化举例。有以下程序代码，运行结果如图 3–13 所示。

```
Private Sub Command1_Click()
    Dim x As Double, y As Double
    x = 12345.6789
    y = 1.5234E-30
    Print Format(x, "00000000.00000")
    Print Format(x, "########.#####")
    Print Format(x, "0000.00")
    Print Format(x, "####.##")
    Print Format(x, "0,000.00")
    Print Format(x, "#,###.##")
    Print Format(x, "00,00.00")
    Print Format(x, "###,#.##")
    Print Format(x, "000000.0%")
    Print Format(x, "######.0%")
    Print Format(x, "$###,#.##")
    Print Format(x, "+####.##")
    Print Format(x, "-####.##")
    Print Format(x, "##.##E+")
```

图 3–13　程序运行结果

```
    Print Format(y, "##.##E+")
    Print Format(x, "##.##E-")
    Print Format(y, "##.##E-")
End Sub
```

### 2. 日期与时间格式化

VB 中常用的日期与时间格式化格式控制字符如表 3-12 所示。

表 3-12　常用日期与时间格式化格式控制字符

| 格 式 字 符 | 功　能 | 示　例 | 输　出 |
|---|---|---|---|
| mm-dd-yy | 按月-日-年格式输出，月日年各占两位 | Format(Date,"mm-dd-yy") | 01-22-20 |
| mm-dd-yyyy | 按月-日-年格式输出，月日各占两位，年占四位 | Format(Date,"mm-dd-yyyy") | 01-22-2020 |
| hh:mm:ssAM/PM | 12 小时制，上午用 AM 表示，下午用 PM 表示 | Format(Time,"hh:mm:ss AM/PM") | 02:22:40 PM |
| hh:mm:ss A/P | 12 小时制，上午用 A 表示，下午用 P 表示 | Format(Time,"hh:mm:ss A/P") | 02:22:40 P |
| hh:mm:ss | 24 小时制 | Format(Time,"hh:mm:ss") | 14:22:40 |

### 3. 字符串格式化

VB 中常用的字符串格式化格式控制字符如表 3-13 所示。

表 3-13　常用字符串格式化格式控制字符

| 符　号 | 功　能 | 示　例 | 输　出 |
|---|---|---|---|
| < | 将字符串中的字母转换成小写输出 | Format("ABcd12","<") | abcd12 |
| > | 将字符串中的字母转换成大写输出 | Format("ABcd12",">") | ABCD12 |
| @ | 实际字符位数小于格式字符位数，字符串前加空格 | Format("ABC","@@@@@") | "  ABC" |
| & | 实际字符位数小于格式字符位数，字符串前不加空格 | Format("ABC","&&&&&") | "ABC" |

### 习题

#### 一、选择题

1. 以下变量名中合法的是_____。
   A. x2-1　　　　　　　　B. Print　　　　　　　　C. Str_n　　　　　　　　D. 2x

2. 以下变量名中不合法的是_____。
   A. a5b　　　　　　　　B. _xyz　　　　　　　　C. a_b　　　　　　　　D. andif

3. 执行语句 Dim X,Y As Integer 后，_____。
   A. X 和 Y 均被定义为整型变量
   B. X 和 Y 均被定义为变体型变量
   C. X 被定义为整型变量，Y 被定义为变体型变量
   D. X 被定义为变体型变量，Y 被定义为整型变量

4. 若变量 a 未事先定义而直接使用，则变量 a 的类型是_____。
   A. Integer　　　　　　B. String　　　　　　　C. Boolean　　　　　　D. Variant

5. 符号%是_____类型变量的类型定义符。
   A. Integer　　　　　　B. Variant　　　　　　C. Single　　　　　　　D. String

6. 下列关于变量名说法不正确的是_____。
   A. 必须是字母开头，不能是数字或其他字符　　B. 不能是 VB 的保留字

    C. 可以包含字母、数字、下画线和标点符号    D. 不能超过 255 个字符

7. 把数学表达式(5x+3)/(2y-6)表示为 VB 表达式，正确的是_____。

    A. (5x+3)/(2y-6)        B. x*5+3/2*y-6        C. (5*x+3)/2*y-6        D. (x*5+3)/(y*2-6)

8. 表达式 2 * 3 ^ 2 - 4 * 2 / 2 + 3 ^ 2 的值是_____。

    A. 20                B. 23                C. 19                D. 28

9. 表达式 4 + 5 \ 6 * 7 / 8 Mod 9 的值是_____。

    A. 4                B. 5                C. 6                D. 7

10. 设 a=4,b=5,c=6,执行语句 Print a<b And b<c 后，窗体上显示的是_____。

    A. True           B. False           C. 出错信息           D. 0

11. 以下不能输出 Program 的语句是_____。

    A. Print Mid("VBProgram",3,7)                B. Print Right("VBProgram",7)

    C. Print Mid("VBProgram",3)                  D. Print Left("VBProgram",7)

12. 执行以下程序段后，变量 c$的值为_____。

```
a$ = "Visual Basic Programming"
b$ = "C++"
c$ = UCase(Left$(a$, 7)) & b$ & Right$(a$, 12)
```

    A. VisualBasicProgramming                B. VISUAL C++Programming

    C. VisualC++Programming                  D. VISUALBASICProgramming

13. 可以产生 30～50（含 30 和 50）的随机整数的表达式是_____。

    A. Int(Rnd*21+30)                    B. Int(Rnd*20+30)

    C. Int(Rnd*50-Rnd*30)                D. Int(Rnd*20+50)

14. 函数 Len(Str(Val("123.4")))的值为_____。

    A. 11           B. 5               C. 6                D. 8

15. 函数 InStr("VB 程序设计教程","程序")的值为_____。

    A. 1                B. 2                C. 3                D. 4

16. 函数 UCase(Mid("visual basic",8,8))的值为_____。

    A. visual          B. basic          C. VISUAL          D. BASIC

17. 表达式 Abs(-5)+Len("ABCDE")的值是_____。

    A. 5ABCDE        B. -5ABCDE        C. 10               D. 0

18. 表达式 Int(-17.8)+Fix(-17.8)+Int(17.8)+Fix(17.8)的值是_____。

    A. 1                B. 0                C. -1              D. -2

19. 设 a=5,b=4,c=3,d=2，下列表达式的值是_____。

```
3 > 2 * b Or a = c And b <> c Or c > d
```

    A. 1                B. True           C. False           D. 2

20. 下列程序段的执行结果为_____。

```
x = 2.4: z = 3: k = 5
Print "a("; x + z * k; ")"
```

    A. a( 17 )           B. a( 17.4 )          C. a( 18 )          D. a(2.4+3*5)

21. 设有如下声明：Dim x As Integer，如果 Sgn(x)的值为-1，则 x 的值是_____。

    A. 整数           B. 大于 0 的整数        C. 等于 0 的整数       D. 小于 0 的整数

22. 设有如下声明：Dim TestDate As Date，为变量 TestDate 正确赋值的是_____。

A.　TestDate=#1/1/2002#　　　　　　　　B.　TestDate=#"1/1/2002"#

C.　TestDate=Date("1/1/2002")　　　　　　D.　TestDate=Format("m/d/yy","1/1/2002")

23. 下列程序段的显示结果为_____。

```
x = 0
Print x - 1
x = 3
```

A.　-1　　　　　　　B.　3　　　　　　　C.　2　　　　　　　D.　0

24. 在窗体上画一个文本框，一个命令按钮和一个标签，其名称分别为 Text1、Command1 和 Label1，文本框的 Text1 属性设置为空白，然后编写如下事件过程：

```
Private Sub Command1_Click()
    x = Int(Val(Text1.Text) + 0.5)
    Label1.Caption = Str(x)
End Sub
```

程序运行后，在文本框中输入 28.653，单击命令按钮，标签中显示的内容是_____。

A.　27　　　　　　　B.　28　　　　　　　C.　29　　　　　　　D.　30

25. 在窗体上画两个水平滚动条，名称分别为 HScroll1、HScroll2；六个标签，名称分别为 Label1、Label2、Label3、Label4、Label5、Label6，其中标签 Label4～Label6 分别显示 A、B、C 等文字信息，标签 Label1、Label2 分别显示其右侧的滚动条的值，Label3 显示 A*B 的计算结果，如图 3-14 所示。当移动滚动块时，在相应的标签中显示滚动条的值。当单击"计算"命令按钮时，对标签 Label1、Label2 中显示的两个值求积，并将结果显示在 Label3 中。以下程序代码中不能实现上述功能的事件过程是_____。

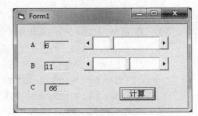

图 3-14　第 25 题图

```
A. Private Sub Command1_Click()
       Label3.Caption = Str(Val(Label1.Caption) * Val(Label2.Caption))
   End Sub
B. Private Sub Command1_Click()
       Label3.Caption = HScroll1.Value * HScroll2.Value
   End Sub
C. Private Sub Command1_Click()
       Label3.Caption = HScroll1 * HScroll2
   End Sub
D. Private Sub Command1_Click()
       Label3.Caption = HScroll1.Text * HScroll2.Text
   End Sub
```

26. 在窗体上画一个名称为 Command1 的命令按钮，然后编写如下程序：

```
Private Sub Command1_Click()
    Static x As Integer
    Static y As Integer
    Cls
    y = 1
    y = y + 5
    x = 5 + x
    Print x, y
End Sub
```

程序运行时，三次单击命令按钮 Command1 后，窗体上显示的结果为_____。

  A. 15  16   B. 15  6   C. 15  15   D. 5  6

27. 在窗体上画一个命令按钮（名称为 Command1），然后编写如下事件过程：

```
Private Sub Command1_Click()
    Dim b As Integer
    b = b + 1
    Print b
End Sub
```

运行程序，三次单击命令按钮后，变量 b 的值是_____。

  A. 0     B. 1     C. 2     D. 3

28. 在窗体上画一个命令按钮（名称为 Command1），编写如下事件过程：

```
Private Sub Command1_Click()
    b = 5
    c = 6
    Print a = b + c
End Sub
```

程序运行后，单击命令按钮，输出的结果是_____。

  A. a=11   B. a=b+c   C. a=    D. False

29. 在窗体上画一个列表框和一个文本框，然后编写如下两个事件过程：

```
Private Sub Form_Load()
    List1.AddItem "357"
    List1.AddItem "246"
    List1.AddItem "123"
    List1.AddItem "456"
    Text1.Text = ""
End Sub
Private Sub List1_DblClick()
    a = List1.Text
    Print a + Text1.Text
End Sub
```

程序运行后，在文本框中输入"789"，然后双击列表框中的 456，则程序的输出结果为_____。

  A. 1245   B. 456789   C. 789456   D. 0

30. 在名称为 Form1 的窗体上画一个名称为 Text1 的文本框和一个名称为 Cd1 的命令按钮，然后编写一个事件过程。程序运行后，如果在文本框中输入一个字符，则把命令按钮的标题设置为"等级考试"。以下能实现上述操作的事件过程是_____。

```
A. Private Sub Text1_Change()          B. Private Sub Cd1_Click ()
       Cd1.Caption = "等级考试"                Caption = "等级考试"
   End Sub                                 End Sub
C. Private Sub Form1_Click()           D. Private Sub Cd1_Click ()
       Text1.Caption = "等级考试"             Text1.Text = "等级考试"
   End Sub                                 End Sub
```

二、填空题

1. 表达式 String(3,66)的值是_____。

2. 表达式 Mid("ABCDEF",4)的值是_____。

3. 表达式 Left("how are you",3)的值是_____。

4. 语句 Print 5*5\5/5 的输出结果是_____。

5. 语句 Print 1 < 2 < -2 的输出结果是_____。

6. 语句 Print 26.5 Mod 3.5 的输出结果是_____。

7. 表达式 Fix(-32.68)+Int(-23.02)的值为_____。

8. 下列语句输出的结果是_____。

```
a$ = "Good"
b$ = "Morning"
Print a$ + b$
b$ = "Evening"
Print a$ & b$
```

9. 下列语句的执行结果是_____。

```
Print Int(12345.6789*100+0.5)/100
```

10. 语句 Print "25+32=";25+32 的输出结果是_____。

11. 执行下面的程序段后，b 的值为_____。

```
a = 300
b = 20
a = a + b
b = a - b
a = a - b
```

12. 在窗体上画两个列表框，其名称分别为 List1 和 List2，然后编写如下程序：

```
Private Sub Form _____()
    List1.AddItem "语文"
    List1.AddItem "数学"
    List1.AddItem "物理"
    List1.AddItem "化学"
    List1.AddItem "英语"
    List1.AddItem "政治"
End Sub
Private Sub List1_DblClick()
    List2.AddItem _____.Text
    List1.RemoveItem List1.ListIndex
End Sub
Private Sub List2_DblClick()
    List1.AddItem _____.Text
    List2.RemoveItem List2.ListIndex
End Sub
```

该程序的功能是：程序运行后在左侧列表框中显示各科目的名称，如果双击该列表框中的某个科目，则该科目从该列表框中消失，并移到右侧列表框中；如果双击右侧列表框中的某个科目，则该科目从该列表框中消失，并移向左侧列表框中。请将程序补充完整。

13. 在名称为 Form1 的窗体上画两个文本框（其 Name 属性分别为 Text1 和 Text2）和一个命令按钮（Name 属性为 Command1），然后编写如下两个事件过程：

```
Private Sub Command1_Click()
    a = Text1.Text + Text2.Text
    Print a
End Sub
```

```
Private Sub Form_Load()
    Text1.Text = ""
    Text2.Text = ""
End Sub
```

程序运行后，在第一个文本框（Text1）和第二个文本框（Text2）中分别输入 123 和 321，然后单击命令按钮，则输出结果为＿＿＿＿。

14. 在窗体上画两个标签，其名称分别为 Label1 和 Label2，Caption 属性分别为"数值"及空白；然后画一个名称为 HScroll1 的水平滚动条，其 Min 的值为 0，Max 的值为 100。程序运行后，如果单击滚动条两端的箭头，则在标签 Label2 中显示滚动条的值。请在空白处填入适当的内容，将程序补充完整。

```
Private Sub HScroll1_____()
    Label2.Caption=HScroll1._____
End Sub
```

15. 在窗体上画一个名称为 Command1 的命令按钮和一个名称为 Text1 的文本框。程序运行后，Command1 为禁用（灰色）。当向文本框中输入任何字符时，命令按钮 Command1 变为可用。请在空白处填入适当的内容，将程序补充完整。

```
Private Sub Form_Load()
    Command1.Enabled = False
End Sub
Private Sub Text1_____()
    Command1.Enabled = True
End Sub
```

### 三、程序设计题

1. 随机产生一个三位数的整数，将其各位数字进行拆分，输出拆分之后的各位数字。

2. 输入三角形的三条边长，求三角形的面积。

3. 输入一元二次方程 $ax^2+bx+c=0$ 的系数 a、b、c，求其根。

4. 输入一个日期，输出这个日期是星期几（要求星期一用 1 表示）。

# 第 4 章 ┃ 算法与结构化程序设计

## 4.1 算法与算法的描述

### 4.1.1 算法

#### 1. 算法的概念

计算机之所以能够解决问题，是因为人们事先安排好了计算机解决问题的方法和执行步骤。为解决某个问题而采取的方法和步骤，称为"算法"。

计算机算法分为两大类：数值计算算法和非数值计算算法。数值计算算法主要解决一般数学解析方法难以处理的一些数学问题，如求函数的定积分、求解超越方程的根、解微分方程等；非数值计算算法的范围很广，最常见的是事务管理领域，如工资管理、成绩管理、图书管理等。目前，计算机在非数值计算方面的应用远远超过了数值计算方面。

对于同一个问题，往往可以设计出多种不同的算法，不同算法的运行效率、占用内存可能有较大的差异。

#### 2. 算法示例

【例4-1】两数交换。

算法分析：可以从两瓶液体交换得到两数交换的算法。

S1：输入两个数 a 和 b；

S2：a⇨c；

S3：b⇨a；

S4：c⇨b；

S5：输出 a 和 b。

根据上面的算法，可以编写出如下程序代码：

```
Private Sub Command1_Click()
    Dim a As Integer, b As Integer
    Dim c As Integer
    a = Val(Text1.Text)
    b = Text2
    c = a
    a = b
    b = c
    Text1.Text = CStr(a)
    Text2.Text = b
End Sub
```

运行程序，在文本框 Text1 中输入 6，文本框 Text2 中输入 9，单击"交换"按钮，结果如图 4-1 所示。

【例 4-2】三个数排序。

算法分析：通过比较，将三个数从大到小（或从小到大）排序，算法如下：

S1：输入三个数 a、b 和 c；

S2：如果 a<b，则 a⇔b；

S3：如果 a<c，则 a⇔c；

S4：如果 b<c，则 b⇔c；

S5：输出 a、b 和 c。

图 4-1　两数交换

根据上面的算法，可以编写出如下程序代码：

```
Private Sub Command1_Click()
    Dim a As Integer, b As Integer
    Dim c As Integer, x As Integer
    a = Val(Text1.Text)
    b = Text2.Text
    c = Text3
    If a < b Then
        x = a
        a = b
        b = x
    End If
    If a < c Then
        x = a
        a = c
        c = x
    End If
    If b < c Then
        x = b
        b = c
        c = x
    End If
    Text1.Text = CStr(a)
    Text2.Text = b
    Text3 = c
End Sub
```

运行程序，在三个文本框中分别输入 1、2、3（注意：要验证程序的正确性，本例要输入六组数据），单击"排序"按钮，结果如图 4-2 所示。

【例 4-3】求 1+2+3+…+100 的和。

算法分析：

第一种算法：

S1：计算 1 加 2 得 3；

S2：将 3 与 3 相加得 6；

S3：将 6 与 4 相加得 10；

…

图 4-2　三个数排序

最终算法描述需要写 99 个步骤，显然，此方法十分烦琐，不是最佳算法。

第二种算法：

设一个变量 s，一开始使 s 的值为 0，设另一个变量 i，一开始存放第一个加数，两者相加后将和重新放在变量 s 中，修改变量 i 为下一个加数（i 值加 1），重复 s+i⇨s 及 i+1⇨i，直到加完。具体算法如下：

S1：0⇨s；

S2：1⇨i；

S3：s+i⇨s；

S4：i+1⇨i；

S5：如果 i 小于等于 100，返回 S3；

S6：输出 s。

思考：①写出 1+3+5+…+99 的算法；②写出 2+4+6+…+100 的算法；③写出 1*2*3*…*10 的算法（即 10! 的算法）。

根据第二种算法，可以编写出如下程序代码：

```
Private Sub Command1_Click()
    Dim s As Integer, i As Integer
    s = 0
    i = 1
    Do While i <= 100
        s = s + i
        i = i + 1
    Loop
    Print "1+2+3+…+100 =" & Str(s)
End Sub
```

图 4-3　求和

运行程序，单击"求和"按钮，结果如图 4-3 所示。

算法是程序设计的灵魂。要编写一个程序，首先要设计算法，再依据算法进行编程。著名的计算机科学家 Nicklaus Wirth 提出了一个著名公式：算法+数据结构=程序，该公式表示，一个程序由算法和数据结构两部分组成。算法是对操作或行为的描述，是求解问题的步骤；数据结构是对数据的描述，是在程序中指定用到的数据、数据的类型及数据的组织形式。

### 3．算法的特性

从上述算法的示例可以看出，作为一个算法，应该具有下列特征：

① 确定性。算法的每一步必须是确切定义的，且无二义性。算法只有唯一的执行路径，对于相同的输入只能得出相同的输出。

② 有穷性。一个算法必须在执行有限次运算后结束。有穷性又称有限性，就是指算法的操作步骤是有限的，每一步骤在合理的时间范围内完成。如果计算机执行一个算法要 100 年才结束，这虽然是有穷的，但超过了合理的限度，也不能视为有效算法。对于包含循环结构的算法应避免出现死循环，否则就会无限制地执行下去。

③ 可行性。算法中的每一个步骤都必须是计算机能够有效执行、可以实现的，并且得到确定的结果。如除数为 0、负数开平方根等都不能有效执行。

④ 有零个或多个输入。算法可以有输入的初始数据，也可以没有给定的初始数据。如例 4-1 中有两个输入、例 4-2 中有三个输入、例 4-3 中没有输入。

⑤ 有一个或多个输出。算法的目的是求解问题，因此算法必须具备向计算机外部输出结果的步骤，无任何输出的算法是没有意义的。

### 4.1.2　算法的描述

描述一个问题求解的算法有多种方法，常用的方法有自然语言、流程图、N-S 图和伪代码等。

#### 1. 自然语言

自然语言是指人们日常生活中所使用的语言，如汉语、英语和数学符号等。上述三个算法示例中给出的算法就是用自然语言来表示算法的。用自然语言描述算法比较符合人们的表达习惯，通俗易懂。缺点是缺乏直观性和简洁性，且易产生歧义。另外，用自然语言描述分支和循环的算法，尤其是嵌套问题时很不方便。因此，除了简单问题外一般不用自然语言描述算法。

#### 2. 流程图

流程图是指用特定的图形符号来描述算法。与自然语言相比，图形化的描述具有更加直观、结构清晰、条理分明、便于检查修改及交流等优点。表 4-1 列出了流程图中常用的图形符号及含义。

表 4-1　流程图中常用图形符号及含义

| 图 形 符 号 | 名　称 | 含　义 |
|---|---|---|
| ▱ | 输入/输出 | 表示输入或输出数据 |
| ▭ | 处理 | 表示一个或一组操作 |
| ◇ | 判断 | 表示条件判断，根据条件满足与否选择不同路径 |
| ⬭ | 起止 | 表示算法的开始或结束 |
| ○ | 连接符 | 表示转向或转自流程图其他处 |
| → | 流程线 | 表示算法的执行流程 |
| ⬚ | 特定过程 | 一个定义过的过程 |

【例4-4】画出求 1+2+3+…+100 算法的流程图。

本例的算法流程图如图 4-4 所示。

虽然流程图具有直观、形象的特点，但是，当算法较复杂时，占用篇幅较多。另外，由于流程线的使用没有严格限制，使得流程具有较大的随意性，阅读时难以理解算法的逻辑，使得算法的可靠性和可维护性难以保证。

#### 3. N-S 图

为了避免流程图在描述程序逻辑时的随意性与灵活性，1973 年美国学者 I.Nassi 和 B.Shneiderman 提出了用方框图代替流程图，通常称为 N-S 图。N-S 是以两位学者名字的首字母命名的，它的特点是取消了流程线，全部算法集中在一个方框内，这样算法只能从上到下顺序执行，从而避免了算法流程的任意转向，保证了程序的质量。另外，N-S 图形象直观，节省篇幅，尤其适合于结构化程序设计。

【例4-5】画出求 1+2+3+…+100 算法的 N-S 图。

本例的算法 N-S 图如图 4-5 所示。

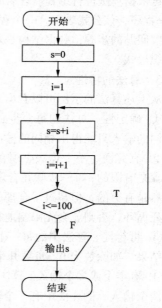

图 4-4　求 1+2+…+100 算法的流程图

#### 4．伪代码

伪代码是介于程序代码和自然语言之间的一种算法描述方法，书写时比较紧凑、自由，也比较好理解，方便转换为程序。伪代码书写格式自由，容易表达设计者的思想，而且伪代码表示算法容易修改，但不如流程图直观，有时可能出现逻辑上的错误，所以这种方法不宜提倡。

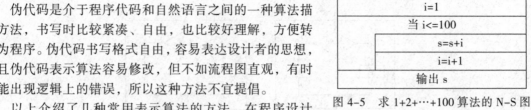

| s=0 |
| i=1 |
| 当 i<=100 |
| s=s+i |
| i=i+1 |
| 输出 s |

图 4-5　求 1+2+…+100 算法的 N-S 图

以上介绍了几种常用表示算法的方法，在程序设计中可根据需要和习惯任意选用。有了算法，即可根据算法用计算机语言编写程序，因此，可以说程序是算法在计算机上的实现。

## 4.2　结构化程序设计

由于软件危机的出现，人们开始研究程序设计方法，其中最受关注的是结构化程序设计方法（Structured Programming）。20 世纪 70 年代提出了"结构化程序设计方法"的思想和方法，该方法引入了工程思想和结构化思想，使大型软件的开发和编程都得到了极大的改善。

### 4.2.1　结构化程序设计原则

结构化程序设计方法的主要原则可以概括为自顶向下、逐步求精、模块化和限制使用 GOTO 语句。

① 自顶向下：程序设计时，应先考虑总体，后考虑细节；先考虑全局目标，后考虑局部目标。不要一开始就过多追求细节，先从最上层总体目标开始设计，逐步使问题具体化。

② 逐步求精：对复杂的问题，设计一些子目标作为过渡，逐步细化。也就是将复杂问题分解为一系列简单的易于实现的子问题。

③ 模块化：一个复杂问题由若干简单问题构成。模块化是指解决一个复杂问题时，自顶向下逐层把软件系统划分成若干模块的过程。每个模块完成一个特定的子功能，所有模块按某种方法组装起来，成为一个整体，完成整个系统所要求的功能。

④ 限制使用 GOTO 语句：GOTO 语句又称无条件转移语句，功能是改变程序流程，转去执行 GOTO 语句标号所标识的语句。在某些条件下，适当使用 GOTO 语句可提高程序的效率。但是，如果不加限制地使用 GOTO 语句会破坏程序的结构性。

### 4.2.2　结构化程序设计的三种基本结构

结构化程序设计方法是程序设计的先进方法和工具，采用结构化程序设计方法编写程序，可使程序结构良好、易读、易理解、易维护。结构化程序设计方法规定了算法的三种基本结构：顺序结构、选择（分支）结构和循环（重复）结构，理论上已经证明，无论多么复杂的问题，其算法都可以表示为这三种基本结构的组合。

#### 1．顺序结构

顺序结构是一种最简单的程序结构，可以由赋值语句、输入语句、输出语句构成，它是最基本、最常用的结构。程序执行时，按照语句在程序中出现的先后顺序依次执行，顺序结构如图 4-6 所示。

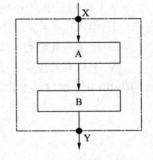

图 4-6　顺序结构

#### 2．选择结构

选择结构又称分支结构，包括单分支、双分支和多分支，程序执行时，根据不同的条件执行不同分支中的语句，选择结构如图 4-7 所示。

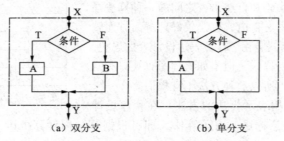

（a）双分支 （b）单分支

图 4-7 选择结构

### 3. 循环结构

循环结构又称重复结构，根据给定的条件，使同一组语句重复执行多次或一次也不执行。循环结构的基本形式有四种：先执行后判断的当型循环、先判断后执行的当型循环、先执行后判断的直到型循环和先判断后执行的直到型循环，循环结构如图 4-8 所示。

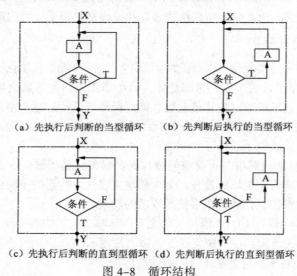

（a）先执行后判断的当型循环 （b）先判断后执行的当型循环

（c）先执行后判断的直到型循环 （d）先判断后执行的直到型循环

图 4-8 循环结构

### 4. 三种基本结构的特点

从上面的三个图中可以看出，三种基本结构有以下特点：

① 单入口（X 点）和单出口（Y 点）。

② 不能有死语句，结构中永远也不会被执行的语句，即结构中每个语句都有被执行到的可能。

③ 不能有死循环，结构中不能存在永不终止的循环，如果在 VB 程序中如出现死循环，可按【Ctrl+Break】组合键中止。

## 4.3 源程序书写规则

### 1. 语句

语句是构成 VB 源程序的最基本成分，一个语句或者用于向系统提供某些必要的信息（如说明变量的数据类型），或者规定系统应该执行的某个操作。

语句的一般格式如下：

<语句定义符>　[语句体]

语句定义符用于规定语句的功能，语句体则用于提供语句所要说明的具体内容或者要执行的具体操作，但 VB 中有些语句的语句定义符可以省略（如赋值语句）。

2．书写规则

①　VB 程序是按行书写的，原则上一条语句写在一行上；一行也可写多条语句，各语句之间用"："（冒号）隔开；若一条语句太长，可分行书写，在每行末尾处须加续行标志，续行标志由空格加下画线组成（" ＿"，注意下画线前有一个英文的空格）。

②　输入语句时，可以不区分字母大小写，按【Enter】键后语句中出现的关键字首字母，总是被自动转换成大写，其余字母转换成小写。

③　对于用户定义的变量、数组、过程名、函数名等，均以第一次定义为标准，以后的输入均自动向首次定义转换。

④　适当的注释有利于程序的阅读和修改，VB 中可以用关键词 REM 或英文单引号（'）来标识注释内容，关键词 REM 或英文单引号可以作为 VB 的一条语句，英文单引号的注释也可以直接出现在语句后面，VB 系统对注释内容既不编译也不执行，仅供阅读，以便于理解程序语句的含义。给程序加注释是一种良好的编程习惯，任何字符都可以在注释行中作为注释内容，注释语句通常放在过程、模块的开头作为标题用，也可放在执行语句的后面，但不可以放在续行符的后面。

⑤　所有的语句标点符号必须是英文半角字符，如冒号、点号、逗号、分号、字符串的双引号、注释用的单引号等。

⑥　语句书写时按层次缩格书写，以增加程序的可读性。

## 习题

### 一、填空题

1．算法的基本特征有＿＿＿＿＿＿、＿＿＿＿＿＿、＿＿＿＿＿＿、＿＿＿＿＿＿、＿＿＿＿＿＿。

2．结构化程序设计原则有＿＿＿＿＿＿、＿＿＿＿＿＿、＿＿＿＿＿＿、＿＿＿＿＿＿。

3．三种基本结构是＿＿＿＿＿＿、＿＿＿＿＿＿、＿＿＿＿＿＿。

4．多条语句写在一行上，各语句之间用＿＿＿＿＿＿隔开。

5．VB 中续行标志是＿＿＿＿＿＿。

6．VB 中如果程序运行时出现死循环，可用＿＿＿＿＿＿组合键终止。

### 二、简答题

1．设计一个可以判断某数是否为素数的算法？所谓素数，是指只能被 1 和自身整除的数。

2．设计一个可以判断某正整数是否为回文数的算法？所谓回文数，是指左右数字完全对称的自然数，如 121、1221、111 等都是回文数。

3．设计一个可以求两个自然数的最大公约数的算法？

4．设计一个可以求两个自然数的最小公倍数的算法？

5．设计一个可以求自然数 $n$ 的所有因子的算法？

6．设计一个可以求自然数 $n$ 的阶乘的算法？

# 第5章 | 顺序结构

顺序结构是按程序中语句出现的先后顺序执行的结构。下面介绍几种顺序结构经常用到的语句和数据输入/输出函数。

## 5.1 赋值语句

赋值语句是 VB 中使用最频繁的语句之一，常用于为内存变量或对象的属性赋值。

### 5.1.1 格式与执行过程

#### 1. 格式与功能

赋值语句的格式为：

变量 = 表达式
对象.属性 = 属性值

格式中的 "=" 称为赋值号，将右侧表达式的值赋给左侧的变量或将属性值赋给左侧的属性，即使对象的某个属性获得新的值。

说明：赋值号与关系运算符等于都用 "=" 表示，但系统不会产生混淆，会根据所处的位置自动判断是何种符号。例如：a = 5，此时是赋值号；Print a = 5，此时是关系运算符。

#### 2. 执行过程

执行赋值语句时，先求右侧表达式的值，然后转换为变量的类型（如不能转换成变量类型则出现类型不匹配错误），最后赋值。例如：

```
Private Sub Command1_Click()
    Dim x As Integer, y As Integer
    x = 5                        '将常量 5 送给变量 x
    y = x                        '将变量 x 的值送给变量 y
    y = y + 1                    '将表达式 y + 1 的值送给变量 y
    Text1.Text = ""              '清除文本框 Text1 中的内容
End Sub
```

### 5.1.2 赋值时不同数据类型的转换

① 变量与表达式都是数值类型，系统先求出表达式的值，然后转换为变量类型，再赋值。如说明变量 x 为整型，x = 1.8，则 x 的值为 2，系统四舍五入取整（相当于用 CInt() 函数）。

② 变量是字符型，表达式是数值型，系统先求表达式的值，然后转换为数字字符串，再赋值。如说明 x 为字符型，x = 12，则 x 的值为字符串"12"，注意没有符号位，相当于用 CStr() 函数。

③ 变量是逻辑型，表达式是数值型，则非 0 转换为 True，0 转换为 False。

④ 变量是整型，表达式是逻辑型，则将逻辑值 True 转换为 –1，False 转换为 0。

⑤ 变量是字符型，表达式是逻辑型，则将逻辑值 True 转换为字符串"True"，False 转换为字符串"False"。

⑥ 变量是数值型，表达式是字符型，表达式是数字字符串，则可转换为数值，表达式是非数字字符串，则出现类型不匹配的错误（相当于使用 Val()函数）。

【例5-1】赋值语句举例。有以下程序代码，运行结果如图 5-1 所示。

```
Private Sub Command1_Click()
    Dim a As Integer, b As String
    Dim c As Boolean, d As Boolean
    Dim e As Integer, f As Integer
    Dim g As String, h As String
    Dim i As Single, j As Single
    a = 2 + 3.8
    b = 3 + 2.6
    c = 2
    d = 0
    e = True
    f = False
    g = True
    h = False
    Print a
    Print b
    Print c
    Print d
    Print e
    Print f
    Print g
    Print h
End Sub
```

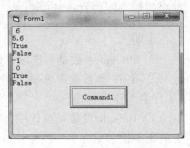

图 5-1　赋值语句

## 5.2　暂停语句与结束语句

### 5.2.1　暂停语句

暂停语句用来暂停程序的执行。格式为：Stop

Stop 语句的作用相当于选择"运行"→"中断"命令。当执行到 Stop 语句时，系统会在 Stop 语句处暂停程序的执行，供用户检查与调试。

Stop 语句一般用于在解释程序中设置断点，以便对程序进行检查和调试。如果在可执行文件（.exe）中含有 Stop 语句，将关闭所有文件退出运行。因此，当程序调试完毕，在生成可执行文件之前，应删除程序中的所有 Stop 语句。

### 5.2.2　结束语句

End 语句通常用来结束一个程序的执行。格式为：End

End 语句将终止应用程序的执行，并从内存卸载所有窗体。End 语句可放在程序中的任何位置，执行到此处的 End 语句将终止应用程序的执行。程序中也可以没有 End 语句，这并不影响程序的运行。但如果程序中没有 End 语句，或者虽有但没有执行含有 End 语句的事件过程，程序就不能正常结束，必须选择"运行"→"结束"命令，或者单击工具栏中的"结束"按钮或单击应用程序界面上的"关闭"按钮。

# 5.3　InputBox()函数与 MsgBox()函数

## 5.3.1　InputBox()函数

InputBox()函数可产生一个输入对话框，这个对话框作为输入数据的界面，等待用户输入数据，并返回输入的内容。其格式为：

```
v=InputBox(Prompt,[Title][,Default])
```

说明：

① Prompt 参数是必选项，作为输入对话框提示用的文字信息。

② Title 参数是可选项，作为输入对话框标题栏中的标题。如果省略 Title，则把应用程序名（工程名）作为标题。

③ Default 参数是可选项，在没有其他输入时作为默认值。如果省略 Default，则输入对话框中的文本框为空。

④ 变量 v 为变体型变量或字符型变量，也可以为数值型变量，但如果输入的内容不能转换为数值则出现类型不匹配错误，即输入对话框返回的数据类型是字符型。

⑤ 用户输入数据后按【Enter】键或单击"确定"按钮，则将输入的数据赋给变量，按【Esc】键或单击"取消"按钮，如果变量是字符型，则变量的值是空字符串（零长度字符串），如果变量是数值型，则出错，即实时错误"类型不匹配"。

【例 5-2】执行 v = InputBox("请输入字符串","字符串对话框","字符串")后，运行界面如图 5-2 所示。

图 5-2　InputBox 函数

【例 5-3】有以下程序代码，运行时在文本框中输入 123，单击命令按钮 Command1，在出现的输入对话框中输入 456，单击"确定"按钮后，在窗体上的输出为 123456，如图 5-3 所示。

```
Private Sub Command1_Click()
    a = Text1.Text
    b = InputBox("请输入")
    Print a + b
End Sub
```

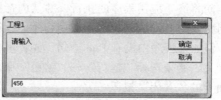

图 5-3　输入与输出界面

### 5.3.2  MsgBox()函数

MsgBox()函数用于向用户发布提示信息，并要求用户作出必要的响应。其格式为：

`v=MsgBox(Prompt[,Button][,Title])`

说明：

① Prompt 参数是必选项，作为显示在信息框中的消息。

② Button 参数是可选项，是由 4 个常量组成的表达式，形式为 c1+c2+c3+c4，也可是该表达式值的和。其中 c1 表示信息框中按钮的类型和个数（0 表示只显示"确定"按钮，1 表示显示"确定"和"取消"按钮，2 表示显示"中止"、"重试"和"忽略"按钮，3 表示显示"是"、"否"和"取消"按钮，4 表示显示"是"和"否"按钮，5 表示显示"重试"和"取消"按钮），c2 表示信息框中图标的类型（16 表示显示关键信息图标，32 表示显示警示疑问图标，48 表示显示警告信息图标，64 表示显示通知信息图标），c3 表示信息框中的默认按钮（按【Enter】键等同于单击该按钮，0 表示第一个按钮为默认按钮，256 表示第二个按钮为默认按钮，512 表示第三个按钮为默认按钮），c4 表示信息框的响应模式。如果省略 Button，则 Button 的值为 0，如表 5-1 所示。

表 5-1　Button 参数及意义

| c1 取值 | 内部常量 | 意 义 |
|---|---|---|
| 0 | vbOKOnly | 只显示"确定"按钮 |
| 1 | vbOKCancel | 显示"确定"和"取消"按钮 |
| 2 | vbAbortRetryIgnore | 显示"中止"、"重试"和"忽略"按钮 |
| 3 | vbYesNoCancel | 显示"是"、"否"和"取消"按钮 |
| 4 | vbYesNo | 显示"是"和"否"按钮 |
| 5 | vbRetryCancel | 显示"重试"和"取消"按钮 |
| c2 取值 | 内部常量 | 意 义 |
| 16 | vbCritical | 显示关键信息图标 ❌ |
| 32 | vbQuestion | 显示警示疑问图标 ❓ |
| 48 | vbExclamation | 显示警告消息图标 ⚠ |
| 64 | vbInformation | 显示通知信息图标 ℹ |
| c3 取值 | 内部常量 | 意 义 |
| 0 | vbDefaultButton1 | 第一个按钮为默认按钮 |
| 256 | vbDefaultButton2 | 第二个按钮为默认按钮 |
| 512 | vbDefaultButton3 | 第三个按钮为默认按钮 |
| 768 | vbDefaultButton4 | 第四个按钮为默认按钮 |
| c4 取值 | 内部常量 | 意 义 |
| 0 | vbApplicationModal | 应用程序模式 |
| 4096 | vbSystemModal | 系统模式 |

③ Title 参数是可选项，作为信息框标题栏中的标题。如果省略 Title，则把应用程序名（工程名）作为标题。

④ MsgBox()函数根据用户选择单击的按钮而返回不同的值，1 表示"确定"按钮，2 表示"取消"按钮，3 表示"中止"按钮，4 表示"重试"按钮，5 表示"忽略"按钮，6 表示"是"按钮，

7 表示"否"按钮，如表 5-2 所示。

表 5-2　MsgBox()函数值

| 函 数 值 | 内 部 常 量 | 被单击的按钮 |
| --- | --- | --- |
| 1 | vbOK | 确定 |
| 2 | vbCancel | 取消 |
| 3 | vbAbort | 中止 |
| 4 | vbRetry | 重试 |
| 5 | vbIgnore | 忽略 |
| 6 | vbYes | 是 |
| 7 | vbNo | 否 |

【例5-4】执行 v = MsgBox("输出信息", 2 + 16 + 256, "程序示例")，运行界面如图 5-4 所示。

说明：语句 v = MsgBox("输出信息", 274, "程序示例")的功能与上述语句的功能相同（即将 274 分为 2+16+256）。

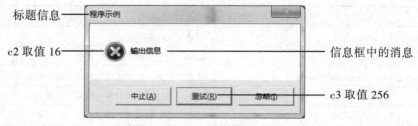

图 5-4　MsgBox()函数

### 5.3.3　MsgBox 语句

MsgBox()函数也可以写成语句形式，其格式为：

```
MsgBox Prompt[,Button][,Title]
```

格式中各参数的含义及作用与 MsgBox()函数相同，与 MsgBox()函数不同的是 MsgBox 语句没有返回值，因而常用于比较简单的信息显示。

# 5.4　顺序结构程序示例

【例5-5】输入圆的半径，求圆的面积。

程序代码如下：

```
Private Sub Command1_Click()
    Const Pi = 3.1415926        '定义符号常量 Pi
    Dim r As Single, s As Single
    r = InputBox("请输入圆的半径", "程序示例", 5)
    s = Pi * r * r
    MsgBox "圆的面积为:" & Str(s), 1, "输出结果"
End Sub
```

运行程序，输入半径为 5，输入对话框和信息框如图 5-5 所示。

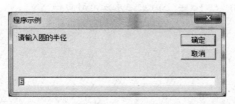 

图 5-5　输入对话框和信息框

【例 5-6】两数交换。单击"交换"按钮，两个文本框中的数据进行交换，交换后的数据显示在另外两个文本框中；单击"清除"按钮，四个文本框清空，焦点放在第一个文本框中；单击"结束"按钮，程序结束运行。

程序代码如下：

```
Private Sub Command1_Click()
    Dim a As Integer, b As Integer
    Dim x As Integer
    a = Val(Text1.Text)
    b = Text2
    c = a
    a = b
    b = c
    Text3.Text = CStr(a)
    Text4 = b
End Sub

Private Sub Command2_Click()
    Text1.Text = ""
    Text2 = ""
    Text3 = ""
    Text4.Text = ""
    Text1.SetFocus
End Sub

Private Sub Command3_Click()
    End
End Sub
```

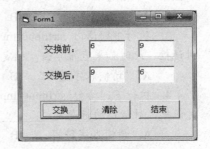

图 5-6　两数交换

运行程序，分别输入 6 和 9，输出如果如图 5-6 所示。

【例 5-7】输入三角形的三条边长 $a$、$b$、$c$，求三角形的面积 $s$。说明：三角形面积的公式 $s=\sqrt{p*(p-a)*(p-b)*(p-c)}$，其中 $p=(a+b+c)/2$。

程序设计代码如下：

```
Private Sub Command1_Click()
    Dim a As Single, b As Single
    Dim c As Single, p As Single
    Dim s As Single
    a = Val(Text1.Text)
    b = Val(Text2)
    c = Text3
    p = (a + b + c) / 2
```

```
        s = Sqr(p * (p - a) * (p - b) * (p - c))    '求三角形面积
        Text4.Text = CStr(s)
    End Sub

    Private Sub Command2_Click()
        Text1.Text = ""
        Text2.Text = ""
        Text3 = ""
        Text4 = ""
        Text1.SetFocus
    End Sub

    Private Sub Command3_Click()
        End
    End Sub
```

运行程序，分别输入 3、4 和 5，输出如果如图 5-7 所示。

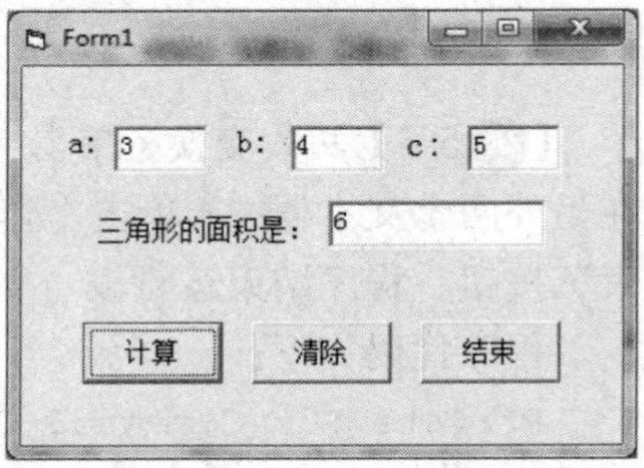

图 5-7  三角形面积

### 习题

**一、选择题**

1. InputBox()函数返回值的类型为_____。

　　A. 数值型　　　　　　　　　　　　　　B. 字符串型

　　C. 变体型　　　　　　　　　　　　　　D. 数值型或字符串型（视输入的数据而定）

2. 假定程序中有以下语句：answer=MsgBox("String1",,"String2","String3",2)，执行该语句后，将显示一个信息框，此时如果单击"确定"按钮，则 answer 的值为_____。

　　A. String1　　　　B. String2　　　　C. String3　　　　D. 1

3. 执行下列语句 strInput=InputBox("请输入字符串","字符串对话框","字符串")，将显示输入对话框。此时如果直接单击"确定"按钮，则变量 strInput 的内容是_____。

　　A. "请输入字符串"　　B. "字符串对话框"　　C. "字符串"　　　　D. 空字符串

4. 执行下列语句 strInput=InputBox("请输入字符串","字符串对话框","字符串")，将显示输入对话框，对话框的标题是_____。

　　A. 请输入字符串　　　B. 字符串对话框　　　C. 字符串　　　　D. 空字符串

5. 对用 MsgBox 显示的消息框，下面_____是错误的。

　　A. 可以有一个按钮　　　　　　　　　　B. 可以有两个按钮

　　C. 可以有三个按钮　　　　　　　　　　D. 可以有四个按钮

6. 下列叙述中正确的是_____。

　　A. MsgBox 语句的返回值是一个整数

　　B. 执行 MsgBox 语句并出现信息框后，不用关闭信息框即可执行其他操作

　　C. MsgBox 语句的第一个参数不能省略

　　D. 如果省略 MsgBox 语句的第三个参数（Title），则信息框的标题为空

7. 设有语句 x=InputBox("输入数值","0","示例")程序运行后，如果从键盘上输入数值 10 并按【Enter】键，则下列叙述中正确的是_____。

　　A. 变量 x 的值是数值 10

　　B. 在 InputBox 对话框标题栏中显示的是"示例"

C.　0 是默认值

D.　变量 x 的值是字符串 10

8.　执行如下语句：a = InputBox("Today", "Tomorrow", "Yesterday", , , "Day before yesterday", 5)，将显示一个对话框，在对话框的输入区中显示的信息是_____。

A.　Today　　　　　　　　　　　　B.　Tomorrow

C.　Yesterday　　　　　　　　　　D.　Day before yesterday

9.　在窗体上画一个命令按钮和一个文本框，其名称分别为 Command1 和 Text1，把文本框的 Text1 属性设置为空白，然后编写如下事件过程：

```
Private Sub Command1_Click()
    Dim a, b
    a = InputBox("Enter an Integer")
    b = Text1.Text
    Text1.Text = b + a
End Sub
```

程序运行后，先在文本框中输入 456，然后单击命令按钮 Command1，在输入对话框中输入 123，然后单击"确定"按钮，则文本框中显示的内容是_____。

A.　579　　　　　B.　123　　　　　C.　456123　　　　　D.　123456

10.　在窗体上画一个命令按钮，名称为 Command1。单击命令按钮，执行如下事件过程：

```
Private Sub Command1_Click()
    a$ = "software and hardware"
    b$ = Right(a$, 8)
    c$ = Mid(a$, 1, 8)
    MsgBox a$, , b$, c$, 1
End Sub
```

则弹出信息框的标题栏中显示的信息是_____。

A.　software and hardware　　　　B.　software

C.　hardware　　　　　　　　　　D.　1

11.　窗体上有一个名称为 Command1 的命令按钮，其事件过程如下：

```
Private Sub Command1_Click()
    x = "VisualBasicProgramming"
    a = Right(x, 11)
    b = Mid(x, 7, 5)
    c = MsgBox(a, , b)
End Sub
```

运行程序后单击命令按钮，以下叙述中错误的是_____。

A.　信息框的标题是 Basic　　　　　B.　信息框中的提示信息是 Programming

C.　c 的值是函数的返回值　　　　　D.　MsgBox 的使用格式有错

12.　如果执行一个语句后弹出如图 5-8 所示的对话框，则这个语句是_____

图 5-8　第 12 题图

A.  InputBox("输入框","请输入 VB 数据")

B.  x = InputBox("输入框", "请输入 VB 数据")

C.  InputBox("请输入 VB 数据","输入框")

D.  x=InputBox("请输入 VB 数据","输入框")

13.  下面不能在信息框中输出 "VB" 的是_____

A.  MsgBox "VB"                                    B.  x=MsgBox("VB")

C.  MsgBox("VB")                                   D.  Call MsgBox "VB"

14.  在窗体上画一个命令按钮，然后编写如下事件过程：

```
Private Sub Command1_Click()
    MsgBox Str(123 + 321)
End Sub
```

程序运行后，单击命令按钮，则在信息框中显示的提示信息为_____

A.  字符串"123+321"                               B.  字符串"444"

C.  数值"444"                                       D.  空白

15.  在窗体上画一个命令按钮，然后编写如下事件过程：

```
Private Sub Command1_Click()
    x = InputBox("输入", "数据", 100)
    Print x
End Sub
```

执行上述语句，输入 5 并单击输入对话框上的 "取消" 按钮，则窗体上输出_____

A.  0              B.  5              C.  100              D.  空白

## 二、填空题

1.  执行 a=MsgBox("AAAA",,"BBBB","",5)语句后，显示的信息框的标题是_____。

2.  在窗体上画一个命令按钮，然后编写如下事件过程：

```
Private Sub Command1_Click()
    a = InputBox("请输入一个整数")
    b = InputBox("请输入一个整数")
    Print a + b
End Sub
```

程序运行后，单击命令按钮，在输入对话框中分别输入 98 和 76，输出结果为_____。

3.  执行以下程序段，并输入 1.23，则程序的输出结果是_____。

```
n = Str(InputBox("请输入一个实数: "))
p = InStr(n, ".")
Print Mid(n, p)
```

## 三、程序设计题

1.  根据华氏温度与摄氏温度的转换公式：C=(F-32)*5/9，若已知华氏温度 F，求对应的摄氏温度 C？若已知摄氏温度 C，求对应的华氏温度 F。

2.  鸡兔同笼问题。已知在一个笼子中鸡和兔的总头数 h，总脚数为 f，求笼子中鸡和兔各有多少只？

# 第6章 | 选 择 结 构

选择结构能根据指定表达式的当前值在两条或多条程序路径中选择一条执行，它为处理多种复杂情况提供了便利条件。

VB 中提供了两种选择结构，包括 If 语句和 Select Case 语句。

## 6.1 If 语 句

If 语句又称条件语句，包括单分支结构、双分支结构和多分支结构 3 种形式，用户可根据需要进行选择使用。

### 6.1.1 单分支结构

#### 1. 语句格式

格式 1：行 If 结构

If 条件 Then 语句

格式 2：块 If 结构

If 条件 Then
     语句序列
End If

说明：格式中的"条件"可以是常数、变量、算术表达式、关系表达式或逻辑表达式，结果为 True 或 False，如果不是逻辑值，系统会转换为逻辑值，即 0 转换为 False，非 0 转换为 True。

#### 2. 执行过程

通过 If 语句进入选择结构，根据条件进行判断。若条件为 True 时，则执行 Then 后面的语句（或 Then 下面的语句序列），执行完离开选择结构（行 If 继续执行 If 的下一条语句，块 If 执行 End If 的下一条语句）；若条件为 False 时，不执行任何操作，直接离开选择结构。单分支结构的流程图如图 6-1 所示。

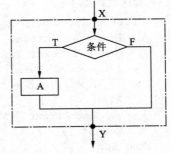

图 6-1　单分支结构

【例 6-1】单分支结构示例：求两个正整数中的较大数。

程序代码如下：

```
Private Sub Command1_Click()
    Dim a As Integer, b As Integer
    Dim max As Integer
    a = InputBox("请输入一个正整数a:")
    b = InputBox("请输入另一个正整数b:")
    max = a
```

```
        If b > max Then max = b
        Print a & "和" & b & "中较大数是:" & max
End Sub
```

思考：如何将上述程序代码改为块 If 结构。

### 6.1.2  双分支结构

#### 1. 语句格式

格式 1：行 If 结构

`If 条件 Then 语句 1 Else 语句 2`

格式 2：块 If 结构

```
If 条件 Then
    语句序列 1
Else
    语句序列 2
End If
```

#### 2. 执行过程

通过 If 语句进入选择结构，根据条件进行判断。若条件为 True 时，则执行 Then 后面的语句 1（或 Then 下面的语句序列 1），执行完离开选择结构（行 If 继续执行 If 的下一条语句，块 If 执行 End If 的下一条语句）；若条件为 False 时，则执行 Else 后面的语句 2（或 Else 下面的语句序列 2），执行完离开选择结构。双分支结构的流程图如图 6-2 所示。

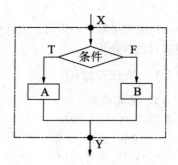

图 6-2  双分支结构

说明：行 If 结构中语句 1 与语句 2 能且只能执行其中的一个，块 If 结构中语句序列 1 与语句序列 2 能且只能执行其中的一个。

【例 6-2】双分支结构示例。在文本框 Text1 中输入百分制成绩，在文本框 Text2 中输出"及格"或"不及格"两个等级。

程序代码如下：

```
Private Sub Command1_Click()
    Dim g As Integer
    g = Val(Text1.Text)
    If g >= 60 Then
        Text2.Text = "及格"
    Else
        Text2.Text = "不及格"
    End If
End Sub
```

两次运行界面如图 6-3 所示。

思考：如何将上述程序代码改为行 If 结构。

图 6-3  运行界面

### 6.1.3 IIf()函数

IIf()函数可用于执行简单的条件判断操作，IIf 是 Immediate If 的缩略，它的功能与双分支结构中的行 If 结构功能相同。IIf()函数的格式如下：

```
result = IIf(条件,条件为真时取值,条件为假时取值)
```

格式中的"条件"同上，格式中的三个参数都不能省略。当"条件"为真时，IIf()函数返回"条件为真时取值"；若"条件"为假，则返回"条件为假时取值"。这里"条件为真时取值"和"条件为假时取值"可以是常量、变量或表达式等。例如：

```
IIf(a>b,10,20)          '如果 a>b 成立，则函数值为 10，否则函数值为 20
```

【例 6-3】IIf()函数示例。在文本框 Text1 中输入百分制成绩，在文本框 Text2 中输出"及格"或"不及格"两个等级。

程序代码如下：

```
Private Sub Command1_Click()
    Dim g As Integer
    g = Val(Text1.Text)
    Text2.Text = IIf(g >= 60, "及格", "不及格")
End Sub
```

程序运行结果与上例完全相同。

### 6.1.4 多分支结构

#### 1．语句格式

```
If 条件 1 Then
    语句序列 1
ElseIf 条件 2 Then
    语句序列 2
…
ElseIf 条件 n Then
    语句序列 n
Else
    语句序列 n+1
End If
```

#### 2．执行过程

通过 If 语句进入选择结构，根据条件进行判断。若条件 1 为 True 时，则执行语句序列 1 中的所有语句，然后执行 End If 离开选择结构（执行 End If 的下一条语句）；若条件 1 为 False 且条件 2 为 True 时，则执行语句序列 2 中的所有语句，然后执行 End If 离开选择结构，依此类推；若所有条件均为 False，则执行 Else 下面的语句序列 n+1，然后执行 End If 离开选择结构。也就是说如果某个条件为 True，则执行对应的语句序列，然后执行 End If 离开选择结构，如果所有条件均为 False，则执行 Else 下面的语句序列 n+1，然后执行 End If 离开选择结构。注意多个语句序列中能且只能执行其中的一个语句序列。多分支结构的流程图如图 6-4 所示。

说明：若 If 语句内有多个条件为 True 时，则只执行第一个条件为 True 时对应的语句序列。

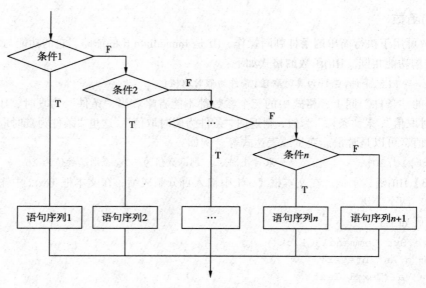

图 6-4　多分支结构

【例 6-4】多分支结构示例。在文本框 Text1 中输入百分制成绩，在文本框 Text2 中输出"优秀"（[90,100]）、"良好"（[80,89]）、"中等"（[70,79]）、"及格"（[60,69]）或"不及格"（[0,59]）五个等级。

程序代码如下：

```
Private Sub Command1_Click()
    Dim g As Integer
    g = Val(Text1.Text)
    If g >= 90 Then
        Text2.Text = "优秀"
    ElseIf g >= 80 Then
        Text2.Text = "良好"
    ElseIf g >= 70 Then
        Text2.Text = "中等"
    ElseIf g >= 60 Then
        Text2.Text = "及格"
    Else
        Text2.Text = "不及格"
    End If
End Sub
```

四次运行界面如图 6-5 所示。

图 6-5　运行界面

## 6.2　Select Case 语句

在某些情况下，对某个条件判断后可能出现多种取值的情况，此时用 If 语句已不太适合，需要 Select Case 语句完成。在这种结构中，只有一个用于判断的表达式，根据表达式的不同计算结果，执行不同的语句序列。

Select Case 语句又称情况选择语句，它是多分支结构的另一种表示形式，用于更复杂的条件判断，它可使程序代码更加简单、清晰、易读。

### 1．语句格式

```
Select Case 测试表达式
    Case 表达式列表 1
        语句序列 1
    Case 表达式列表 2
        语句序列 2
    …
    Case 表达式列表 n
        语句序列 n
    Case Else
        语句序列 n+1
End Select
```

说明：

① 测试表达式一般为数值型或字符型。

② 表达式列表称为域值，用来描述测试表达式的可能取值情况，可以是下列形式：

- 常量：如数值型 3,5,7,9；字符串型"A","C","E"。
- 区间：如数值型 12 To 20；字符串型"H" To "M"。
- 关系型：Is <关系运算符><表达式>，如数值型 Is >= 50；字符串型 Is > "P"。

也可以是上述三种形式的组合，如 3,5,7,12 To 20,Is > = 50。

### 2．执行过程

首先求测试表达式的值，如果测试表达式的值在表达式列表 1 中，则执行语句序列 1 中的所有语句，然后执行 End Select 离开选择结构（执行 End Select 的下一条语句）；如果测试表达式的值不在表达式列表 1 中且测试表达式的值在表达式列表 2 中，则执行语句序列 2 中的所有语句，然后执行 End Select 离开选择结构，依此类推；如果测试表达式的值不在所有的表达式列表中，则是执行 Case Else 下面的语句序列 n+1，然后执行 End Select 离开选择结构。也就是说如果测试表达式的值在某个表达式列表中，则执行对应的语句序列，然后执行 End Select 离开选择结构，如果测试表达式的值不在所有的表达式列表中，则执行 Case Else 中的语句序列 n+1，然后执行 End Select 离开选择结构。注意多个语句序列中只能执行其中的一个语句序列。Select Case 语句的流程图如图 6-6 所示。

说明：若在多个表达式列表中有与测试表达式的值相匹配，则只执行第一个相匹配的 Case 下面的语句序列。

【例 6-5】Select Case 结构示例。在文本框 Text1 中输入百分制成绩，在文本框 Text2 中输出"优秀"（[90,100]）、"良好"（[80,89]）、"中等"（[70,79]）、"及格"（[60,69]）或"不及格"（[0,59]）五个等级。

程序代码如下：

```
Private Sub Command1_Click()
    Dim g As Integer
    g = Val(Text1.Text)
    Select Case g
        Case Is >= 90
            Text2.Text = "优秀"
        Case 80 To 89
            Text2.Text = "良好"
        Case 70, 71, 72, 73, 74, 75, 76, 77, 78, 79
            Text2.Text = "中等"
        Case 60, 61, 62, 63 To 66, Is >= 67
            Text2.Text = "及格"
        Case Else
            Text2.Text = "不及格"
    End Select
End Sub
```

程序运行结果与上例完全相同。

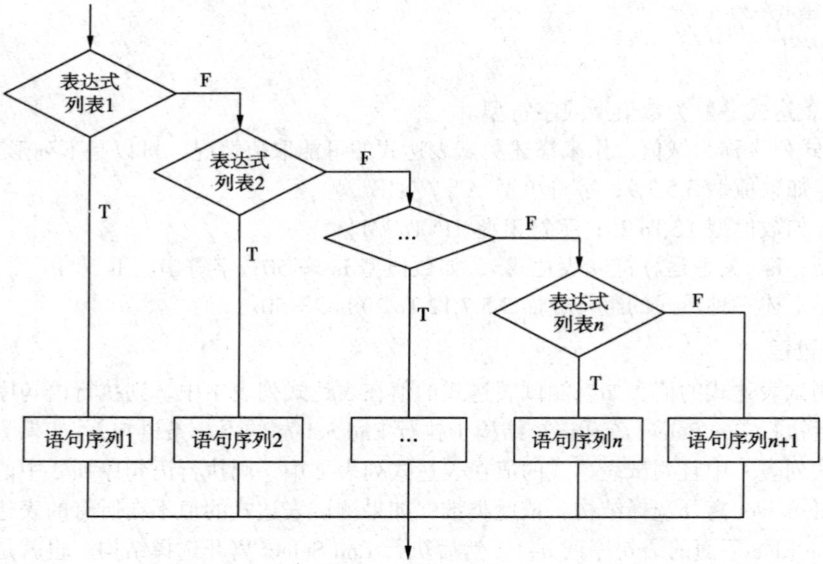

图 6-6　Select Case 语句的流程图

## 6.3　选择结构的嵌套

在一个选择结构中包含另一个选择结构称为选择结构的嵌套。选择结构的嵌套可以是同一种结构的嵌套，也可以是不同结构的嵌套。如在 If 语句的 Then 分支或 Else 分支中可以嵌套另一个 If 语句或 Select Case 语句；或在 Select Case 语句的 Case 子句中可以嵌套 If 语句或另一个 Select Case 语句。

【例 6-6】使用 If 语句的嵌套编写程序求下面函数的值。

$$y = \begin{cases} 1 & x > 0 \\ 0 & x = 0 \\ -1 & x < 0 \end{cases}$$

程序代码如下：

```
Private Sub Command1_Click()
    Dim x As Single, y As Single
    x = InputBox("请输入一个数给 x")
    If x > 0 Then
        y = 1
    Else
        If x = 0 Then
            y = 0
        Else
            y = -1
        End If
    End If
    Print y
End Sub
```

思考：Then 分支中嵌套另一个 If 语句，如何改写上述程序？

# 6.4　选择结构程序示例

【例6-7】输入一个人的身份证号，判断其性别。

程序代码如下：

```
Private Sub Command1_Click()
    Dim x As String, y As String
    x = Text1.Text
    If Len(Trim(x)) <> 18 Then
        MsgBox "身份证号有错，请重新输入"
        Text1.Text = ""
        Text1.SetFocus
    Else
        y = Mid(x, 17, 1)
        If Val(y) Mod 2 = 0 Then
            Text2.Text = "女"
        Else
            Text2.Text = "男"
        End If
    End If
End Sub
```

【例6-8】输入三个正数，判断能否构成三角形。如果能构成三角形（任意两边之和大于第三边），则求其面积，如果不能构成三角形，则输出"输入的三个正数不能构成三角形"。

程序代码如下：

```
Private Sub Command1_Click()
    Dim a As Single, b As Single
    Dim c As Single, p As Single
    Dim s As Single
```

```
    a = Val(Text1.Text)
    b = Val(Text2.Text)
    c = Val(Text3.Text)
    If a + b > c And b + c > a And a + c > b Then
        p = (a + b + c) / 2
        s = Sqr(p * (p - a) * (p - b) * (p - c))
        Text4.Text = CStr(s)
    Else
        Text4.Text = "输入的三个正数不能构成三角形"
    End If
End Sub

Private Sub Command2_Click()
    Text1.Text = ""
    Text2.Text = ""
    Text3.Text = ""
    Text4.Text = ""
    Text1.SetFocus
End Sub

Private Sub Command3_Click()
    End
End Sub
```

两次运行结果界面如图 6-7 所示。　　　　　　　　　　　　图 6-7　运行界面

【例 6-9】根据个人所得税的计算方法计算个人所得税。个人所得税的计算方法：(实发工资 –5 000)*税率–速算扣除数，个人所得税共分为 7 级，如表 6-1 所示。

表 6-1　个人所得税级数

| 级　　数 | 应　纳　税　额 | 税率(%) | 速算扣除数 |
|---|---|---|---|
| 1 | 不超过 3 000 元的 | 3 | 0 |
| 2 | 超过 3 000 元至 12 000 元的 | 10 | 210 |
| 3 | 超过 12 000 元至 25 000 元的 | 20 | 1 410 |
| 4 | 超过 25 000 元至 35 000 元的 | 25 | 2 660 |
| 5 | 超过 35 000 元至 55 000 元的 | 30 | 4 410 |
| 6 | 超过 55 000 元至 80 000 元的 | 35 | 7 160 |
| 7 | 超过 80 000 元的 | 45 | 15 160 |

程序代码如下：

```
Private Sub Command1_Click()
    Dim income As Single, tax As Single
    income = Val(Text1.Text)
    If income <= 3000 Then
        tax = income * 0.03
    ElseIf income <= 12000 Then
        tax = income * 0.1 - 210
    ElseIf income <= 25000 Then
        tax = income * 0.2 - 1410
    ElseIf income <= 35000 Then
        tax = income * 0.25 - 2660
```

```
    ElseIf income <= 55000 Then
        tax = income * 0.3 - 4410
    ElseIf income <= 80000 Then
        tax = income * 0.35 - 7160
    Else
        tax = income * 0.45 - 15160
    End If
    Text2.Text = CStr(tax)
End Sub

Private Sub Command2_Click()
    Text1.Text = ""
    Text2.Text = ""
    Text1.SetFocus
End Sub

Private Sub Command3_Click()
    End
End Sub
```

四次运行结果界面如图 6-8 所示。

图 6-8　运行界面

【例 6-10】编写一个对输入字符进行转换的程序：将其中的大写字母转换成小写字母，而小写字母则转换为大写字母，空格不转换，退格键和回车键不接受，其余字符转换成 "#" 号。要求每输入一个字符马上就进行判断和转换。

程序代码如下：

```
Option Explicit
Private Sub Text1_KeyPress(KeyAscii As Integer)
    Dim a As String * 1
    If KeyAscii = 13 Or KeyAscii = 8 Then
        KeyAscii = 0
    Else
        a = Chr$(KeyAscii)
        Select Case a
            Case "A" To "Z"
                a = LCase(a)
            Case "a" To "z"
                a = UCase(a)
            Case " "
                a = " "
            Case Else
                a = "#"
        End Select
```

```
        Text2.Text = Text2.Text & a
    End If
End Sub
Private Sub Command1_Click()
    Text1.Text = ""
    Text2.Text = ""
    Text1.SetFocus
End Sub
Private Sub Command2_Click()
    End
End Sub
```

运行界面如图 6-9 所示。

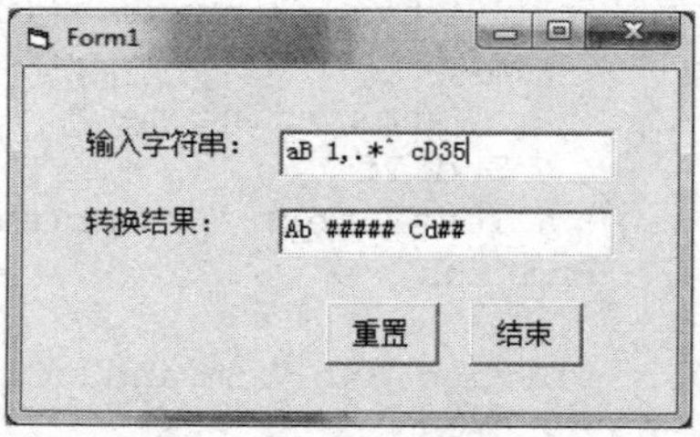

图 6-9　运行界面

## 习题

### 一、选择题

1. 设 a=6，则执行语句 x = IIf(a>5,-1,0) 后，x 的值为_____。

　　A. 5　　　　　　　　　B. 6　　　　　　　　　C. 0　　　　　　　　　D. -1

2. 设 a=5，b=6，c=7，d=8，则执行语句 x=IIf((a>b) And (c<d),10,20)后，x 的值为_____。

　　A. 10　　　　　　　　 B. 20　　　　　　　　 C. 30　　　　　　　　 D. 200

3. 设 a="a"，b="b"，执行语句 x=IIf(a>b, "A","B")后，x 的值为_____。

　　A. "a"　　　　　　　　B. "b"　　　　　　　　C. "B"　　　　　　　　D. "A"

4. 有名称为 Option1 的单选按钮，且程序中有语句 If Option1.Value = True Then，下面语句中与该语句不等价的是_____。

　　A. If Option1.Value Then　　　　　　　B. If Option1=True Then

　　C. If Value=True Then　　　　　　　　D. If Option1 Then

5. 在窗体上画一个命令按钮和一个文本框，名称分别为 Command1 和 Text1，然后编写如下程序：

```
Private Sub Command1_Click()
    a = InputBox("请输入日期（1~31）")
    t = "去往" & IIf(a > 0 And a <= 15, "杭州", "") _
& IIf(a > 15 And a <= 31, "苏州", "")
    Text1.Text = t & "方向旅游"
End Sub
```

程序运行后，如果从键盘上输入 18，则在文本框显示的内容是_____。

　　A. 去往方向旅游　　　　　　　　　　　B. 去往苏州方向旅游

　　C. 去往杭州方向旅游　　　　　　　　　D. 去往杭州，苏州方向旅游

6. 执行下列语句后整型变量 a 的值是_____。

```
If (3 - 2) > 2 Then
    a = 10
ElseIf (10 / 2) = 6 Then
    a = 20
Else
    a = 30
End If
```

　　A. 10　　　　　　　　 B. 20　　　　　　　　 C. 30　　　　　　　　 D. 不确定

7. 下列程序段的执行结果为_____。

```
x = 5
y = -20
If Not x > 0 Then x = y - 3 Else y = x + 3
Print x - y; y - x
```

　　A. -3　3　　　　　　B. 5 -8　　　　　　C. 3 -3　　　　　　D. 25 -25

8. 下列程序段的执行结果为_____。

```
A = "abcd"
B = "bcde"
e = Right(A, 3)
f = Mid(B, 2, 3)
If e < f Then Print e + f Else Print f + e
```

　　A. cdebcd　　　　　B. cdd　　　　　　　C. cdcd　　　　　　D. bcdcde

9. 下列程序段的执行结果为_____。

```
x = 2
y = 1
If x * y < 1 Then y = y - 1 Else y = -1
Print y - x > 0
```

　　A. True　　　　　　B. False　　　　　　C. -1　　　　　　　D. 1

10. 执行以下语句后显示结果为_____。

```
Dim x As Integer
If x Then Print x Else Print x - 1
```

　　A. 1　　　　　　　 B. 0　　　　　　　　C. -1　　　　　　　D. 不确定

11. 在窗体上画一个名称为 Command1 的命令按钮，然后编写如下事件过程：

```
Private Sub Command1_Click()
    x = -5
    If Sgn(x) Then
        y = Sgn(x ^ 2)
    Else
        y = Sgn(x)
    End If
    Print y
End Sub
```

程序运行后，单击命令按钮，窗体上显示的是_____。

　　A. -5　　　　　　　B. 25　　　　　　　 C. 1　　　　　　　　D. -1

12. 以下叙述正确的是_____。

　　A. Select Case 语句中的测试表达式可以是任何形式的表达式

　　B. Select Case 语句中的测试表达式只能是数值表达式或字符串表达式

　　C. 在执行 Select Case 语句时，所有的 Case 子句均按出现的次序被顺序执行

　　D. 如下 Select Case 语句中的 Case 表达式是错误的

```
Select Case x
    Case 1 To 10
    ...
End Select
```

13. 在窗体上画一个名称为 Command1 的命令按钮和两个名称分别为 Text1、Text2 的文本框，然后编写如下事件过程：

```
Private Sub Command1_Click()
    n = Text1.Text
    Select Case n
        Case 1 To 20
            x = 10
        Case 2, 4, 6
            x = 20
        Case Is < 10
            x = 30
        Case 10
            x = 40
    End Select
    Text2.Text = x
End Sub
```

程序运行后，如果在文本框 Text1 中输入 10，然后单击命令按钮，则在 Text2 中显示的内容是_____。

 A. 10    B. 20    C. 30    D. 40

14. 设有函数：$y = \begin{cases} x^2 & x > 0 \\ 0 & x = 0 \\ x & x < 0 \end{cases}$，下面不能正确求该函数值的程序段是_____。

A.
```
Select Case x
    Case Is < 0
        y = x
    Case 0
        y = 0
    Case Is > 0
        y = x * x
End Select
```

B.
```
If x > 0 Then
    y = x * x
End If
If x = 0 Then
    y = 0
End If
If x < 0 Then
    y = x
End If
```

C.
```
If x < 0 Then
    y = x
ElseIf x > 0 Then
    y = x * x
Else
    y = 0
End If
```

D.
```
If x <= 0 Then
    y = x
End If
If x <> 0 Then
    y = x * x
Else
    y = 0
End If
```

15. 下列说法不正确的是_____。

 A. "="是赋值符号

 B. "="是关系运算符

 C. "="可将右边的值赋给左边

 D. "If True = True Then MsgBox """ 在 VB 中通不过

二、填空题

1. 以下程序实现每次单击按钮 Command1 时，标签在窗体 Form1 上向右移动 100 Twip，当标签移动出窗体右边界时，再次单击按钮标签将回到窗体的左边界，请填空。

```
Private Sub Command1_Click()
    If Label1.Left > Form1.Width Then
        _____
    Else
        _____
    End If
End Sub
```

2. 工程中有 Form1 和 Form2 两个窗体。程序运行时，在 Form1 中名称为 Text1 的文本框中输入一个数值（圆的半径），然后单击"计算并显示"命令按钮（其名称为 Command1），则显示 Form2 窗体，且根据输入圆的半径计算圆的面积，并在 Form2 的窗体上显示出来。如果单击命令按钮时，文本框中输入的不是数值，则用信息框显示"请输入数值数据！"，请填空。

```
Private Sub Command1_Click()
    If Text1.Text = "" Then
        MsgBox "请输入半径！"
    ElseIf Not IsNumeric(Text1.Text) Then
        MsgBox "请输入数值数据！"
    Else
        r = _____
        Form2.Show
        _____.Print "圆的面积是" & 3.14 * r * r
    End If
End Sub
```

3. 设有整型变量 s，取值范围为 0~100，表示学生的成绩，有如下程序段：

```
If s >= 90 Then
    Level = "A"
ElseIf s >= 75 Then
    Level = "B"
ElseIf s >= 60 Then
    Level = "C"
Else
    Level = "D"
End If
```

下面用 Select Case 结构改写上述程序，使两段程序所实现的功能完全相同，请填空。

```
Select Case s
    Case _____>= 90
        Level = "A"
    Case 75 To 89
        Level = "B"
    Case 60 To 74
        Level = "C"
    Case _____
        Level = "D"
End Select
```

4. 有如下程序段：

```
x = -5
s = InputBox("请输入 s 的值:")
Select Case s
    Case Is > 0
```

```
        y = x + 1
    Case Is = 0
        y = x + 2
    Case Else
        y = x + 3
End Select
Print x; y
```

运行时，从键盘输入-5，输出的结果是_____。

5. 下面的程序用于根据文本框 x 中输入的内容进行处理，如果 x.Text 的值不是 2、4、6，则打印"x 不在范围内"。

```
Private Sub Command1_Click()
    Select Case Val(x.Text)
        Case 2
            Print "x 的值为 2"
        Case _____
            Print "x 的值为 4"
        Case _____
            Print "x 的值为 6"
        _____
            Print "x 不在范围内"
    End Select
End Sub
```

6. 在窗体上画一个列表框、一个命令按钮和一个标签，其名称分别为 List1、Command1 和 Label1，通过属性窗口把列表框中的项目设置为："第一个项目""第二个项目""第三个项目""第四个项目"。程序运行后，在列表框中选择一个项目，然后单击命令按钮，即可将所选择的项目删除，并在标签中显示列表框当前的项目数，运行情况如图 6-10 所示（选择"第二个项目"的情况）。下面是实现上述功能的程序，请填空。

```
Private Sub Command1_Click()
    If List1.ListIndex >= _____ Then
        List1.RemoveItem _____
        Label1.Caption= _____
    Else
        MsgBox "请选择要删除的项目"
    End If
End Sub
```

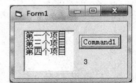

图 6-10　第 6 题图

### 三、程序设计题

1. 设银行整存整取不同期限的年利率分别为：一年定期为 1.75%；两年定期为 2.25%；三年定期为 2.75%。要求输入存款的本金和期限，求到期能从银行取到的本金与利息。

2. 求一元二次方程 $ax^2+bx+c=0$ 的根（分两个不等的实根、两个相等的实根与两个复根三种情况）。

3. 编写程序求下面函数的值。

$$y = \begin{cases} 2-x & x \leqslant 0 \\ x+2 & 0 < x \leqslant 2 \\ x^2 & 2 < x \leqslant 5 \\ 25-x & x > 5 \end{cases}$$

# 第7章 循环结构

循环是指程序中某一程序段需要重复执行多次，实现程序循环操作所使用的结构称为循环结构，被重复执行的程序段称为循环体。循环结构是结构化程序设计中一种非常重要的程序结构，它与顺序结构和选择结构共同作为构造各种复杂程序的基本单元。

VB 中提供了三种循环结构，包括 While...Wend 循环、Do...Loop 循环和 For...Next 循环。

## 7.1　While...Wend 循环

While...Wend 循环又称当循环，它是一种先判断后执行的循环结构。

### 1. 语句格式

```
While 条件
    语句序列(循环体)
Wend
```

说明：格式中的"条件"可以是常数、变量、算术表达式、关系表达式或逻辑表达式，结果为 True 或 False，如果不是逻辑值，系统会转换为逻辑值，即 0 转换为 False，非 0 转换为 True。

### 2. 执行过程

通过 While 语句进入循环结构，根据条件进行判断。当条件为 True 时，则执行下面的语句序列即循环体，然后执行 Wend，再进行条件判断，重复上述过程；当条件为 False 时，离开循环结构（即执行 Wend 的下一条语句）。当循环的流程图如图 7-1 所示。

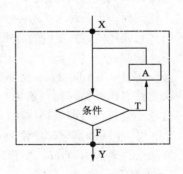

图 7-1　While...Wend 循环

说明：

① While…Wend 循环执行时先对条件进行判断，然后再决定是否执行循环体。如果一开始条件就为 False，则循环体一次也不会执行，即循环体执行 0 次。

② 循环体执行时应使 While 后面的条件能够发生变化，如果条件永远为 True，则程序不停地重复执行循环体，会出现"死循环"。

【例 7-1】用当循环求 1+2+3+…+100 的和。

程序代码如下：

```
Private Sub Command1_Click()
    Dim i As Integer, s As Integer
    s = 0
    i = 1
    While i <= 100
```

```
        s = s + i
        i = i + 1
    Wend
    Print "1+2+3+…+100 =" & Str(s)
End Sub
```

# 7.2　Do...Loop 循环

Do...Loop 循环又称条件循环，条件循环分为当型循环和直到型循环，每种循环结构又分为先执行后判断和先判断后执行。当型循环就是当条件成立时执行循环体，直到型循环就是直到条件成立为止，即条件成立离开循环结构；先执行后判断就是先执行一次循环体，再进行条件判断，以决定是否执行循环体，也就是循环体至少执行一次，先判断后执行就是先进行条件判断，再根据判断结果决定是否执行循环体，也就是循环体有可能一次也不执行。它有 5 种形式，先判断后执行的当型 Do...Loop 循环结构、先执行后判断的当型 Do...Loop 循环结构、先判断后执行的直到型 Do...Loop 循环结构、先执行后判断的直到型 Do...Loop 循环结构和无条件的 Do...Loop 循环结构。

## 7.2.1　先判断后执行的当型 Do...Loop 循环结构

### 1. 语句格式

```
Do While 条件
    语句序列(循环体)
Loop
```

### 2. 执行过程

通过 Do 语句进入循环结构，根据条件进行判断。当条件为 True 时，则执行循环体，然后执行 Loop，再进行条件判断，重复上述过程；当条件为 False 时，离开循环结构。即当条件为 True 时执行循环体，其对应的流程图如图 7-2 所示。

说明：

① Do While...Loop 循环执行时先对条件进行判断，然后再决定是否执行循环体。如果一开始条件就为 False，则循环体一次也不会执行，即循环体执行 0 次。

② 循环体执行时应使 Do While 后面的条件能够发生变化，如果条件永远为 True，则程序不停地重复执行循环体，会出现"死循环"。

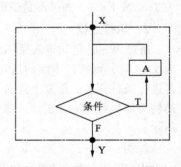

图 7-2　Do While...Loop 循环

【例 7-2】用 Do While...Loop 循环求 1+2+3+…+100 的和。

程序代码如下：

```
Private Sub Command1_Click()
    Dim i As Integer, s As Integer
    s = 0
    i = 1
    Do While i <= 100
        s = s + i
        i = i + 1
```

```
    Loop
    Print "1+2+3+…+100 =" & Str(s)
End Sub
```
思考：如果将 Do While i <= 100 中的条件改为 Do While i > 100，程序运行结果是什么？

### 7.2.2　先执行后判断的当型 Do...Loop 循环结构

#### 1. 语句格式

```
Do
    语句序列(循环体)
Loop While 条件
```

#### 2. 执行过程

通过 Do 语句进入循环结构，首先执行一次循环体，再根据条件进行判断。当条件为 True 时，再次执行循环体，然后执行 Loop While，再进行条件判断，重复上述过程；当条件为 False 时，离开循环结构。即当条件为 True 时执行循环体，其对应的流程图如图 7-3 所示。

说明：

① Do...Loop While 循环执行时先执行一次循环体，然后对条件进行判断，再决定是否执行循环体。即使一开始条件就为 False，循环体也要执行 1 次，即循环体至少执行 1 次。

② 循环体执行时应使 Loop While 后面的条件能够发生变化，如果条件永远为 True，则程序不停地重复执行循环体，会出现"死循环"。

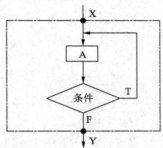

图 7-3　Do...Loop While 循环

【例 7-3】用 Do...Loop While 循环求 1+2+3+…+100 的和。

程序代码如下：

```
Private Sub Command1_Click()
    Dim i As Integer, s As Integer
    s = 0
    i = 1
    Do
        s = s + i
        i = i + 1
    Loop While i <= 100
    Print "1+2+3+…+100 =" & Str(s)
End Sub
```

思考：如果将 Loop While i <= 100 中的条件改为 Loop While i > 100，程序运行结果是什么？

### 7.2.3　先判断后执行的直到型 Do...Loop 循环结构

#### 1. 语句格式

```
Do Until 条件
    语句序列(循环体)
Loop
```

#### 2. 执行过程

通过 Do 语句进入循环结构，根据条件进行判断。若条件为 False 时，则执行循环体，然后执行 Loop，再进行条件判断，重复上述过程；若条件为 True 时，离开循环结构。即直到条件为 True

时停止执行循环体，其对应的流程图如图 7-4 所示。

说明：

① Do Until...Loop 循环执行时先对条件进行判断，然后再决定是否执行循环体。如果一开始条件就为 True，则循环体一次也不会执行，即循环体执行 0 次。

② 循环体执行时应使 Do Until 后面的条件能够发生变化，如果条件永远为 False，则程序不停地重复执行循环体，会出现"死循环"。

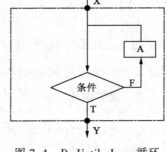

图 7-4　Do Until...Loop 循环

【例7-4】用 Do Until...Loop 循环求 1+2+3+…+100 的和。

程序代码如下：

```
Private Sub Command1_Click()
    Dim i As Integer, s As Integer
    s = 0
    i = 1
    Do Until i > 100
        s = s + i
        i = i + 1
    Loop
    Print "1+2+3+…+100 =" & Str(s)
End Sub
```

思考：如果将 Do Until i > 100 中的条件改为 Do Until i <= 100，程序运行结果是什么？并与例 7-2 进行比较。

### 7.2.4　先执行后判断的直到型 Do...Loop 循环结构

#### 1. 语句格式

```
Do
    语句序列(循环体)
Loop Until 条件
```

#### 2. 执行过程

通过 Do 语句进入循环结构，首先执行一次循环体，再根据条件进行判断。若条件为 False 时，再次执行循环体，然后执行 Loop Until，再进行条件判断，重复上述过程；若条件为 True 时，离开循环结构。即直到条件为 True 时停止执行循环体，其对应的流程图如图 7-5 所示。

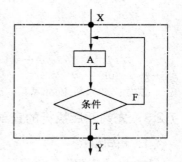

图 7-5　Do...Loop Until 循环

说明：

① Do…Loop Until 循环执行时先执行一次循环体，然后对条件进行判断，再决定是否执行循环体。即使一开始条件就为 True，循环体也要执行 1 次，即循环体至少执行 1 次。

② 循环体执行时应使 Loop Until 后面的条件能够发生变化，如果条件永远为 False，则程序不停地重复执行循环体，会出现"死循环"。

【例7-5】用 Do...LoopUntil 循环求 1+2+3+…+100 的和。

程序代码如下：

```
Private Sub Command1_Click()
    Dim i As Integer, s As Integer
    s = 0
    i = 1
    Do
        s = s + i
        i = i + 1
    Loop Until i > 100
    Print "1+2+3+…+100 =" & Str(s)
End Sub
```

思考：如果将 Loop Until i > 100 中的条件改为 Loop Until i <= 100，程序运行结果是什么？并与例 7-4 进行比较。

### 7.2.5　无条件的 Do...Loop 循环结构与 Exit Do 语句

#### 1. 语句格式

```
Do
    语句序列 (循环体)
Loop
```

说明：

① 这种格式的循环结构的循环体中至少包含一条 Exit Do 语句，由 Exit Do 语句控制循环的结束，否则就会出现"死循环"。

② 前四种格式的条件循环的循环体中也可以包含多条 Exit Do 语句，如果执行到 Exit Do 语句，就会直接离开循环结构。一般情况下该语句的格式为 If 条件 Then Exit Do。

#### 2. 执行过程

通过 Do 语句进入循环结构，首先执行循环体，再根据循环体中的条件进行判断是否离开循环结构。

【例 7-6】用无条件的 Do...Loop 循环求 1+2+3+…+100 的和。

程序代码如下：

```
Private Sub Command1_Click()
    Dim i As Integer, s As Integer
    s = 0
    i = 1
    Do
        s = s + i
        i = i + 1
        If i > 100 Then Exit Do
    Loop
    Print "1+2+3+…+100 =" & Str(s)
End Sub
```

思考：下列程序运行的结果是什么？

```
Private Sub Command1_Click()
    Dim i As Integer, s As Integer
    s = 0
    i = 1
```

```
    Do
        s = s + i
        If i > 100 Then Exit Do
        i = i + 1
    Loop
    Print "1+2+3+…+100 =" & Str(s)
End Sub
```

## 7.3　For...Next 循环

For...Next 循环又称计数型循环，常用于循环次数已知的场合。

### 1．语句格式

```
For 循环变量 = 初值 To 终值[Step 步长]
    语句序列(循环体)
Next[循环变量]
```

说明：

① 循环变量是一个数值型的变量，一般为整型或单精度。

② 初值是循环变量的初始值，它是一个数值表达式

③ 终值是循环变量的结束值，它是一个数值表达式。

④ 步长是循环变量的增量，它是一个数值表达式，如缺省，则步长为 1，即 Step 1 可以省略。

⑤ 当循环变量为整型时，如果格式中的初值、终值和步长为单精度，VB 会自动四舍五入取整。

⑥ Next 语句是循环终端语句。在 Next 后面的"循环变量"可以缺省，如不缺省，则必须与 For 语句中的"循环变量"相同。

⑦ 循环次数=Int((终值−初值)/步长)+1。

### 2．执行过程

① 通过 For 语句进入循环结构：a.计算初值、终值和步长；b.将初值赋给循环变量；c.将循环变量的值与终值进行比较，如果超过终值就离开循环结构，执行 Next 语句下面的语句，否则执行循环体中的所有语句。

② 执行 Next 语句：a.循环变量的值增加一个步长；b.转①中的 c 重复上述过程。For...Next 循环流程图如图 7-6 所示。

说明：

① 超过有两种含义，当步长>0 时，超过是指循环变量的值>终值，即循环变量的值>终值离开循环结构；当步长<0 时，超过是指循环变量的值<终值，即循环变量的值<终值离开循环结构；步长不能为 0。

② 循环体中可包含多条 Exit For 语句，如果执行 Exit For 语句就会直接离开循环结构。一般情况下该语句的格式为 If 条件 Then Exit For。

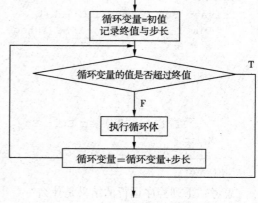

图 7-6　For...Next 循环

如果执行 Exit For 语句，离开 For…Next 循环，称为非正常出口，此时循环变量的值一定不超过终值（即如果步长>0，循环变量的值<=终值；如果步长<0，循环变量的值>=终值），如果不是执行 Exit For 语句离开 For…Next 循环，那么循环变量的值一定超过终值，称为正常出口（即如果步长>0，循环变量的值>终值；如果步长<0，循环变量的值<终值）。

③ 循环变量的初值、终值、步长在循环体中被改变，不影响原来的循环次数。

④ 循环变量的值在循环体中被改变，会影响原来的循环次数。

⑤ For 语句在执行时首先要判断循环变量的值是否超过终值，然后再决定是否执行循环体。当步长>0 且初值>终值或步长<0 且初值<终值时，循环体不会被执行；当初值=终值时，循环体都要被执行一次。

【例7-7】用 For…Next 循环求 1+2+3+…+100 的和。

程序代码如下：

```
Private Sub Command1_Click()
    Dim i As Integer, s As Integer
    s = 0
    For i = 1 To 100
        s = s + i
    Next i
    Print "1+2+3+…+100 =" & Str(s)
End Sub
```

【例7-8】用 For…Next 循环求 10!。

程序代码如下：

```
Private Sub Command1_Click()
    Dim i As Integer, p As Long
    p = 1
    For i = 1 To 10
        p = p * i
    Next i
    Print "10! =" & Str(p)
End Sub
```

【例7-9】编写程序，找出所有的水仙花数。所谓水仙花数是指一个三位数，其数字的立方和等于该数，如 $153=1^3+5^3+3^3$，所以 153 是一个水仙花数。

问题分析：从某个数据集合中查找具有特定性质的数据的基本算法是"穷举法"，也就是说，可对该数据集合的每一个数据进行检查判别，再将符合特定条件的数据筛选出来。本例就是从 100 开始，首先判断 100 是不是水仙花数，再判断 101 是不是水仙花数，依此类推，直到判断 999 是不是水仙花数。

程序代码如下：

```
Private Sub Command1_Click()
    Dim n As Integer, a As Integer
    Dim b As Integer, c As Integer
    For n = 100 To 999
        a = n \ 100
        b = n \ 10 Mod 10
        c = n Mod 10
        If n = a ^ 3 + b ^ 3 + c ^ 3 Then Print n
```

```
      Next n
   End Sub
```

运行结果如图 7-7 所示。

【例 7-10】编写程序，判断一个数是不是素数。如果是素数，输出该数是素数，如果不是素数，输出该数不是素数。

问题分析：将给定的正整数 $n$ 除以从 $2 \sim n-1$ 中的所有整数，如果都不能被整除，则 $n$ 是一个素数，否则 $n$ 就不是素数。

程序代码如下：

```
Private Sub Command1_Click()
   Dim n As Integer, i As Integer
   n = InputBox("请输入一个自然数")
   For i = 2 To n - 1
      If n Mod i = 0 Then Exit For
   Next i
   If i > n - 1 Then
      Print n & "是素数"
   Else
      Print n & "不是素数"
   End If
End Sub
```

运行程序，输入 11 与 26 的结果如图 7-8 所示。

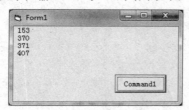

图 7-7　水仙花数

图 7-8　判断素数

思考：例 7-10 中循环变量的终值是 n-1，终值还可以是什么？

【例 7-11】输入一串字符，统计字符中的大写字母、小写字母、数字、其他符号各有多少个？

程序代码如下：

```
Private Sub Command1_Click()
   Dim i As Integer, x As String
   Dim c1 As Integer, c2 As Integer
   Dim c3 As Integer, c4 As Integer
   x = InputBox("请输入一串字符")
   For i = 1 To Len(x)
      Select Case Mid(x, i, 1)
         Case "A" To "Z"
            c1 = c1 + 1
         Case "a" To "z"
            c2 = c2 + 1
         Case "0" To "9"
            c3 = c3 + 1
         Case Else
            c4 = c4 + 1
      End Select
```

```
      Next i
      Print "输入的字符串是: " & x
      Print
      Print "大写字母有: " & c1
      Print "小写字母有: " & c2
      Print "数    字有: " & c3
      Print "其他符号有: " & c4
End Sub
```

运行结果如图 7-9 所示。

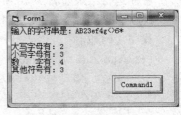

图 7-9　字符统计

## 7.4　循环结构的嵌套

前面介绍的三种循环结构都称为单重循环，即在循环体中不再包含有循环结构。无论是那种循环结构，都可以在循环体中包含另一个循环结构，称为循环的嵌套。循环体内只包含另一个循环结构的循环称为双重循环，在外部的循环结构称为外循环，在内部的循环结构称为内循环。对双重循环来讲，内循环体的执行次数是内外循环次数的乘积。

循环的嵌套可以是多层，但要保证每一层循环都要完整地嵌套在另一层循环结构内部。循环的嵌套既可以是同一种循环结构的嵌套，也可以是不同循环结构之间的嵌套。如可以在 For…Next 循环中包含另一个 For…Next 循环，也可以包含一个 Do…Loop 循环或一个 While…Wend 循环；可以在 Do…Loop 循环中包含另一个 Do…Loop 循环，也可以包含一个 For…Next 循环或一个 While…Wend 循环。

双重循环的执行过程：首先执行外循环，外循环每执行一次，内循环就要执行完应该执行的次数。

说明：

① 在多层循环的嵌套结构中，内外循环不能交叉。

② 两个并列的循环结构的循环变量可以同名，但嵌套结构中的内、外循环变量不能同名。

【例 7-12】百钱百鸡。公鸡每只 5 元，母鸡每只 3 元，小鸡 3 只 1 元，100 元钱买 100 只鸡，公鸡、母鸡、小鸡各买多少只？

问题分析：设公鸡买 a 只，母鸡买 b 只，小鸡买 c 只，由于只有 100 元钱，故 a 的取值范围为 0 ~ 20，b 的取值范围为 0~33，c=100-a-b，因而可以用双重循环来实现。

程序代码如下：

```
Private Sub Command1_Click()
    Dim a As Integer, b As Integer
    Dim c As Integer
    Print "公鸡", "母鸡", "小鸡"
    For a = 0 To 20
        For b = 0 To 33
            c = 100 - a - b
            If a * 5 + b * 3 + c / 3 = 100 Then Print a, b, c
        Next b
    Next a
End Sub
```

外循环变量 a 的值从 0 变化到 20，即外循环共要执行 21 次，且每执行一次外循环，内循环变量 b 的值都要从 0 变化到 33，即内循环要执行 34 次。

程序运行结果如图 7-10 所示。

【例 7-13】编写程序，求 1!+2!+3!+…+$n$! 的值。

程序代码如下：

```
Private Sub Command1_Click()
    Dim i As Integer, j As Integer
    Dim n As Integer
    Dim p As Single, s As Single
    n = InputBox("请输入n:")
    s = 0
    For i = 1 To n
      p = 1
      For j = 1 To i
         p = p * j
      Next j
      s = s + p
    Next i
    Print "1!+2!+3!+…+" & n & "!=" & Str(s)
End Sub
```

外循环变量 i 的值从 1 变化到 n，即外循环共要执行 n 次，且每执行一次外循环，内循环变量 j 的值都要从 1 变化到 i，即内循环要执行 i 次。

运行程序，输入 6 的结果如图 7-11 所示。

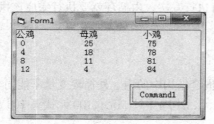

图 7-10　百钱百鸡

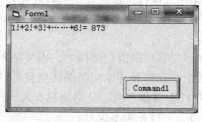

图 7-11　1!+2!+3!+…+6! 的和

本例也可以采用单重循环来实现。

```
Private Sub Command1_Click()
    Dim i As Integer, n As Integer
    Dim p As Single, s As Single
    n = InputBox("请输入n:")
    s = 0
    p = 1
    For i = 1 To n
      p = p * i
      s = s + p
    Next i
    Print "1!+2!+3!+…+" & n & "!=" & Str(s)
End Sub
```

# 7.5 循环结构程序示例

【例7-14】编写程序，求自然数 n 的所有质因子。

程序代码如下：

```
Private Sub Command1_Click()
    Dim n As Integer, i As Integer
    n = InputBox("请输入一个自然数")
    Print n; "= 1 ";
    i = 2
    Do Until n <= 1
        If n Mod i = 0 Then
            Print "*"; i;
            n = n / i
        Else
            i = i + 1
        End If
    Loop
End Sub
```

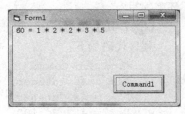

运行程序，输入 60 的结果如图 7-12 所示。

图 7-12 质因子

【例7-15】编写程序，求两个正整数 m 和 n 的最大公约数。

问题分析：求两个正整数的最大公约数可采用欧几里得算法，该算法描述如下：

S1：输入两个正整数 m 和 n；

S2：求 m 除以 n 的余数 r；

S3：n⇨m；

S4：r⇨n；

S5：如果 r<>0，则返回 S2；

S6：输出最大公约数 m。

程序代码如下：

```
Private Sub Command1_Click()
    Dim m As Integer, n As Integer
    Dim r As Integer
    m = InputBox("请输入一个正整数m:")
    n = InputBox("请输入一个正整数n:")
    Print m & "和"& n & "的最大公约数是: ";
    Do
        r = m Mod n
        m = n
        n = r
    Loop While r <> 0
    Print m
End Sub
```

运行程序，输入多组数据结果如图 7-13 所示。

图 7-13 最大公约数

本例采用先执行后判断的当型循环，也可以使用先判断后执行的当型循环，程序代码如下：

```
Private Sub Command1_Click()
    Dim m As Integer, n As Integer
    Dim r As Integer
```

```
    m = InputBox("请输入一个正整数m:")
    n = InputBox("请输入一个正整数n:")
    Print m & "和"; n & "的最大公约数是: ";
    r = m Mod n
    Do While r <> 0
        m = n
        n = r
        r = m Mod n
    Loop
    Print n
End Sub
```

思考：比较这两段程序代码的区别，特别注意输出的区别。如何将上述两段程序用直到型循环来编写？

【例7-16】编写程序，输出100以内的所有素数，每行输出五个。

程序代码如下：

```
Private Sub Command1_Click()
    Dim n As Integer, i As Integer
    Dim m As Integer
    For n = 2 To 100
        For i = 2 To n - 1
            If n Mod i = 0 Then Exit For
        Next i
        If i > n - 1 Then
            m = m + 1
            Print n;
            If m Mod 5 = 0 Then Print
        End If
    Next n
End Sub
```

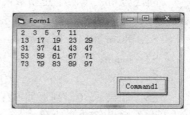

图 7-14　100 以内的素数

运行结果如图 7-14 所示。

请读者考虑本例程序代码中变量 m 的功能？

从图 7-14 中可以看出，输出的数据不对齐，要使输出数据右对齐，相应程序代码如下：

```
Private Sub Command1_Click()
    Dim n As Integer, i As Integer
    Dim m As Integer
    For n = 2 To 100
        For i = 2 To n - 1
            If n Mod i = 0 Then Exit For
        Next i
        If i > n - 1 Then
            m = m + 1
            Print Right(Space(3) & n, 4);
            If m Mod 5 = 0 Then Print
        End If
    Next n
End Sub
```

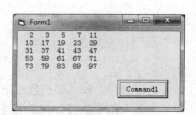

图 7-15　数据右对齐

运行结果如图 7-15 所示。

【例7-17】设计一个窗体单击事件，在窗体上显示"九九乘法表"，输出结果如图 7-16 所示。

程序代码如下：

```
Private Sub Form_Click()
    Dim x As Integer, y As Integer
    Dim s As Integer
    Print Tab(15); "九九乘法表"
    Print String(39, "-")
    Print " *";
    For x = 1 To 9
        Print Right(Space(3) & x, 4);
    Next x
    For x = 1 To 9
        Print
        Print Str(x);
        For y = 1 To x
            s = x * y
            Print Right(Space(3) & s, 4);
        Next y
    Next x
    Print
    Print String(39, "-")
End Sub
```

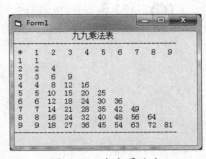

图 7-16 九九乘法表

【例7-18】设计一个窗体单击事件，在窗体上输出图 7-17 所示图案。

程序代码如下：

```
Private Sub Form_Click()
    Dim i As Integer, j As Integer
    For i = 1 To 5
        Print Tab(20 - i);
        For j = 1 To 2 * i - 1
            Print "*";
        Next j
        Print
    Next i
    For i = 1 To 4
        Print Tab(15 + i);
        For j = 1 To 9 - 2 * i
            Print "*";
        Next j
        Print
    Next i
End Sub
```

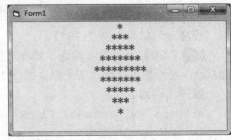

图 7-17 图案

思考：编写程序，在窗体上输出图 7-18 所示图案。

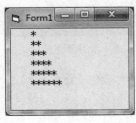

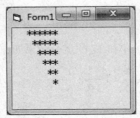
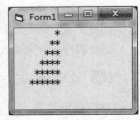

图 7-18 各种图案

【例7-19】编写程序，输出斐波那契（Fibonacci）数列的前 20 项，每行输出五个。

问题分析：Fibonacci 数列的前两个数为 1，从第三个数开始，其值是前两个数的和，即 1、1、2、3、5、8、13……

$$f_n = \begin{cases} 1 & n=1 \\ 1 & n=2 \\ f_{n-1} + f_{n-2} & n \geq 3 \end{cases}$$

程序代码如下：

```
Private Sub Command1_Click()
    Dim f1 As Long, f2 As Long
    Dim fn As Long, i As Integer
    f1 = 1
    f2 = 1
    Print Right(Space(6) & f1, 6); Right(Space(6) & f2, 6);
    For i = 3 To 20
        fn = f1 + f2
        Print Right(Space(6) & fn, 6);
        f1 = f2
        f2 = fn
        If i Mod 5 = 0 Then Print
    Next i
End Sub
```

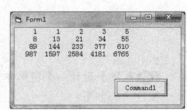

程序运行结果如图 7-19 所示。

图 7-19　Fibonacci 数列前 20 项

【例7-20】编写程序验证"角谷猜想"。"角谷猜想"是对于一个自然数，若该数为偶数，则除以 2；若该数为奇数，则乘以 3 并加 1；将得到的数再重复按上述规则运算，最终可得到 1。

程序代码如下：

```
Private Sub Command1_Click()
    Dim n As Integer
    n = InputBox("请输入待验证的自然数")
    Print n & ": ";
    Do
        If n Mod 2 = 0 Then
            n = n / 2
        Else
            n = n * 3 + 1
        End If
        Print n;
        If n = 1 Then Exit Do
    Loop
    Print
End Sub
```

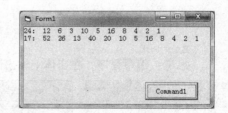

运行程序，分别输入 24 和 17 的运行结果如图 7-20 所示。

图 7-20　角谷猜想

【例7-21】利用公式 $\dfrac{\pi}{4} \approx 1 - \dfrac{1}{3} + \dfrac{1}{5} - \dfrac{1}{7} + \cdots$，求 π 的近似值，要求被舍去的项绝对值小于 $10^{-6}$。

程序代码如下：

```
Private Sub Command1_Click()
```

```
Dim n As Double, f As Integer
Dim s As Double, t As Double
s = 0
n = 1
f = 1
Do
    t = f / (2 * n - 1)
    If Abs(t) < 0.000001 Then Exit Do
    s = s + t
    f = -f
    n = n + 1
Loop
Print "π的近似值是: " & Str(4 * s)
End Sub
```

程序运行结果如图 7-21 所示。

图 7-21　π 的近似值

【例 7-22】编写程序生成 10 个两位数的随机整数，求其最大值。

问题分析：用 Rnd 函数产生随机数，变量 max 保存最大值，其初值为第一个数，然后使用循环将后面的每一个数与 max 比较，若该数比 max 大，则将该数送给 max。

程序代码如下：

```
Private Sub Command1_Click()
    Dim i As Integer
    Dim x As Integer, max As Integer
    Randomize
    x = Int(Rnd * (99 - 10 + 1)) + 10
    Print x;
    max = x
    For i = 2 To 10
        x = Int(Rnd * 90) + 10
        Print x;
        If x > max Then max = x
    Next i
    Print
    Print "最大值为: " & Str(max)
End Sub
```

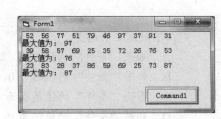

三次运行结果如图 7-22 所示。

图 7-22　最大值

思考：如何求最小值？

【例 7-23】编写程序，用牛顿迭代法求方程 $xe^x-1=0$ 在 $x_0=0.5$ 附近的根，要求精确到 $10^{-7}$。

问题分析：牛顿迭代法是求解非线性方程根的常用算法。设要求解的方程为 $f(x)=0$，并已知一个不够精确的初始根 $x_0$，则有 $x_{n+1} = x_n - \dfrac{f(x_n)}{f'(x_n)}$，$n=0$，1，2，…，其中 $f'(x_n)$ 是 $f(x_n)$ 的导数，上式称为牛顿迭代公式。利用牛顿迭代公式，可以依次求出 $x_1$，$x_2$，$x_3$，…，当 $|x_{n+1} - x_n| \leqslant \varepsilon$ 时，$x_{n+1}$ 就是方程的近似根。

程序代码如下：

```
Private Sub Command1_Click()
    Dim x As Single, x0 As Single
    Dim f As Single, f1 As Single
```

```
    x = InputBox("请输入方程的初始根", "牛顿迭代法", 0.5)
    Do
        x0 = x
        f = (x0 * Exp(x0)) - 1
        f1 = (1 + x0) * Exp(x0)
        x = x0 - f / f1
    Loop While Abs(x - x0) >= 0.000001
    Print "方程的近似根为: " & Str(x)
End Sub
```

程序运行结果如图 7-23 所示。

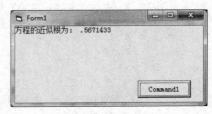

图 7-23　牛顿迭代法

 习题

**一、选择题**

1. 设有以下循环结构:
```
Do
    循环体
Loop While<条件>
```
则以下叙述中错误的是_____。

　　A. 若"条件"是一个为 0 的常数,则一次也不执行循环体

　　B. "条件"可以是关系表达式、逻辑表达式或常数

　　C. 循环体中可以使用 Exit Do 语句

　　D. 如果"条件"总是为 True,则不停地执行循环体

2. 假定有以下循环结构:
```
Do Until <条件>
    循环体
Loop
```
则以下叙述正确的是_____。

　　A. 如果"条件"的值是 0,则一次循环体也不执行

　　B. 如果"条件"的值不为 0,则至少执行一次循环体

　　C. 不论"条件"的值是否为"真",至少要执行一次循环体

　　D. 如果"条件"的值恒为 0,则无限次执行循环体

3. 在窗体上画两个文本框(名称分别为 Text1 和 Text2)和一个命令按钮(名称为 Command1),然后编写如下事件过程:
```
Private Sub Command1_Click()
    x = 0
    Do While x < 50
        x = (x + 2) * (x + 3)
        n = n + 1
    Loop
    Text1.Text = Str(n)
    Text2.Text = Str(x)
End Sub
```
程序运行后,单击命令按钮,在两个文本框中显示的值分别为_____。

　　A. 1 和 0　　　　　　B. 2 和 72　　　　　　C. 3 和 50　　　　　　D. 4 和 168

4. 在窗体上画一个命令按钮,然后编写如下事件过程:

```
Private Sub Command1_Click()
    Dim I, Num
    Randomize
    Do
        For I = 1 To 1000
            Num = Int(Rnd * 100)
            Print Num;
            Select Case Num
                Case 12
                    Exit For
                Case 58
                    Exit Do
                Case 65, 68, 92
                    End
            End Select
        Next I
    Loop
End Sub
```

上述事件过程执行后，下列叙述中正确的是_____。

A. Do 循环执行的次数为 1000 次

B. 在 For 循环中产生的随机数小于或等于 100

C. 当所产生的随机数为 12 时结束所有循环

D. 当所产生的随机数为 65、68 或 92 时窗体关闭、程序结束

5. 假定有以下循环结构：

```
Do Until 条件
    循环体
Loop
```

则下列说法正确的是_____。

A. 如果"条件"是一个为-1 的常数，则一次循环体也不执行

B. 如果"条件"是一个为-1 的常数，则至少执行一次循环体

C. 如果"条件"是一个不为-1 的常数，则至少执行一次循环体

D. 不论"条件"是否为"真"，至少要执行一次循环体

6. 下列程序的执行结果为_____。

```
Private Sub Command1_Click()
    i = 4
    a = 5
    Do
        i = i + 1
        a = a + 2
    Loop Until i >= 7
    Print "I="; i
    Print "A="; a
End Sub
```

A. I= 4　　　　　B. I= 7　　　　　C. I= 8　　　　　D. I= 7
  A= 5　　　　　　 A= 13　　　　　　 A= 7　　　　　　 A= 11

7. 在窗体上画一个命令按钮，然后编写如下事件过程：

```
Private Sub Command1_Click()
    x = 0
    Do Until x = -1
        a = InputBox("请输入 a 的值")
        a = Val(a)
        b = InputBox("请输入 b 的值")
        b = Val(b)
        x = Val(InputBox("请输入 x 的值"))
        a = a + b + x
Loop
    Print a
End Sub
```

程序运行后,单击命令按钮,依次在输入对话框中输入5、4、3、2、1、-1,则输出结果为_____。

A. 2            B. 3            C. 14            D. 15

8. 下列程序段的执行结果为_____。

```
a = 0: b = 1
Do
    a = a + b
    b = b + 1
Loop While a < 10
Print a; b
```

A. 10  5            B. A  B            C. 0  1            D. 10  30

9. 在窗体上画两个名称分别为 Text1、Text2 的文本框和一个名称为 Command1 的命令按钮,然后编写如下事件过程:

```
Private Sub Command1_Click()
    Dim x As Integer, n As Integer
    x = 1
    n = 0
    Do While x < 20
        x = x * 3
        n = n + 1
    Loop
    Text1.Text = Str(x)
    Text2.Text = Str(n)
End Sub
```

程序运行后,单击命令按钮,在两个文本框中显示的值分别是_____。

A. 15 和 1        B. 27 和 3        C. 195 和 3        D. 600 和 4

10. 以下能够正确计算 $n!$ 的程序是_____。

```
A.  Private Sub Command1_Click()        B.  Private Sub Command1_Click()
        n = 5 : x = 1                           n = 5 : x = 1 : i = 1
        Do                                      Do
            x = x * i                               x = x * i
            i = i + 1                               i = i + 1
        Loop While i<n                          Loop While i<n
        Print x                                 Print x
    End Sub                                  End Sub
```

```
C.  Private Sub Command1_Click()        D.  Private Sub Command1_Click()
        n = 5 : x = 1 : i = 1                   n = 5 : x = 1 : i = 1
        Do                                      Do
            x = x * i                               x = x * i
            i = i + 1                               i = i + 1
        Loop While i<=n                         Loop While i>n
        Print x                                 Print x
    End Sub                                  End Sub
```

11. 在窗体上画一个名称为 Command1 的命令按钮，然后编写如下事件过程：

```
Private Sub Command1_Click()
    Dim num As Integer
    num = 1
    Do Until num > 6
        Print num;
        num = num + 2.4
    Loop
End Sub
```

程序运行后，单击命令按钮，则窗体上显示的内容是_____。

    A. 1 3.4 5.8        B. 1 3 5        C. 1 4 7        D. 无数据输出

12. 在窗体上画一个名称为 Command1 的命令按钮，然后编写如下事件过程：

```
Private Sub Command1_Click()
    Dim a As Integer, s As Integer
    a = 8
    s = 1
    Do
        s = s + a
        a = a - 1
    Loop While a <= 0
    Print s; a
End Sub
```

程序运行后，单击命令按钮，则窗体上显示的内容是_____。

    A. 7 9        B. 34 0        C. 9 7        D. 死循环

13. 假定有如下事件过程：

```
Private Sub Form_Click()
    Dim x As Integer, n As Integer
    x = 1
    n = 0
    Do While x < 28
        x = x * 3
        n = n + 1
    Loop
    Print x, n
End Sub
```

程序运行后，单击窗体，输出结果是_____。

    A. 81 4        B. 56 3        C. 28 1        D. 243 5

14. 执行下面的程序段后，x 的值为_____。

```
x = 5
For i = 1 To 20 Step 2
```

```
       x = x + i \ 5
   Next i
```

A. 21               B. 22            C. 23            D. 24

15. 在窗体上画一个名称为 Text1 的文本框和一个名称为 Command1 的命令按钮，然后编写如下事件过程：

```
Private Sub Command1_Click()
    Dim i As Integer, n As Integer
    For i = 0 To 50
        i = i + 3
        n = n + 1
        If i > 10 Then Exit For
    Next
    Text1.Text = Str(n)
End Sub
```

程序运行后，单击命令按钮，在文本框中显示的值是_____。

A. 2             B. 3             C. 4            D. 5

16. 在窗体上画一个文本框（其 Name 属性为 Text1），然后编写如下事件过程：

```
Private Sub Form_Load()
    Text1.Text = ""
    Text1.SetFocus
    For i = 1 To 10
        Sum = Sum + i
    Next i
    Text1.Text = Sum
End Sub
```

上述程序的运行结果是_____。

A. 在文本框 Text1 中输出 55             B. 在文本框 Text1 中输出 0

C. 出错                             D. 在文本框 Text1 中输出不定值

17. 在窗体上画一个命令按钮，其名称为 Command1，然后编写如下事件过程：

```
Private Sub Command1_Click()
    For i = 1 To 4
        If i = 1 Then x = i
        If i <= 4 Then x = x + 1
        Print x;
    Next i
End Sub
```

程序运行后，单击命令按钮，其输出结果为_____。

A. 1 2 3 4      B. 2 3 4 5      C. 2 3 4 4      D. 3 4 5 6

18. 在窗体上画一个名称为 Text1 的文本框和一个名称为 Command1 的命令按钮，然后编写如下事件过程：

```
Private Sub Command1_Click()
    Dim i As Integer, n As Integer
    For i = 1 To 50 Step 2
        i = i + 2
        If i > 15 Then Exit For
        n = n + 1
    Next i
```

```
    Text1.Text = Str(n)
  End Sub
```

程序运行后，单击命令按钮，在文本框中显示的值是_____。

    A. 2              B. 3             C. 4             D. 5

19. 阅读下列程序：

```
Private Sub Command1_Click()
    a = 0
    For j = 1 To 15
        a = a + j Mod 3
    Next j
    Print a
End Sub
```

程序运行后，单击窗体，输出结果是_____。

    A. 105           B. 1             C. 120          D. 15

20. 为计算 $1+2+2^2+2^3+2^4+\cdots+2^{10}$ 的值，并把结果显示在文本框 Text1 中，若编写如下事件过程：

```
Private Sub Command1_Click()
    Dim a%, s%, k%
    s = 1
    a = 2
    For k = 2 To 10
        a = a * 2
        s = s + a
    Next k
    Text1.Text = s
End Sub
```

执行此事件过程中发现结果是错误的，为能够得到正确结果，应做的修改是_____。

    A. 把 s=1 改为 s=0                 B. 把 For k=2 To 10 改为 For k=1 To 10

    C. 交换语句 a=a*2 和 s=s+a 的顺序       D. 同时进行 B.、C. 两种修改

21. 下列程序段的输出结果为_____。

```
Private Sub Command1_Click()
    a = "ABBACDDCBA"
    For i = 6 To 2 Step -2
        x = Mid(a, i, i)
        y = Left(a, i)
        z = Right(a, i)
        z = x & y & z
    Next i
    Print z
End Sub
```

    A. ABA          B. AABAAB         C. BBABBA         D. ABBABA

22. 在窗体上画一个名称为 Command1 的命令按钮，一个名称为 Label1 的标签，然后编写如下事件过程：

```
Private Sub Command1_Click()
    s = 0
    For i = 1 To 15
        x = 2 * i - 1
```

```
        If x Mod 3 = 0 Then s = s + 1
    Next i
    Label1.Caption = s
End Sub
```
程序运行后，单击命令按钮，则标签中显示的内容是_____。

    A. 1             B. 5             C. 27             D. 45

23. 在窗体上画一个名称为 Command1 的命令按钮，然后编写如下事件过程：
```
Private Sub Command1_Click()
    For n = 1 To 20
        If n Mod 3 <> 0 Then m = m + n \ 3
    Next n
    Print n
End Sub
```
程序运行后，如果单击命令按钮，则窗体上显示的内容是_____。

    A. 15           B. 18           C. 21           D. 24

24. 下列程序段的执行结果为_____。
```
n = 10
For k = n To 1 Step -1
    x = Sqr(k)
    x = x - 2
Next k
Print x - 2
```
    A. −3          B. −1          C. 1          D. 1.16227766

25. 下列程序段的执行结果为_____。
```
k = 0
For i = 1 To 3
    a = i ^ i ^ k
    Print a;
Next i
```
    A. 1 1 1        B. 1 4 9        C. 0 0 0        D. 1 2 3

26. 下列程序段的执行结果为_____。
```
i = 0
For g = 10 To 19 Step 3
    i = i + 1
Next g
Print i
```
    A. 4          B. 5          C. 3          D. 6

27. 下列程序段的执行结果为_____。
```
x = 1
y = 1
For i = 1 To 3
    f = x + y
    x = y
    y = f
    Print f;
Next i
```
    A. 2 3 6        B. 2 2 2        C. 2 3 4        D. 2 3 5

28. 设有如下程序：

```
Private Sub Command1_Click()
    Dim sum As Double, x As Double
    sum = 0
    n = 0
    For i = 1 To 5
        x = n / i
        n = n + 1
        sum = sum + x
    Next i
End Sub
```

该程序通过 For 循环计算一个表达式的值，这个表达式是_____。

A. 1+1/2+2/3+3/4+4/5　　　　　　B. 1+1/2+2/3+3/4

C. 1/2+2/3+3/4+4/5　　　　　　　D. 1+1/2+1/3+1/4+1/5

29. 有如下程序：

```
Private Sub Form_Click()
    Dim i As Integer, sum As Integer
    sum = 0
    For i = 2 To 10
        If i Mod 2 <> 0 And i Mod 3 = 0 Then
            sum = sum + i
        End If
    Next i
    Print sum
End Sub
```

程序运行后，单击窗体，输出结果为_____。

A. 12　　　　　　B. 30　　　　　　C. 24　　　　　　D. 18

30. 在窗体上画一个名称为 Command1 的命令按钮，然后编写如下事件过程：

```
Private Sub Command1_Click()
    c = 1234
    c1 = Trim(Str(c))
    For i = 1 To 4
        Print _____
    Next
End Sub
```

程序运行后，单击命令按钮，要求在窗体上显示如下内容：

```
1
12
123
1234
```

则在横线上应填入的内容为_____。

A. Right(c1,i)　　B. Left(c1,i)　　　C. Mid(c1,i,1)　　D. Mid(c1,i,i)

31. 在窗体上画一个名称为 Command1 命令按钮，然后编写如下事件过程：

```
Private Sub Command1_Click()
    c = "ABCD"
    For n = 1 To 4
        Print _____
```

```
    Next n
  End Sub
```
程序运行后，单击命令按钮，要求在窗体上显示如下内容：
```
D
CD
BCD
ABCD
```
则在横线上应填入的内容为_____。

    A. Left(c,n)          B. Right(c,n)         C. Mid(c,n,1)         D. Mid(c,n,n)

32. 设窗体上有一个文体框 Text1 和一个命令按钮 Command1，并有以下事件过程：
```
Private Sub Command1_Click()
  Dim s As String, ch As String
  s = ""
  For k = 1 To Len(Text1)
    ch = Mid(Text1, k, 1)
    s = ch + s
  Next k
  Text1.Text = s
End Sub
```
程序执行时，在文本框中输入字符串"Basic"，然后单击命令按钮，则 Text1 中显示的内容是_____。

    A. Basic          B. cisaB         C. BASIC         D. CISAB

33. 窗体的左右两端各有一条直线，名称分别为 Line1、Line2；名称为 Shape1 的圆靠在左边的 Line1 直线上（见图 7–24）；另有一个名称为 Timer1 的计时器控件，其 Enabled 属性值是 True。要求程序运行后，圆每秒向右移动 100，当圆遇到 Line2 时则停止移动。

为实现上述功能，某人把计时器的 Interval 属性设置为 1000，并编写了如下程序：

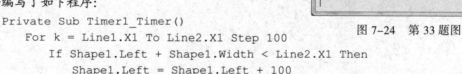

图 7–24　第 33 题图

```
Private Sub Timer1_Timer()
  For k = Line1.X1 To Line2.X1 Step 100
    If Shape1.Left + Shape1.Width < Line2.X1 Then
        Shape1.Left = Shape1.Left + 100
    End If
  Next k
End Sub
```

运行程序时发现圆立即移动到了右边的直线处，与题目要求的移动方式不符。为得到与题目要求相符的结果，下面修改方案中正确的是_____。

    A. 把计时器的 Interval 属性设置为 1

    B. 把 For k=Line1.X1 To Line2.X1 Step 100 和 Next k 两行删除

    C. 把 For k=Line1.X1 To Line2.X1 Step 100 改为 For k=Line2.X1 To Line1.X1 Step 100

    D. 把 If Shape1.Left+Shape1.Width<Line2.X1 Then 改为 If Shape1.Left<Line2.X1 Then

34. 阅读下面的程序段：
```
For i = 1 To 3
  For j = 1 To i
```

```
        For k = j To 3
            a = a + 1
        Next k
    Next j
Next i
```

执行上面的三重循环后，a 的值为_____。

  A. 3     B. 9     C. 14     D. 21

35. 假定有以下程序段：

```
For i = 1 To 3
    For j = 5 To 1 Step -1
        Print i * j
    Next j
Next i
```

则语句 Print i*j 的执行次数是_____。

  A. 15     B. 16     C. 17     D. 18

36. 下列程序段的执行结果为_____。

```
For i = 1 To 3
    For j = 5 To 1 Step -1
        k = k + 1
    Next j
Next i
Print k
```

  A. 15     B. 16     C. 17     D. 18

37. 在窗体上画一个命令按钮和一个标签，其名称分别为 Command1 和 Label1，然后编写如下事件过程：

```
Private Sub Command1_Click()
    Counter = 0
    For i = 1 To 4
        For j = 6 To 1 Step -2
            Counter = Counter + 1
        Next j
    Next i
    Label1.Caption = Str(Counter)
End Sub
```

程序运行后，单击命令按钮，标签中显示的内容是_____。

  A. 11     B. 12     C. 16     D. 20

38. 下列程序段的执行结果为_____。

```
a = 0: b = 0
For i = -1 To -2 Step -1
    For j = 1 To 2
        b = b + 1
    Next j
    a = a + 1
Next i
Print a; b
```

  A. 2　4     B. -2　2     C. 4　2     D. 2　3

39. 下列程序段的执行结果为_____。

```
s = 0: t = 0: u = 0
For x = 1 To 3
    For y = 1 To x
        For z = y To 3
            s = s + 1
        Next z
        t = t + 1
    Next y
    u = u + 1
Next x
Print s; t; u
```

A. 3　6　14　　　　B. 14　6　3　　　　C. 14　3　6　　　　D. 16　4　3

40. 下列程序段的执行结果为_____。

```
k = 0
For j = 1 To 2
    For i = 1 To 3
        k = i + 1
    Next i
    For i = 1 To 7
        k = k + 1
    Next i
Next j
Print k
```

A. 10　　　　　　B. 6　　　　　　C. 11　　　　　　D. 16

41. 下列程序段的执行结果为_____。

```
n = 0
For i = 1 To 3
    For j = 5 To 1 Step -1
        n = n + 1
Next j, i
Print n; j; i
```

A. 12　0　4　　　　B. 15　0　4　　　　C. 12　3　1　　　　D. 15　3　1

42. 下列程序段的执行结果为_____。

```
For x = 5 To 1 Step -1
    For y = 1 To 6 - x
        Print Tab(y + 5); "*";
    Next y
Print
Next x
```

A. *****　　　　B. *****　　　　C. *　　　　D. 　　*
　　****　　　　　　****　　　　　　**　　　　　　***
　　***　　　　　　　***　　　　　　***　　　　　　*****
　　**　　　　　　　　**　　　　　　****　　　　　　*******
　　*　　　　　　　　　*　　　　　　*****　　　　　　*********

43. 在窗体上画一个命令按钮，名称为 Command1，然后编写如下程序：

```
Private Sub Command1_Click()
```

```
        For i = 1 To 4
            For j = 0 To i
                Print Chr$(65 + i);
            Next j
            Print
        Next i
    End Sub
```

程序运行后，如果单击命令按钮，则在窗体上显示的内容是_____。

A. BB
CCC
DDDD
EEEEE

B. A
BB
CCC
DDDD

C. B
CC
DDD
EEEE

D. AA
BBB
CCCC
DDDDD

44. 有如下程序：

```
    Private Sub Form_Click()
        Dim Check, Counter
        Check = True
        Counter = 0
        Do
            Do While Counter < 20
                Counter = Counter + 1
                If Counter = 10 Then
                    Check = False
                    Exit Do
                End If
            Loop
        Loop Until Check = False
        Print Counter; Check
    End Sub
```

程序运行后，单击窗体，输出结果为_____。

A. 15  0          B. 20  -1          C. 10  True          D. 10  False

## 二、填空题

1. 设有以下循环，要求程序运行时执行三次循环体，请填空。

```
    x = 1
    Do
        x = x + 2
        Print x
    Loop Until _____
```

2. 程序执行后 s 的值是_____。

```
    Private Sub Command1_Click()
        i = 0
        Do
            i = i + 1
            s = i + s
        Loop Until i >= 4
        Print s
    End Sub
```

3. 程序执行后 s 的值是_____。

```
Private Sub Command1_Click()
    i = 0
    Do
        s = i + s
        i = i + 1
    Loop Until i >= 4
    Print s
End Sub
```

4. 以下程序的功能是从键盘上输入若干数字，当输入负数时结束输入，统计出若干数字的平均值，输出结果，请填空。

```
Private Sub Form_Click()
    Dim x, y As Single
    Dim z As Integer
    x = InputBox("Enter a score")
    Do While_____
        y = y + x
        z = z + 1
        x = InputBox("Enter a score")
    Loop
    If z = 0 Then
        z = 1
    End If
    y =_____
    Print y
End Sub
```

5. 阅读以下程序：

```
Private Sub Form_Click()
    Dim k, n, m As Integer
    n = 10
    m = 1
    k = 1
    Do While k <= n
        m = m + 2
        k = k + 1
    Loop
    Print m
End Sub
```

单击窗体程序的执行结果是_____。

6. 以下循环的执行次数是_____。

```
k = 0
Do Until k >= 10
    k = k + 1
Loop
```

7. 阅读程序：

```
Private Sub Form_Click()
    num = 0
    s = 0
    Do While num <= 2
```

```
            num = num + 1
            s = s + 1
        Loop
        Print s
    End Sub
```
程序运行后，单击窗体，输出结果是_____。

8. 在窗体上画两个文本框（其名称分别为 Text1 和 Text2）和一个命令按钮（其名称为 Command1），然后编写如下事件过程：

```
    Private Sub Command1_Click()
        x = 0
        Do While x < 10
            x = (x + 1) * (x + 2)
            n = n + 1
        Loop
        Text1.Text = Str(n)
        Text2.Text = Str(x)
    End Sub
```
程序运行后，单击命令按钮，Text1 中显示的值是_____，Text2 中显示的值是_____。

9. 以下程序的功能是从键盘上输入若干学生的考试分数，当输入负数时结束输入，然后输出其中的最高分数和最低分数。请在横线处填入适当的内容，将程序补充完整。

```
    Private Sub Form_Click()
        Dim x As Single, amax As Single, amin As Single
        x = InputBox("Enter a score")
        amax = x
        amin = x
        Do While_____
            If x > amax Then
                amax = x
            End If
            If_____Then
                amin = x
            End If
            x = InputBox("Enter a score")
        Loop
        Print "Max="; amax, "Min="; amin
    End Sub
```

10. 执行下面的程序段后，s 的值为_____。

```
    s = 5
    For i = 2.6 To 4.9 Step 0.6
        s = s + 1
    Next i
```

11. 执行下面的程序段后，i 的值为_____，s 的值为_____。

```
    s = 2
    For i = 3.2 To 4.9 Step 0.8
        s = s + 1
    Next i
```

12. 下述程序段的运行结果是_____。

```
    For m = 3 To 1 Step -1
```

```
        x = String(m, "A")
        Print x;
    Next m
```

13. 在窗体上画一个命令按钮，其名称为 Command1，然后编写如下事件过程：

```
Private Sub Command1_Click()
    a$ = "National Computer Rank Examination"
    n = Len(a$)
    s = 0
    For i = 1 To n
        b$ = Mid(a$, i, 1)
        If b$ = "n" Then
            s = s + 1
        End If
    Next i
    Print s
End Sub
```

程序运行后，单击命令按钮，输出结果是_____。

14. 设有如下程序：

```
Private Sub Form_Click()
    Cls
    a$ = "ABCDFG"
    For i = 1 To 6
        Print Tab(12 - i);_____
    Next i
End Sub
```

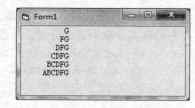

图 7-25　第 14 题图

程序运行后，单击窗体，结果如图 7-25 所示，请填空。

15. 在窗体上画一个名称为 Command1 的命令按钮，编写如下事件过程：

```
Private Sub Command1_Click()
    Dim a As String
    a = _____
    For i = 1 To 5
        Print Space(6 - i); Mid$(a, 6 - i, 2 * i - 1)
    Next i
End Sub
```

程序运行后，单击命令按钮，要求在窗体上显示的输出结果如下，请填空。

```
    5
   456
  34567
 2345678
123456789
```

16. 以下程序的功能是在文本框 Text1 中输入任一字符串，并按相反的次序显示在文本框 Text2 中，请填空。

```
Private Sub Command1_Click()
    Dim n As String, d As String
    n = Text1.Text
    m = _____
    For i = m To 1 Step -1
        c = Mid(n, i, 1)
```

```
        d = d &_____
    Next i
    _____ = d
End Sub
```

17. 以下程序用来输出 20 个在开区间(10,87)中的随机整数 r，每行输出 4 个整数。

```
Private Sub Command1_Click()
    For i = 1 To 20
        r = _____
        Print r;
        If _____ Then Print
    Next i
End Sub
```

18. 以下程序的功能是生成 20 个 200~300 的随机整数，输出其中能被 5 整除的数并求出它们的和，请填空。

```
Private Sub Command1_Click()
For i = 1 To 20
    x = Int(_____ * 100 + 200)
    If _____ = 0 Then
        Print x
        s = s + _____
    End If
Next i
Print "Sum="; s
End Sub
```

19. 以下程序段的输出结果是_____。

```
num = 0
While num <= 5
    num = num + 1
Wend
Print num
```

20. 以下的命令按钮（名称为 Command1）事件过程用来计算 10 的阶乘，请填空。

```
Private Sub Command1_Click()
    x = 1
    result = _____
    While x <= 10
        result = _____
        x = x + 1
    Wend
    Print result
End Sub
```

21. 在窗体上画一个命令按钮，然后编写如下事件过程:

```
Private Sub Command1_Click()
    a = 0
    For i = 1 To 2
        For j = 1 To 4
            If j Mod 2 <> 0 Then
                a = a + 1
            End If
            a = a + 1
```

```
            Next j
         Next i
         Print a
     End Sub
```

程序执行后，单击命令按钮，输出结果是_____。

22.　在窗体上画一个命令按钮，然后编写如下事件过程：

```
Private Sub Command1_Click()
    For i = 1 To 4
        x = 4
        For j = 1 To 3
            x = 3
            For k = 1 To 2
                x = x + 6
            Next k
        Next j
    Next i
    Print x
End Sub
```

程序运行后，单击命令按钮，输出结果是_____。

23.　以下程序用于在带垂直滚动条的文本框 Text1 中输出 3～100 的全部素数。

```
Private Sub Command1_Click()
    Text1.Text = ""
    For n = 3 To 100
        k = Int(Sqr(n))
        i = 2
        flag = 0
        Do While i <= _____ And flag = 0
            If n Mod i = 0 Then flag = 1 Else i = i + 1
        Loop
        If _____ Then
            Text1 = Text1 & n & Chr(13) & Chr(10)
        End If
    Next n
End Sub
```

## 三、程序设计题

1.　编写程序，求 1+3+5+7+…+99 的值？

2.　编写程序，求 2+4+6+8+…+100 的值？

3.　编写程序，求两个正整数 $m$ 和 $n$ 的最小公倍数？

4.　编写程序，从键盘上输入一个正整数，判断该数是否为回文数？

5.　编写程序，找出 1000 之内所有的"完数"。所谓完数又称完美数，它是指一个正整数正好等于它的所有因子之和。如 6 的因子为 1、2、3，而 6=1+2+3，因此 6 是"完数"。

6.　验证哥德巴赫猜想。哥德巴赫猜想：任何一个大于或等于 4 的偶数都可以分解为两个素数之和。

# 第8章 数 组

前面所介绍的变量都是简单变量，各简单变量之间相互独立，没有内在联系，并与所在的位置无关，一个变量在一个时刻只能存放一个值，因此当数据不多时，使用简单变量能解决问题。但是，在处理大量相关数据时，利用简单变量进行处理很不方便，甚至是有些问题仅用简单变量是不可能解决的。

前面讲解过三个数据的排序，需要使用三个变量进行三次比较。如果要对 100 个数据进行排序，也采用类似解决方法，则需要用 100 个变量，进行 99+98+…+3+2+1=4950 次比较，这个过程非常烦琐。要解决这一类问题，简单的方法就是采用数组来实现，使用数组存放这些数据，会极大地简化程序的设计。

## 8.1 数组的概念

数组是一组具有相同类型数据的集合，这些数据按照一定的规则排列，使用一片连续的存储单元，数组可用于存储成批的有序数据。

### 8.1.1 数组命名与数组元素

#### 1．数组命名

一个数组必须用一个名字来表示，这个名字称为数组名，数组名的命名规则与变量的命名规则相同。数组名不是代表一个变量，而是代表有内在联系的一组变量。

#### 2．数组元素

数组中的每个数据称为数组元素，数组元素用数组名和下标表示，下标表示数组元素在数组中的位置。可以使用数组名和下标识别数组中的每一个元素，因此数组元素又称下标变量，数组元素的数据类型就是数组的数据类型。

表示一个数组元素所需的下标个数称为数组的维数。用一个下标表示数组元素的数组称为一维数组，用两个下标表示数组元素的数组称为二维数组，依此类推，用 $n$ 个下标表示数组元素的数组称为 $n$ 维数组，通常将二维以上的数组称为多维数组。

### 8.1.2 数组类型

在 VB 中有两种类型的数组：固定大小数组和动态数组。在定义数组时就确定了数组的维数和大小，并且在程序运行过程中不能改变其大小的数组称为固定大小数组；在定义数组时不指明数组的维数和大小，仅定义一个空数组，在程序运行时根据需要才确定其维数和大小，即在程序运行过程中可以改变其大小的数组称为动态数组。

### 8.1.3　数组的定义

在使用数组之前必须对数组进行定义，确定数组的名称、数据类型、维数和每一维的上下界，这样系统就可以为数组分配一块内存区域，存放数组的所有元素。

#### 1. 数组的定义

数组定义的格式如下：

Public|Private|Dim|Static 数组名([[下界1 To]上界1[,[下界2 To]上界2]…]) [As 数据类型]

说明：

① Public 关键字用于说明全局数组（公有数组），Private 关键字用于说明窗体（模块）级数组，它们都只能用在模块的通用/声明部分；Static 用于说明过程级的静态数组，只能用在过程中；Dim 关键字既可以说明窗体/模块级数组（在模块的通用/声明部分说明）也可以说明过程级数组（在过程中说明）。

② <数据类型>可以是 Integer、Long、Single、Double、String、Boolean 等基本数据类型。

③ 用 As String 可以定义变长字符型数组，用 As String * <常数>可以定义定长字符型数组。

④ 一个语句可以定义多个数组，但每个数组都要用 As 数据类型定义其数据类型，否则该数组被说明为变体型（Variant）数组。

⑤ 数组定义后，系统自动为数组中的每个元素赋予一个初值（又称对数组元素的初始化），数值型初值为 0；定长字符型（设长度为 $n$）初值为 $n$ 个空格；变长字符型初值为空串，即零长度字符串；逻辑型初值为 False；变体类型的初值为 Empty（空）。

⑥ 数组的上下界：某维的下界和上界分别表示该维下标的最小值和最大值，其取值范围不得超过 Long 数据类型的范围（−2 147 483 648 ～ 2 147 483 647），且下界必须小于或等于上界，否则将出现"编译错误：区间无值"的错误；"下界"和关键字 To 可以省略，如果在模块/通用声明部分没有使用 Option Base 1 语句或使用 Option Base 0 语句，则下界的默认值为 0，相当于 0 To 上界，如果使用 Option Base 1 语句，则下界的默认值为 1，相当于 1 To 上界。

⑦ 在定义固定大小数组时，下界与上界必须是常数或常数表达式，不可以是变量，如果上下界说明不是整数，VB 会对其按 CInt 函数的方式进行四舍五入处理。例如：

```
Dim a(10) As Integer
Dim b(1 To 3, 1 To 4) As Single
Dim c(10) As String * 5
Dim d(9 To 15) As Boolean
```

第一行数组说明语句，定义了一个一维整型数组，数组的名字为 a，一共有 11 个元素，a(0)、a(1)、a(2)、……、a(9)、a(10)，所有元素的初值均为 0；第二行数组说明语句，定义了一个二维单精度数组 b，一共有 12 个元素，b(1,1)、b(1,2)、b(1,3)、b(1,4)、b(2,1)、b(2,2)、b(2,3)、b(2,4)、b(3,1)、b(3,2)、b(3,3)、b(3,4)，所有元素的初值均为 0；第三行数组说明语句，定义了一个一维长度为 5 的定长字符型数组 c，一共有 11 个元素，c(0)、c(1)、c(2)、……、c(9)、c(10)，所有元素的初值均为 5 个空格；第四行说明语句，定义了一个一维逻辑型数组 d，一共有 7 个元素，d(9)、d(10)、d(11)、d(12)、d(13)、d(14)、d(15)，所有元素的初值均为 False。

#### 2. 数组的大小

数组中元素的个数称为数组的大小。数组的大小=每维大小的乘积，维大小=上界−下界+1。如上述第一行数组说明语句，一维数组 a 的大小=10−0+1=11，即一维数组 a 有 11 个元素；第二行数组说明语句，二维数组 b 的大小=(3−1+1)*(4−1+1)=12，即二维数组 b 有 12 个元素；第三行数组说明语句，一维数组 c 的大小=10-0+1=11，即一维数组 c 有 11 个元素；第四行说明语句，一维数组 d 的大小=15-9+1=7，即一维数组 d 有 7 个元素。

### 8.1.4　数组的结构

#### 1．一维数组的结构

一维数组只能表示线性顺序，相当于数学中的向量。例如：

```
Dim a(10) As Integer
```
一维数组 a 的逻辑结构如下：

```
a(0),a(1),a(2),…,a(9),a(10)
```
即一维数组的逻辑结构按下标的升序排列。

一维数组在内存中存放次序与逻辑结构相同，一维数组在内存中的存放顺序为：a(0)、a(1)、a(2)、……、a(9)、a(10)，即也是按下标的升序存放。

#### 2．二维数组的结构

二维数组的表示形式是由行和列组成的一个二维表，二维数组的数组元素需要用两个下标来标识，即要指明元素所在的行号和列号，通常二维数组可以用来表示数学中的矩阵。例如：

```
Dim b(1 To 3, 1 To 4) As Single
```
二维数组 b 的逻辑结构如下：

$$\begin{bmatrix} b(1,1)\ b(1,2)\ b(1,3)\ b(1,4) \\ b(2,1)\ b(2,2)\ b(2,3)\ b(2,4) \\ b(3,1)\ b(3,2)\ b(3,3)\ b(3,4) \end{bmatrix} \begin{matrix} 第 1 行 \\ 第 2 行 \\ 第 3 行 \end{matrix}$$

　第 1 列　第 2 列　第 3 列　第 4 列

二维数组在内存中是"按列存放"的，即先存放数组中第一列的所有元素，再存放第二列的所有元素，……，最后存放最后一列的所有元素。二维数组在内存中的存放顺序为：b(1,1)、b(2,1)、b(3,1)、b(1,2)、b(2,2)、b(3,2)、b(1,3)、b(2,3)、b(3,3)、b(1,4)、b(2,4)、b(3,4)，即按列存放。

### 8.1.5　数组的引用

在程序中可以像使用简单变量一样引用数组元素，也就是说，数组元素可以出现在表达式中的任何位置，也可以出现在赋值号的左边，数组元素引用的一般形式：

```
数组名(下标1[,下标2,…])
```
说明：

① 下标表示数组元素的位置，可以是常数、数值类型的变量、算术表达式，也可是一个数组元素，多个下标之间应该由逗号分隔。

② 下标的值应该为整数，否则 VB 会对其按 CInt 函数的方式进行四舍五入处理。如 a(3.4)将被视为 a(3)、a(-3.9)将被视为 a(-4)。

③ 引用数组元素时，其下标的值应在定义数组时所指定的上下界范围内，否则将出现"实时错误：下标越界"的错误。

## 8.2　固定大小数组

固定大小数组是指在定义数组时就确定了数组的维数和大小，并且在程序运行过程中不能改变其维数和大小的数组，这种形式的数组在编译阶段就已经确定了存储空间。

### 8.2.1　固定大小数组的定义

#### 1．格式

Public|Private|Dim|Static 数组名([下界1 To]上界1[,[下界2 To]上界2]…)[As 数据类型]

#### 2．功能

定义一个固定大小数组，并对数组的所有元素进行初始化。

说明：

① 下界与上界必须是常数或常数表达式，不可以是变量。

如下列数组定义语句是正确的：

```
Const n As Integer = 10
Dim a(15) As Integer
Dim b(n) As Single
Dim c(n + 15) As Boolean
```

而下列数组定义语句是错误的：

```
Dim n As Integer
n = 10
Dim a(n) As Integer
Dim b(n + 15) As Single
```

运行程序时，会出现"编译错误：要求常数表达式"的错误。

② 在定义数组时，也可以使用类型说明符代替"As 数据类型"。如语句 Dim a(10) As Integer 与 Dim a%(10)功能相同。

### 8.2.2　数组的基本操作

#### 1．数组元素的的赋值（输入）

（1）用赋值语句给数组元素赋值

在程序中通常用赋值语句给单个数组元素赋值。例如：

```
Option Base 1
Private Sub Command1_Click()
    Dim a(5) As Integer, b(2, 3) As Single
    a(1) = 1
    a(2) = 6
    a(3) = 2
    b(1, 1) = 4
    b(1, 2) = 5
    b(2, 2) = 3
End Sub
```

（2）用循环给数组元素赋值

在程序中，经常使用单重循环给一维数组中的所有元素赋值，用双重循环给二维数组中的所有元素赋值。例如：

```
Option Base 1
Private Sub Command1_Click()
    Dim a(5) As Integer, b(2, 3) As Single
    Dim i As Integer, j As Integer
    For i = 1 To 5
        a(i) = Int(Rnd * 90) + 10
    Next i
```

```
   For i = 1 To 2
      For j = 1 To 3
          b(i, j) = Int(Rnd * 90) + 10
      Next j
   Next i
End Sub
```

（3）用 InputBox 函数给数组元素赋值

在程序中也可以使用 InputBox 函数给单个数组元素赋值或给数组中所有元素赋值。例如：

```
Option Base 1
Private Sub Command1_Click()
   Dim a(5) As Integer, b(2, 3) As Single
   Dim i As Integer, j As Integer
   For i = 1 To 5
      a(i) = InputBox("请输入 a(" & i & ")的值")
   Next i
   For i = 1 To 2
      For j = 1 To 3
          b(i, j) = InputBox("请输入 a(" & i & "," & j & ")的值")
      Next j
   Next i
End Sub
```

说明：用循环结构和 InputBox 函数给数组元素赋值时，每出现一次输入对话框，只能输入一个数据，如上例中，输入对话框出现 11 次（单重循环 5 次，双重循环 6 次），每次输入一个数据，一共要输入 11 个数据。

（4）用 Array 函数给一维数组赋值

VB 中还可以使用 Array 函数将一个数据集合赋值给一个变体型变量。其格式如下：

变体变量名 = Array([数据列表])

说明：

① 用 Array 函数给变体变量赋值，函数将该变体型变量创建成一个一维数组。

② 数据列表是用英文逗号分隔的赋给数组元素的值的列表。

③ Array 函数创建的一维数组的元素个数与列表中的数据个数相同，如省略数据列表，将创建一个数组元素个数为 0 的动态数组。

④ Array 函数创建的一维数组的下界由 Option Base 语句决定，即如果在模块/通用声明部分没有使用 Option Base 1 语句或使用 Option Base 0 语句，则 Array 函数创建的一维数组的下界为 0，如果使用 Option Base 1 语句，则 Array 函数创建的一维数组的下界为 1。例如：

```
Option Base 1
Private Sub Command1_Click()
    Dim a
    Dim b As Variant
    a = Array(1, 2, 3, 4, 5)
    b = Array("one", "two", "three")
End Sub
```

上述程序段中语句 a = Array(1, 2, 3, 4, 5)，创建一个一维整型数组 a，下标从 1 开始，共有 5 个元素：a(1)=1、a(2)=2、a(3)=3、a(4)=4、a(5)=5；语句 b = Array("one", "two", "three")，创建一个

一维字符型数组 b，下标从 1 开始，共有 3 个元素：b(1)="one"、b(2)="two"、b(3)="three"。

如果将上述程序代码段中的语句 Option Base 1 去掉或改为 Option Base 0，即程序代码段如下：

```
Option Base 0
Private Sub Command1_Click()
    Dim a
    Dim b As Variant
    a = Array(1, 2, 3, 4, 5)
    b = Array("one", "two", "three")
End Sub
```

上述程序段中语句 a = Array(1, 2, 3, 4, 5)，创建一个一维整型数组 a，下标从 0 开始，共有 5 个元素：a(0)=1、a(1)=2、a(2)=3、a(3)=4、a(4)=5；语句 b = Array("one", "two", "three")，创建一个一维字符型数组 b，下标从 0 开始，共有 3 个元素：b(0)="one"、b(1)="two"、b(2)="three"。

### 2. 数组元素的输出

数组元素的输出类似于数组元素的输入，一般使用循环和 Print 语句来实现。

（1）一维数组元素的输出

一维数组元素的输出一般使用单重循环和 Print 语句来实现。例如：

```
Option Base 1
Private Sub Command1_Click()
    Dim a(100) As Integer, i As Integer
    Randomize
    For i = 1 To 100
        a(i) = Int(Rnd * 90) + 10
    Next i
    For i = 1 To 100
        Print a(i);
        If i Mod 10 = 0 Then Print
    Next i
End Sub
```

上述程序代码中的两个并列的单重循环也可以改为一个单重循环，程序代码如下：

```
Option Base 1
Private Sub Command1_Click()
    Dim a(100) As Integer, i As Integer
    Randomize
    For i = 1 To 100
        a(i) = Int(Rnd * 90) + 10
        Print a(i);
        If i Mod 10 = 0 Then Print          '换行
    Next i
End Sub
```

（2）二维数组元素的输出

二维数组元素的输出一般使用双重循环和 Print 语句来实现。例如：

```
Option Base 1
Private Sub Command1_Click()
    Dim a(4, 5) As Integer
    Dim i As Integer, j As Integer
    Randomize
    For i = 1 To 4
```

```
        For j = 1 To 5
            a(i, j) = Int(Rnd * 90) + 10
        Next j
    Next i
    For i = 1 To 4
        For j = 1 To 5
            Print a(i, j);
        Next j
        Print                           '换行
    Next i
End Sub
```

上述程序代码中用了两个双重循环，也可以改为一个双重循环，程序代码如下：

```
Option Base 1
Private Sub Command1_Click()
    Dim a(4, 5) As Integer
    Dim i As Integer, j As Integer
    Randomize
    For i = 1 To 4
        For j = 1 To 5
            a(i, j) = Int(Rnd * 90) + 10
            Print a(i, j);
        Next j
        Print
    Next i
End Sub
```

### 8.2.3 固定大小数组示例

【例8-1】编写程序，用随机函数 Rnd 产生 10 个两位整数，求其最小值和最大值。

程序代码如下：

```
Option Base 1
Private Sub Command1_Click()
    Dim a(10) As Integer, i As Integer
    Dim max As Integer, min As Integer
    Randomize
    For i = 1 To 10
        a(i) = Int(Rnd * 90) + 10
        Print a(i);
    Next i
    Print
    max = a(1)
    min = a(1)
    For i = 2 To 10
        If max < a(i) Then max = a(i)
        If min > a(i) Then min = a(i)
    Next i
    Print "最大值为: " & Str(max)
    Print "最小值为: " & Str(min)
End Sub
```

两次运行结果如图 8-1 所示。

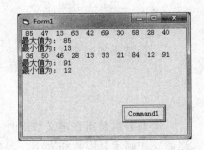

图 8-1　求最大值与最小值

【例8-2】输出杨辉三角形的前十行。

问题分析：杨辉三角形是指对角线和每行的第 1 列均为 1，其余各项是它上一行的前一列元素和上一行的同一列元素之和。

程序代码如下：

```
Option Base 1
Private Sub Command1_Click()
    Dim a(10, 10) As Integer
    Dim i As Integer, j As Integer
    a(1, 1) = 1
    For i = 2 To 10
        a(i, 1) = 1
        For j = 2 To i - 1
            a(i, j) = a(i - 1, j - 1) + a(i - 1, j)
        Next j
        a(i, i) = 1
    Next i
    For i = 1 To 10
        For j = 1 To i
            Print Right(Space(5) & a(i, j), 5);
        Next j
        Print
    Next i
End Sub
```

运行结果如图 8-2 所示。

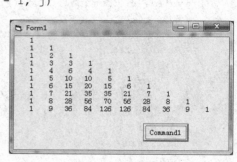

图 8-2　杨辉三角形

【例8-3】编写程序，将斐波那契（Fibonacci）数列的前 20 项放入一个一维数组中并输出，每行输出 5 个。

程序代码如下：

```
Option Base 1
Private Sub Command1_Click()
    Dim f(20) As Integer, i As Integer
    f(1) = 1
    f(2) = 1
    For i = 3 To 20
        f(i) = f(i - 2) + f(i - 1)
    Next i
    For i = 1 To 20
        Print Right(Space(5) & f(i), 6);
        If i Mod 5 = 0 Then Print
    Next i
End Sub
```

运行结果如图 8-3 所示。

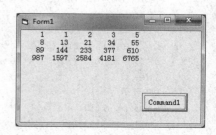

图 8-3　Fibonacci 数列

## 8.3　动态数组

动态数组是指在定义数组时不指明数组的维数和大小，仅定义一个空数组，在程序运行时根据需要才确定其维数和大小，即在程序运行过程中可以改变其大小的数组。

在使用数组解决实际问题时，有时候可能不知道数组到底需要多少个元素才合适，若元素个数太多则会占用大量的存储空间，而太少则可能不够使用；或者由于程序运行的需要，要求数组的大小能够动态地变化，这时就要使用动态数组。动态数组中元素的个数不确定，并且可以根据需要动态地改变数组中元素的个数。

### 8.3.1　动态数组的定义

定义动态数组一般分为两步：

首先用下面的语句声明一个不指明上下界的数组：

```
Public|Private|Dim|Static 数组名()As 数据类型
```

例如：`Dim a() As Integer`

说明数组 a 是一个整型动态数组。

然后，在知道数组的维数和大小后，用 ReDim 语句重新定义动态数组的维数和大小，分配存储空间。ReDim 语句的格式如下：

```
ReDim[Preserve] 数组名([下界 1 To]上界 1[,[下界 2 To]上界 2]…) [As 数据类型]
```

ReDim 语句的功能：重新定义动态数组，按指定的大小重新分配存储空间。

例如：`ReDim a(10) As Integer`

重新说明动态数组 a 是一个整型的一维数组，它有 11 个元素。

说明：

① ReDim 语句与 Public | Private | Dim|Static 语句不同，ReDim 语句是一个可执行语句，只能出现在过程中，在过程中可以多次使用 ReDim 语句改变数组的维数和大小。

② 使用 ReDim 语句时，可以省略 "As 数据类型"，即保持数组原来的数据类型。如果使用 "As 数据类型"，其中的 "数据类型" 应该和此数组最初的数据类型一致，即用 ReDim 语句重新定义动态数组时，不能改变数组的数据类型。

③ 与固定大小数组说明不同，ReDim 语句中的上下界可以是常量、变量或表达式。例如：

```
Dim a() As Integer,n As Integer
n=5
ReDim a(n)
```

④ 如果不带 Preserve 参数，可以重新定义动态数组的维数和各维的上下界，但当前数组中元素的值全部丢失，重新定义的数组被赋予该数据类型的初始值。例如：

```
Option Base 1
Private Sub Command1_Click()
    Dim a() As Integer
    ReDim a(2)
    a(1) = 1: a(2) = 2
    ReDim a(3)
    Print a(1); a(2); a(3)
End Sub
```

程序的运行结果是：0　0　0。

⑤ 如果带 Preserve 参数，则在对数组重新说明时，将会保留数组元素中的数据，但只能改变最后一维的维上界。例如：

```
Option Base 1
Private Sub Command1_Click()
    Dim a() As Integer
    ReDim a(2)
    a(1) = 1: a(2) = 2
```

```
    ReDim Preserve a(3)
    Print a(1); a(2); a(3)
End Sub
```

程序的运行结果是：1　2　0。

### 8.3.2　动态数组示例

【例8-4】编写程序，将 100 以内的素数放入一个一维数组中并输出，每行输出 5 个。

问题分析：由于不知道 100 以内的素数个数，因此要使用动态数组，先判断出一个素数，然后重新说明动态数组的大小，再将判断出的这个素数赋给相应的数组元素，重复上述过程直到最后一个素数。

```
Option Base 1
Private Sub Command1_Click()
    Dim a() As Integer, m As Integer
    Dim n As Integer, i As Integer
    For n = 2 To 100
        For i = 2 To n - 1
            If n Mod i = 0 Then Exit For
        Next i
        If i > n - 1 Then
            m = m + 1
            ReDim Preserve a(m)
            a(m) = n
        End If
    Next n
    For i = 1 To m
        Print Right(Space(3) & a(i), 4);
        If i Mod 5 = 0 Then Print
    Next i
End Sub
```

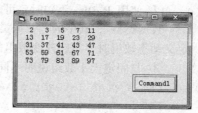

图 8-4　100 以内的素数

程序运行结果如图 8-4 所示。

【例8-5】窗体上画一个名称为 Command1 的命令按钮，标题为"产生可变正方形图案"。程序功能为：单击"产生可变正方形图案"按钮，则弹出输入对话框，要求输入可变数。输入可变数后，将根据可变数在窗体上显示可变正方形图案，图案的最外圈为第 1 层，且每层上显示的数字与其所处的层数相同。图 8-5（a）所示为输入可变数 6 时的可变正方形图案；图 8-5（b）所示为输入可变数 7 时的可变正方形图案。

（a）

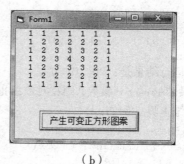

（b）

图 8-5　可变正方形图案

程序代码如下：

```
Private Sub Command1_Click()
    Dim a() As Integer, n As Integer
    Dim i As Integer, j As Integer
    Dim k As Integer
    n = InputBox("请输入控制正方形图案层数的可变数")
    ReDim a(n, n)
    For k = 1 To (n + 1) \ 2
        For i = k To n - k + 1
            For j = k To n - k + 1
                a(i, j) = k
            Next j
        Next i
    Next k
    For i = 1 To n
        For j = 1 To n
            Print Tab(j * 3); a(i, j);
        Next j
        Print
    Next i
End Sub
```

## 8.4　数组函数及数组语句

VB 提供了数组函数和数组语句来简化数组的操作。

### 8.4.1　数组函数

#### 1. LBound 函数

格式：LBound(数组名,[维数])

功能：返回数组某维的下界（最小下标），返回值为长整型。

说明：若缺省"维数"参数，则函数返回数组第一维下界的值或一维数组的下界。

#### 2. UBound 函数

格式：UBound(数组名,[维数])

功能：返回数组某维的上界（最大下标），返回值为长整型。

说明：若缺省"维数"参数，则函数返回数组第一维上界的值或一维数组的上界。

可以使用这两个函数求得数组某维的大小和数组的大小，第 n 维大小=UBound(数组名,n)-LBound(数组名,n)+1，数组大小=各维大小乘积。

#### 3. 数组函数示例

【例8-6】执行下面的程序代码，运行结果如图8-6所示。

```
Option Base 1
Private Sub Command1_Click()
    Dim a(15) As Integer
    Dim b(3 To 20, -5 To 10) As Single
    Print LBound(a), UBound(a)
    Print LBound(b, 1), UBound(b, 1)
```

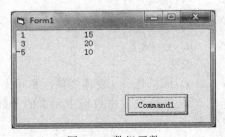

图 8-6　数组函数

```
      Print LBound(b, 2), UBound(b, 2)
End Sub
```

## 8.4.2　数组语句

### 1．Erase 语句

格式：`Erase 数组名 1[,数组名 2,…]`

功能：重新初始化固定大小数组的所有元素，即将固定大小数组中所有元素设置为初值；或者释放动态数组的存储空间，即将动态数组变为空数组。

说明：

① Erase 语句用于固定大小数组时，数组中所有元素的内容全部被重新初始化。对数值型数组的所有元素都置为 0；定长字符型（设长度为 $n$）数组的所有元素都置为 $n$ 个空格；变长字符型数组的所有元素都置为空串，即零长度字符串；逻辑型数组的所有元素都置为 False；变体类型数组的所有元素都置为 Empty（空）。

② Erase 语句用于动态数组时，将释放该数组所占用的存储空间。也就是说，动态数组经过 Erase 后所有元素不复存在，变成一个空数组，在下次引用该动态数组前，必须使用 ReDim 语句重新定义并分配存储空间，否则就会出现"实时错误：下标越界"的错误。

如下面的程序代码：

```
Option Base 1
Private Sub Command1_Click()
    Dim a(3) As Integer, b() As Integer
    a(1) = 1: a(2) = 2: a(3) = 3
    Print a(1); a(2); a(3)
    ReDim b(5)
    Erase a, b
    Print a(1); a(2); a(3)
End Sub
```

在执行 Erase a, b 语句后，数组 a 的所有元素的值都变为 0，数组 b 变为一个空数组。

### 2．For Each...Next 结构

在处理数组元素时，大多使用循环结构。VB 提供了一个与 For...Next 结构类似的结构 For Each...Next，两者都可以重复执行某些操作，直到完成指定的循环次数。但是 For Each...Next 结构专门用来为数组或对象集合中的每个元素重复执行一组语句而设置的。程序执行 For Each...Next 结构时，VB 跟踪必须处理的元素的总数，按数组元素在内存中的排列顺序依次处理每一个元素，并在到达数组或集合末尾时自动停止循环。

用于数组的格式如下：

```
For Each 成员 In 数组名
    语句序列
    [If 条件 Then Exit For]
    语句序列
Next [成员]
```

说明：

① 成员是一个变体变量，实际代表的是数组中的每个元素。

② 循环次数由数组中元素的个数决定，也就是说，数组中有多少个元素，循环就执行多少次。

③ 语句序列就是需要重复执行的循环体，与 For...Next 结构一样，在循环体内可以包含若干条 Exit For 语句，执行该语句，将退出循环。

【例 8-7】For Each...Next 结构用于一维数组。执行下面的程序代码，运行结果如图 8-7 所示。

```
Option Base 1
Private Sub Command1_Click()
    Dim a, x
    Dim i As Integer
    a = Array(1, 3, 5, 7, 9)
    For Each x In a
        Print x;
    Next x
End Sub
```

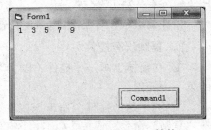

图 8-7 For Each...Next 结构 1

【例 8-8】For Each...Next 结构用于二维数组。执行下面的程序代码，运行结果如图 8-8 所示。

```
Option Base 1
Private Sub Command1_Click()
    Dim x, a(3, 4) As Integer
    Dim i As Integer, j As Integer
    For i = 1 To 3
        For j = 1 To 4
            a(i, j) = 10 * i + j
            Print a(i, j);
        Next j
        Print
    Next i
    For Each x In a
        Print x;
    Next x
End Sub
```

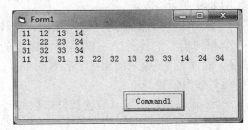

图 8-8 For Each…Next 结构 2

由于二维数组在内存中按列存放，从程序的运行结果可以看出，For Each...Next 结构正是按数组元素在内存中的排列顺序依次处理每个元素的。

# 8.5 控 件 数 组

## 8.5.1 基本概念

控件数组是由一组具有共同名称和相同类型的控件为元素组成，数组中的每个控件共享同样的事件过程。控件数组的名称由控件的 Name 属性指定，而控件数组中每个元素的下标由控件的 Index 属性指定，也就是说由 Index 区分控件数组中的元素。控件数组中的第一个元素的下标为 0，第二个元素的下标为 1，依此类推。在设计阶段可以改变控件数组元素的 Index 属性，但不能在运行时改变。引用控件数组元素的方式同引用普通数组元素一样，均采用控件数组名（下标）的形式。

控件数组适用于若干控件执行相似操作的场合，控件数组共享同样的事件过程。例如，若一个控件数组含有多个命令按钮，则不管单击哪个命令按钮，都会调用同一个 Click 事件过程。这样可以减少编写事件过程的代码，也使得程序更加精练，结构更加紧凑。为了区分控件数组中的各个元素，通过把控件数组元素的下标值传给相应的事件过程，从而在事件过程中根据不同的控件做出不同的响应，执行不同的事先编写好的程序代码。

### 8.5.2　建立控件数组

控件数组是针对控件建立的，与普通数组定义不同，在设计模式可使用两种方法建立控件数组。

**1. 复制现有控件**

① 在窗体上画一个控件（以文本框为例），并设置好大小、位置和相关属性，作为控件数组的第一个元素。

② 选中这个控件，右击该控件，在弹出的快捷菜单中选择"复制"命令，或选择"编辑"→"复制"命令，或按【Ctrl+C】组合键。

③ 在窗体空白处右击，在弹出的快捷菜单中选择"粘贴"命令，或选择"编辑"→"粘贴"命令，或按【Ctrl+V】组合键，这时将弹出询问是否创建一个控件数组的对话框，如图 8-9 所示。

④ 单击对话框中的"是"按钮，窗体的左上角将出现一个相同类型的控件，它就是控件数组的第二个元素，其 Index 属性为 1（原来的第一个元素的 Index 属性为 0），然后移动到适当位置。

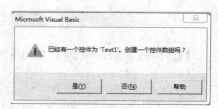

图 8-9　建立控件数组

⑤ 通过多次粘贴，建立控件数组的其他元素，其 Index 属性分别为 2、3……

**2. 创建同名控件**

① 在窗体上画出作为控件数组元素的所有控件（同一类型控件）。

② 选择要作为控件数组第一个元素的控件，在属性窗口中将其 Name 属性设置为控件数组名，也可使用原有的 Name 属性作为控件数组名。

③ 选择要作为控件数组第二个元素的控件，在属性窗口中将其 Name 属性设置为前面相同的控件数组名，按【Enter】键，弹出图 8-9 所示询问是否创建一个控件数组的对话框，单击"是"按钮，则将该控件作为控件数组的第二个元素，其 Index 属性为 1（原来的第一个元素的 Index 属性为 0）。

④ 通过多次改名，建立控件数组的其他元素，其 Index 属性分别为 2、3……

### 8.5.3　控件数组示例

【例 8-9】在窗体上画一个命令按钮 Command1，其标题为"下一个"，然后在窗体上建立一个单选按钮控件数组 Option1，含 4 个单选按钮，标题分别为"选项 1"、"选项 2"、"选项 3"和"选项 4"，"选项 1"为选中状态，如图 8-10 所示。编写程序，使得每单击命令按钮一次，就选中下一个单选按钮。

程序代码如下：

```
Private Sub Command1_Click()
    Dim k As Integer, n As Integer
    For k = 0 To 3
        If Option1(k).Value Then
            n = k
        End If
    Next k
    Option1(n).Value = False
```

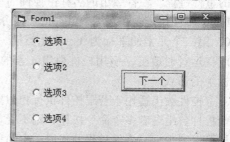

图 8-10　选项按钮控件数组

```
        n = n + 1
        If n = 4 Then
            n = 0
        End If
        Option1(n).Value = True
End Sub
```

【例8-10】使用控件数组设置文字风格，界面如图 8-11 所示。
程序代码如下：

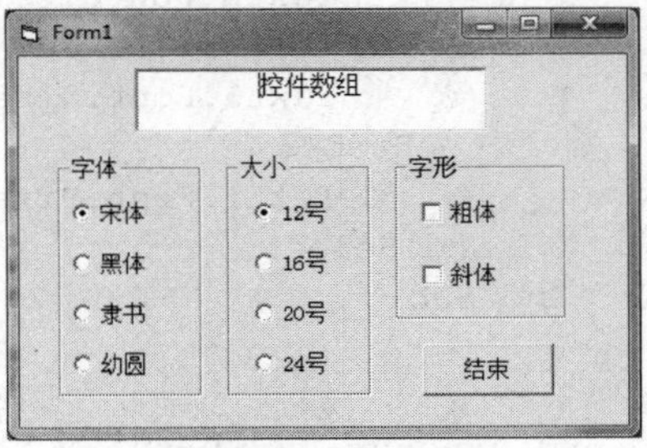

```
Private Sub Check1_Click(Index As Integer)
    If Check1(0).Value = 1 Then
        Text1.FontBold = True
    Else
        Text1.Font.Bold = False
    End If
    If Check1(1).Value = 1 Then
        Text1.FontItalic = True
    Else
        Text1.Font.Italic = False
    End If
End Sub

Private Sub Command1_Click()
    End
End Sub

Private Sub Form_Load()
    Text1.Text = "控件数组"
    Option1(0).Value = True
    Option2(0).Value = True
    Text1.FontName = "宋体"
    Text1.FontSize = 12
End Sub

Private Sub Option1_Click(Index As Integer)
    Text1.FontName = Option1(Index).Caption
End Sub

Private Sub Option2_Click(Index As Integer)
    Text1.Font.Size = 12 + 4 * Index
End Sub
```

图 8-11　文字风格

两个选项按钮控件数组的程序代码可改写成下面的代码，请读者一试。

```
Private Sub Option1_Click(Index As Integer)
    Select Case Index
        Case 0
            Text1.FontName = "宋体"
        Case 1
            Text1.FontName = "黑体"
        Case 2
            Text1.Font.Name = "隶书"
        Case 3
            Text1.Font.Name = "幼圆"
    End Select
```

```
End Sub

Private Sub Option2_Click(Index As Integer)
    Select Case Index
        Case 0
            Text1.FontSize = 12
        Case 1
            Text1.FontSize = 16
        Case 2
            Text1.Font.Size = 20
        Case 3
            Text1.Font.Size = 24
    End Select
End Sub
```

# 8.6　数组程序示例

【例8-11】选择排序：将生成的 10 个互不相同的两位整数按从大到小的顺序排序。

问题分析：

第一步：生成 10 个互不相同的两位整数存放到一个一维数组 a 中，先生成第 1 个两位数给 a(1)，再生成第 2 个两位数给 a(2)，如果 a(2)与 a(1)相等，则重新生成下一个数给 a(2)再与 a(1)比较，否则生成下一个数给 a(3)，如果 a(3)与前面的数相等，则重新生成下一个数给 a(3)再与前面的数比较，否则生成下一个数给 a(4)，依此类推，直至生成 10 个互不相同的两位整数。

第二步：从大到小排序。

第 1 轮：将 a(1)依次与 a(2)~a(10)比较，如果 a(1)小于其中的某一个，则进行交换，经过 9 次比较得到 a(1)是 a(1)~a(10)中的最大值；

第 2 轮：将 a(2)依次与 a(3)~a(10)比较，如果 a(2)小于其中的某一个，则进行交换，经过 8 次比较得到 a(2)是 a(2)~a(10)中的最大值；

第 3 轮：将 a(3)依次与 a(4)~a(10)比较，如果 a(3)小于其中的某一个，则进行交换，经过 7 次比较得到 a(3)是 a(3)~a(10)中的最大值；

第 4 轮：将 a(4)依次与 a(5)~a(10)比较，如果 a(4)小于其中的某一个，则进行交换，经过 6 次比较得到 a(4)是 a(4)~a(10)中的最大值；

第 5 轮：将 a(5)依次与 a(6)~a(10)比较，如果 a(5)小于其中的某一个，则进行交换，经过 5 次比较得到 a(5)是 a(5)~a(10)中的最大值；

第 6 轮：将 a(6)依次与 a(7)~a(10)比较，如果 a(6)小于其中的某一个，则进行交换，经过 4 次比较得到 a(6)是 a(6)~a(10)中的最大值；

第 7 轮：将 a(7)依次与 a(8)~a(10)比较，如果 a(7)小于其中的某一个，则进行交换，经过 3 次比较得到 a(7)是 a(7)~a(10)中的最大值；

第 8 轮：将 a(8)依次与 a(9)、a(10)比较，如果 a(8)小于其中的某一个，则进行交换，经过 2 次比较得到 a(8)是 a(8)~a(10)中的最大值；

第 9 轮：将 a(9)与 a(10)比较，如果 a(9)小于 a(10)，则进行交换，经过 1 次比较得到 a(9)是 a(9)与 a(10)中的最大值。

程序代码如下：

```
Option Explicit
Option Base 1
Private Sub Command1_Click()
    Dim a(10) As Integer, i As Integer
    Dim x As Integer, j As Integer
    Randomize
    a(1) = Int(Rnd * 90) + 10
    i = 2
    For i = 2 To 10
        a(i) = Int(Rnd * 90) + 10
        For j = 1 To i - 1
            If a(i) = a(j) Then Exit For
        Next j
        If j <= i - 1 Then i = i - 1
    Next i
    Print "排序前: ";
    For i = 1 To 10
        Print a(i);
    Next i
    Print
    For i = 1 To 9
        For j = i + 1 To 10
            If a(i) < a(j) Then
                x = a(i)
                a(i) = a(j)
                a(j) = x
            End If
        Next j
    Next i
    Print "排序后: ";
    For i = 1 To 10
        Print a(i);
    Next i
    Print
End Sub
```

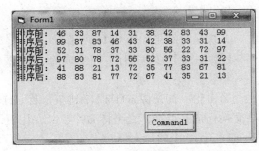

图 8-12 选择排序

三次运行结果如图 8-12 所示。

【例 8-12】直接排序：将生成的 10 个两位数按从大到小的顺序排序。

问题分析：由于选择排序法经常需要交换数据，所以效率不高。改进的选择排序方法如下：

第 1 轮：将 a(1)依次与 a(2)~a(10)比较，通过 9 次比较找到最大数所在下标，然后将该数与 a(1)交换，得到 a(1)是 a(1)~a(10)中的最大值；

第 2 轮：将 a(2)依次与 a(3)~a(10)比较，通过 8 次比较找到最大数所在下标，然后将该数与 a(2)交换，得到 a(2)是 a(2)~a(10)中的最大值；

第 3 轮：将 a(3)依次与 a(4)~a(10)比较，通过 7 次比较找到最大数所在下标，然后将该数与 a(3)交换，得到 a(3)是 a(3)~a(10)中的最大值；

重复上述过程，共经过 9 轮比较后，得到排序结果，这种方法称为直接排序。

程序代码如下：

```
Option Explicit
Option Base 1
```

```
Private Sub Command1_Click()
    Dim a(10) As Integer, i As Integer
    Dim x As Integer, j As Integer
    Dim p As Integer
    Print "排序前: ";
    For i = 1 To 10
        a(i) = Int(Rnd * 90) + 10
        Print a(i);
    Next i
    Print
    For i = 1 To 9
        p = i
        For j = i + 1 To 10
            If a(p) < a(j) Then p = j
        Next j
        If p <> i Then
            x = a(i)
            a(i) = a(p)
            a(p) = x
        End If
    Next i
    Print "排序后: ";
    For i = 1 To 10
        Print a(i);
    Next i
    Print
End Sub
```

三次运行结果如图 8-13 所示。

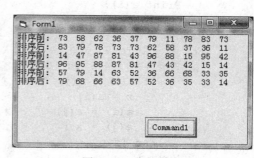

图 8-13　直接排序

【例8-13】冒泡排序：将生成的 10 个两位数按从小到大的顺序排序。

算法分析：

第 1 轮：首先将 a(1)与 a(2)比较，若 a(1)>a(2)，则交换；然后将 a(2)与 a(3)比较，若 a(2)>a(3)，则交换；依此类推，直至将 a(9)与 a(10)比较，若 a(9)>a(10)，则交换，经过 9 次比较，得到 a(10)是 a(1) ~ a(10)中的最大值；

第 2 轮：首先将 a(1)与 a(2)比较，若 a(1)>a(2)，则交换；然后将 a(2)与 a(3)比较，若 a(2)>a(3)，则交换；依此类推，直至将 a(8)与 a(9)比较，若 a(8)>a(9)，则交换，经过 8 次比较，得到 a(9)是 a(1) ~ a(9)中的最大值；

第 3 轮：首先将 a(1)与 a(2)比较，若 a(1)>a(2)，则交换；然后将 a(2)与 a(3)比较，若 a(2)>a(3)，则交换；依此类推，直至将 a(7)与 a(8)比较，若 a(7)>a(8)，则交换，经过 7 次比较，得到 a(8)是 a(1) ~ a(8)中的最大值；

重复上述过程，共经过 9 轮比较后，得到排序结果。

程序代码如下：

```
Option Explicit
Option Base 1
Private Sub Command1_Click()
    Dim a(10) As Integer, i As Integer
    Dim x As Integer, j As Integer
    Print "排序前: ";
```

```
    For i = 1 To 10
        a(i) = Int(Rnd * 90) + 10
        Print a(i);
    Next i
    Print
    For i = 1 To 9
        For j = 1 To 10 - i
            If a(j) > a(j + 1) Then
                x = a(j)
                a(j) = a(j + 1)
                a(j + 1) = x
            End If
        Next j
    Next i
    Print "排序后: ";
    For i = 1 To 10
        Print a(i);
    Next i
    Print
End Sub
```

三次运行结果如图 8-14 所示。

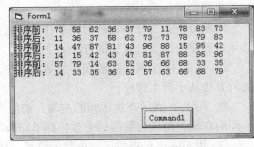

图 8-14  冒泡排序

【例8-14】顺序查找。在生成的 10 个互不相同的两位整数中查找所要找的数。

问题分析：首先生成 10 个互不相同的两位整数并存放到一个一维数组中，再通过 InputBox 函数输入一个要查找的数，然后将数组中每一个元素的值依次与要查找的数进行比较。如果数组中某一个元素的值与要查找的数相等，则说明已找到，同时离开循环；如果数组中所有元素的值与要查找的数都不相等，则说明要查找的数不存在。

程序代码如下：

```
Option Explicit
Option Base 1
Private Sub Command1_Click()
    Dim a(10) As Integer, i As Integer
    Dim x As Integer, j As Integer
    Randomize
    a(1) = Int(Rnd * 90) + 10
    i = 2
    For i = 2 To 10
        a(i) = Int(Rnd * 90) + 10
        For j = 1 To i - 1
            If a(i) = a(j) Then Exit For
        Next j
        If j <= i - 1 Then i = i - 1
    Next i
    For i = 1 To 10
        Print a(i);
    Next i
    Print
    x = InputBox("请输入要查找的数", "程序示例", 26)
    For i = 1 To 10
```

```
        If x = a(i) Then Exit For
    Next i
    If i > 10 Then
        Print "要查找的数" & Str(x) & "不存在"
    Else
        Print "要查找的数" & Str(x) & "是第"; Str(i) & "个"
    End If
End Sub
```

三次运行结果如图 8-15 所示。

【例 8-15】二分查找。在生成的 10 个两位数中查找所要找的数。

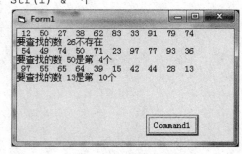

图 8-15　顺序查找

问题分析：二分查找的前提条件是数组中的数据必须是有序的，二分查找的方法如下：

① 生成 10 个两位数放在一维数组 a 中，并用上面的方法从小到大排序；

② 用 Left 表示查找区间的左端，初值为数组的下界，即 Left=LBound(a)；用 Right 表示查找区间的右端，初值为数组的上界，即 Right=UBound(a)；

③ 用 Mid 表示查找区间中部的位置，Mid=(Left+Right)/2，计算 Mid 的值，判断要查找的数 x 与 a(Mid)是否相等，如果相等，则要查找的数已找到，离开循环；

④ 如果 x>a(Mid)，则说明要查找的数 x 可能在数组 a(Mid)和 a(Right)区间中（即数组 a 的后一半中），因些重新给 Left 赋值，即 Left=Mid+1；

⑤ 如果 x<a(Mid)，则说明要查找的数 x 可能在数组 a(Left)和 a(Mid)区间中（即数组 a 的前一半中），因些重新给 Right 赋值，即 Right=Mid-1；

重复上述步骤中的③～⑤，每次查找区间减少一半，如此反复，其结果是找到所要查找的数或者找不到所要查找的数。离开循环的条件是 Left>Righ。

程序代码如下：

```
Option Explicit
Option Base 1
Private Sub Command1_Click()
    Dim a(10) As Integer, i As Integer
    Dim x As Integer, j As Integer
    Dim Left As Integer, Right As Integer
    Dim Mid As Integer, Flag As Boolean
    Randomize
    For i = 1 To 10
        a(i) = Int(Rnd * 90) + 10
    Next i
    For i = 1 To 9
        For j = 1 To 10 - i
            If a(j) > a(j + 1) Then
                x = a(j)
                a(j) = a(j + 1)
                a(j + 1) = x
            End If
        Next j
    Next i
```

```
        For i = 1 To 10
            Print a(i);
        Next i
        Print
        x = InputBox("请输入要查找的数", "程序示例", 26)
        Left = LBound(a)
        Right = UBound(a)
        Flag = False
        Do While Left <= Right
            Mid = (Left + Right) / 2
            If x = a(Mid) Then
                Flag = True
                Exit Do
            ElseIf x > a(Mid) Then
                Left = Mid + 1
            Else
                Right = Mid - 1
            End If
        Loop
        If Flag = True Then
            Print "要查找的数" & Str(x) & "是第" & Str(Mid) & "个"
        Else
            Print "要查找的数" & Str(x) & "不存在"
        End If
    End Sub
```

四次运行结果如图 8-16 所示。

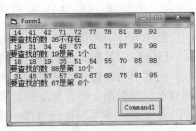

图 8-16 二分查找

【例 8-16】统计字母在文本中出现的次数，字母不分大小写。

问题分析：定义一个一维整型数组 a，它的下标取值范围为 0～25，数组元素下标与字母 A～Z ——对应，即用 a(0) 表示字母 A 出现的次数，用 a(1) 表示字母 B 出现的次数，…… a(25) 表示字母 Z 出现的次数。

统计字母在文本中出现的次数的方法：每次顺序取出一个字母，若这个字母是大写字母，则用该字母的 ASCII 码值减去 A 的 ASCII 码值；若这个字母是小写字母，则用该字母的 ASCII 码值减去 a 的 ASCII 码值，这样得到与这个字母对应的数组元素的下标，然后再将这个数组元素的值加 1。

程序代码如下：

```
Option Explicit
Option Base 0
Private Sub Command1_Click()
    Dim a(25) As Integer, i As Integer
    Dim st As String, s As String * 1
    Dim k As Integer
    st = Text1.Text
    For i = 1 To Len(st)
        s = Mid(st, i, 1)
        Select Case s
            Case "A" To "Z"
```

```
                k = Asc(s) - Asc("A")
                a(k) = a(k) + 1
            Case "a" To "z"
                k = Asc(s) - Asc("a")
                a(k) = a(k) + 1
        End Select
    Next i
    k = 0
    For i = 0 To 25
        If a(i) <> 0 Then
            k = k + 1
            Text2 = Text2 & Chr(i + Asc("A")) & ":" & Str(a(i)) & Space(3)
            If k Mod 5 = 0 Then Text2 = Text2 & vbCrLf
        End If
    Next i
End Sub

Private Sub Command2_Click()
    End
End Sub

Private Sub Form_Load()
    Text1.Text = "Think of space,perhaps a permanent" & _
    " station on the moon will have been set up."
End Sub
```

程序运行结果如图 8-17 所示。

【例8-17】删除一个数列中的重复数。

问题分析：随机生成具有 $n$ 个元素的数列，将其存放在一维数组 a 中，删除重复数的方法是：

第 1 轮：用 a(1)依次与位于其后的所有数组元素比较，如果数组元素 a(i)与它相同，则将 a(i)删除，删除的方法是将位于 a(i)后面的数组元素依次前移，即用 a(i+1)替换 a(i)，用 a(i+2)替换 a(i+1)……直到用 a(n)替换 a(n−1);然后继续用 a(1)与 a(i)、a(i+1)、……、a(n−1)比较，若有相同的数存在，仍然将其删除，直到比较其后所有数组元素。

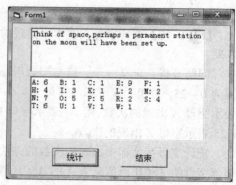

图 8-17 统计字母出现的次数

第 2 轮：用 a(2)依次与位于其后的所有数组元素比较，处理方法同第 1 轮。

重复上述过程，直到处理完所有数组元素。

程序代码如下：

```
Option Explicit
Option Base 1
Dim a() As Integer
Private Sub Command1_Click()
    Dim n As Integer, i As Integer
    n = InputBox("请输入 n 的值")
    ReDim a(n)
    Randomize
```

```
        For i = 1 To n
            a(i) = Int(Rnd * 9) + 1
            Text1.Text = Text1.Text & Str(a(i))
        Next i
End Sub

Private Sub Command2_Click()
    Dim ub As Integer, i As Integer
    Dim j As Integer, k As Integer
    Dim n As Integer
    ub = UBound(a)
    n = 1
    Do While n < ub
        i = n + 1
        Do While i <= ub
            If a(n) = a(i) Then
                For j = i To ub - 1
                    a(j) = a(j + 1)
                Next j
                ub = ub - 1
                ReDim Preserve a(ub)
            Else
                i = i + 1
            End If
        Loop
        n = n + 1
    Loop
    For n = 1 To ub
        Text2.Text = Text2.Text & Str(a(n))
    Next n
End Sub
```

运行程序，输入 15 的结果如图 8-18 所示。

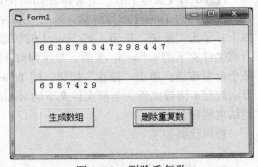

图 8-18　删除重复数

【例 8-18】有一个 4×4 的矩阵，求出其中值最大的那个元素以及其所在的位置。

问题分析：设用一个二维数组 a(4,4)存放一个 4×4 的矩阵。先将数组中的第一个元素 a(1,1) 的值放到变量 max 中，同时将 1 分别放到行号变量 row 和列号变量 column 中；然后将数组中的所有元素分别与 max 中的值进行比较，如果有数组元素的值大于 max，则将该元素的值放入 max 中，并将该元素所在的位置 i 和 j 分别送入变量 row 和 column 中保存。当把数组中的所有元素都比较完毕后，max 中保存的就最大的数，row 和 column 中就是最大数所在行号与列号。

程序代码如下：

```
Option Base 1
Option Explicit
Private Sub Command1_Click()
    Dim a(4, 4) As Integer, max As Integer
    Dim i As Integer, j As Integer
    Dim row As Integer, column As Integer
    Randomize
    For i = 1 To 4
        For j = 1 To 4
            a(i, j) = Int(Rnd * 90) + 10
```

```
            Print a(i, j);
        Next j
        Print
    Next i
    max = a(1, 1)
    row = 1: column = 1
    For i = 1 To 4
        For j = 1 To 4
            If max < a(i, j) Then
                max = a(i, j)
                row = i
                column = j
            End If
        Next j
    Next i
    Print "最大值为" & Str(max)
    Print "最大值在" & Str(row) & "行" & Str(column) & "列"
End Sub
```

两次运行结果如图 8-19 所示。

图 8-19    最大值

【例 8-19】窗体上有一个名称为 Cmd 的命令按钮控件数组，有一个名称为 Picture1 的图片框，有一个名称为 Timer1 的计时器，时间间隔为 3 s，初始状态为不可用，如图 8-20 所示。程序功能如下：单击"前进"按钮，则 Timer1 的状态变为可用，且在图片框中显示 3 s 黄灯（图像文件为当前文件夹下的 yellow.ico）后，显示绿灯（图像文件为当前文件夹下的 green.ico）直至下次单击某个命令按钮；单击"停止"按钮，则 Timer1 的状态变为可用，且在图片框中显示 3 s 黄灯后，显示红灯（图像文件为当前文件夹下的 red.ico）直至下次单击某个命令按钮；单击"结束"按钮，则结束程序运行。

程序代码如下：

```
Option Explicit
Dim flag As Integer
Private Sub Cmd_Click(Index As Integer)
    If Index = 2 Then
        End
    Else
        Picture1.Picture = LoadPicture("yellow.ico")
        flag = Index
        Timer1.Enabled = True
    End If
End Sub


Private Sub Form_Load()
    Picture1.Picture = LoadPicture("yellow.ico")
End Sub


Private Sub Timer1_Timer()
    Select Case flag
        Case 0
            Picture1.Picture = LoadPicture("green.ico")
            Timer1.Enabled = False
```

图 8-20    红绿灯

```
    Case 1
        Picture1.Picture = LoadPicture("red.ico")
        Timer1.Enabled = False
    End Select
End Sub
```

## 习题

### 一、选择题

1. 用下面语句定义的数组的元素个数是_____。

```
Dim b(-2 To 5) As Integer
```

    A. 6 　　　　　　　 B. 7 　　　　　　　 C. 8 　　　　　　　 D. 9

2. 用下面语句定义的数组的元素个数是_____。

```
Dim c(2 To 5,-2 To 2)
```

    A. 20 　　　　　　 B. 12 　　　　　　 C. 15 　　　　　　 D. 20

3. 用 Dim a(5,3 To 7,8)声明的是一个_____维数组。

    A. 一 　　　　　　 B. 二 　　　　　　 C. 三 　　　　　　 D. 四

4. 下列_____语句可以为动态数组分配实际元素个数。

    A. Dim 　　　　　　 B. Static 　　　　　 C. Public 　　　　　 D. ReDim

5. 用_____属性可唯一标志控件数组中的某一个控件。

    A. Name 　　　　　 B. Index 　　　　　 C. Caption 　　　　 D. TabIndex

6. 在窗体上画三个单选按钮，组成一个名为 Op1 的控件数组，用于标识各个控件数组元素的参数是_____。

    A. Tag 　　　　　　 B. Index 　　　　　 C. ListIndex 　　　 D. Name

7. 以下程序段运行的结果是_____。

```
Option Base 1
Private Sub Form_Click()
    Dim a() As Integer
    ReDim a(2)
    a(1) = 1: a(2) = 2
    ReDim Preserve a(3)
    Print a(1); a(2); a(3)
End Sub
```

    A. 0  0  0 　　　　 B. 1  2  3 　　　　 C. 1  0  0 　　　　 D. 1  2  0

8. 在窗体上画一个命令按钮（其名称为 Command1），然后编写如下代码：

```
Private Sub Command1_Click()
    Dim a1(10) As Integer, a2(10) As Integer
    n = 4
    For i = 1 To 5
        a1(i) = i
        a2(n) = 2 * n + i
    Next i
    Print a1(n); a2(n)
End Sub
```

程序运行后，单击命令按钮，输出结果是_____。

A. 11  4          B. 4  11          C. 4  13          D. 13  4

9. 在窗体上画一个命令按钮（其 Name 属性为 Command1），然后编写如下代码：

```
Option Base 1
Private Sub Command1_Click()
    Dim a(4, 4)
    For i = 1 To 4
        For j = 1 To 4
            a(i, j) = (i - 1) * 4 + j
        Next j
    Next i
    For i = 3 To 4
        For j = 3 To 4
            Print a(j, i);
        Next j
        Print
    Next i
End Sub
```

程序运行后，单击命令按钮，其输出结果为_____。

A. 6  7          B. 7  8          C. 11  15          D. 11  12
   10  11             11  12             12  16             15  16

10. 在窗体上画一个命令按钮（其名称为 Command1），然后编写如下事件过程：

```
Private Sub Command1_Click()
    Dim a(5, 5) As Integer
    Dim i As Integer, j As Integer
    For i = 1 To 3
        For j = 1 To 3
            a(i, j) = (i - 1) * 3 + j
            Print a(i, j);
        Next j
        Print
    Next i
End Sub
```

程序运行后，单击命令按钮，在窗体上的输出结果是：_____。

A. 1  4  7          B. 1  2  3
   2  5  8             4  5  6
   3  6  9             7  8  9

C. 1  2  3  4  5  6  7  8  9          D. 没有输出

11. 在窗体上画一个名称为 Text1 的文本框和一个名称为 Command1 的命令按钮，然后编写如下事件过程：

```
Private Sub Command1_Click()
    Dim a1(10, 10) As Integer, i As Integer, j As Integer
    For i = 1 To 3
        For j = 2 To 4
            a1(i, j) = i + j
        Next j
    Next i
    Text1.Text = a1(2, 2) + a1(3, 3)
End Sub
```

程序运行后，单击命令按钮，在文本框中显示的值是_____。

    A. 9              B. 10              C. 11              D. 12

12. 在窗体上画一个名称为 Command1 的命令按钮，然后编写如下程序：

```
Private Sub Command1_Click()
    Dim a(10, 10) As Integer, i As Integer, j As Integer
    For i = 1 To 3
        For j = 1 To i
            a(i, j) = (i - 1) * 3 + j
            Print a(i, j);
        Next j
        Print
    Next i
End Sub
```

程序运行后，单击命令按钮，窗体上显示的是_____。

    A. 1 2 3       B. 1            C. 1 4 7         D. 1
       4 5 6          4 5            2 5 8           4 5
       7 8 9        7 8 9         3 6 9        7 8 9

13. 设有如下程序：

```
Option Base 0
Private Sub Form_Click()
    Dim a, i As Integer
    a = Array(1, 2, 3, 4, 5, 6, 7, 8, 9)
    For i = 0 To 3
        Print a(a(5 - i));
    Next
End Sub
```

程序运行后，单击窗体，则在窗体上显示的是_____。

    A. 4 3 2 1      B. 5 4 3 2      C. 6 5 4 3      D. 7 6 5 4

14. 执行下面程序时，在窗体上显示的是_____。

```
Private Sub Command1_Click()
    Dim a(10)
    For k = 1 To 10
        a(k) = 11 - k
    Next k
    Print a(a(3) \ a(7) Mod a(5))
End Sub
```

    A. 3              B. 5              C. 7              D. 9

15. 在窗体上画一个命令按钮，名称为 Command1，然后编写如下事件过程：

```
Option Base 0
Private Sub Command1_Click()
    Dim city As Variant
    city = Array("北京", "上海", "天津", "重庆")
    Print city(1)
End Sub
```

程序运行后，如果单击命令按钮，则在窗体上显示的内容是_____。

    A. 空白          B. 错误提示         C. 北京         D. 上海

16. 设窗体上有一个名称为 Command1 的命令按钮，并有以下事件过程：

```
Private Sub Command1_Click()
    Static b
    b = Array(2, 4, 6, 8, 10)
    ...
End Sub
```

此过程的功能是把数组 b 中的 5 个数逆序存放（即排列为 10,8,6,4,2）。为实现此功能，省略号处的程序段应该是_____。

A.
```
For i = 0 To  5-1\2
    tmp = b(i)
    b(i) = b(5-i-1)
    b(5-i-1) = tmp
Next i
```

B.
```
For i = 0 To 5
    tmp = b(i)
    b(i) = b(5-i-1)
    b(5-i-1) = tmp
Next i
```

C.
```
For i = 0 To  5\2
    tmp = b(i)
    b(i) = b(5-i-1)
    b(5-i-1) = tmp
Next i
```

D.
```
For i = 1 To  5\2
    tmp = b(i)
    b(i) = b(5-i-1)
    b(5-i-1) = tmp
Next i
```

17. 在窗体上画一个名称为 Command1 的命令按钮，然后编写如下代码：

```
Option Base 1
Private Sub Command1_Click()
    d = 0
    c = 10
    x = Array(10, 12, 21, 32, 24)
    For i = 1 To 5
        If x(i) > c Then
            d = d + x(i)
            c = x(i)
        Else
            d = d - c
        End If
    Next i
    Print d
End Sub
```

程序运行后，如果单击命令按钮，则在窗体上输出的内容为_____。

    A. 89               B. 99               C. 23               D. 77

18. 下面程序运行时，若输入 Visual Basic Programming，则在窗体上输出的是_____。

```
Private Sub Command1_Click()
    Dim count(25) As Integer, ch As String
    ch = UCase(InputBox("请输入字母字符串"))
    For k = 1 To Len(ch)
        n = Asc(Mid(ch, k, 1)) - Asc("A")
        If n >= 0 Then
            count(n) = count(n) + 1
        End If
    Next k
    m = count(0)
    For k = 1 To 25
        If m < count(k) Then
```

```
        m = count(k)
      End If
    Next k
    Print m
End Sub
```

A. 0          B. 1          C. 2          D. 3

19. 在窗体上画两个命令按钮，名称分别为 Command1、command2，并编写如下程序：

```
Const n = 5, m = 4
Dim a(m, n)
Private Sub Command1_Click()
    k = 1
    For i = 1 To m
        For j = 1 To n
            a(i, j) = k
            Print Right(Space(3) & a(i, j), 4);
            k = k + 1
        Next j
        Print
    Next i
End Sub
Private Sub Command2_Click()
    summ = 0
    For i = 1 To m
        For j = 1 To n
            If i = 1 Or i = m Then
                summ = summ + a(i, j)
            Else
                If j = 1 Or j = n Then
                    summ = summ + a(i, j)
                End If
            End If
        Next j
    Next i
    Print summ
End Sub
```

过程 Command1_Click()的作用是在二维数组 a 中存放 1 个 m 行 n 列的矩阵；过程 Command2_Click()的作用是_____。

    A. 计算矩阵外围一圈元素的累加和

    B. 计算矩阵除外围一圈以外的所有元素的累加和

    C. 计算矩阵第一列和最后一列元素的累加和

    D. 计算矩阵第一行和最后一行元素的累加和

20. 以下有关数组定义的语句序列中，错误的是_____。

    A. 
```
Static arr1(3)
arr1(1) = 100
arr1(2) = "Hello"
arr1(3) = 123.45
```

    B. 
```
Dim arr2() As Integer
Dim size As Integer
Private Sub Command2_Click()
    size = InputBox("输入:")
    ReDim arr2(size)
    ...
End Sub
```

```
   C. Option Base 1                        D. Dim n As Integer
      Private Sub Command3_Click()            Private Sub Command4_Click()
         Dim arr3(3) As Integer                  Dim arr4(n) As Integer
         ...                                      ...
      End Sub                               End Sub
```

21. 下面正确使用动态数组的是_____。

```
   A. Dim arr() As Integer                 B. Dim arr() As Integer
      ...                                     ...
      ReDim arr(3,5)                          ReDim arr(50)As String
   C. Dim arr()                            D. Dim arr(50) As Integer
      ...                                     ...
      ReDim arr(50) As Integer                ReDim arr(20)
```

22. 下列程序段的执行结果为_____。

```
Dim a(5)
For i = 1 To 5
    a(i) = i * i
Next i
Print a(i - 1)
```

    A. 5　　　　　　　　B. 25　　　　　　　　C. 0　　　　　　　　D. 16

23. 设执行以下程序段时依次输入 2、4、6，执行结果为_____。

```
Dim a(4) As Integer, b(4) As Integer
For k = 0 To 2
    a(k + 1) = Val(InputBox("请输入数据"))
    b(3 - k) = a(k + 1)
Next k
Print b(k)
```

    A. 2　　　　　　　B. 4　　　　　　　C. 6　　　　　　　D. 0

24. 下列程序段的执行结果为_____。

```
Dim m(3, 3) As Integer
Dim i As Integer, j As Integer
Dim x As Integer
For i = 1 To 3
    m(i, i) = i
Next i
For i = 0 To 3
    For j = 0 To 3
        x = x + m(i, j)
    Next j
Next i
Print x
```

    A. 3　　　　　　　　B. 4　　　　　　　　C. 5　　　　　　　　D. 6

25. 下列程序的执行结果为_____。

```
Private Sub Command1_Click()
    Dim a(3, 3)
    For m = 1 To 3
        For n = 1 To 3
```

```
            If n = m Or n = 4 - m Then
                a(m, n) = m + n
            Else
                a(m, n) = 0
            End If
            Print a(m, n);
        Next n
        Print
    Next m
End Sub
```

A. 2 0 0      B. 2 0 4      C. 2 3 0      D. 2 0 0

    0 4 0           0 4 0           3 4 0           0 4 5

    0 0 6           4 0 6           0 0 6           0 5 6

26. 下列程序段的执行结果为_____。

```
Dim a(10), b(5)
For i = 1 To 10
    a(i) = i
Next i
For j = 1 To 5
    b(j) = j * 30
Next j
a(5) = b(3)
Print "a(5)="; a(5)
```

A. a(5)= 30      B. a(5)= 60      C. a(5)= 90      D. a(5)= 120

27. 在窗体上画一个命令按钮，其名称为 Command1，然后编写如下事件过程：

```
Option Base 1
Private Sub Command1_Click()
    Dim a1(4, 4) As Integer, a2(4, 4) As Integer
    For i = 1 To 4
        For j = 1 To 4
            a1(i, j) = i Mod j
            a2(i, j) = a1(i, j) + i Mod j
        Next j
    Next i
    Print a1(2, 3); a2(3, 2)
End Sub
```

程序运行后，单击命令按钮，在窗体上输出的是_____。

A. 0 0      B. 1 1      C. 2 2      D. 3 3

28. 有以下程序：

```
Option Base 1
Dim arr() As Integer
Private Sub Form_Click()
    Dim i As Integer, j As Integer
    ReDim arr(3, 2)
    For i = 1 To 3
        For j = 1 To 2
            arr(i, j) = i * 2 + j
        Next j
```

```
        Next i
        ReDim Preserve arr(3, 4)
        For j = 3 To 4
            arr(3, j) = j + 9
        Next j
        Print arr(3, 2); arr(3, 4)
    End Sub
```
程序运行后，单击窗体，输出结果为_____。

    A. 8　13　　　　　　　B. 0　13　　　　　　　C. 7　12　　　　　　　D. 0　0

29. 有如下程序：
```
Option Base 1
Private Sub Form_Click()
    Dim arr, sum As Integer
    sum = 0
    arr = Array(2, 4, 6, 8, 10, 12, 14, 16, 18, 20)
    For i = 1 To 10
        If arr(i) / 3 = arr(i) \ 3 Then
            sum = sum + arr(i)
        End If
    Next i
    Print sum
End Sub
```
程序运行后，单击窗体，输出结果为_____。

    A. 12　　　　　　　　B. 24　　　　　　　　C. 36　　　　　　　　D. 48

30. 在窗体上画一个命令按钮，然后编写如下事件过程：
```
Private Sub Command1_Click()
    Dim a(5) As String
    For i = 1 To 5
        a(i) = Chr(Asc(String(1, 97)) + (i - 1))
    Next i
    For Each b In a
        Print b;
    Next
End Sub
```
程序运行后，单击命令按钮，输出结果是_____。

    A. ABCDE　　　　　　B. 1 2 3 4 5　　　　　C. abcde　　　　　　　D. 出错信息

31. 窗体上有 Command1、Command2 两个命令按钮。现编写以下程序：
```
Option Base 0
Dim a() As Integer, m As Integer
Private Sub Command1_Click()
    m = InputBox("请输入一个正整数")
    ReDim a(m)
End Sub
Private Sub Command2_Click()
    m = InputBox("请输入一个正整数")
    ReDim a(m)
End Sub
```

运行程序时，单击 Command1 后输入整数 10，再单击 Command2 后输入整数 5，则数组 a 中元素的个数是_____。

    A. 5　　　　　　　　B. 6　　　　　　　　C. 10　　　　　　　　D. 11

32. 假定通过复制、粘贴操作建立了一个命令按钮数组 Command1，则以下说法中错误的是_____。

    A. 数组中每个命令按钮的名称（Name 属性）均为 Command1

    B. 若未做修改，数组中每个命令按钮的大小都一样

    C. 数组中各个按钮使用同一个 Click 事件过程

    D. 数组中每个命令按钮的 Index 属性值都相同

33. 若窗体中已经有若干个不同的单选按钮，要把它们改为一个单选按钮数组，在属性窗口中需要且只需要进行的操作是_____。

    A. 把所有单选按钮的 Index 属性改为相同值

    B. 把所有单选按钮的 Index 属性改为连续的不同值

    C. 把所有单选按钮的 Caption 属性值改为相同

    D. 把所有单选按钮的名称改为相同，且把它们的 Index 属性改为连续的不同值

34. 窗体上有一个名称为 Option1 的单选按钮数组，程序运行时，当单击某个单选按钮时，会调用下面的事件过程_____。

```
Private Sub Option1_Click(Index As Integer)
    …
End Sub
```

下面关于此过程的参数 Index 的叙述中正确的是_____。

    A. Index 为 1 表示单选按钮被选中，为 0 表示未选中

    B. Index 的值可正可负

    C. Index 的值用来区分哪个单选按钮被选中

    D. Index 表示数组中单选按钮的数量

35. 某人编写了一个程序，求随机生成的三位数中所有的水仙花数。所谓水仙花数就是三位数的各个数字的立方和等于三位数本身，例如：$153=1^3+5^3+3^3$，则 153 为水仙花数。

```
Private Sub Command1_Click()
    Dim a(1000) As Integer, i As Integer
    Dim j As Integer, sum As Integer
    For i = 1 To 1000
        a(i) = Int(Rnd * 900) + 100
    Next i
    For i = 1 To 1000
        For j = 1 To 3
            sum = sum + (a(i) Mod 10) ^ 3
            a(i) = a(i) \ 10
        Next j
        If sum = a(i) Then Print a(i)
        sum = 0
    Next i
End Sub
```

程序运行后，数组中的水仙花数并未输出，以上程序代码存在问题，经过以下_____选项

的修改后，可以得到正确的输出结果。

A. 将语句 sum = sum + (a(i) Mod 10)^3 修改为 sum = sum + (a(i) \ 10)^3

B. 将语句 a(i) = a(i) \ 10 修改为 a(i) = a(i) Mod 10

C. 在两条 For 语句之间插入 t = a(i)，并将语句 If sum = a(i) Then Print a(i)修改为 If sum = t Then Print t

D. 将语句 sum = sum + (a(i) Mod 10)^3 与 a(i) = a(i) \ 10 交换上下位置

36. 某人编写了一个程序，程序代码如下：

```
Private Sub Command1_Click()
    Dim i As Integer, a(10) As Integer, s As Integer
    For i = 1 To 10
        a(i) = i
    Next i
    i = 1
    Do
        s = s + a(i) * a(i) * a(i)
        i = i + 1
    Loop While i <= 10
    Print s
End Sub
```

以上程序代码的功能是_____。

A. 求 $1^3+2^3+3^3+\cdots+10^3$ 的值      B. 求 $10!+\cdots+3!+2!+1!$的值

C. 求$(1+2+3+\cdots+10)^3$ 的值      D. 10 个 $10^3$ 的和

37. 某窗体（见图 8-21）中建立了组合框 Combo1，通过窗体加载事件添加了五个数据，并编写以下程序代码：

```
Private Sub Form_Load()
    Combo1.AddItem "45"
    Combo1.AddItem "43"
    Combo1.AddItem "67"
    Combo1.AddItem "34"
    Combo1.AddItem "78"
End Sub
Private Sub Command1_Click()
    For i = 0 To Combo1.ListCount - 2
        For j = i + 1 To Combo1.ListCount - 1
            If Combo1.List(i) > Combo1.List(j) Then
                temp = Combo1.List(i)
                Combo1.List(i) = Combo1.List(j)
                Combo1.List(j) = temp
            End If
        Next j
    Next i
End Sub
```

图 8-21　第 37 题图

以上程序代码的功能是_____。

A. 将组合框中的数据逆序排列      B. 将组合框中的数据按降序排列

C. 将组合框中的数据按升序排列      D. 组合框中的数据序列无变化

38. 某人定义了一个 4 行 4 列的二维数组 a，并编写了以下的程序代码：

```
Private Sub Command1_Click()
    Dim a(4, 4) As Integer, i As Integer
    Dim j As Integer, s As Integer
    For i = 1 To 4
        For j = 1 To i
            a(i, j) = Int(Rnd * 90) + 10
        Next j
    Next i
    For i = 1 To 4
        For j = 1 To i
            s = s + a(i, j)
        Next j
    Next i
    Print s
End Sub
```

以上程序代码的功能是_____。

A. 求数组所有元素之和　　　　　　　B. 求数组中上三角元素之和

C. 求数组中下三角元素之和　　　　　D. 求数组中外圈元素之和

39. 窗体如图 8-22（a）所示。要求程序运行时，在文本框 Text1 中输入一个姓氏，单击"删除"按钮（名称为 Command1），则可删除列表框 List1 中所有该姓氏的项目。若编写以下程序来实现此功能：

```
Private Sub Command1_Click()
    Dim n%, k%
    n = Len(Text1.Text)
    For k = 0 To List1.ListCount - 1
        If Left(List1.List(k), n) = Text1.Text Then
            List1.RemoveItem k
        End If
    Next k
End Sub
```

在调试时发现，如输入"陈"，可以正确删除所有姓"陈"的项目，但输入"刘"，则只删除了"刘邦"、"刘备"两项，结果如图 8-22（b）所示。这说明程序不能适应所有情况，需要修改。正确的修改方案是把 For k=0 To List1.ListCount−1 改为_____。

A. For k=List1.ListCount−1 To 0 Step−1　　B. For k=0 To List1.ListCount

C. For k=1 To List1.ListCount−1　　　　　　D. For k=1 To List1.ListCount

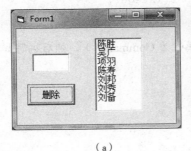

（a）

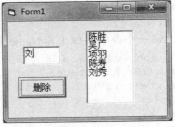

（b）

图 8-22　第 39 题图

40. 某人定义了一个 4 行 4 列的二维数组，并编写了如下的程序：

```
Option Base 1
Private Sub Command1_Click()
    Dim a(4, 4) As Integer, i As Integer
    Dim j As Integer, t As Integer
    For i = 1 To 4
        For j = 1 To 4
            a(i, j) = Int(Rnd * 90) + 10
            Print a(i, j);
        Next j
        Print
    Next i
    For i = 1 To 4
        t = a(1, i)
        a(1, i) = a(3, i)
        a(3, i) = t
    Next i
    For i = 1 To 4
        For j = 1 To 4
            Print a(i, j);
        Next j
        Print
    Next i
End Sub
```

以上程序代码的功能是_____。

  A. 将数组第一行和第三行元素按升序排序

  B. 将数组第一行和第三行元素按降序排序

  C. 将数组第一列和第三列元素交换

  D. 将数组第一行和第三行元素交换

## 二、填空题

1. 控件数组的名字由_____属性指定，而数组中的每个元素由_____属性指定。

2. 由 Array 函数建立的数组的名字必须是_____类型。

3. 若一个动态数组 a 有两个元素 a(0) 和 a(1)，现要使数组 a 有三个元素 a(0)、a(1) 和 a(2)，则应当使用_____语句。

4. 设在窗体上有一个文本框 Text1，一个标签控件数组 Label1，共有 10 个标签，以下程序代码实现在单击任一个标签时将标签的内容显示到文本框中，请填空。

```
Private Sub Label1_Click(Index As Integer)
    Text1.Text = _____
End Sub
```

5. 在窗体上画一个命令按钮（其 Name 属性为 Command1），然后编写如下代码：

```
Private Sub Command1_Click()
    Dim m(10) As Integer
    For k = 1 To 10
        m(k) = 12 - k
    Next k
    x = 6
    Print m(2 + m(x))
End Sub
```

程序运行后，单击命令按钮，输出结果是_____。

6. 在窗体上画一个标签和一个命令按钮，其名称分别为 Label1 和 Command1，然后编写如下事件过程：

```
Private Sub Command1_Click()
    Dim a(10) As Integer
    For i = 1 To 10
        a(i) = i * i
        num = a(i)
    Next i
    Label1.Caption = num
End Sub
```

程序运行后，单击命令按钮，在标签中显示的结果是_____。

7. 在下面的程序中，要求循环体执行四次，请填空。

```
Private Sub Command1_Click()
    Dim a(10) As Integer
    x = 1
    Do While_____
        x = x + 2
        a(x) = x
    Loop
End Sub
```

8. 以下程序代码将整型动态数组 x 声明为具有 20 个元素的数组（数组元素的下标从 1 到 20），并给数组的所有元素赋值 1，请填空。

```
_____ As Integer
Private Sub Command1_Click()
    ReDim _____
    For i = 1 To 20
        x(i) = 1
        Print x(i)
    Next i
End Sub
```

9. 在窗体上画一个命令按钮，然后编写如下事件过程：

```
Option Base 1
Private Sub Command1_Click()
    Dim a
    a = Array(1, 2, 3, 4)
    j = 1
    For i = 4 To 1 Step -1
        s = s + a(i) * j
        j = j * 10
    Next i
    Print s
End Sub
```

运行上面的程序，单击命令按钮，其输出结果是_____。

10. 在窗体上画一个命令按钮，然后编写如下事件过程：

```
Private Sub Command1_Click()
    Dim a(1 To 10)
    Dim p(1 To 3)
    k = 5
```

```
        For i = 1 To 10
            a(i) = i
        Next i
        For i = 1 To 3
            p(i) = a(i * i)
        Next i
        For i = 1 To 3
            k = k + p(i) * 2
        Next i
        Print k
    End Sub
```

程序运行后，单击命令按钮，输出结果是_____。

11. 设有程序：

```
    Option Base 1
    Private Sub Command1_Click()
        Dim arr, max As Integer
        arr = Array(12, 435, 76, 24, 78, 54, 866, 43)
        _____ = arr(1)
        For i = 1 To 8
            If arr(i) > max Then _____
        Next i
        Print "最大值是: "; max
    End Sub
```

以上程序的功能是用 **Array** 函数建立一个含有 8 个元素的数组，然后查找并输出该数组中元素的最大值，请填空。

12. 下面的程序用"冒泡"法将数组 a 中的 10 个整数按升序排列，请将程序补充完整。

```
    Option Base 1
    Private Sub Command1_Click()
        Dim a
        a = Array(678, 45, 324, 528, 439, 387, 87, 875, 273, 823)
        For i = _____
            For j = _____
                If a(j) _____ a(j+1) Then
                    x = a(j)
                    a(j) = a(j + 1)
                    a(j + 1) = x
                End If
            Next j
        Next i
        For i = 1 To 10
            Print a(i);
        Next i
    End Sub
```

13. 有如下程序段：

```
    Dim a(3, 3) As Integer
    For j = 1 To 3
        For k = 1 To 3
            a(j, k) = (j - 1) * 3 + k
        Next k
```

```
    Next j
    For j = 2 To 3
        For k = 2 To 3
            Print a(k, j);
        Next k
    Next j
```

运行时的输出结果是_____。

14. 以下是一个比赛评分程序。在窗体上建立一个名为 Text1 的文本框数组,然后画一个名为 Text2 的文本框和名称为 Command1 的命令按钮。运行时在文本框数组中输入 7 个分数,单击“计算得分”命令按钮,则最后得分显示在 Text2 文本框中(去掉一个最高分和一个最低分后的平均分即为最后得分),请填空。

```
Private Sub Command1_Click()
    Dim k As Integer
    Dim sum As Single, max As Single, min As Single
    sum = Text1(0)
    max = Text1(0)
    min = _____
    For k = _____ To 6
        If max < Text1(k) Then
            max = Text1(k)
        End If
        If min > Text1(k) Then
            min = Text1(k)
        End If
        sum = sum + Text1(k)
    Next k
    Text2 = (_____) / 5
End Sub
```

15. 以下程序的功能是将一维数组 A 中的 100 个元素分别赋给二维数组 B 的每个元素并打印出来,要求把 A(1)到 A(10)依次赋给 B(1,1)到 B(1,10),把 A(11)到 A(20)依次赋给 B(2,1)到 B(2,10),…,把 A(91)到 A(100)依次赋给 B(10,1)到 B(10,10),请填空。

```
Option Base 1
Private Sub Form_Click()
    Dim i As Integer, j As Integer
    Dim A(1 To 100) As Integer
    Dim B(1 To 10, 1 To 10) As Integer
    For i = 1 To 100
        A(i) = Int(Rnd * 90) + 10
        Print A(i);
        If i Mod 10 = 0 Then Print
    Next i
    For i = 1 To _____
        For j = 1 To_____
            B(i, j) =_____
            Print B(i, j);
        Next j
        Print
    Next i
End Sub
```

16. 某人编写了下列程序，用来求 10 个整数（整数从键盘输入）中的最大值。

```
Private Sub Command1_Click()
    Dim a(10) As Integer, max As Integer
    For k = 1 To 10
        a(k) = InputBox("输入一个整数")
    Next k
    max = 0
    For k = 1 To 10
        If a(k) > max Then
            max = a(k)
        End If
    Next k
    Print max
End Sub
```

运行程序时发现，当输入 10 个正数时，可以得到正确结果，但输入 10 个负数时结果是错误的。程序需要修改，请写出正确的修改结果_____。

17. 已知在 4 行 3 列的全局数组 score(4,3) 中存放了 4 个学生 3 门课程的考试成绩（均为整数），现需要计算每个学生的总分，某人编写程序如下：

```
Option Base 1
Private Sub Command1_Click()
    Dim sum As Integer
    sum = 0
    For i = 1 To 4
        For j = 1 To 3
            sum = sum + score(i, j)
        Next j
        Print "第" & i & "个学生的总分是: "; sum
    Next i
End Sub
```

运行此程序时发现，除第一个人的总分计算正确外，其他人的总分都是错误的，程序需要修改。请写出正确的修改方案_____。

18. 本程序实现文本加密。先给定序列：a1,a2,…,an，它们的取值范围是 1~n，且互不相同。加密算法是：把原文本中第 k 个字符放到加密后的文本的第 ak 个位置处。若原文本长度大于 n，则只对前 n 个字符加密，后面的字符不变；若原文本长度小于 n，则在后面补字符 "*" 使文本长度为 n 后再加密。

例如：若给定序列 a1,a2,…,a7 分别为 2,5,3,7,6,1,4，当文本为 PROGRAM 时，加密后的文本为 APOMRRG；当文本为 PROGRAMMING 时，加密后的文本为 APOMRRGMING；当文本为 THANK 时，加密后的文本为 "*TA*HKN"。下面的过程 code 实现这一算法，其中参数数组 a() 中存放给定序列（个数与数组 a 的元素个数相等）a1,a2,a3…的值，要加密的文本放在参数变量 mystr 中，过程执行完毕，加密后的文本仍放在变量 mystr 中，请填空。

```
Option Base 1
Private Sub code(a() As Integer, mystr As String)
    Dim ch As String, cl As String
    n = UBound(a) - Len(mystr)
    If n > 0 Then
        mystr = mystr & String(_____, "*")
```

```
      End If
      ch = mystr
      For k=_____ To Ubound(a)
          cl = Mid(mystr, k, 1)
          n=_____
          Mid$(ch, n) = cl
      Next k
      mystr = ch
   End Sub
```

19. 在窗体上画一个名称为 Command1、标题为"计算"的命令按钮；画两个文本框，名称分别为 Text1 和 Text2；然后画 4 个标签，名称分别为 Label1、Label2、Label3 和 Label4，标题分别为"操作数 1""操作数 2""运算结果"和空白；再建立一个含有 4 个单选按钮的控件数组，名称为 Option1，标题分别为"＋""－""＊""/"。程序运行后，在 Text1、Text2 中输入两个数值，选中一个单选按钮后单击"计算"命令按钮，相应计算结果显示在 Label4 中，程序运行情况如图 8-23 所示。请在空白处填入适当的内容，将程序补充完整。

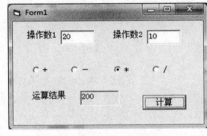

图 8-23  第 19 题图

```
      Private Sub Command1_Click()
          For i = 0 To 3
              If _____ = True Then
                  opt = Option1(i).Caption
              End If
          Next i
          Select Case _____
              Case "+"
                  Result = Val(Text1.Text) + Val(Text2.Text)
              Case "-"
                  Result = Val(Text1.Text) - Val(Text2.Text)
              Case "*"
                  Result = Val(Text1.Text) * Val(Text2.Text)
              Case "/"
                  Result = Val(Text1.Text) / Val(Text2.Text)
          End Select
          _____ = Result
      End Sub
```

20. 求一个 N×N 矩阵中的马鞍数，输出它的位置。所谓马鞍数，是指在行上最小而在列上最大的数。如 N=5 所示数组，马鞍数就是第一行第一列元素 5。

$$\begin{array}{ccccc} 5 & 6 & 7 & 8 & 9 \\ 4 & 5 & 6 & 7 & 8 \\ 3 & 4 & 5 & 2 & 1 \\ 2 & 3 & 4 & 9 & 0 \\ 1 & 2 & 3 & 4 & 8 \end{array}$$

某人编写如下程序代码：

```
      Const n As Integer = 5
```

```
Private Sub Command1_Click()
    Dim a(n, n) As Integer, k(n) As Integer, s(n) As Integer
    Dim i As Integer, j As Integer
    Cls
    Randomize
    For i = 1 To n
        For j = 1 To n
            a(i, j) = Int(Rnd * 9) + 1
            Print a(i, j);
        Next j
        Print
    Next i
    Print
    For i = 1 To n
        s(i) = a(i, 1)
        _____
        For j = 1 To n
            If s(i) > a(i, j) Then
                _____
                k(i) = j
            End If
        Next j
    Next i
    For i = 1 To n
        For j = 1 To n
            If s(i) < a(j, i) Then
                Exit For
            End If
        Next j
        If _____ Then
            Print "第" & i & "行" & "第" & k(i) & "列元素" & s(i) & "是马鞍数"
        End If
    Next i
End Sub
```

程序运行后，发现某些位置需要补充代码，也有些位置代码有错误，所以未能得到马鞍数。需要修改的代码为_____。

### 三、程序设计题

1. 随机生成 15 个两位整数并显示在文本框 Text1 中，再将所有对称位置的两个数据对调后显示在文本框 Text2 中（第 1 个数与第 15 个数对调，第 2 个数与第 14 个数对调……）。

2. 随机生成 25 个两位整数，存放在二维数组 a(5,5) 中，试编写程序计算：

① 所有元素的和；

② 两条对角线元素的和；

③ 靠边元素的和；

④ 最大（小）值及其位置；

⑤ 每行最大（小）值；

⑥ 每列最大（小）值；

⑦ 每行最大（小）值中的最小（大）值；

⑧ 每列最大（小）值中的最小（大）值。

3. 随机生成 20 个两位正整数，统计其中有多少个不相同的数。

# 第9章 过 程

在设计一个规模较大、复杂程度较高的问题时，通常根据需要按功能将程序分解成若干个相对独立的部分，然后对每部分分别编写程序，即将一个较大的问题分解为若干较小的问题来解决。这些程序段称为程序的逻辑部件，用这些逻辑部件可以构造一个完整的程序，而且可以大大简化程序设计任务，在 VB 中这种逻辑部件称为过程。使用"过程"不仅是实现结构化程序设计思想的重要方法，而且是避免代码重复、便于程序调试维护的一个重要手段。

VB 将应用程序代码存储在窗体模块、标准模块和类模块不同的三种模块中。在这三种模块中都可以包括三种过程：子程序过程（Sub 过程）、函数过程（Function 过程）和属性过程，子程序过程不返回值，函数过程返回一个函数值。

## 9.1 Sub 过 程

Sub 过程又称子程序过程，在 VB 中有两种 Sub 过程，即事件过程和通用过程。

### 9.1.1 事件过程

前面所讲的过程都是事件过程，如窗体的单击事件、命令按钮的单击事件、文本框的 Change 事件等，事件过程附加在窗体或控件对象上，当用户对某个对象发出一个动作时，VB 会产生一个事件，并会自动地调用与该事件相关的事件过程。事件过程只能放在窗体模块中，事件过程又分为窗体事件过程和控件事件过程。

#### 1. 窗体事件过程

窗体事件过程的一般形式如下：

```
Private Sub Form_事件名([参数])
    [语句系列]
End Sub
```

说明：

① 窗体事件过程名由 Form、下画线和事件名组合而成，虽然窗体有各自的名称，但在窗体事件过程中不使用窗体的名称。

② 每一个窗体事件过程都由 Private 开头，表示该事件过程不能在它自己的窗体模块之外被调用，它的作用范围是模块（窗体）级，也就是私有的。

③ 窗体事件过程有无参数，完全由 VB 所提供的具体事件本身所决定，用户不可以随便修改。

如窗体的单击事件（无参数）：

```
Private Sub Form_Click()

End Sub
```

窗体的卸载事件（有参数）：

```
Private Sub Form_Unload(Cancel As Integer)

End Sub
```

### 2．控件事件过程

控件事件过程的一般形式如下：

```
Private Sub 控件名_事件名([参数])
      [语句系列]
End Sub
```

说明：

① 控件事件过程名由控件名称、下画线和事件名组合而成，组成控件事件过程名的控件必须存在，而且名称要匹配，否则 VB 将认为它是一个通用过程。

② 每一个控件事件过程都由 Private 开头，它的作用范围是模块（窗体）级，也就是私有的。

③ 控件事件过程有无参数，完全由 VB 所提供的具体事件本身所决定，用户不可以随便修改。

如命令按钮的单击事件（无参数）：

```
Private Sub Command1_Click()

End Sub
```

命令按钮的按键事件（有参数）：

```
Private Sub Command1_KeyPress(KeyAscii As Integer)

End Sub
```

### 3．建立事件过程

双击对象即可打开"代码编辑器"窗口，同时在窗口中显示默认的事件过程模板。如：

双击窗体，默认事件过程是 Form_Load()。

双击命令按钮，默认事件过程是 Command1_Click()。

双击文本框，默认事件过程是 Text1_Change()。

双击复选框，默认事件过程是 Check1_Click()。

双击选项按钮，默认事件过程是 Option1_Click()。

双击列表框，默认事件过程是 List1_Click()。

双击组合框，默认事件过程是 Combo1_Change()。

双击计时器，默认事件过程是 Timer1_Timer()。

### 4．调用事件过程

事件过程由一个发生在 VB 中的事件来自动调用或者由同一个模块中的其他过程显式调用。

## 9.1.2　通用过程

在设计程序时，通常会遇到完成一定功能的程序段在程序中重复出现多次，这些重复的程序段语句代码相同，仅仅是处理的数据不同。将这些重复的程序段分离出来，设计成一个具有一定功能的独立程序段，这个程序段称为通用过程。通用过程是一个必须从另一个过程显式调用才能被执行的程序段，通用过程有助于将复杂的应用程序分解成多个易于管理的逻辑单元，使得应用程序更简洁、更便于维护。通用过程由用户定义，一般放在窗体模块或标准模块中。

**1．定义通用过程**

定义通用过程的一般形式如下：

[Private|Public][Static]Sub 过程名([形参])

  语句序列

   [If 条件 Then Exit Sub]

  语句序列

End Sub

说明：

① 通用过程以 Sub 语句开始，以 End Sub 语句结束，在 Sub 与 End Sub 之间所有的语句称为子程序体或过程体，过程体中可以包含一条或多条 Exit Sub 语句。

② 以 Private 为前缀的子程序过程是模块（窗体）级，是私有的，只能被本模块内的事件过程或其他过程调用；以 Public 为前缀的子程序过程是应用程序级，是公有的或全局的，在应用程序的任何模块中都可以调用，若缺省这两个选项默认为 Public。若在一个窗体内调用另一个窗体中的公有过程，必须以那个窗体名作为该公有过程名前缀，即"窗体名.公有过程名"的形式调用。

③ 以 Static 为前缀的过程中的局部变量为静态变量。

④ 过程名的命名规则与变量的命名规则相同，在同一个模块中过程名必须唯一。过程名不能与模块级变量同名，也不能与调用该过程的调用程序中的局部变量同名。

⑤ 形参又称形式参数，只能是变量名或数组名，若有多个形参时，各形参之间用逗号分隔，若没有参数，括号不能省略，不含形参的过程称为无参过程。其格式如下：

[Optional][ByVal|ByRef] 变量名或数组名() [As 数据类型]

其中：

- 参数 ByVal 表示按值传递参数又称传值参数；ByRef 表示按地址传递参数又称引用参数，若缺省这两个参数，系统默认按地址传递。
- 参数 Optional 表示可选参数，缺省 Optional 关键字，表示必选参数，可选参数必须放在所有的必选参数后面，而且每个可选参数都必须用 Optional 关键字。所谓可选参数，就是在调用过程时，可以没有实在参数与它结合。
- As 数据类型用来说明形参的数据类型，若缺省为变体类型。若形参是变量，并且类型为字符型，它只能是变长的字符型变量，不能是定长的字符型变量，或形参是数组，并且类型为字符型，它可以是变长或定长的字符型数组。

⑥ End Sub 是 Sub 过程的正常出口，也可以使用 Exit Sub 提前退出 Sub 过程，使用时一般形式为 If 条件 Then Exit Sub。

⑦ Sub 过程不能嵌套定义，即在 Sub 过程中不可以再定义其他过程，但可以调用其他过程。

**2．创建通用过程**

创建通用过程有两种方法。

（1）在"代码编辑器"窗口中直接输入

打开"代码编辑器"窗口，在某个过程的前面或在某个过程的后面输入 Private Sub 过程名、Public Sub 过程名或 Sub 过程名，按【Enter】键即可创建一个过程模板，然后输入过程体。

（2）使用"添加过程"对话框

① 打开"代码编辑器"窗口。

② 选择"工具"→"添加过程"命令，打开"添加过程"对话框，如图 9-1 所示。

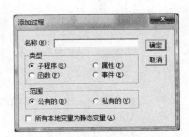

图 9-1 "添加过程"对话框

③ 在"名称"文本框中输入过程名，从"类型"框架中选择"子程序"，从"范围"框架中选择"公有的"（Public）或"私有的"（Private）。

④ 单击"确定"按钮，创建一个过程模板，然后输入过程体。

**3. 调用通用过程**

通用过程只能被其他过程显式调用，否则过程代码永远不会被执行。当程序执行到调用语句时，系统转移到被调用的通用过程，每次调用通用过程都会执行 Sub 和 End Sub 之间的过程体，当程序遇到 End Sub 或 Exit Sub 时将退出通用过程，并返回到过程调用语句的下一条语句继续执行。调用通用过程的流程如图 9-2 所示。

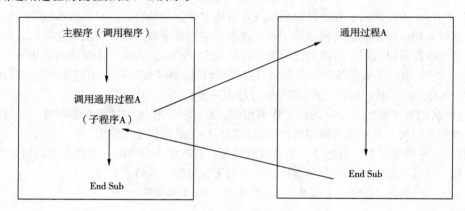

图 9-2　调用流程

VB 中有两种方法调用通用过程：一种是用 Call 语句，另一种是将过程名作为一个语句来使用。

（1）用 Call 语句调用通用过程

格式：Call 过程名([实参])

说明：

① 过程名是被调用的过程名，执行 Call 语句，VB 将控制传递给由"过程名"指定的通用过程，并开始执行这个通用过程。

② 实参又称实际参数，它可以是常量、表达式、变量等。如果通用过程本身没有形参，则实参和括号可以省略；否则应给出相应的实参，并把实参放在括号中，多个实参之间用逗号分隔。一般情况下，实参的个数、类型应与被调用过程的形参相匹配。

【例 9-1】使用通用过程求组合数 $C_n^m$。

问题分析：求组合数的值，实际是求 $n$ 的阶乘、$m$ 的阶乘和 $n-m$ 的阶乘，由于要求三个数的阶乘，所以将求阶乘的程序代码放在通用过程中。

程序代码如下：

```
Private Sub Command1_Click()
    Dim n As Integer, m As Integer
    Dim p1 As Single, p2 As Single
    Dim p3 As Single, c As Single
    n = InputBox("请输入一个正整数给 n")
    m = InputBox("请输入另一个正整数给 m")
    Call fact(n, p1)
    Call fact(m, p2)
```

```
    Call fact(n - m, p3)
    c = p1 / p2 / p3
    MsgBox "C(" & n & "," & m & ")的组合数是: " & c
End Sub

Private Sub fact(k As Integer, p As Single)
    Dim i As Integer
    p = 1
    For i = 1 To k
        p = p * i
    Next i
End Sub
```

在本例中，通用过程 fact 用来求一个正整数的阶乘，它有两个形参 k 和 p，计算 k 阶乘放在变量 p 中。主程序 Command1_Click() 事件过程中，提供实参 n 和 p1，n 与 k 结合，p1 与 p 结合，p1 为过程返回的计算结果，即 p1 为 n 的阶乘，同样求得 p2 与 p3，最终求相应组合数的值。

　　输入 n 的值为 5，m 的值为 2，结果如图 9–3（a）所示，输入 n 的值为 10，m 的值为 5，结果如图 9–3（b）所示。

（2）将过程名作为一个语句来使用

格式：过程名 [实参]

说明：与第一种方式相比，它有两点不同：

① 不需要关键字 Call。

② 实参不能加括号。

如上例中的三行 Call 语句可改写为：

（a）　　　　　（b）

图 9–3　通用过程求组合数

```
    fact n, p1
    fact m, p2
    fact n - m, p3
```

运行结果完全相同。

【例9-2】使用通用过程编写程序，求一个正整数的因子。

程序代码如下：

```
Private Sub Command1_Click()
    Dim n As Integer, st As String
    n = Val(Text1.Text)
    factor n, st
    Text2.Text = st
End Sub

Private Sub factor(n As Integer, s As String)
    Dim i As Integer
    For i = 1 To n - 1
        If n Mod i = 0 Then s = s & Str(i)
    Next i
End Sub
```

图 9–4　正整数的因子

输入 36，运行结果如图 9–4 所示。

## 9.2　Function 过程

VB 为了简化程序设计，提供了许多内部函数供用户使用，如 Sqr()、Abs()、Sin()、Asc()、Mid() 等。VB 还允许用户使用 Function 语句编写自己的函数，又称用户自定义函数或函数过程。当过程的执行需要返回一个值时，使用函数过程就比较方便。

### 1．定义函数过程

定义函数过程的一般形式如下：

```
[Private|Public][Static]Function 函数名([形参])[As 数据类型]
    语句序列
    [If 条件 Then Exit Function]
    语句序列
    函数名=函数值
End Function
```

说明：

① 函数过程以 Function 语句开始，以 End Function 语句结束，在 Function 与 End Function 之间所有的语句称为函数体或过程体，函数体中可以包含一条或多条 Exit Function 语句。

② 关键字 Public、Private、Static 的功能与子程序过程相同。

③ 函数名的命名规则与变量的命名规则相同。

④ As 数据类型用来说明函数值的数据类型，若缺省为变体类型。

⑤ 函数的处理结果由函数名返回，所以要在函数体内通过"函数名=函数值"这样的语句给函数名赋值，即将函数处理的结果赋值给函数名，若没有这样的语句，函数返回对应数据类型的初值。

⑥ End Function 是函数过程的正常出口，也可以使用 Exit Function 提前退出函数过程，使用时一般形式为 If 条件 Then Exit Function。

⑦ Function 过程与 Sub 过程一样不能嵌套定义，即在其内部不得再定义其他过程，但可调用其他过程。

### 2．创建函数过程

与通用过程一样，Function 过程也是一个独立的过程，建立函数过程也有两种方法。

（1）在"代码编辑器"窗口中直接输入

打开"代码编辑器"窗口，在某个过程的前面或在某个过程的后面输入 Private Function 函数名、Public Function 函数名或 Function 函数名，按【Enter】键即可创建一个函数过程模板，然后输入函数体。

（2）使用"添加过程"对话框

① 打开"代码编辑器"窗口。

② 选择"工具"→"添加过程"命令，弹出"添加过程"对话框，如图 9-5 所示。

③ 在"名称"文本框中输入函数名，从"类型"框架中选择"函数"，从"范围"框架中选择"公有的"（Public）或"私有的"（Private）。

④ 单击"确定"按钮，创建一个函数过程模板，然后输入函数体。

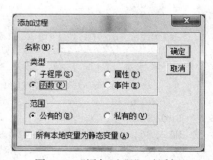

图 9-5　"添加过程"对话框

**3. 调用函数过程**

函数过程的调用与内部函数调用的方法相同，只需要在表达式中写上函数名和相应的实参即可，实参也必须用括号括起来。调用 Function 过程的形式如下：

函数名([实参])

说明：函数名([实参])出现在表达式中，VB 也允许像调用通用过程一样调用 Function 过程，即 Call 函数名(实参)或函数名 实参，这两种方式调用函数过程时 VB 放弃函数返回的值，也就是函数返回对应数据类型的初值。

【例9-3】使用函数过程求组合数 $C_n^m$。

程序代码如下：

```
Private Sub Command1_Click()
    Dim n As Integer, m As Integer
    Dim c As Single
    n = InputBox("请输入一个正整数给n")
    m = InputBox("请输入另一个正整数给m")
    c = fact(n) / fact(m) / fact(n - m)
    MsgBox "C(" & n & "," & m & ")的组合数是: " & Str(c)
End Sub

Private Function fact(k As Integer) As Single
    Dim i As Integer, p As Single
    p = 1
    For i = 1 To k
        p = p * i
    Next i
    fact = p
End Function
```

【例9-4】使用函数过程编写程序，求两个正整数 *m* 和 *n* 的最大公约数。

程序代码如下：

```
Private Sub Command1_Click()
    Dim m As Integer, n As Integer
    Dim g As Integer
    m = InputBox("请输入一个正整数m:")
    n = InputBox("请输入一个正整数n:")
    g = gcd(m, n)
    Print m & "和" & n & "的最大公约数是: " & Str(g)
End Sub

Function gcd(ByVal m As Integer, ByVal n As Integer) As Integer
    Dim r As Integer
    Do
        r = m Mod n
        m = n
        n = r
    Loop While r <> 0
    gcd = m
End Function
```

# 9.3　参　数　传　递

在调用一个有参数的过程时，首先进行的是"形实结合"，即按值传递或按地址传递方式，实现调用程序和被调用程序之间的数据传递。通过传递参数，Sub 过程和 Function 过程就能根据不同的参数执行不同的任务。

在 VB 中，参数传递有两种方式：按值传递和按地址传递。带参数 ByVal 表示按值传递又称传值参数，带参数 ByRef 或缺省参数表示按地址传递又称引用参数。

## 9.3.1　形参与实参

### 1. 形参

形参是定义通用过程时过程名()或函数过程时函数名()中的参数，它只能是变量名或数组名，过程被调用前，并未为其分配内存，其作用是说明变量的类型和形态以及在过程中所"扮演"的角色，注意定长字符型变量不可以作为形参。

### 2. 实参

实参是调用通用过程或函数过程时，传送给相应过程的常量、表达式、变量、数组元素、数组和对象，它们包含在过程调用语句的实参表中。

在过程调用传递参数时，形参与实参对应名称不必相同，因为"形实结合"是按对应位置结合而不是按名字结合，即第一个实参与第一个形参结合，第二个实参与第二个形参结合，依此类推。

当实参是变量、数组元素或数组时，形参与实参的数据类型必须一致；形参是不定长字符型数组时，实参必须是不定长字符型数组，形参是定长字符型数组时，实参也必须是定长字符型数组；当实参是常数或表达式时，形参与实参的类型可以不一致，此时实参转换为形参的数据类型，如不能转换则出错。"形实结合"时形参与实参对应关系如表 9-1 所示。

表 9-1　形参与实参对应关系

| 形　参 | 示　例 | 实　参 |
|---|---|---|
| 变量 | a | 常量、表达式、变量、数组元素、对象 |
| 数组 | x() | 数组 |

## 9.3.2　按值传递

定义过程时在形参前面带参数 ByVal，或者在过程调用语句中的实参是常量或表达式，那么实参与形参之间数据传递方式就是按值传递。在调用过程时，若实参是常量或表达式，则直接将常量或表达式的值传递给形参；若实参是变量或数组元素，则仅仅将实参变量或数组元素的值传递给形参。

按值传递参数时在栈中分配一个临时存储单元，将实参的值复制到这个临时单元中，过程对形参的任何改变实际上仅仅改变了栈中临时单元的值，而不会影响实参的值，也就是过程调用结束后，对应的实参保持调用前的值不变。

【例 9-5】按值传递示例，如有以下程序代码：

```
Private Sub Command1_Click()
    Dim m As Integer, n As Integer
    m = 3
    n = 5
```

```
    Call sub1(6, n + m)
    Print "m="; m, "n="; n
    Call sub1(m, n)
    Print "m="; m, "n="; n
End Sub

Sub sub1(ByVal a As Integer, ByVal b As Integer)
    Print "a="; a, "b="; b
    a = a + 1
    b = b + 1
    Print "a="; a, "b="; b
End Sub
```

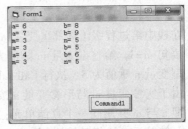

图 9-6　按值传递

运行结果如图 9-6 所示。

运行程序，单击命令按钮，执行命令按钮的 Click()事件，在栈中给过程级（局部）变量 m 和 n 分配存储单元，执行赋值语句 m=3，给整型变量 m 赋值为 3；执行赋值语句 n=5，给整型变量 n 赋值为 5。执行 Call sub1(6, n + m)，调用通用过程 sub1，给形参 a 和 b 分配存储单元，常量 6 与形参 a 按值传递，即将 6 传递给形参 a；表达式 n+m 与形参 b 按值传递，即将表达式 n+m 的值 8 传递给形参 b。执行输出语句 Print "a="; a, "b="; b，输出 "a=6　b=8"，执行赋值语句 a = a + 1，将 a 的值改为 7；执行赋值语句 b = b + 1，将 b 的值改为 9。执行输出语句 Print "a="; a, "b="; b，输出 "a= 7　b= 9"，执行 End Sub，通用过程执行完毕，返回事件过程 Command1_Click()，执行事件过程中的下一条语句 Print "m="; m, "n="; n，输出 "m= 3　n= 5"。Call sub1(m, n)，再次调用通用过程 sub1，给形参 a 和 b 分配存储单元，变量 m 与形参 a 按值传递，即将 m 的值 3 传递给形参 a；变量 n 与形参 b 按值传递，即将 n 的值 5 传递给形参 b。执行输出语句 Print "a="; a, "b="; b，输出 "a=3　b=5"，执行赋值语句 a = a + 1，将 a 的值改为 4；执行赋值语句 b = b + 1，将 b 的值改为 6。执行输出语句 Print "a="; a, "b="; b，输出 "a=4　b=6"，因为形参 a 和 b 都是 "传值参数"，所以 a 和 b 的改变，并没有改变实参 m 和 n 的值。执行 End Sub，通用过程执行完毕，再次返回事件过程 Command1_Click()，执行事件过程中的下一条语句 Print "m="; m, "n="; n，输出 "m= 3　n= 5"。

### 9.3.3　按地址传递

定义过程时在形参前面带参数 ByRef 或缺省参数，那么实参与形参之间数据传递方式就是按地址传递。按地址传递时形参与实参共用同一个存储单元，过程对形参的任何改变，相应的实参也会跟着变化，也就是形参与对应实参的值永远是相同的。

如果实参是常数和表达式时，即使形参是按地址传递，实际上仍是按值传递。

【例 9-6】按地址传递示例，如有以下程序代码：

```
Private Sub Command1_Click()
    Dim m As Integer, n As Integer
    m = 3
    n = 5
    Call sub1(m, n)
    Print "m="; m, "n="; n
End Sub

Sub sub1(ByRef a As Integer, b As Integer)
    a = a + 1
```

```
        b = b + 1
        Print "a="; a, "b="; b
End Sub
```

运行结果如图 9-7 所示。

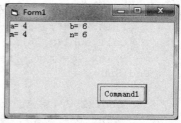

图 9-7　按地址传递

运行程序，单击命令按钮，执行命令按钮的 Click()事件，在栈中给过程级（局部）变量 m 和 n 分配存储单元，执行赋值语句 m=3，给整型变量 m 赋值为 3；执行赋值语句 n=5，给整型变量 n 赋值为 5。执行 Call sub1(m, n)，调用通用过程 sub1，由于实参变量 m 与形参变量 a 按地址传递，所以实参 m 与形参 a 结合时，是将 m 的地址传递给 a，即 a 与 m 共用同一个存储单元；实参变量 n 与形参变量 b 按地址传递，所以 b 与 n 也共用同一个存储单元。执行赋值语句 a = a + 1，将 a 的存储单元内容改为 4，即形参变量 a 与实参变量 m 的值均改为 4；执行赋值语句 b = b + 1，将 b 的存储单元内容改为 6，即形参变量 b 与实参变量 n 的值均改为 6。执行输出语句 Print "a="; a, "b="; b，输出 "a= 4　b= 6"，因为形参 a 和 b 都是"传地址参数"，所以 a 和 b 的改变，也改变了实参 m 和 n 的值。执行 End Sub，通用过程执行完毕，返回事件过程 Command1_Click()，执行事件过程中的下一条语句 Print "m="; m, "n="; n，输出 "m=4　n=6"。

由此可见，当形参与实参按地址传递时，实参的值跟随形参值的变化而变化。由于实参的值发生了变化，因而有可能对程序的运行产生干扰。

【例9-7】编写程序计算 1!+2!+3!+4!+5!的值。

程序代码如下：

```
Private Sub Command1_Click()
    Dim i As Integer, sum As Integer
    For i = 5 To 1 Step -1
        sum = sum + fact(i)
    Next i
    Print "1!+2!+3!+4!+5! =" & Str(sum)
End Sub

Function fact(n As Integer) As Integer
    fact = 1
    Do While n > 0
        fact = fact * n
        n = n - 1
    Loop
End Function
```

运行程序，输出结果是：1!+2!+3!+4!+5! = 120，没有得到 153 的正确结果。其原因是：函数过程 fact 中的形参 n 按地址传递，而 Command1_Click()事件过程中循环变量 i 作为实参调用函数过程fact，第一次调用函数fact后，形参n的值被改为0，因而循环变量i的值也改为0，使得For...Next循环只执行一次，所以程序仅仅求了 5!，输出 5! 的值 120，程序结束运行。

本例要得到预期的结果，有两种办法：

① 在函数过程 fact 的形参 n 前面加上关键字 ByVal，使它成为按值传递参数。

② 将实参变量转换成表达式，在 VB 中将变量转换成表达式最简单的方法就是把变量放在括号内，即用 fact((i))的形式调用 fact，那么传递给形参 n 的是实参 i 的值，而不是它的地址。

### 9.3.4 数组参数

定义通用过程或函数过程时 VB 可以使用数组作为形参，使用数组作为形参时应在数组名的后面加上一对括号即格式为数组名()。形参数组只能是按地址传递，如带参数 ByVal 则出错。对应实参也必须是数组，且数据类型必须和形参数组的数据类型相同，其格式为数组名或数组名()。形参是不定长字符型数组时，实参必须是不定长字符型数组，形参是定长字符型数组时，实参也必须是定长字符型数组，但字符串的长度可以不同。在通用过程或函数过程中不可以用 Dim 语句对形参数组进行声明，否则将会产生"当前范围内的声明重复"的编译错误。但是在使用动态数组时，可以用 ReDim 语句改变形参数组的维数与大小，当返回调用程序时，对应实参数组的维数与大小也跟着发生变化。

【例9-8】数组参数示例。如有以下程序代码：

```
Option Base 1
Private Sub Command1_Click()
    Dim a(4) As Integer, i As Integer
    For i = 1 To 4
        a(i) = i
        Print a(i);
    Next i
    Print
    Call sub1(a)            '也可以使用 Call sub1(a())
    For i = 1 To 4
        Print a(i);
    Next i
End Sub

Sub sub1(b() As Integer)
    Dim i As Integer
    For i = 1 To 4
        b(i) = 2 * i
    Next i
End Sub
```

程序运行结果如图 9-8 所示。

【例9-9】下面程序的功能为：单击命令按钮 Command1，找出 10～99 的所有约数之和为一个完全平方数的正整数，并将结果显示在图片框 Picture1 中，如图 9-9 所示。

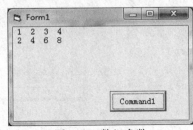

图 9-8　数组参数

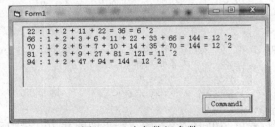

图 9-9　动态数组参数

程序代码如下：

```
Option Base 1
Option Explicit
Private Sub Command1_Click()
```

```
     Dim i As Integer, j As Integer
     Dim f() As Integer, sum As Integer
     For i = 10 To 99
         sum = 0
         If fac(i, f(), sum) Then
             Picture1.Print i; ":";
             For j = 1 To UBound(f) - 1
                 Picture1.Print f(j); "+";
             Next j
             Picture1.Print f(j); "="; sum; "="; Sqr(sum); "^2"
         End If
     Next i
 End Sub
 Private Function fac(k As Integer, a() As Integer, sum As Integer) As Boolean
     Dim n As Integer, j As Integer
     fac = False
     For n = 1 To k
         If k Mod n = 0 Then
             j = j + 1
             ReDim Preserve a(j)
             a(j) = n
             sum = sum + n
         End If
     Next n
     If sum = (Int(Sqr(sum))) ^ 2 Then fac = True
 End Function
```

### 9.3.5　对象参数

VB 允许用对象作为参数，即窗体或控件作为过程的参数。将形参的类型声明为 Control 或控件的英文名（如命令按钮 CommandButton、文本框 TextBox 等），就可以向过程传递控件，将形参的类型声明为 Form，则可以向过程传递窗体。

【例 9-10】对象参数示例。在窗体上画一个文本框 Text1，一个命令按钮 Command1，界面如图 9-10（a）所示，编写以下程序代码：

（a）

```
Private Sub Command1_Click()
    Call sub1(Text1, Command1, Form1)
End Sub

Sub sub1(t As TextBox, c As Control, f As Form)
    t.Text = "文本框对象"
    c.Caption = "确定"
    f.Caption = "对象参数"
End Sub
```

运行程序，单击命令按钮，结果如图 9-10（b）所示。

（b）

图 9-10　对象参数

### 9.3.6　可选参数

一般情况下，在通用过程或函数过程定义时用了多少个形参，则在调用这个过程时就必须使用相同个数的实参；但有时也可以使实参个数少于形参个数，此时要指定形参的一个或多个参数作为可选参数。

定义带可选参数的过程时，必须在形参的前面使用 Optional 关键字，则将形参定义为可选参数，可选参数必须放在所有形参的后面。如果一个过程的某个形参为可选参数，则在调用此过程时可以提供对应于这个形参的实参，也可以不提供对应于这个形参的实参。

如果在通用过程或函数过程中定义了多个可选参数，在调用该过程时，如果被省略的不是最后一个参数，则它的位置要用逗号保留。

【例9-11】可选参数示例。如有以下程序代码：

```
Private Sub Command1_Click()
    Dim a As Integer, b As Integer, c As Integer
    a = 2: b = 4: c = 3
    Call sub1(a)
    Call sub1(a, b)
    Call sub1(a, b, c)
    Call sub1(a, , c)
End Sub

Sub sub1(x As Integer, Optional y As Integer, Optional z As Integer)
    Dim sum As Integer
    sum = x + y + z
    Print sum
End Sub
```

运行结果如图 9-11 所示。

说明：本例定义通用过程 sub1 的形参 y 与 z 后面均有 As Integer，如果没有对应的实参，相应的形参取初值 0，如果形参 y 与 z 后面都没有 As Integer，程序运行时会出现"类型不匹配"的实时错误。为了预防出现这种错误，可将程序代码修改如下：

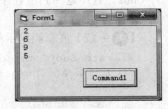

图 9-11 可选参数

```
Private Sub Command1_Click()
    Dim a As Integer, b As Integer, c As Integer
    a = 2: b = 4: c = 3
    Call sub1(a)
    Call sub1(a, b)
    Call sub1(a, b, c)
    Call sub1(a, , c)
End Sub

Sub sub1(x As Integer, Optional y, Optional z)
    Dim sum As Integer
    If IsMissing(y) And IsMissing(z) Then
        sum = x
    ElseIf IsMissing(z) Then
        sum = x + y
    ElseIf IsMissing(y) Then
        sum = x + z
    Else
        sum = x + y + z
    End If
    Print sum
End Sub
```

# 9.4　嵌套调用和递归过程

在一个过程中调用另一个过程，称为过程的嵌套调用；而过程直接或间接地调用其自身，则该过程称为递归过程。

## 9.4.1　嵌套调用

VB 定义通用过程和函数过程时，不能在一个过程内再定义另一个过程，但可以嵌套调用，也就是主程序可以调用子程序 1，在子程序 1 中还可以调用另外的子程序 2，这种程序结构称为过程的嵌套调用，过程的嵌套调用如图 9-12 所示。

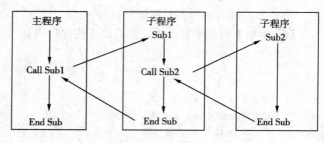

图 9-12　嵌套调用

从图中可以看出，主程序调用子程序 Sub1，程序流程转移到子程序 Sub1 中去，在 Sub1 中又调用子程序 Sub2，程序流程转移到 Sub2 中去，在子程序 Sub2 中执行到 End Sub 语句就结束子程序 Sub2，程序返回到子程序 Sub1 中，在子程序 Sub1 中执行到 End Sub 语句就结束子程序 Sub1，最后返回到主程序中。

【例 9-12】嵌套调用示例。如有以下程序代码：

```
Private Sub Command1_Click()
    Dim a As Integer
    a = 2
    Call sub1(a)
    Print a
End Sub

Sub sub1(x As Integer)
    x = x + 3
    Call sub2(x)
End Sub

Sub sub2(y As Integer)
    y = y + 1
End Sub
```

程序运行结果：6

## 9.4.2　递归过程

递归过程是在过程定义中直接调用或间接调用自身来完成某一特定任务的过程。递归是一种十分有用的程序设计技术，很多数学模型和算法设计方法本来就是递归的，用递归过程描述简洁易读、可理解性好，算法的正确性证明也很容易。

直接递归示例：通用过程 Sub1 直接调用自身 Sub1。

```
Private Sub Sub1()
    …
    Call Sub1            '直接调用自身 Sub1
    …
End Sub
```

间接递归示例：通用过程 Sub1 调用通用过程 Sub2，通用过程 Sub2 又调用通用过程 Sub1。

```
Private Sub Sub1()
    ...
    Call Sub2                '调用 Sub2
    ...
End Sub
Private Sub Sub2()
    ...
    Call Sub1                '调用 Sub1
    ...
End Sub
```

【例 9-13】采用递归过程用求 $n!$。

问题分析：数学中求 $n!$ 可表示为：

$$n! = \begin{cases} n*(n-1)! & n>1 \\ 1 & n=1 \end{cases}$$

因此，求阶乘的函数过程 fact($n$) 可以表示为：

$$\text{fact}(n) = \begin{cases} n*\text{fact}(n-1) & n>1 \\ 1 & n=1 \end{cases}$$

程序代码如下：

```
Private Sub Command1_Click()
    Dim n As Integer, f As Long
    n = InputBox("请输入一个正整数", "阶乘", 10)
    f = fact(n)
    Print n & "! =" & Str(f)
End Sub

Private Function fact(ByVal n As Integer) As Long
    If n = 1 Then
        fact = 1
    Else
        fact = n * fact(n - 1)
    End If
End Function
```

运行程序，单击命令按钮，执行 Command1_Click() 事件过程，从键盘上输入 5，即求 5! 的值。要计算 fact(5) 的值，则必须计算 fact(4) 的值，要计算 fact(4) 的值，则必须计算 fact(3) 的值，要计算 fact(3) 的值，则必须计算 fact(2) 的值，要计算 fact(2) 的值，则必须计算 fact(1) 的值，而 fact(1) 的值为 1。由 fact(1) 的值为 1 返回得到 fact(2) 的值为 2*1=2，由 fact(2) 的值为 2 返回 fact(3) 的值为 3*2=6，由 fact(3) 的值为 6 返回 fact(4) 的值为 4*6=24，由 fact(4) 的值为 24 返回 fact(5) 的值为 5*24=120，得到 5!=120，如图 9-13 所示。

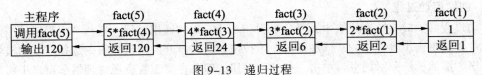

图 9-13　递归过程

由此可见，一个递归问题可分为"调用"和"返回"两个阶段，当进入递归调用阶段后，便逐层向下调用递归过程，直到遇到递归过程的边界条件为止，然后带着边界条件所给的函数值进入返回阶段，按照原来的路径逐层返回。

编写递归过程要注意：递归过程必须有一个边界条件（又称终止条件或结束递归过程条件），则递归过程是有限递归，如果一个递归过程无边界条件，则它是一个无限递归过程。

## 9.5　过程的作用域

过程与变量一样，也有作用范围。在 VB 中，根据过程的使用范围可以分为模块级（私有）过程和全局级（公有）过程。

### 1．模块级过程

如果在通用过程或函数过程前加 Private 关键字，则表示该过程是模块级（私有）过程，模块级过程只能被本模块中的其他过程调用，其作用域为本模块。

### 2．全局级过程

如果在通用过程或函数过程前加 Public 关键字（或缺省关键字 Private | Public），则表示该过程是全局级（公用）过程，全局级过程可被整个应用程序所有模块中的其他过程调用，其作用域为整个应用程序，即在应用程序的任何地方都能调用其他模块中的全局过程。全局级过程可在窗体模块中定义，也可在标准模块中定义，但其调用方式有所不同。

（1）调用窗体模块中的全局级过程

所有窗体模块的外部调用必须指明包含此全局级过程的窗体名称。如：在窗体 Form1 中定义全局级过程 Sub1，本窗体直接使用语句 Call Sub1(实参)来调用，其他窗体要使用语句 Call Form1.Sub1(实参)来调用。

（2）调用标准模块中的全局级过程

如果在标准模块中定义的全局级过程名唯一，则无论在模块内还是在模块外都直接调用。如果有两个或两个以上的标准模块都定义了同名的全局级过程，则在模块内直接调用，而模块外调用必须加标准模块名来限定。例如，标准模块 Module1 和标准模块 Module2 中都定义了全局级过程 sub1，如果从 Module1 中调用 sub1，则运行的是 Module1 中的 sub1 过程，而不是 Module2 中的 sub1 过程。如果从 Module1 中调用 Module2 的 sub1 过程，则要使用语句 Module2.sub1(实参)来调用。

## 9.6　创建与设置启动过程

一个复杂的应用程序可能由多个窗体与多个标准模块组成，在程序运行时，系统可以从指定的窗体开始运行。另外，在一个含有多个窗体与多个标准模块的应用程序中，有时候需要在显示多个窗体之前对一些条件进行初始化，这就需要在启动程序时执行一个特定的过程，在 VB 中，这样的过程称为启动过程。

### 1．创建启动过程

启动过程必须放在标准模块中，并命名为 Sub Main()的通用过程。选择"工程"→"添加模块"命令，或单击工具栏中的"添加窗体"下拉按钮，在打开的下拉列表中选择"添加模块"命令，弹出"添加模块"对话框，单击"打开"按钮，即可在"工程资源管理器"窗口中添加一个标准模块，并打开标准模块的编辑窗口，输入 Sub Main() 按【Enter】键，系统自动创建一个名为 Main() 的启动过程框架，如图 9-14 所示。在 Sub Main() 上面可添加变量、常量或数组的声明，在 Sub 与 End Sub 之间添加相应的程序代码。

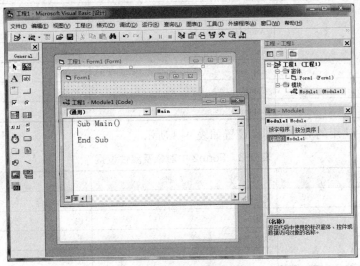

图 9-14　创建启动过程

### 2. 设置启动对象

VB 中的启动对象只能是窗体或 Sub Main() 过程。在运行程序时，系统可以从指定的窗体开始运行，也可以从 Sub Main() 过程开始运行，然后由该过程通过 Show 方法显示指定的窗体。

选择"工程"→"工程 1 属性"命令，弹出"工程 1-工程属性"对话框，如图 9-15 所示，选择"通用"选项卡，在"启动对象"下拉列表框中列出了该工程所有的窗体及 Sub Main() 过程。在列表框中选择 Sub Main() 过程或某一个窗体作为启动对象，再单击"确定"按钮，启动对象设置完毕。

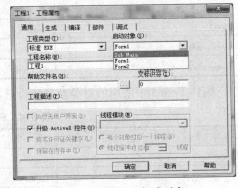

【例 9-14】多窗体程序示例。编写一个程序既可以求排列又能求组合。

设置界面如图 9-16 所示，窗体 Form1 作为主界面，窗体 Form2 求组合，窗体 Form3 求排列，求阶乘代码放在一个标准模块中，并设置启动对象为 Form1。

图 9-15　设置启动对象

图 9-16　多窗体示例

窗体 Form1 中使用的对象及属性设置如表 9-2 所示。

表 9-2　Form1 中对象及属性设置

| 对　　象 | 属　　性 | 属　性　值 |
| --- | --- | --- |
| Form1 | Caption | Form1 主窗体 |
| Label1 | Caption | VB 多窗体程序设计 |
|  | AutoSize | True |
|  | Font | 四号 |
| Command1 | Caption | 求组合 |
| Command2 | Caption | 求排列 |
| Command3 | Caption | 结束 |

窗体 Form2 中使用的对象及属性设置如表 9-3 所示。

表 9-3　Form2 中对象及属性设置

| 对　　象 | 属　　性 | 属　性　值 |
| --- | --- | --- |
| Form2 | Caption | Form2 组合 |
| Label1 | Caption | C |
|  | AutoSize | True |
|  | Font | 小初 |
| Label2 | Caption | = |
|  | AutoSize | True |
|  | Font | 一号 |
| Text1 | Text | m |
| Text2 | Text | n |
| Text3 | Text | 空 |
| Command1 | Caption | 计算 |
| Command2 | Caption | 返回 |

窗体 Form3 中使用的对象及属性设置如表 9-4 所示。

表 9-4　Form3 中对象及属性设置

| 对　　象 | 属　　性 | 属　性　值 |
| --- | --- | --- |
| Form3 | Caption | Form3 排列 |
| Label1 | Caption | A |
|  | AutoSize | True |
|  | Font | 小初 |
| Label2 | Caption | = |
|  | AutoSize | True |
|  | Font | 一号 |
| Text1 | Text | m |
| Text2 | Text | n |
| Text3 | Text | 空 |
| Command1 | Caption | 计算 |
| Command2 | Caption | 返回 |

标准模块 Module1 中程序代码如下：

```
Public Function fact(ByVal n As Integer) As Long
    If n = 1 Then
        fact = 1
    Else
        fact = n * fact(n - 1)
    End If
End Function
```

窗体 Form1 中程序代码如下：

```
Private Sub Command1_Click()
    Form1.Hide
    Form2.Show
End Sub

Private Sub Command2_Click()
    Form1.Hide
    Form3.Show
End Sub

Private Sub Command3_Click()
    End
End Sub
```

窗体 Form2 中程序代码如下：

```
Private Sub Command1_Click()
    Dim m As Integer, n As Integer
    Dim c As Long
    m = Val(Text1.Text)
    n = Val(Text2.Text)
    If m > n Then
        MsgBox "m 必须小于或等于 n，请重新输入"
        Text1.Text = ""
        Text2.Text = ""
        Text1.SetFocus
        Exit Sub
    End If
    c = fact(n) / fact(m) / fact(n - m)
    Text3.Text = Str(c)
End Sub

Private Sub Command2_Click()
    Form2.Hide
    Form1.Show
End Sub
```

窗体 Form3 中程序代码如下：

```
Private Sub Command1_Click()
    Dim m As Integer, n As Integer
    Dim a As Long
    m = Val(Text1.Text)
    n = Val(Text2.Text)
```

```
        If m > n Then
            MsgBox "m 必须小于等于 n，请重新输入"
            Text1.Text = ""
            Text2.Text = ""
            Text1.SetFocus
            Exit Sub
        End If
        a = fact(n) / fact(n - m)
        Text3.Text = Str(a)
End Sub

Private Sub Command2_Click()
    Form3.Hide
    Form1.Show
End Sub
```

## 9.7  过程程序示例

【例9-15】同名实参与静态变量，程序代码如下：

```
Private Sub Command1_Click()
    Dim i As Integer, j As Integer
    i = 1: j = 2
    Call test(i, j)
    Print i, j
    Call test(i, i)
    Print i, j
End Sub

Private Sub test(m As Integer, n As Integer)
    Static sta As Integer
    m = m + n
    n = n + m + sta
    sta = sta + m
    Print sta
End Sub
```

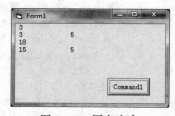

图 9-17  同名实参

运行结果如图 9-17 所示。

思考：如果在形参前加关键字 ByVal，运行结果又是什么？

【例9-16】运算顺序。程序代码如下：

```
Private Sub Command1_Click()
    Dim a As Integer, b As Integer
    a = 1: b = 2
    Print a + b + f(a, b)
End Sub

Private Function f(x As Integer, y As Integer) As Integer
    x = x + y
    y = x + y
    f = x + y
End Function
```

运行结果如图 9-18 所示。

思考：如果在形参前加关键字 ByVal，运行结果又是什么？

【例9-17】窗体级（模块）变量。程序代码如下：

```
Dim y As Integer
Private Sub Command1_Click()
    y = 6
    Call abc(y)
    Print y
End Sub


Private Sub abc(x As Integer)
    x = x + 6
    y = y + 5
    x = x + y
End Sub
```

图 9-18 运算顺序

运行结果如图 9-19 所示。

思考：如果在形参前加关键字 ByVal，运行结果又是什么？

【例9-18】使用函数过程，求数组中的最大值。

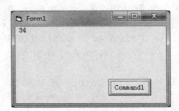

图 9-19 窗体级变量

程序代码如下：

```
Option Base 1
Private Sub Command1_Click()
    Dim a(10) As Integer, i As Integer
    Dim max As Integer
    Randomize
    For i = 1 To 10
        a(i) = Int(Rnd * 90) + 10
        Print a(i);
    Next i
    Print
    max = fmax(a())
    Print "最大值为: " & Str(max)
End Sub


Private Function fmax(x() As Integer) As Integer
    Dim n As Integer, i As Integer
    n = UBound(x)
    fmax = x(1)
    For i = 2 To n
        If fmax < x(i) Then fmax = x(i)
    Next i
End Function
```

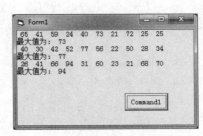

图 9-20 最大值

三次运行结果如图 9-20 所示。

【例9-19】求三个正整数的最小公倍数。

问题分析：求三个数的最小公倍数方法如下：

① 编写一个求两个数的最小公倍数函数 LCM。

② 调用 LCM 函数求前两个数的最小公倍数，然后再次调用 LCM 函数，求刚才的最小公倍数与第三个数的最小公倍数。

程序代码如下：

```
Option Explicit
Private Sub Command1_Click()
    Dim a As Integer, b As Integer
    Dim c As Integer, lc As Long
    a = InputBox("请输入一个正整数给 a")
    b = InputBox("请输入一个正整数给 b")
    c = InputBox("请输入一个正整数给 c")
    lc = LCM(LCM(a, b), c)
    Print a & "、" & b & "和" & c & "最小公倍数为: " & Str(lc)
End Sub

Private Function LCM(x As Integer, y As Integer) As Long
    Dim n As Integer
    n = x
    Do While n Mod y <> 0
      n = n + x
    Loop
    LCM = n
End Function
```

图 9-21 最小公倍数

三次运行结果如图 9-21 所示。

思考：编写求三个数的最大公约数的程序代码。

【例9-20】编写一个递归函数，求两个正整数的最大公约数。

```
Option Explicit
Private Sub Command1_Click()
    Dim a As Integer, b As Integer
    Dim gc As Integer
    a = InputBox("请输入一个正整数给 a")
    b = InputBox("请输入一个正整数给 b")
    gc = gcd((a), (b))
    Print a & "和" & b & "最大公约数为: " & Str(gc)
End Sub

Private Function gcd(m As Integer, n As Integer) As Integer
    Dim r As Integer
    r = m Mod n
    If r = 0 Then
       gcd = n
    Else
       m = n
       n = r
       gcd = gcd(m, n)
    End If
End Function
```

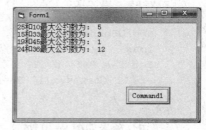

图 9-22 最大公约数

四次运行结果如图 9-22 所示。

【例9-21】计算契比雪夫多项式第 $n$ 项在给定 $x$ 时的值。

契比雪夫多项式： $T(n,x)=\begin{cases} 1 & n=0 \\ x & n=1 \\ 2xT(n-1,x)-T(n-2,x) & n \geqslant 2 \end{cases}$

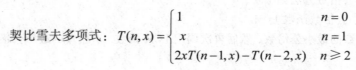

问题分析：由于契比雪夫多项式是递归定义的，所以用递归函数来实现。

程序代码如下：

```
Option Explicit
Private Sub Command1_Click()
    Dim n As Integer, x As Single
    n = InputBox("请输入契比雪夫多项式的第 n 项", "契比雪夫多项式", 10)
    x = InputBox("请输入契比雪夫多项式中 x 的值", "契比雪夫多项式", 2)
    Print "x 的值为" & x & "，契比雪夫多项式第" & n & "项的值为: " & ftnx(n, x)
End Sub

Private Function ftnx(n As Integer, x As Single) As Single
    If n = 0 Then
        ftnx = 1
    ElseIf n = 1 Then
        ftnx = x
    Else
        ftnx = 2 * x * ftnx(n - 1, x) - ftnx(n - 2, x)
    End If
End Function
```

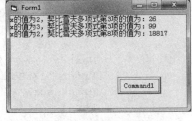

三次运行结果如图 9-23 所示。

图 9-23　契比雪夫多项式

【例 9-22】找出 5 000 以内的亲密对数。所谓亲密对数是指甲数的所有因子和等于乙数，乙数的所有因子和等于甲数，那么甲数与乙数为亲密对数。例如：

220 的因子和：1+2+4+5+10+11+20+22+44+55+110=284

284 的因子和：1+2+4+71+142=220

因此，220 与 284 是亲密对数。

问题分析：编写一个求整数的因子和的函数过程 fsum，在主程序中，采用穷举法对 5 000 以内的数据逐个筛选，第一次调用函数过程求 i 的因子和 sum1，第二次调用函数过程求 sum1 的因子和 sum2，如果 i=sum2，则 i 与 sum1 是亲密对数。程序代码如下：

```
Option Explicit
Private Sub Command1_Click()
    Dim sum1 As Integer, sum2 As Integer
    Dim i As Integer
    For i = 1 To 5000
        sum1 = fsum(i)
        sum2 = fsum(sum1)
        If i = sum2 And i <> sum1 Then Print i, sum1
    Next i
End Sub

Private Function fsum(n As Integer) As Integer
    Dim i As Integer, sum As Integer
    For i = 1 To n - 1
        If n Mod i = 0 Then sum = sum + i
    Next i
    fsum = sum
End Function
```

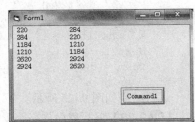

运行结果如图 9-24 所示。

图 9-24　亲密对数 1

说明：程序中排除了因子和等于本身的数据，如果想输出相关数据的因子，程序代码修改如下：

```
Option Explicit
Option Base 1
Dim f1() As Integer, f2() As Integer
Private Sub Command1_Click()
    Dim sum1 As Integer, sum2 As Integer
    Dim i As Integer, j As Integer
    Erase f1, f2
    For i = 1 To 5000
        sum1 = fsum(i, 1)
        sum2 = fsum(sum1, 2)
        If i = sum2 And i <> sum1 Then
            Print i & "的因子和: ";
            For j = 1 To UBound(f1) - 1
                Print f1(j) & "+";
            Next j
            Print f1(UBound(f1)) & "=" & sum1
            Print sum1 & "的因子和: ";
            For j = 1 To UBound(f2) - 1
                Print f2(j) & "+";
            Next j
            Print f2(UBound(f2)) & "=" & sum2
            Print i & "与" & sum1 & "是亲密对数"
            Print
        End If
    Next i
End Sub

Private Function fsum(n As Integer, k As Integer) As Integer
    Dim i As Integer, sum As Integer
    Dim m As Integer
    For i = 1 To n - 1
        If n Mod i = 0 Then
            sum = sum + i
            m = m + 1
            If k = 1 Then
                ReDim Preserve f1(m)
                f1(m) = i
            Else
                ReDim Preserve f2(m)
                f2(m) = i
            End If
        End If
    Next i
    fsum = sum
End Function
```

运行结果如图 9-25 所示。

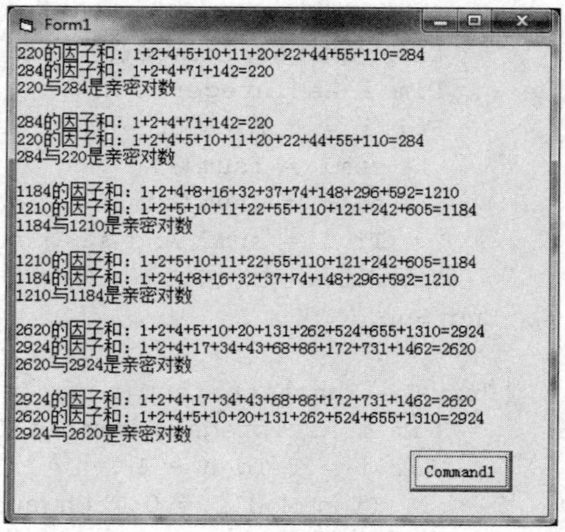

图 9-25 亲密对数 2

【例9-23】编写程序将一个十进制整数转换成 $N$ 进制数（$N \leqslant 16$）。

问题分析：进制转换是一类使用非常广泛的问题，包括十进制转换为二进制、八进制及十六进制等，或将二进制、八进制及十六进制转换为十进制。十进制整数转换为 $N$ 进制整数的方法是除 $N$ 逆序取余法，而 $N$ 进制数转换为十进制数的方法是按权展开法。

程序代码如下：

```
Option Explicit
Dim N As Integer, num As Long
Private Sub Command1_Click()
    Dim ch As String, i As Integer
    Dim char(15) As String, bin() As String
    For i = 0 To 9
        char(i) = CStr(i)
    Next i
    For i = 0 To 5
        char(10 + i) = Chr(Asc("A") + i)
    Next i
    ReDim bin(1)
    If num = 0 Then
        MsgBox "请输入十进制数"
        Text2.Text = ""
        Text2.SetFocus
        Exit Sub
    End If
    Call Trans(bin(), char())
    For i = UBound(bin) To 1 Step -1
        ch = ch & bin(i)
    Next i
    Text3.Text = ch
End Sub

Private Sub Text1_Change()
    N = Val(Text1.Text)
    Label4.Caption = CStr(N) & "进制"
End Sub

Private Sub Text2_Change()
    num = Val(Text2.Text)
End Sub

Private Sub Trans(bin() As String, char() As String)
    Dim r As Integer, k As Integer
    k = 0
    Do Until num = 0
        r = num Mod N
        k = k + 1
        ReDim Preserve bin(k)
        bin(k) = char(r)
        num = num \ N
    Loop
End Sub
```

十进制转换为二进制的结果如图 9-26 所示，十进制转换为八进制的结果如图 9-27 所示，十进制转换为十六进制的结果如图 9-28 所示。

图 9-26　十进制转换为二进制　　图 9-27　十进制转换为八进制　　图 9-28　十进制转换为十六进制

【例 9-24】编写程序将一个 $N$ 进制整数转换成十进制数（$N \leqslant 16$）。

程序代码如下：

```
Option Explicit
Private Sub Command1_Click()
    Dim n As Integer, ch As String
    Dim num As Long, i As Integer
    n = Val(Text1.Text)
    Label3.Caption = CStr(n) & "进制"
    ch = Trim(Text2.Text)
    For i = 1 To Len(ch)
        Select Case Mid(ch, i, 1)
            Case "0" To "9", "A" To "F"
            Case Else
                MsgBox "输入数据有误，请重新输入"
                Text2.Text = ""
                Text2.SetFocus
                Exit Sub
        End Select
    Next i
    Call Trans(n, ch, num)
    Text3.Text = CStr(num)
End Sub

Private Sub Trans(n As Integer, ch As String, num As Long)
    Dim i As Integer, m As Integer
    Dim st As String * 1, k As Integer
    m = Len(ch)
    For i = 1 To m
        st = Mid(ch, i, 1)
        Select Case st
            Case "A" To "F"
                k = Asc(st) - Asc("A") + 10
            Case "0" To "9"
                k = Val(st)
        End Select
        num = num + k * n ^ (m - i)
    Next i
End Sub
```

二进制转换为十进制的结果如图 9-29 所示，八进制转换为十进制的结果如图 9-30 所示，十六进制转换为十进制的结果如图 9-31 所示。

| 图 9-29 二进制转换为十进制 | 图 9-30 八进制转换为十进制 | 图 9-31 十六进制转换为十进制 |

 习题

## 一、选择题

1. 下面有关标准模块的叙述中，错误的是_____。

   A. 标准模块不完全由代码组成，还可以是窗体

   B. 标准模块中的 Private 过程，不能被工程中的其他模块调用

   C. 标准模块文件扩展名为.bas

   D. 标准模块中的全局变量可以被工程中的任何模块引用

2. 下面关于标准模块的叙述中，错误的是_____。

   A. 标准模块中可以声明全局变量

   B. 标准模块中可以包含一个 Sub Main 过程，但此过程不能被设置为启动过程

   C. 标准模块中可以包含一些 Public 过程

   D. 一个工程中可以含有多个标准模块

3. Sub 过程和 Function 过程的最大差别在于_____。

   A. Function 过程有返回值，而 Sub 过程没有

   B. Function 过程需要输入参数，而 Sub 过程不用

   C. Sub 过程可以用 Call 语句调用，而 Function 过程不行

   D. 两者并无不同

4. 要想在过程调用后返回两个结果，下面的过程定义语句合法的是_____。

   A. Sub Proc1(ByVal n,ByVal m)      B. Sub Proc1(ByVal n, m)

   C. Sub Proc1(n,ByVal m)         D. Sub Proc1(n, m)

5. 以下关于函数过程的叙述中，正确的是_____。

   A. 函数过程形参的类型与函数返回值的类型没有关系

   B. 在函数过程中，过程的返回值可以有多个

   C. 当数组作为函数过程的参数时，既能以传值方式传递，也能以传址方式传递

   D. 如果不指明函数过程参数的类型，则该参数没有数据类型

6. 以下关于过程及过程参数的描述中，错误的是_____。

   A. 调用过程时可以用控件名称作为实际参数

   B. 用数组作为过程的参数时，使用的是"传地址"方式

   C. 只有函数过程能够将过程中处理的信息传回到调用的程序中

   D. 窗体（Form）可以作为过程的参数

7. 下面是求最大公约数的函数的首部：

```
Function gcd(ByVal x As Integer, ByVal y As Integer) As Integer
```
若要输出 8、12、16 这三个数的最大公约数，下面正确的语句是_____。

    A. Print gcd(8,12),gcd(12,16),gcd(16,8)

    B. Print gcd(8,12,16)

    C. Print gcd(8),gcd(12),gcd(16)

    D. Print gcd(8,gcd(12,16))

8. 已知有下面的过程：

```
Private Sub proc1(a As Integer, b As String, Optional x As Boolean)
    …
End Sub
```
正确调用此过程的语句是_____。

    A. Call proc1(5)                  B. Call proc1 5,"abc",False

    C. proc1(12,"abc",True)           D. proc1 5,"abc"

9. 有如下通用过程：

```
Public Function Fun(xStr As String) As String
    Dim tStr As String, strL As Integer
    tStr = ""
    strL = Len(xStr)
    i = strL / 2
    Do While i <= strL
       tStr = tStr & Mid(xStr, i + 1, 1)
       i = i + 1
    Loop
    Fun = tStr & tStr
End Function
```
在窗体上画一个名称为 Text1 的文本框和一个名称为 Command1 的命令按钮，然后编写如下事件过程：

```
Private Sub Command1_Click()
    Dim S1 As String
    S1 = "ABCDEF"
    Text1.Text = LCase(Fun(S1))
End Sub
```
程序运行后，单击命令按钮，文本框中显示的是_____。

    A. ABCDEF         B. abcdef         C. defdef         D. defabc

10. 有如下过程代码：

```
Sub var_dim()
    Static numa As Integer
    Dim numb As Integer
    numa = numa + 2
    numb = numb + 1
    Print numa; numb
End Sub
```
连续三次调用 var_dim 过程，第三次调用时的输出结果是_____。

    A. 2  1          B. 2  3          C. 6  1          D. 6  3

11. 下列程序的运行结果是_____。

```
Public Function f(m%, n%)
    Do While m <> n
        Do While m > n
            m = m - n
        Loop
        Do While n > m
            n = n - m
        Loop
    Loop
    f = m
End Function
Private Sub Command1_Click()
    Print f(24, 18)
End Sub
```

    A. 6　　　　　　　　B. 8　　　　　　　　C. 10　　　　　　　　D. 12

12. 设有如下函数过程:

```
Function fun(a As Integer, b As Integer)
    Dim c As Integer
    If a < b Then
        c = a: a = b: b = c
    End If
    c = 0
    Do
        c = c + a
    Loop Until c Mod b = 0
    fun = c
End Function
```

若调用函数 fun 时的实际参数都是自然数, 则函数返回的是_____。

    A. a、b 的最大公约数　　　　　　　　B. a、b 的最小公倍数

    C. a 除以 b 的余数　　　　　　　　　　D. a 除以 b 的商的整数部分

13. 单击命令按钮之后, 下列程序代码的执行结果为_____。

```
Private Function p(n As Integer)
    For i = 1 To n
        sum = sum + i
    Next i
    p = sum
End Function
Private Sub Command1_Click()
    s = p(1)+ p(2)+ p(3)+ p(4)
    Print s;
End Sub
```

    A. 10　　　　　　　　B. 20　　　　　　　　C. 24　　　　　　　　D. 28

14. 标准模块中有如下程序代码:

```
Public x As Integer, y As Integer
Sub var_pub()
    x = 10: y = 20
End Sub
```

在窗体上有一个命令按钮, 并有如下事件过程, 其执行结果为_____。

```
Private Sub Command1_Click()
    Dim x As Integer
    Call var_pub
    x = x + 100
    y = y + 100
    Print x; y
End Sub
```

A. 100　100 　　　B. 100　120 　　　C. 110　100 　　　D. 110　120

15. 有如下函数:

```
Function fun(a As Integer, n As Integer)As Integer
    Dim m As Integer
    While a >= n
        a = a - n
        m = m + 1
    Wend
    fun = m
End Function
```

该函数的返回值为_____。

A. a 乘以 n 的乘积

B. a 加 n 的和

C. a 减 n 的差

D. a 除以 n 的商（不含小数部分）

16. 如下程序的运行结果是_____。

```
Function f(m As Integer)As Integer
    Static c As Integer
    b = 1
    b = b + 1
    c = c + 1
    f = m * b * c
End Function
Private Sub Command1_Click()
    Dim a As Integer
    a = 2
    sum = 0
    For i = 1 To 3
        sum = sum + f(a)
    Next i
    Print sum
End Sub
```

A. 12 　　　　　B. 16 　　　　　C. 20 　　　　　D. 24

17. 设 a 和 b 都是自然数，为求 a 除以 b 的余数，某人编写了以下函数:

```
Function fun(a As Integer, b As Integer)
    While a > b
        a = a - b
    Wend
    fun = a
End Function
```

在调试时发现函数是错误的，为使函数能产生正确的返回值，应做的修改是_____。

A. 把 a=a-b 改为 a=b-a

B. 把 a=a-b 改为 a=a\b

C. 把 While a>b 改为 While a<b          D. 把 While a>b 改为 While a>=b

18. 为达到把 a、b 中的值交换后输出的目的，某人编程如下：

```
Private Sub Command1_Click()
    a% = 10: b% = 20
    Call swap(a, b)
    Print a, b
End Sub
Private Sub swap(ByVal a As Integer, ByVal b As Integer)
    c = a: a = b: b = c
End Sub
```

在运行程序时发现输出结果不正确，需要进行修改。下面列出的错误原因和修改方案中正确的是_____。

A. 调用 swap 过程的语句错误，应改为：Call swap a,b

B. 输出语句错误，应改为：Print "a", "b"

C. 过程的形式参数有错，应改为：swap(ByRef a As Integer, ByRef b As Integer)

D. swap 中三条赋值语句的顺序是错误的，应改为 a = b: b = c: c = a

19. 下面程序的输出结果是_____。

```
Private Sub Command1_Click()
    ch$ = "ABCDEF"
    proc ch
    Print ch
End Sub
Private Sub proc(ch As String)
    s = ""
    For k = Len(ch) To 1 Step -1
        s = s & Mid(ch, k, 1)
    Next k
    ch = s
End Sub
```

A. ABCDEF          B. FEDCBA          C. A          D. F

20. 某人设计了下面的函数 fun，功能是返回参数 a 中数值的位数。

```
Function fun(a As Integer)As Integer
    Dim n%
    n = 1
    While a \ 10 >= 0
        n = n + 1
        a = a \ 10
    Wend
    fun = n
End Function
```

在调用该函数时发现返回的结果不正确，函数需要进行修改，下面的修改方案中正确的是_____。

A. 把语句 n=1 改为 n=0          B. 把循环条件 a\10>=0 改为 a\10>0

C. 把语句 a = a\10 改为 a = a Mod 10          D. 把语句 fun = n 改为 fun = a

21. 在窗体上画一个名称为 Command1 的命令按钮，再画两个名称分别为 Label1、Label2 的标签，然后编写如下程序代码：

```
Private x As Integer
Private Sub Command1_Click()
    x = 5: y = 3
    Call proc(x, y)
    Label1.Caption = x
    Label2.Caption = y
End Sub
Private Sub proc(a As Integer, ByVal b As Integer)
    x = a * a
    y = b + b
End Sub
```

程序运行后，单击命令按钮，则两个标签中显示的内容分别是_____。

A. 25 和 3　　　　　　B. 5 和 3　　　　　　C. 25 和 6　　　　　　D. 5 和 6

22. 设有如下通用过程：

```
Public Function Fun(xStr As String) As String
    Dim tStr As String, strL As Integer
    tStr = ""
    strL = Len(xStr)
    i = 1
    Do While i <= strL / 2
        tStr = tStr & Mid(xStr, i, 1) & Mid(xStr, strL - i + 1, 1)
        i = i + 1
    Loop
    Fun = tStr
End Function
```

在窗体上画一个名称为 Command1 的命令按钮。然后编写如下的事件过程：

```
Private Sub Command1_Click()
    Dim S1 As String
    S1 = "abcdef"
    Print UCase(Fun(S1))
End Sub
```

程序运行后，单击命令按钮，输出结果是_____。

A. ABCDEF　　　　　B. abcdef　　　　　C. AFBECD　　　　　D. DEFABC

23. 某人为计算 $n!$（$0<n\leq12$），编写了下面的函数过程：

```
Private Function fun(n As Integer) As Long
    Dim p As Long
    p = 1
    For k = n - 1 To 2 Step -1
        p = p * k
    Next k
    fun = p
End Function
```

在调试时发现该函数过程产生的结果是错误的，程序需要修改。下面的修改方案中有三种是正确的，错误的方案是_____。

A. 把 p=1 改为 p=n

B. 把 For k=n-1 To 2 Step-1 改为 For k=1 To n-1

C. 把 For k=n-1 To 2 Step-1 改为 For k=1 To n

D. 把 For k=n-1 To 2 Step-1 改为 For k=2 To n

24. 假定有以下函数过程：

```
Option Explicit
Function Fun(S As String) As String
    Dim s1 As String, i As Integer
    For i = 1 To Len(S)
        s1 = LCase(Mid(S, i, 1))+ s1
    Next i
    Fun = s1
End Function
```

在窗体上画一个命令按钮，然后编写如下事件过程：

```
Private Sub Command1_Click()
    Dim Str1 As String, Str2 As String
    Str1 = InputBox("请输入一个字符串")
    Str2 = Fun(Str1)
    Print Str2
End Sub
```

程序运行后，单击命令按钮，如果在输入对话框中输入字符串"abcdefg"，则单击"确定"按钮后，在窗体上的输出结果为_____。

A. ABCDEFG　　　　B. abcdefg　　　　C. GFEDCBA　　　　D. gfedcba

25. 为计算 a^n 的值，某人编写了函数 power 如下：

```
Private Function power(a As Integer, n As Integer) As Long
    Dim p As Long
    p = a
    For k = 1 To n
      p = p * a
    Next k
    power = p
End Function
```

在调试时发现程序是错误的，例如 Print power(5,4)的输出应该是 625，但实际输出是 3125。程序需要修改，下面的修改方案中有三个是正确的，错误的一个是_____。

A. 把 For k=1 To n 改为 For k=2 To n　　　　B. 把 p=p*a 改为 p=p^n

C. 把 For k=1 To n 改为 For k=1 To n-1　　　　D. 把 p=a 改为 p=1

26. 某人编写了下面的程序：

```
Private Sub Command1_Click()
    Dim a As Integer, b As Integer
    a = InputBox("请输入整数")
    b = InputBox("请输入整数")
    pro a
    pro b
    Call pro(a + b)
End Sub
Private Sub pro(n As Integer)
While (n > 0)
        Print n Mod 10;
        n = n \ 10
```

```
        Wend
        Print
    End Sub
```

此程序的功能是输入两个正整数，反序输出这两个数的每一位数字，再反序输出这两个数之和的每一位数字。例如：若输入 123 和 234，则应该输出

3 2 1

4 3 2

7 5 3

但调试时发现只输出了前两行（即两个数的反序），而未输出第三行（即两个数之和的反序），程序需要修改。下面的修改方案中正确的是_____。

A. 把过程 pro 的形式参数 n As Integer 改为 ByVal n As Integer

B. 把 Call pro(a+b) 改为 pro a+b

C. 把 n=n\10 改为 n=n/10

D. 在 pro b 语句之后增加语句 c%=a+b，再把 Call pro(a+b) 改为 pro c

27. 窗体上有两个水平滚动条 HV、HT，还有一个文本框 Text1 和一个标题为"计算"的命令按钮 Command1，并编写了以下程序：

```
Private Sub Command1_Click()
    Call Cale(HV.Value, HT.Value)
End Sub
Public Sub Cale(x As Integer, y As Integer)
    Text1.Text = x * y
End Sub
```

运行程序，单击"计算"按钮，可根据速度与时间计算出距离，并显示计算结果。对以上程序，下列叙述中正确的是_____。

A. 过程调用语句不对，应为 Cale(HV,HT)

B. 过程定义语句的形式参数不对，应为 Sub Cale(x As Control , y As Control)

C. 计算结果在文本框中显示出来

D. 程序不能正确运行

28. 现有如下程序：

```
Private Sub Command1_Click()
    s = 0
    For i = 1 To 5
        s = s + f(5 + i)
    Next i
    Print s
End Sub
Public Function f(x As Integer)
    If x >= 10 Then
        t = x + 1
    Else
        t = x + 2
    End If
    f = t
End Function
```

运行程序，则窗体上显示的是_____。

A. 38　　　　　　　B. 49　　　　　　　C. 61　　　　　　　D. 70

29. 假定有如下 Sub 过程：

```
Sub s(x As Single, ByVal y As Single)
    t = x
    x = t / y
    y = t Mod y
End Sub
```

在窗体上画一个命令按钮，其名称为 Command1，然后编写如下事件过程：

```
Private Sub Command1_Click()
    Dim a As Single, b As Single
    a = 5: b = 4
    s a, b
    Print a, b
End Sub
```

程序运行后，单击命令按钮，输出结果为_____。

A. 5　4　　　　　　B. 1　1　　　　　　C. 1.25　4　　　　　　D. 1.25　1

30. 窗体上有一个名称为 Picture1 图片框控件，一个名称 Label1 的标签控件，并编写了如下
程序：

```
Public Sub display(x As Control)
    If TypeOf x Is Label Then
        x.Caption = "计算机等级考试"
    Else
        x.Picture = LoadPicture("pic.jpg")
    End If
End Sub
Private Sub Label1_Click()
    Call display(Label1)
End Sub
Private Sub Picture1_Click()
    Call display(Picture1)
End Sub
```

对以上程序，下列叙述中错误的是_____。

A. 程序运行时会出错　　　　　　　　B. 单击图片框，在图片框中显示一幅图片

C. 过程中的 x 是控件变量　　　　　　D. 单击标签，在标签中显示一串文字

31. 在窗体上画两个标签和一个命令按钮，其名称分别为 Label1、Label2 和 Command1，然
后编写如下程序：

```
Private Sub func(L As Label)
    L.Caption = "1234"
End Sub
Private Sub Form_Load()
    Label2.Caption = 10
End Sub
Private Sub Command1_Click()
    a = Val(Label2.Caption)
    Call func(Label1)
    Label2.Caption = a
End Sub
```

程序运行后，单击命令按钮，则在两个标签中显示的内容分别为_____。

　　A．ABCD 和 10　　　B．1234 和 100　　　C．ABCD 和 100　　　D．1234 和 10

32．在窗体上画一个命令按钮（名称为 Command1），并编写如下代码：

```
Function Fun1(ByVal a As Integer, b As Integer) As Integer
    Dim t As Integer
    t = a - b
    b = t + a
    Fun1 = t + b
End Function
Private Sub Command1_Click()
    Dim x As Integer
    x = 10
    Print Fun1(Fun1(x, (Fun1(x, x - 1))), x - 1)
End Sub
```

程序运行后，单击命令按钮，输出结果是_____。

　　A．10　　　　　　B．0　　　　　　C．11　　　　　　D．21

33．某人编写了一个能够返回数组 a 中 10 个数中最大数的函数过程，代码如下：

```
Function MaxValue(a() As Integer) As Integer
    Dim max%
    max = 1
    For k = 2 To 10
        If a(k) > a(max) Then
            max = k
        End If
    Next k
    MaxValue = max
End Function
```

程序运行时，发现函数过程返回值是错误的，程序需要修改，下面的修改方案中正确的是_____。

　　A．语句 max = 1 应改为 max = a(1)

　　B．语句 For k = 2 To 10 应改为 For k = 1 To 10

　　C．If 语句中的条件 a(k) > a(max) 应改为 a(k) > max

　　D．语句 MaxValue = max 应改为 MaxValue = a(max)

34．窗体上有一个名为 Command1 的命令按钮，并有下面的程序：

```
Private Sub Command1_Click()
    Dim arr(5) As Integer
    For k = 1 To 5
        arr(k) = k
    Next k
    prog arr()
    For k = 1 To 5
        Print arr(k);
    Next k
End Sub
Sub prog(a() As Integer)
    n = UBound(a)
    For i = n To 2 Step -1
```

```
        For j = 1 To n - 1
            If a(j) < a(j + 1) Then
                t = a(j): a(j) = a(j + 1): a(j + 1) = t
            End If
        Next j
    Next i
End Sub
```

程序运行时，单击命令按钮后显示的结果是_____。

 A. 1 2 3 4 5     B. 5 4 3 2 1     C. 0 1 2 3 4     D. 4 3 2 1 0

35. 设有如下程序：

```
Option Base 1
Dim a As Variant
Private Sub Command1_Click()
    Dim n As Integer
    a = Array(12, 9, 13, 5, 8, 16, 7, 3, 18, 3)
    Call GetArray(n)
    Print n
End Sub
Private Sub GetArray(j As Integer)
    Dim n As Integer, c() As Integer
    n = UBound(a)
    j = 0
    For i = 1 To n
        If a(i) / 2 = a(i) \ 2 Then
            j = j + 1
            ReDim Preserve c(j)
            c(j) = a(i)
        End If
    Next
End Sub
```

程序运行后，单击命令按钮，在窗体上显示的内容是_____。

 A. 3       B. 4       C. 5       D. 6

## 二、填空题

1. 在定义过程中出现的变量名称为_____参数，而在调用过程时传送给过程的常数、变量、表达式或数组称为_____参数。

2. 窗体上有名称为 Command1 的命令按钮，相应的事件过程及两个函数过程如下：

```
Private Sub Command1_Click()
    Dim x As Integer, y As Integer, z
    x = 3
    y = 5
    z = fy(y)
    Print fx(fx(x)), y
End Sub
Function fx(ByVal a As Integer)
    a = a + a
    fx = a
End Function
Function fy(ByRef a As Integer)
```

```
        a = a + a
        fy = a
    End Function
```

运行程序，并单击命令按钮，则窗体上显示的两个值依次是_____和_____。

3. 设有以下函数过程：

```
Function fun(m As Integer) As Integer
    Dim k As Integer, sum As Integer
    sum = 0
    For k = m To 1 Step -2
        sum = sum + k
    Next k
    fun = sum
End Function
```

若在程序中用语句 s=fun(10)调用此函数，则 s 的值为_____。

4. 窗体上命令按钮 Command1 的事件过程如下：

```
Private Sub Command1_Click()
    Dim total As Integer
    total = s(1) + s(2)
    Print total
End Sub
Private Function s(m As Integer) As Integer
    Static x As Integer
    For i = 1 To m
        x = x + 1
    Next i
    s = x
End Function
```

运行程序，第三次单击命令按钮 Command1 时，输出结果为_____。

5. 在窗体上画一个名称为 Command1 的命令按钮和两个名称分别为 Text1、Text2 的文本框，然后编写如下程序：

```
Function Fun(x As Integer, ByVal y As Integer) As Integer
    x = x + y
    If x < 0 Then
        Fun = x
    Else
        Fun = y
    End If
End Function
Private Sub Command1_Click()
    Dim a As Integer, b As Integer
    a = -10: b = 5
    Text1.Text = Fun(a, b)
    Text2.Text = Fun(a, b)
End Sub
```

程序运行后，单击命令按钮，Text1 和 Text2 文本框显示的内容分别是_____和_____。

6. 设有如下程序：

```
Private Sub Form_Click()
    Dim a As Integer, b As Integer
```

```
    a = 20: b = 50
    p1 a, b
    p2 a, b
    p3 a, b
    Print "a="; a, "b="; b
End Sub
Sub p1(x As Integer, ByVal y As Integer)
    x = x + 10
    y = y + 20
End Sub
Sub p2(ByVal x As Integer, y As Integer)
    x = x + 10
    y = y + 20
End Sub
Sub p3(ByVal x As Integer, ByVal y As Integer)
    x = x + 10
    y = y + 20
End Sub
```

该程序运行后，单击窗体，则在窗体上显示的内容是：a=_____和 b=_____。

7. 单击窗体时，程序运行的结果是_____。

```
Private Sub Form_Click()
    multi 20, 3
End Sub
Public Sub multi(k As Integer, s As Integer)
    If k < 50 Then
        k = k * s
        Call multi(k, s)
    End If
    k = k + k * s
    Print k;
End Sub
```

8. 设有如下程序：

```
Private Sub search(a As Variant, ByVal Key As Variant, index%)
    Dim i%
    For i = LBound(a)To UBound(a)
        If Key = a(i) Then
            index = i
            Exit Sub
        End If
    Next i
    index = -1
End Sub
Private Sub Form_Load()
    Show
    Dim b As Variant
    Dim n As Integer
    b = Array(1, 3, 5, 7, 9, 11, 13, 15)
    Call search(b, 11, n)
    Print n
End Sub
```

程序运行后，输出结果是_____。

9. 在窗体上画一个名为 Command1 的命令按钮，然后编写如下程序：

```
Private Sub Command1_Click()
    Dim i As Integer
    sum = 0
    n = InputBox("Enter a number")
    n = Val(n)
    For i = 1 To n
        sum = _____
    Next i
    Print sum
End Sub
Function fun(t As Integer) As Long
    p = 1
    For i = 1 To t
        p = p * i
    Next i
    _____
End Function
```

以上程序的功能是，计算 1!+2!+3!+…+n!，其中 n 从键盘输入，请填空。

10. 在窗体上画一个名称为 Command1 的命令按钮。然后编写如下程序：

```
Option Base 1
Private Sub Command1_Click()
    Dim a(10) As Integer
    For i = 1 To 10
        a(i) = i
    Next i
    Call _____
    For i = 1 To 10
        Print a(i);
    Next i
End Sub
Sub swap(b() As Integer)
    n = UBound(b)
    For i = 1 To n / 2
        t = b(i)
        b(i) = b(n)
        b(n) = t
        _____
    Next i
End Sub
```

上述程序的功能是调用过程 swap，调换数组中数值的存放位置，即 a(1)与 a(10)的值互换，a(2)与 a(9)的值互换……请填空。

11. 在 $n$ 个运动员中选出任意 $r$ 个人参加比赛，有很多种不同的选法，选法的个数可以用公式 $\dfrac{n!}{(n-r)!\,r!}$ 计算。图 9-32 所示窗体中三个文本框的名称依次是 Text1、Text2、Text。程序运行时在 Text1、Text2 中分别输入 *n* 和 *r* 的值，单击 Command1 按钮即可求出选法的个数，并显示在 Text3 文本框中，请填空。

```
Private Sub Command1_Click()
    Dim r As Integer, n As Integer
    n = Text1
    r = Text2
    Text3 = fun(n) / _____
End Sub
Function fun(_____) As Long
    Dim t As Long
    t = 1
    For k = 1 To n
        _____
    Next
    fun = t
End Function
```

图 9-32　第 11 题图

12. 在窗体上画一个命令按钮，然后编写如下程序：

```
Private Sub Command1_Click()
    Dim n As Long
    Dim r As Long
    n = InputBox("请输入一个数")
    n = CLng(n)
    r = fun(n)
    Print r
End Sub
Function fun(ByVal num As Long) As Long
    Dim k As Long
    k = 1
    num = Abs(num)
    Do While num
        k = k * (num \ 10)
        num = num \ 10
    Loop
    fun = k
End Function
```

程序运行后，单击命令按钮，在输入对话框中输入 123，输出结果为_____。

13. 在窗体上画一个命令按钮，然后编写如下程序：

```
Function fun(ByVal num As Long) As Long
    Dim k As Long
    k = 1
    num = Abs(num)
    Do While num
        k = k * (num Mod 10)
        num = num \ 10
    Loop
    fun = k
End Function
Private Sub Command1_Click()
    Dim n As Long
```

```
            Dim r As Long
            n = InputBox("请输入一个数")
            n´= CLng(n)
            r = fun(n)
            Print r
        End Sub
```

程序运行后，单击命令按钮，在输入对话框中输入 123，输出结果为_____。

14. 在窗体上画一个命令按钮，然后编写如下程序：

```
        Dim x As Integer
        Sub inc(a As Integer)
            x = x + a
        End Sub
        Private Sub Command1_Click()
            inc 2
            inc 3
            inc 4
            Print x;
        End Sub
```

程序执行后，单击 Command1 命令按钮，输出的结果是_____。

15. 在窗体上画一个命令按钮，然后编写如下程序：

```
        Private Sub Command1_Click()
            Dim a As Integer, b As Integer
            a = 1
            b = 2
            Print M(a, b)
        End Sub
        Function M(x As Integer, y As Integer) As Integer
            M = IIf(x > y, x, y)
        End Function
```

程序运行后，单击命令按钮，输出结果为_____。

16. 在窗体上画一个文本框和一个标签，其名称分别为 Text1 和 Label1，然后编写如下程序：

```
        Private Sub Form_Click()
            Text1.Text = Str(fun(5))
        End Sub
        Private Sub Text1_Change()
            Label1.Caption = "VB Programming"
        End Sub
        Function fun(s As Integer)
            For i = 1 To s
                sum = sum + i
            Next i
            fun = sum
        End Function
```

程序运行后，单击窗体，则文本框中显示的内容是_____，而在标签中显示的内容是_____。

17. 在窗体上画一个命令按钮和一个文本框，其名称分别为 Command1 和 Text1，然后编写如下程序：

```
Private Sub Command1_Click()
    Dim a As Integer, b As Integer
    a = 20
    b = 12
    Text1.Text = Str(fun(a, b))
End Sub
Function fun(x As Integer, y As Integer) As Integer
    fun = IIf(x > y, x, y)
End Function
```

程序运行后，单击命令按钮，文本框中显示的内容为＿＿＿＿＿＿＿。

18. 在窗体上画一个命令按钮，然后编写如下程序：

```
Option Explicit
Private Sub Command1_Click()
    Dim s As String
    s = "ABC"
    back s
    Print
    Print s
End Sub

Private Sub back(st As String)
    If Len(st) > 1 Then
        back (Right(st, Len(st) - 1))
    End If
    Print Left(st, 1);
End Sub
```

程序执行后，单击 Command1 命令按钮，输出的结果第一行是＿＿＿＿＿＿＿、第二行是＿＿＿＿＿＿＿。

## 三、程序设计题

1. 使用函数过程求 1 到 10 的阶乘和。

2. 在主程序中通过键盘输入两个正整数，通过调用两个过程分别求出两个整数的最大公约数和最小公倍数，并输出结果。

3. 在主程序中通过键盘输入一个正整数，通过调用一个判断素数的函数过程求素数，并输出是否是素数的信息，如输入 11，显示 11 是素数，输入 26，显示 26 不是素数。

4. 在主程序中生成一个 4×4 的二维整型数组，通过调用一个通用过程将这个二维整型数组进行转置，然后输出转置后的二维数组。

5. 若两个素数之差为 2，则这两个素数就是一对孪生素数。如 3 和 5、5 和 7、11 和 13 等都是孪生素数，使用函数过程编写程序找出 100 以内所有的孪生素数。

6. 使用函数过程验证哥德巴赫猜想。

7. 编写一个求斐波那契（Fibonacci）数列的递归过程，输出其前 20 项。

8. 一个 $n$ 位的正整数，其各位数字的 $n$ 次方之和等于这个数，称这个数为 Armstrong 数。如 $153=1^3+5^3+3^3$，$1634=1^4+6^4+3^4+4^4$，试编写程序，求所有 2、3、4 位的 Armstrong 数。

# 第 10 章 | 其他对象及应用

用户与应用程序进行交互的主要工具包括键盘、鼠标、菜单和对话框。在 VB 开发的应用程序中，经常会涉及这些交互工具的应用，键盘事件过程可以处理当按下或释放键盘上某个键时所执行的操作，鼠标事件过程可用来处理与鼠标光标的移动和位置有关的操作。对话框常用来向用户显示一些提示信息，或需要用户提供输入数据等，是用户和应用程序交互的主要途径。菜单具有良好的人机对话界面，可以使用户方便地选择应用系统的各种功能，因此，大多数应用程序都含有菜单，并通过菜单为用户提供命令。

## 10.1 键 盘

VB 中的对象能识别键盘事件，包括 KeyPress、KeyDown 和 KeyUp 事件。用户按下并且释放一个键时就会触发 KeyPress 事件；用户按下一个键时触发 KeyDown 事件，释放触发 KeyUp 事件。在默认情况下，控件的键盘事件优先于窗体的键盘事件，因此在发生键盘事件时，总是先激活控件的键盘事件，如果希望窗体先接收键盘事件，则必须将窗体的 KeyPreview 属性设置为 True。这三个事件的执行顺序是：KeyDown、KeyPress、KeyUp。

### 10.1.1 KeyPress 事件

用户按下并且释放一个能产生 ASCII 码的按键时就会触发 KeyPress 事件，KeyPress 事件能够识别数字、字母和符号等所有可见字符，以及能产生 ASCII 码的【Enter】、【Backspace】、【Tab】和【Esc】这 4 个控制键（其 ASCII 码分别为 13、8、9 和 27），但是对于其他组合键和【F1】~【F12】功能键，由于这些按键不能产生 ASCII 码，KeyPress 事件不能识别它们，能够接收该事件的对象是窗体或常用标准控件。KeyPress 事件过程的格式如下：

```
Private Sub 对象名_KeyPress([Index As Integer,] KeyAscii As Integer)
    …
End Sub
```

说明：

① 参数 Index 用于控件数组，用来唯一标识在控件数组中的一个控件，如果没有控件数组则不会出现该参数。

② 参数 KeyAscii 为所按字符相对应的 ASCII 码值。如按下大写字母 A，其 KeyAscii 的值为 65，按下小字字母 a，其 KeyAscii 的值为 97，按下数字 1，其 KeyAscii 的值为 49。

【例 10-1】编写程序实现在文本框中只能输入数字字符（ASCII 码为 48~57），不允许输入其他字符。

程序代码如下：

```
Private Sub Text1_KeyPress(KeyAscii As Integer)
```

```
    If KeyAscii < 48 Or KeyAscii > 57 Then KeyAscii = 0
End Sub
```

如果读者忘记了数字字符的 ASCII 码，可用下列程序代码：

```
Private Sub Text1_KeyPress(KeyAscii As Integer)
    If KeyAscii < Asc("0") Or KeyAscii > Asc("9") Then KeyAscii = 0
End Sub
```

### 10.1.2　KeyDown 事件和 KeyUp 事件

当焦点置于某对象上，如果用户按下键盘中的任意一个键时，便会触发相应对象的 KeyDown 事件，释放按键时便会触发 KeyUp 事件。与 KeyPress 事件不同，KeyDown 和 KeyUp 事件能够检测键盘上所有按键。KeyDown 和 KeyUp 事件过程的格式如下：

```
Private Sub 对象名_KeyDown(KeyCode As Integer, Shift As Integer)
    …
End Sub
Private Sub 对象名_KeyUp(KeyCode As Integer, Shift As Integer)
    …
End Sub
```

说明：

① 参数 KeyCode 是按键的 ASCII 码，该码以"键"为准，而不是以"字符"为准，也就是说大写字母与小写字母使用同一个键，它们的 KeyCode 相同，都使用大写字母的 ASCII 码，对于有上档字符和下档字符的键，其 KeyCode 为下档字符的 ASCII 码，主键盘上的数字键与数字键盘上的数字键的 KeyCode 不相同，表 10-1 列出了部分字符的 KeyCode 和 KeyAscii 码。

表 10-1　KeyCode 和 KeyAscii

| 键（字符） | KeyCode | KeyAscii |
| --- | --- | --- |
| A | 65 | 65 |
| a | 65 | 97 |
| B | 66 | 66 |
| b | 66 | 98 |
| 5 | 53 | 53 |
| % | 53 | 37 |
| 1（主键盘） | 49 | 49 |
| 1（数字键盘） | 97 | 49 |

② 参数 Shift 指的是三个组合键的状态，包括【Shift】、【Ctrl】和【Alt】键，这三个键分别以二进制形式表示，每个键有三位，即【Shift】键为 001（十进制为 1）、【Ctrl】键为 010（十进制为 2）、【Alt】键为 100（十进制为 4），如同时按下两个或三个组合键，则 Shift 参数的值为上述两者或三者之和，如表 10-2 所示。

表 10-2　Shift 参数的值

| 十　进　制 | 二　进　制 | 作　　用 |
| --- | --- | --- |
| 0 | 000 | 没有按下组合键 |
| 1 | 001 | 按下【Shift】键 |
| 2 | 010 | 按下【Ctrl】键 |

续表

| 十 进 制 | 二 进 制 | 作 用 |
|---|---|---|
| 3 | 011 | 按下【Ctrl+Shift】组合键 |
| 4 | 100 | 按下【Alt】键 |
| 5 | 101 | 按下【Alt+Shift】组合键 |
| 6 | 110 | 按下【Alt+Ctrl】组合键 |
| 7 | 111 | 按下【Alt+Ctrl+Shift】组合键 |

【例10-2】KeyDown 和 KeyUp 事件过程示例。设置窗体的 KeyPreview 属性为 True，并编写以下程序代码：

```
Private Sub Form_KeyDown(KeyCode As Integer, Shift As Integer)
    If KeyCode = 65 Then
        Print "按下了 A 键"
    End If
End Sub


Private Sub Form_KeyUp(KeyCode As Integer, Shift As Integer)
    If KeyCode = 65 Then
        Print "松开了 A 键"
    End If
End Sub
```

程序运行时，按下并释放除 A 键以外的键，没有任何输出，一旦按下并释放 A 键，窗体上输出两行信息：

按下了 A 键
松开了 A 键

【例10-3】参数 Shift 示例。设置窗体的 KeyPreview 属性为 True，并编写以下程序代码：

```
Private Sub Form_KeyDown(KeyCode As Integer, Shift As Integer)
    If Shift = 1 Then
        Print "按下了 Shift 键"
    ElseIf Shift = 2 Then
        Print "按下了 Ctrl 键"
    ElseIf Shift = 3 Then
        Print "按下 Ctrl 键与 Shift 键"
    ElseIf Shift = 4 Then
        Print "按下了 Alt 键"
    ElseIf Shift = 5 Then
        Print "按下 Alt 键与 Shift 键"
    ElseIf Shift = 6 Then
        Print "按下 Alt 键与 Ctrl 键"
    ElseIf Shift = 7 Then
        Print "按下 Ctrl 键、Alt 键与 Shift 键"
    End If
End Sub
```

程序运行时，请读者分别按下【Ctrl】键、【Alt】键或【Shift】键及任意两个组合键或三个组合键，观察窗体上的输出结果。

【例10-4】在窗体上画一个图像控件（Image1），加载任意一幅图片，编写程序实现按下键盘上四个方向的箭头键，图像将按照箭头的方向移动。

问题分析：键盘上 4 个方向的箭头键（←、↑、→、↓），其 KeyCode 分别为 37、38、39、40。

```
Private Sub Form_KeyDown(KeyCode As Integer, Shift As Integer)
    Select Case KeyCode
        Case 37
            Image1.Left = Image1.Left - 100
        Case 38
            Image1.Top = Image1.Top - 100
        Case 39
            Image1.Left = Image1.Left + 100
        Case 40
            Image1.Top = Image1.Top + 100
    End Select
End Sub
```

# 10.2　鼠　标

在 Windows 环境下，鼠标是用户和应用程序交互操作的重要元素。VB 应用程序能够响应多种鼠标事件，除了鼠标事件，用户还可以通过设置鼠标属性确定鼠标的外形特征，通过鼠标的拖放来实现窗体上控件的移动。

## 10.2.1　鼠标属性

在使用 Windows 应用程序时，用户将鼠标光标指向应用程序窗口的不同位置，鼠标光标会呈现不同的形状，包括指向形、箭头形、十字形、沙漏形等。在 VB 应用程序中，用户可以通过设置鼠标的属性来改变鼠标光标的形状。决定鼠标外形特征的属性有：MousePointer 和 MouseIcon。

### 1. MousePointer 属性

鼠标光标的形状可以通过 MousePointer 属性来设置，该属性可以在设计模式下属性窗口中设置，也可以在程序代码中设置。其格式如下：

对象.MousePointer = Value

说明：Value 是 MousePointer 属性返回或设置的一个值，该值指定了程序运行中鼠标移动到某个对象时鼠标光标的形状。MousePointer 属性值是一个整型，取值范围为 0 ~ 15、99。MousePointer 属性值与对应鼠标光标形状如表 10-3 所示。

表 10-3　MousePointer 属性值与对应鼠标光标形状

| 常　　量 | 值 | 鼠 标 形 状 |
|---|---|---|
| vbDefault | 0 | （默认值）形状由对象决定 |
| vbArrow | 1 | 箭头 |
| vbCrosshair | 2 | 十字形 |
| vbIbeam | 3 | I 型 |
| vbIconPointer | 4 | 图标（矩形内的小矩形） |
| vbSizePointer | 5 | 尺寸线（指向东、南、西和北四个方向的箭头） |
| vbSizeNESW | 6 | 右上-左下尺寸线（指向东北和西南方向的双箭头） |

| 常 量 | 值 | 鼠 标 形 状 |
| --- | --- | --- |
| vbSizeNS | 7 | 垂直尺寸线（指向南和北方向的双箭头） |
| vbSizeNWSE | 8 | 左上-右下尺寸线（指向东南和西北方向的双箭头） |
| vbSizeWe | 9 | 水平尺寸线（指向东和西方向的双箭头） |
| vbUpArrow | 10 | 向上箭头 |
| vbHourglass | 11 | 沙漏（表示等待状态） |
| vbNoDrop | 12 | 不允许放下（没有入口的一个圆形标记） |
| vbArrowHourglass | 13 | 箭头和沙漏 |
| vbArrowQuestion | 14 | 箭头和问号 |
| vbSizeAll | 15 | 四向尺寸线（指向上、下、左和右 4 个方向的箭头） |
| vbCustom | 99 | 通过 MouseIcon 属性所指定的自定义图标 |

在设计模式下，窗体或某个对象的 MousePointer 属性被设置为某个值，在运行模式下，当鼠标光标指向该对象时，鼠标的形状就按照设置的效果显示出来，当鼠标移开对象时，鼠标又恢复默认形状。也就是说，在不同的对象上，鼠标可以显示不同的形状和效果。

【例 10-5】设置鼠标光标形状。当鼠标光标移动到窗体内空白处时，变为十字形状，当鼠标光标移动到文本框时，变为沙漏形状，当鼠标光标移动到命令按钮时，变为箭头和沙漏形状。程序代码如下：

```
Private Sub Form_Load()
    Form1.MousePointer = 2        '十字形状
    Text1.MousePointer = 11       '沙漏形状
    Command1.MousePointer = 13    '箭头和沙漏形状
End Sub
```

### 2. MouseIcon 属性

鼠标的 MouseIcon 属性为用户提供了自定义鼠标图标的功能。用户在设计程序时，也可以根据自己的需要设计鼠标光标的形状。自定义鼠标光标由 MousePointer 和 MouseIcon 两个属性共同决定。先设置 MousePointer 属性为 99，再设置 MouseIcon 属性，其格式如下：

```
对象.MouseIcon = LoadPicture(Pathname)
```

说明：参数 Pathname 指字符串表达式，它是包含自定义图标文件的路径和文件名。

用户设置自定义鼠标光标形状，有两种方法：

① 在属性窗口中设置自定义鼠标光标形状。首先选定对象，在其属性窗口中设置 MousePointer 属性值为 99，然后设置 MouseIcon 属性，加载一个图标文件（扩展名为.ico 或.cur）即可。

② 在程序代码中设置自定义鼠标光标形状。先将对象的 MousePointer 属性赋值为 99，然后利用 LoadPicture()函数将一个图标文件赋值给 MouseIcon 属性。

## 10.2.2 鼠标事件

鼠标事件除了最常用的 Click 和 DblClick 之外，还可以识别按下或放开某个鼠标键而触发的事件。VB 提供了按下鼠标事件 MouseDown、放开鼠标事件 MouseUp、移动鼠标光标事件 MouseMove。单击鼠标事件、按下鼠标事件、放开鼠标事件的执行顺序是：MouseDown、MouseUp、Click。

### 1. MouseDown 事件和 MouseUp 事件

MouseDown 事件在按下任意一个鼠标按键时被触发；MouseUp 事件在释放任意一个鼠标按键时被触发，MouseDown 和 MouseUp 事件过程格式如下：

```
Private Sub 对象名_MouseDown(Button As Integer, Shift As Integer, X As Single, _
Y As Single)
    ...
End Sub

Private Sub 对象名_MouseUp(Button As Integer, Shift As Integer, X As Single, _
Y As Single)
    ...
End Sub
```

说明：

① 参数 Button 用来表示是按下或释放了哪个鼠标键，用二进制形式表示。其中最低位表示左按键，倒数第二位表示右按键，倒数第三位表示中间按键。当按下或释放某个按键时，相应的位被置 1，否则置 0。Button 取值与鼠标按键状态的对应关系如表 10-4 所示。

表 10-4　Button 参数

| 符 号 常 量 | 十 进 制 | 二 进 制 | 作　　用 |
|---|---|---|---|
| Left_Button | 1 | 001 | 按下左键 |
| Right_Button | 2 | 010 | 按下右键 |
|  | 3 | 011 | 同时按左右键 |
| Middle_Button | 4 | 100 | 按下中间键 |

② Shift 参数同键盘的 KeyDown 和 KeyUp 事件中的 Shift 参数。

③ 参数 X、Y 指鼠标光标的当前位置。

【例 10-6】Button 参数示例。程序代码如下：

```
Private Sub Form_MouseDown(Button As Integer, Shift As Integer, X As Single, _
Y As Single)
    If Button = 1 Then Print "按下左键"
    If Button = 2 Then Print "按下右键"
End Sub
```

运行程序，分别单击鼠标左键与右键，窗体上输出两行信息：

按下左键
按下右键

【例 10-7】Shift 参数和 Button 参数示例。程序代码如下：

```
Private Sub Form_MouseDown(Button As Integer, Shift As Integer, X As Single, _
Y As Single)
    If Shift = 1 And Button = 1 Then
        Print "同进按下 Shift 键和鼠标左键"
    ElseIf Shift = 2 And Button = 2 Then
        Print "同时按下 Ctrl 键和鼠标右键"
    ElseIf Shift = 4 And Button = 1 Then
        Print "同进按下 Alt 键和鼠标左键"
    ElseIf Shift = 3 And Button = 2 Then
        Print "同时按下 Ctrl、Shift 键和鼠标右键"
    ElseIf Shift = 5 And Button = 1 Then
```

```
    Print "同时按下 ALt、Shift 键和鼠标左键"
ElseIf Shift = 6 And Button = 2 Then
    Print "同时按下 Alt、Ctrl 键和鼠标右键"
ElseIf Shift = 7 And Button = 1 Then
    Print "同时按下 Alt、Ctrl、Shift 键和鼠标左键"
End If
End Sub
```

程序运行时，分别按下【Ctrl】键、【Alt】键或【Shift】键及任意两个组合键或三个组合键与鼠标左键或右键，观察窗体上的输出结果。

### 2. MouseMove 事件

MouseMove 事件在移动鼠标时被触发，其格式如下：

```
Private Sub 对象名_MouseMove(Button As Integer, Shift As Integer, X As Single, _
Y As Single)
    ...
End Sub
```

【例 10-8】在窗体上画图，按下鼠标左键并移动鼠标画直径为 200 的红色空心圆，按下鼠标右键并移动鼠标，画直径为 200 的蓝色空心圆。程序代码如下：

```
Private Sub Form_MouseMove(Button As Integer, Shift As Integer, X As Single, _
Y As Single)
    If Button = 1 Then
        Circle (X, Y), 100, RGB(255, 0, 0)
    ElseIf Button = 2 Then
        Circle (X, Y), 100, RGB(0, 0, 255)
    End If
End Sub
```

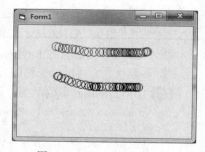

图 10-1　MouseMove 事件

运行程序，分别按下鼠标左键与右键拖动鼠标，结果如图 10-1 所示。

说明：当按下鼠标键并移动鼠标在窗体上画空心圆时，若缓慢移动鼠标，则画的圆会比较密集，而快速移动鼠标，则画的圆会比较稀疏。

## 10.2.3　鼠标的拖放

在设计 VB 应用程序时，有时需要在窗体上用鼠标拖动对象并改变其位置，这就必须使用鼠标的拖放操作。拖放操作由鼠标的拖动（Drag）和放下（Drop）两个操作动作组成，将鼠标光标指向某对象，然后按住鼠标按键并移动鼠标，使得该对象也随之移动的操作称为拖动；当对象到达目的位置后，释放鼠标按键的操作称为放下，这两个操作实现了对象的移动。

### 1. 拖放的属性

与拖放操作有关的属性有两个，分别是 DragMode 属性和 DragIcon 属性。DragMode 属性决定对象的拖放模式；DragIcon 属性为被拖动对象指定了拖动时的图标。

（1）DragMode 属性

对象的拖放有自动拖放和手动拖放两种方式，由源对象的 DragMode 属性来设置。DragMode 属性默认值为 0 – Manual，表示手动拖放方式，需要编写程序才能拖动源对象，即在源对象的 MouseDown 事件中，用 Drag 方法启动拖放操作。

当 DragMode 属性值设置为 1- Automatic 时，表示自动拖放方式。当源对象的 DragMode 属性值设置为 1 时，它就不再接收 Click、MouseMove、MouseDown 和 MouseUp 事件。在此模式下，用户在源对象上按下鼠标左键，并同时拖动鼠标，该对象的图标便随鼠标移动到目标对象上，当释放鼠标时触发目标对象的 DragDrop 事件。如果在目标对象的 DragDrop 事件中没有编程，源对象本身不会移动到新位置或被添加到目标对象中，因此需要在目标对象的 DragDrop 事件中编写相应的程序才能实现真正的拖动。

如果在源对象被拖动到目标对象的过程中，还经过了其他对象，则在这些对象上会产生 DragOver 事件，在目标对象上也会产生 DragOver 事件，这个事件发生在 DragDrop 事件之前。

该属性可以在属性窗口中设置，也可以在程序代码中设置。

（2）DragIcon 属性

拖动对象时，代表源对象的图标或边框在跟随鼠标指针移动，并不是对象本身在移动。也就是说，拖动一个对象，这个对象就变成一个图标，等放下后再恢复成原来的对象。DragIcon 属性设置源对象被拖动时显示的图标，如果没有设置源对象的 DragIcon 属性，灰色的边框作为默认的拖动图标；若对 DragIcon 属性进行设置，可用加载的图标文件（扩展名为.cur 或.ico）作为拖动时的图标。

该属性可以在属性窗口中设置，也可以通过 LoadPicture 函数在程序代码中实现。

**2. 拖放的事件**

与拖放操作有关的事件有两个，分别是 DragDrop 和 DragOver 事件，这两个事件发生在目标对象上。

（1）DragDrop 事件

将源对象拖放到目标对象后释放鼠标，或使用 Drag 方法结束拖动并释放源对象，都会在目标对象上触发 DragDrop 事件。其格式如下：

```
Private Sub 对象名_DragDrop([Index As Integer,] Source As Control, X As Single, _
Y As Single)
    …
End Sub
```

说明：

① 参数 Index 用于控件数组，用来唯一标识在控件数组中的一个控件，如果没有控件数组则不会出现该参数。

② 参数 Source 是指被拖放的控件。

③ 参数 X、Y 是指鼠标指针在目标对象中的位置。

④ 对象名是指目标对象名。

（2）DragOver 事件

当用户使用鼠标拖动源对象，并经过目标对象时，无论鼠标是否释放，都会触发目标对象的 DragOver 事件，其格式如下：

```
Private Sub 对象名_DragOver([Index As Integer,]Source As Control, X As Single, _
Y As Single, State As Integer)
    …
End Sub
```

说明：State 参数是一个整数，表示源对象和目标对象之间相对位置的变化，其值和含义如表 10-5 所示。

表 10-5   State 参数

| 值 | 内部常量 | 含 义 |
|----|----------|-------|
| 0 | vbEnter | 进入（拖动对象时，鼠标指针正从目标对象外面通过边界进入目标对象的区域） |
| 1 | vbLeave | 离去（拖动对象时，鼠标指针正在离开目标对象的边界区域） |
| 2 | vbOver | 跨越（拖动对象时，鼠标指针正在目标对象的边界区域内移动） |

其他参数含义同 DragDrop 事件过程。

### 3. 拖放的方法

与拖放操作相关的方法是 Drag 方法。Drag 方法只有在被拖动的对象以手动拖放时才有意义，即将 DragMode 属性设置为默认值 0，然后使用 Drag 方法开始拖动或者停止拖动。其格式如下：

对象名.Drag [Action]

说明：Action 参数是一个整数，表示 Drag 方法要执行的具体动作，其值和含义如表 10-6 所示。

表 10-6   Action 参数

| 值 | 内部常量 | 含 义 |
|----|----------|-------|
| 0 | vbCancel | 取消拖动操作 |
| 1 | vbBeginDrag | 开始拖动操作(默认值) |
| 2 | vbEndDrag | 结束拖动操作 |

【例 10-9】自动拖放示例。在窗体上画一个图片框控件（Picture1），加载任意一幅图片，编写程序实现拖放图片框控件，将图片框移动到鼠标的当前位置。程序代码如下：

```
Private Sub Form_Load()
    Picture1.DragMode = 1
End Sub


Private Sub Form_DragDrop(Source As Control, X As Single, Y As Single)
    Source.Move X, Y
End Sub
```

【例 10-10】手动拖放示例。在窗体上画一个图片框控件（Picture1），加载任意一幅图片，编写程序实现拖放图片框控件，将图片框移动到鼠标的当前位置。程序代码如下：

```
Private Sub Form_Load()
    Picture1.DragMode = 0
End Sub


Private Sub Form_DragDrop(Source As Control, X As Single, Y As Single)
    Source.Move X, Y
End Sub


Private Sub Picture1_MouseDown(Button As Integer, Shift As Integer, X As Single, _
Y As Single)
    Picture1.Drag 1
End Sub


Private Sub Picture1_MouseUp(Button As Integer, Shift As Integer, X As Single, _
Y As Single)
    Picture1.Drag 2
End Sub
```

【例10-11】在窗体上画一个图像控件 Image1 作为拖动源对象，其 Stretch 属性设置为 True，一个图片框控件 Picture1，一个命令按钮控件 Command1，标题为重置，编写程序实现对象的手动拖放功能。要求：鼠标可把源对象拖放到窗体的任何位置，鼠标拖动源对象经过 Picture1 时，实现将 Image1 控件中的图片拖放到 Picture1 上，单击"重置"按钮，实现图像控件重置的功能，初始界面如图 10-2 所示。

```
Private Sub Form_Load()
    Image1.Picture = LoadPicture("D:\图片 1.jpg")
End Sub

Private Sub Image1_MouseDown(Button As Integer, Shift As Integer, X As Single, _
Y As Single)
    Image1.Drag 1
End Sub

Private Sub Image1_MouseUp(Button As Integer, Shift As Integer, X As Single, _
Y As Single)
    Image1.Drag 2
End Sub

Private Sub Picture1_DragOver(Source As Control, X As Single, Y As Single, State _
As Integer)
    Picture1.Picture = Source.Picture
    Source.Visible = False
End Sub

Private Sub Command1_Click()
    Image1.Visible = True
    Picture1.Picture = LoadPicture("")
End Sub

Private Sub Form_DragDrop(Source As Control, X As Single, Y As Single)
    Source.Move X, Y
End Sub
```

程序运行时，鼠标把图像 Image1 拖放到窗体的任何位置，触发 Form_DragDrop 事件；当鼠标拖动图像 Image1 经过图片框 Picture1 时，触发 Picture1_DragOver 事件，实现将 Image1 中的图片拖放到 Picture1 上，运行界面如图 10-3 所示；单击"重置"按钮，恢复到初始界面。

图 10-2  初始界面

图 10-3  运行界面

# 10.3 菜 单

在 Windows 环境下，大多数应用程序的用户界面都具有菜单，通过菜单能够方便地完成比较复杂的操作。菜单具有良好的人机对话界面，实现了对命令的分组，使用户能够方便地选择这些命令。VB 中的菜单可分为两种基本类型，即下拉式菜单和弹出式菜单，下拉式菜单一般位于窗口标题栏的下面，称为菜单栏；弹出式菜单是指右击时弹出的与当前操作有关的菜单，又称上下文菜单。在 VB 中，这两种类型的菜单都是用"菜单编辑器"制作的。

## 10.3.1 菜单编辑器

使用 VB 提供的菜单编辑器，可以制作或者修改菜单。

### 1. 打开"菜单编辑器"

当前操作界面是窗体时，有以下几种方法可打开"菜单编辑器"，菜单编辑器界面如图 10-4 所示。

① 选择"工具"→"菜单编辑器"命令。

② 按【Ctrl+E】组合键。

③ 单击标准工具栏中的"菜单编辑器"按钮。

④ 在要制作菜单的窗体上右击，在弹出的快捷菜单中选择"菜单编辑器"命令。

### 2. 菜单编辑器对话框的组成

菜单编辑器对话框分为三部分：数据区、编辑区和菜单项显示区。

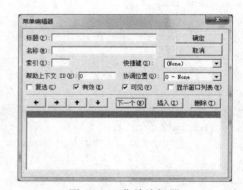

图 10-4　菜单编辑器

（1）数据区

用来输入或修改菜单项、设置属性。数据区有标题、名称、索引、快捷键、帮助上下文、协调位置、复选、有效、可见和显示窗口列表。

① 标题：用来输入所建立的菜单标题，相当于控件的 Caption 属性。在输入菜单标题时，如果在字母前加&，则显示菜单时在该字母下加上一条下画线，即设置了访问键，同时按【Alt】键和该访问键，即可打开命令菜单；如果只输入减号（–），则可在菜单中加入一条分隔线。

② 名称：用来输入所建立的菜单名称，相当于控件的 Name 属性，该项不可缺省。

③ 索引：是一个整数，用来确定菜单项对象在控件数组中的位置，相当于控件数组的 Index 属性。

④ 快捷键：用来设置菜单项的快捷键。单击右侧的下拉按钮，显示可提供使用的快捷键，选择一个快捷键实现该菜单命令的快捷操作。

⑤ 帮助上下文：是一个整数，这个值用来在帮助文件中找到相应的帮助主题。

⑥ 协调位置：用来确定菜单或菜单项是否出现或在什么位置出现。该列表有 4 个选项：

* 0–None：菜单项不显示。

* 1–Left：菜单项靠左显示。

* 2–Middle：菜单项居中显示。

* 3–Right：菜单项靠右显示。

⑦ 复选：当选择该项时即当该属性为 True 时，相应的菜单项前有"√"标记；如果该属性为

False，则相应的菜单项前没有"√"标记。

⑧ 有效：用来设置菜单项的操作状态，相当于控件的 Enabled 属性。在默认情况下，该属性设置为 True，菜单呈深颜色，表明相应的菜单项可以对用户事件作出响应，即菜单项是可以操作的；如果该属性为 False，则相应的菜单项会变为灰色，不响应用户事件，即菜单项是不可以操作的。

⑨ 可见：确定菜单项是否可见，相当于控件的 Visible 属性。在默认情况下，该属性为 True，即菜单项可见；如果该属性为 False，该菜单项将暂时从菜单中去掉，即菜单项不可见，当该属性改为 True 时，则该菜单项将重新出现在菜单中。

⑩ 显示窗口列表：当该选项被选中时，将显示当前打开的一系列子窗口（多窗口程序设计时，一般应选中这个选项）。

（2）编辑区

编辑区有上、下、左、右四个箭头、下一个、插入和删除共 7 个按钮，用来对输入的菜单项进行简单的编辑。

① 左、右箭头：用来产生或取消内缩符号（···），内缩符号确定菜单的层次。

② 上、下箭头：用来在菜单项显示区中移动菜单项的位置。

③ 下一个：建立一个新的菜单项。

④ 插入：用来插入一个新的菜单项。

⑤ 删除：用来删除当前菜单项。

（3）菜单项显示区

位于"菜单编辑器"对话框的下部，输入的菜单项在这里显示出来，并通过内缩符号表明菜单项的层次，条形光标所在的菜单项是"当前菜单项"。

说明：除分隔线外，所有的菜单项都可以接收 Click 事件。

### 10.3.2　下拉式菜单

窗口"菜单栏"中的菜单就是下拉式菜单，包含若干个主菜单，每个主菜单又可打开下拉菜单，称为菜单项或菜单命令，如果这个菜单命令后有三角形标志"▶"，表示该下拉菜单有子菜单，菜单中每一项都是命令的集合。菜单上有一些特殊的标志符号，代表了不同的含义，下面介绍各个标志符号所表示的含义。

①"√"符号：当某个菜单项之前有"√"标志符号时，说明该菜单项正在被使用，再次选择该菜单项，"√"标志符号就会消失。

②"●"符号：菜单中某些菜单命令是作为一个组集合在一起的，在这个组中只能选择某一项，组中选中的项前面会出现"●"符号。

③"▶"符号：当某个菜单项后面出现"▶"符号，表明这个菜单项还具有级联子菜单（下级子菜单）。

④"···"符号：如果某个菜单项后面出现"···"符号，选择该菜单项会弹出一个对话框。

⑤ 灰颜色菜单项（灰化）与深颜色菜单项：如果某个菜单项呈灰颜色显示说明此菜单项当前无法使用，即该菜单的 Enabled 属性为 False，也就是使用该菜单前要进行其他操作；如果某个菜单项呈深颜色显示，即该菜单的 Enabled 属性为 True，说明此菜单项当前可以使用。

【例 10-12】下拉式菜单示例。菜单编辑器中的内容如图 10-5 所示，设计的界面如图 10-6 所示。

建立下拉式菜单的操作步骤如下：

① 单击窗体，使窗体成为当前操作界面，单击标准工具栏中的"菜单编辑器"按钮，打开"菜单编辑器"对话框。

② 单击"标题"右侧的文本框，输入"计算(&C)"，再单击"名称"右侧的文本框，输入"M1"，单击"下一个"按钮，完成主菜单"计算"的制作。

③ 单击编辑区中的右箭头，出现内缩符号···，单击"标题"右侧的文本框，输入"加(&M)"，再单击"名称"右侧的文本框，输入"M1_1"，在"快捷键"右侧的下拉列表框中选择 Ctrl+A，单击"下一个"按钮，完成下拉菜单"加"的制作。

④ 单击"标题"右侧的文本框，输入"减(&N)"，再单击"名称"右侧的文本框，输入"M1_2"，在"快捷键"右侧的下拉列表框中选择 Ctrl+B，单击"下一个"按钮，完成下拉菜单"减"的制作。

⑤ 单击"标题"右侧的文本框，输入"−"，再单击"名称"右侧的文本框，输入"M1_A"，单击"下一个"按钮，完成分隔线的制作。

⑥ 同样的方法完成下拉菜单"乘"与"除"的制作。

⑦ 单击编辑区中的左箭头，取消内缩符号，单击"标题"右侧的文本框，输入"清除结束(&E)"，再单击"名称"右侧的文本框，输入"M2"，单击"下一个"按钮，完成主菜单"清除结束"的制作。

⑧ 同样的方法完成下拉菜单"清除"与"结束"的制作。

⑨ 同样的方法完成主菜单"帮助"的制作，最后单击"确定"按钮。

界面设置如下：

在窗体上画五个标签，AutoSize 属性设置为 True，Label1 的标题为"第一个数"，Label2 的标题为"第二个数"，Label3 的标题为"计算结果"，Label4 的标题为空，Label5 的标题为"="，Label4 与 Label5 的字号为三号，其他字号均为五号；再画三个文本框，Text 属性设置为空，Alignment 属性设置为 2，如图 10−6 所示。

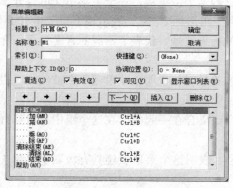

图 10−5　下拉式菜单

图 10−6　下拉式菜单示例

程序代码如下：

```
Private Sub M1_1_Click()
    Label4.Caption = "+"
    Text3 = Val(Text1) + Val(Text2)
End Sub
Private Sub M1_2_Click()
```

```
    Label4.Caption = "-"
    Text3 = Val(Text1) - Val(Text2)
End Sub
Private Sub M1_3_Click()
    Label4.Caption = "*"
    Text3 = Val(Text1) * Val(Text2)
End Sub
Private Sub M1_4_Click()
    Label4.Caption = "/"
    If Val(Text2.Text) = 0 Then
        MsgBox "除数不能为零，请重新输入"
        Text2.Text = ""
        Text2.SetFocus
    Else
        Text3 = Val(Text1) / Val(Text2)
    End If
End Sub
Private Sub M2_1_Click()
    Text1 = ""
    Text2 = ""
    Text3 = ""
    Text1.SetFocus
End Sub
Private Sub M2_2_Click()
    End
End Sub
```

说明：在输入代码时，要注意输入技巧。

单击"计算"菜单，再单击下拉菜单"加"，打开代码编辑器窗口，系统会自动给出 M1_1_Click() 事件过程代码框架，用户即可在其间输入相应代码，其他菜单事件的过程代码框架用同样的方法给出。

### 10.3.3 弹出式菜单

在 VB 中除了能制作下拉式菜单外，还能制作弹出式菜单，弹出式菜单可以在窗体的某个地方显示出来，对程序事件做出响应。弹出式菜单通常用于对窗体中某个特定对象有关的操作或选项进行控制，通过右击在窗体的相应位置打开，因而使用方便，具有较大的灵活性，几乎在所有对象上右击都可以显示一个弹出式菜单。

建立弹出式菜单通常分为两步：首先用菜单编辑器建立菜单，然后用 PopupMenu 方法弹出显示。

第一步：用菜单编辑器建立弹出式菜单的操作方法与建立下拉式菜单基本相同，唯一的区别是必须取消选择主菜单项的"可见"复选框，也就是不选中"可见"复选框，即将主菜单项的可见属性 Visible 设置为 False，其余菜单项的"可见"属性不能设置为 False。

第二步：用 PopupMenu 方法显示弹出式菜单，其格式为：

[对象名.]PopupMenu 菜单名[,Flags,X,Y,BoldCommand]

说明：

① "对象名"是窗体名，缺省表示当前窗体，如果需要弹出式菜单在其他窗体中显示，则必须加上窗体名。

② "菜单名"是在菜单编辑器中定义的主菜单项名称。

③ 参数 Flags 是一个数值或符号常量,用来指定弹出式菜单的位置及行为。其取值分为两组,一组用于指定弹出式菜单位置,如表 10-7 所示,另一组用于定义弹出式菜单行为,如表 10-8 所示。两组参数可以单独使用,也可以联合使用。当联合使用时,每组中取一个值,两个值相加;如果使用符号常量,则两个值用 Or 连接。

表 10-7　指定弹出式菜单位置

| 位置内部常量 | 值 | 作　用 |
|---|---|---|
| vbPopupMenuLeftAlign | 0 | X 坐标为弹出式菜单左边界 |
| vbPopupMenuCenterAlign | 4 | X 坐标为弹出式菜单中心位置 |
| vbPopupMenuRightAlign | 8 | X 坐标为弹出式菜单右边界 |

表 10-8　定义弹出式菜单行为

| 行为内部常量 | 值 | 作　用 |
|---|---|---|
| vbPopupMenuLeftButton | 0 | 通过单击选择菜单命令 |
| vbPopupMenuRightButton | 2 | 通过右击选择菜单命令 |

④ 参数 X,Y 是弹出式菜单在窗体上的显示位置(与 Flags 参数配合使用),如果缺省,则弹出式菜单在当前光标位置。

⑤ 参数 BoldCommand 用来指定在显示的弹出式菜单中,是否以粗体显示菜单项的名称,在弹出式菜单中只能有一个菜单项被加粗。

⑥ 为了显示弹出式菜单,通常把 PopupMenu 方法放在 MouseDown 事件中。一般情况下,该语句格式为 If Button = 2 Then PopupMenu 菜单名,右击响应 MouseDown 事件,显示弹出式菜单。

【例 10-13】弹出式菜单示例。在名称为 Forml 的窗体上画一个名称为 Text1 的文本框,建立一个名称为 PopFormat,标题为"弹出式菜单"的弹出式菜单,含 7 个菜单项,标题分别为"粗体""倾斜""下画线""隶书""楷体""20 磅""30 磅",名称分别为 PopBold、PopItalic、PopUnderline、PopLs、PopKt、Pop20、Pop30。请编写适当的事件过程,程序运行时在窗体上右击,弹出该菜单,单击一个菜单项后,则进行菜单标题所描述的操作。菜单编辑器中的内容如图 10-7 所示。

程序代码如下:

```
Private Sub Form_load()
    Text1.Text = "弹出式菜单"
End Sub

Private Sub Form_MouseDown(Button As Integer, Shift As Integer, X As Single, _
Y As Single)
    If Button = 2 Then PopupMenu PopFormat
End Sub

Private Sub Pop20_Click()
    Text1.FontSize = 20
End Sub

Private Sub Pop30_Click()
    Text1.Font.Size = 30
End Sub
```

```
Private Sub PopBold_Click()
    Text1.FontBold = True
End Sub

Private Sub PopItalic_Click()
    Text1.Font.Italic = True
End Sub

Private Sub PopKt_Click()
    Text1.FontName = "楷体"
End Sub

Private Sub PopLs_Click()
    Text1.Font.Name = "隶书"
End Sub

Private Sub PopUnderline_Click()
    Text1.FontUnderline = True
End Sub
```

运行界面如图 10-8 所示。

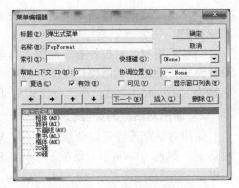

图 10-7　菜单编辑器

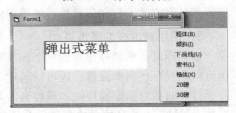

图 10-8　弹出式菜单示例

# 10.4　对　话　框

在图形用户界面中，对话框（DialogBox）是用户与应用程序交互的主要途径，它通过获取信息或显示信息与用户进行交流。用户可以利用对话框来显示信息，对话框也可以接收用户的输入。对话框不同于一个窗口，对话框通常没有菜单，不能改变大小。

VB 中的对话框分为三种：预定义对话框、自定义对话框、通用对话框。

① 预定义对话框：是由 VB 系统提供的，有两种类型，即 InputBox() 函数提供的输入框和 MsgBox() 函数提供的消息框。

② 通用对话框：是 VB 提供的一种特殊控件，利用这个控件，用户可以在窗体上创建一组基于 Windows 形式的标准对话框，如 "打开" 对话框、"另存为" 对话框、"打印" 对话框等。

③ 自定义对话框：是由用户根据自己的需要进行定义的。

除了预定义对话框，VB 允许用户根据需要，使用控件创建通用对话框，以及使用窗体创建自定义对话框。

### 10.4.1　通用对话框的基本知识

#### 1. 将通用对话框控件添加到工具箱中

通用对话框控件是一种 Active X 控件，它随 VB 系统提供给程序设计人员。在一般情况下，启动 VB 后，在工具箱中没有通用对话框控件，但可以把通用对话框控件添加到工具箱中。具体操作方法如下：

选择 "工程" → "部件" 命令，弹出 "部件" 对话框，选择 "控件" 选项卡，然后在 "控件" 列表框中选择 Microsoft Common Dialog Control 6.0 选项，如图 10-9

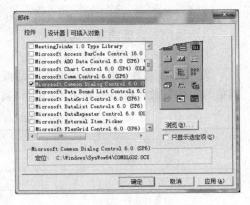

图 10-9　"部件" 对话框

所示，单击"确定"按钮即可将通用对话框控件添加到工具箱中。通用对话框控件在工具箱中的图标是🔲。

一旦通用对话框控件被添加到工具箱中，就可以像使用标准控件一样把它添加到窗体上，在设计模式，通用对话框控件以图标的形式显示，不能调整其大小，第一个通用对话框控件的默认名称为 CommonDialog1，在运行模式不可见。

**2．通用对话框的类型**

通用对话框控件可以创建 6 种不同类型的标准对话框：打开（Open）对话框、另存为（Save As）对话框、颜色（Color）对话框、字体（Font）对话框、打印（Printer）对话框和帮助（Help）对话框。

通用对话框是用户与应用程序进行信息交互的界面，但不能真正实现打开文件、保存文件、设置颜色和字体、打印等操作，如果要实现这些功能则需要编写相应的程序来实现。

**3．通用对话框的属性页**

由通用对话框控件建立的每个标准对话框都有特定的属性，这些属性可以在属性窗口中设置，也可以在程序代码中设置，还可以通过"属性页"对话框来设置。

打开通用对话框控件的"属性页"对话框的操作步骤如下：右击控件，在弹出的快捷菜单中选择"属性"命令（或单击窗体上放置的通用对话框控件，选择"视图"→"属性页"命令），弹出"属性页"对话框，如图 10-10 所示。"属性页"对话框中有 5 个选项卡，选择所需的选项卡，设置相应对话框的属性值。

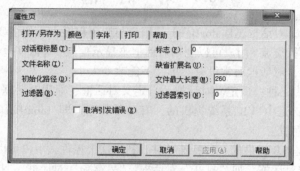

图 10-10　"属性页"对话框

**4．通用对话框的属性和方法**

这里只讲解通用对话框最基本的一些属性和方法。

（1）通用对话框的基本属性

① Name 属性：用来设置通用对话框的名称，第一个通用对话框的默认名称为 CommonDialog1。

② Action 属性：用来设置通用对话框的类型，它不能在属性窗口中设置，只能在程序中赋值。其值为一个整数，取值范围为 1～6，该属性值与打开的对话框类型如表 10-9 所示。

表 10-9　Action 属性、方法与通用对话框的类型

| 对话框类型 | Action 属性 | 方　　法 |
| --- | --- | --- |
| 打开对话框 | 1 | ShowOpen |
| 另存为对话框 | 2 | ShowSave |
| 颜色对话框 | 3 | ShowColor |

续表

| 对话框类型 | Action 属性 | 方　　法 |
| --- | --- | --- |
| 字体对话框 | 4 | ShowFont |
| 打印对话框 | 5 | ShowPrinter |
| 帮助对话框 | 6 | ShowHelp |

③ DialogTitle 属性：用来设置通用对话框的标题。

④ CancelError 属性：用来设置当用户单击"取消"按钮时是否产生错误信息。取值为 True 时，单击"取消"按钮时出现错误警告：选定"取消"的实时错误对话框；取值为 False 时，单击"取消"按钮时不出现错误警告。该属性值可以在属性窗口中设置，也可以在程序中赋值，默认值为 False。

（2）通用对话框的常用方法

通用对话框常用的方法有：ShowOpen、ShowSave、ShowColor、ShowFont、ShowPrinter、ShowHelp。用来设置通用对话框的类型，这些方法与 Action 属性值一一对应，如表 10-9 所示。

方法的格式是：通用对话框控件名.方法

### 10.4.2　文件对话框

文件对话框分为两种，即打开（Open）对话框和另存为（Save As）对话框。

#### 1．打开对话框

在程序中，使用 ShowOpen 方法或者设置通用对话框的 Action 属性为 1，当程序运行执行此语句时，便弹出打开对话框，如图 10-11 所示。它为用户提供了一个标准用户界面，以供用户选择所要打开文件的位置和文件名。

图 10-11　打开对话框

说明：打开对话框仅仅提供一个打开文件的用户界面以供用户选择要打开的文件，但并不能真正打开一个文件，如果要真正打开文件还需要编写相应程序来实现。

#### 2．另存为对话框

在程序中，使用 ShowSave 方法或者设置通用对话框的 Action 属性为 2，当程序运行执行此语句时，便弹出另存为对话框，如图 10-12 所示。它为用户提供了一个标准用户界面，以供用户选择或输入所要保存文件的位置和文件名。

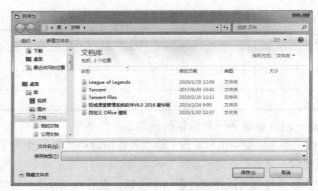

图 10-12　另存为对话框

说明：另存为对话框不能真正保存一个文件，如果要真正保存文件还需要编写相应程序来实现。

### 3．文件对话框常用属性

对于文件对话框来说，除了通用对话框的基本属性外，还有自身特有的属性。

① DialogTitle 属性：用来设置通用对话框的标题，在缺省情况下，打开对话框的标题是"打开"，另存为对话框的标题是"另存为"。

② FileName 属性：用来设置或返回要打开或保存文件的路径和文件名。

③ FileTitle 属性：用来指定文件对话框中所选择的文件名（不包含路径）。

FileName 属性与 FileTitle 属性的区别是：FileName 用来指定完整的路径和文件名，如 d:\aa\a.frm；而 FileTitle 只指定文件名，如 a.frm。

④ Filter 属性：确定文件列表框中所显示文件的类型。该属性可以设置多个文件类型，供用户在对话框的"文件类型"下拉列表中选择。其语法格式为：

通用对话框控件名.Filter = 描述符 1 | 过滤器 1 | 描述符 2 | 过滤器 2 | …

例如：CommonDialog1.Filter = "所有文件(*.*)|*.*|Word 文档(*.doc)|*.doc|文本文件(*.txt)|*.txt"，则"文件类型"下拉列表中有：所有文件(*.*)、Word 文档(*.doc)、文本文件(*.txt)。

⑤ FilterIndex 属性：用来设置默认的过滤器。用 Filter 属性设置多个过滤器后，每个过滤器都有一个值，第一个过滤器的值为 1，第二个过滤器的值为 2，……，用 FilterIndex 属性可以指定作为默认显示的过滤器。其默认值为 1，即把第一个过滤器作为默认显示的过滤器。

例如：CommonDialog1.FilterIndex = 3，则将第三个过滤器作为默认显示的过滤器。

⑥ InitDir 属性：用来指定文件对话框中的初始目录。

【例 10-14】打开对话框示例。在窗体上画一个通用对话框，名称为 CD1，画一个命令按钮，名称为 Command1，程序代码如下：

```
Private Sub Command1_Click()
    CD1.DialogTitle = "打开文件"
    CD1.Filter = "所有文件(*.*)|*.*|Word 文档(*.doc)|*.doc|文本文件(*.txt)|*.txt"
    CD1.FilterIndex = 3
    CD1.Action = 1
    Print CD1.FileName
    Print CD1.FileTitle
End Sub
```

运行程序，单击命令按钮 Command1，打开"打开文件"对话框，如图 10-13 所示，选择文本文件 REDIST.TXT，单击"打开"按钮，在窗体上的输出结果如图 10-14 所示。

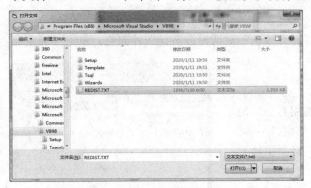

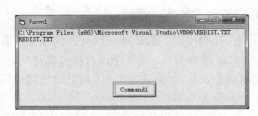

图 10-13 打开文件对话框　　　　　　　　　　　图 10-14 输出界面

【例 10-15】另存为对话框示例。在窗体上画一个通用对话框，名称为 CD1，画一个命令按钮，名称为 Command1，程序代码如下：

```
Private Sub Command1_Click()
    CD1.DialogTitle = "保存文件"
    CD1.Filter = "所有文件(*.*)|*.*|Word文档(*.doc)|*.doc|文本文件(*.txt)|*.txt"
    CD1.FilterIndex = 2
    CD1.ShowSave
End Sub
```

运行程序，单击命令按钮 Command1，打开"保存文件"对话框，如图 10-15 所示。

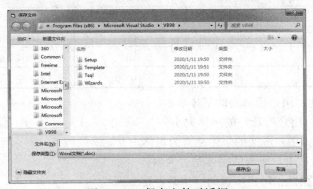

图 10-15 保存文件对话框

### 10.4.3 颜色对话框

在程序中，使用 ShowColor 方法或者设置通用对话框的 Action 属性为 3，当程序运行执行此语句时，便弹出颜色对话框，如图 10-16 所示。该对话框可供用户从调色板中选择颜色，或创建和选择自定义颜色。

颜色对话框最主要的属性是 Color 属性，用来设置或返回选定的颜色。用户在调色板中选择一个颜色，并单击"确定"按钮，被选择的颜色值便赋值给 Color 属性。

【例 10-16】颜色对话框示例。在窗体上画一个通用对话框，名称为 CD1，画一个命令按钮，名称为 Command1，程序代码如下：

```
Private Sub Command1_Click()
```

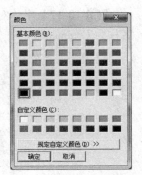

图 10-16 颜色对话框

```
        CD1.Action = 3
        Form1.BackColor = CD1.Color
    End Sub
```

运行程序，单击命令按钮 Command1，打开"颜色"对话框，选择一种颜色，单击"确定"按钮，窗体的背景就改为这种颜色。

### 10.4.4　字体对话框

在程序中，使用 ShowFont 方法或者设置通用对话框的 Action 属性为 4，当程序运行执行此语句时，弹出"字体"对话框，如图 10-17 所示。该对话框可供用户选择字体、字形及大小等。

对于字体对话框来说，除了通用对话框的基本属性外，还有自身特有的属性。

① Flags 属性：用来设置使用字体的类型。在显示字体对话框之前必须设置此属性值，否则该属性不起作用。该属性可以用符号常量来表示，也可以用十进制或十六进制表示。如果需要同时使用多项，可用 Or 运算符连接。字体对话框中常用的 Flags 属性值如表 10-10 所示。

图 10-17　字体对话框

表 10-10　字体对话框体中 Flags 属性的取值

| 内 部 常 量 | 十 进 制 值 | 十六进制值 | 作　　　用 |
|---|---|---|---|
| cdlCFScreenFonts | 1 | &H1 | 显示屏幕字体 |
| cdlCFPrinterFonts | 2 | &H2 | 列出打印机字体 |
| cdlCFBoth | 3 | &H3 | 列出打印机和屏幕字体 |
| cdlCFEffects | 256 | &H100 | 允许删除线、下画线和颜色 |

② FontName 属性：用户所选定的字体名称。

③ FontSize 属性：用户所选定的字体大小。

④ FontBold 属性：用户所选的字体是否为粗体。

⑤ FontItalic 属性：用户所选的字体是否为斜体。

⑥ FontUnderline 属性：用户所选的字体是否带下画线。

⑦ FontStrikethru 属性：用户所选的字体是否带删除线。

⑧ Color 属性：用户所选字体的颜色。

【例 10-17】字体对话框示例，在窗体上画一个通用对话框，名称为 CD1，画一个命令按钮，名称为 Command1，一个文本框，名称 Text1，程序代码如下：

```
Private Sub Command1_Click()
    CD1.Flags = cdlCFBoth Or cdlCFEffects
    CD1.ShowFont
    Text1.Font.Name = CD1.FontName
    Text1.Font.Size = CD1.FontSize
    Text1.FontBold = CD1.FontBold
    Text1.FontItalic = CD1.FontItalic
    Text1.FontStrikethru = CD1.FontStrikethru
    Text1.FontUnderline = CD1.FontUnderline
```

```
    Text1.ForeColor = CD1.Color
End Sub

Private Sub Form_Load()
    Text1.Text = "字体属性"
End Sub
```

运行程序，单击命令按钮 Command1，打开"字体"对话框，如图 10-18 所示，在"字体"列表框中选择"楷体"，在"字形"列表框中选择"粗体"，在"大小"列表框中选择"三号"，选中"效果"框架中的"删除线"和"下画线"复选框，在"颜色"下拉列表框中选择"红色"，在"字符集"下拉列表框中选择"中文 GB2312"，单击"确定"按钮，文本框中文字效果如图 10-19所示。

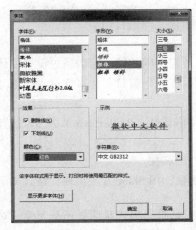

图 10-18  字体对话框示例

图 10-19  文字效果

## 10.4.5  打印对话框

在程序中，使用 ShowPrinter 方法或者设置通用对话框的 Action 属性为 5，当程序运行执行此语句时，便弹出打印对话框，如图 10-20 所示。该对话框可供用户选择要使用的打印机、可设置打印的范围及打印份数等。打印对话框并不能处理打印工作，仅仅提供给用户选择打印参数的界面，所选参数存于各属性中，再通过编写程序来实现打印机操作。

对于打印对话框来说，除了通用对话框的基本属性外，还有自身特有的属性。

① Copies 属性：设置打印的份数。

② FromPages 属性：设置打印的起始页码。

③ ToPages 属性：设置打印的终止页码。

④ Min 属性：设置打印的最小页数。

⑤ Max 属性：设置打印的最大页数。

图 10-20  打印对话框

## 10.4.6  帮助对话框

在程序中，使用 ShowHelp 方法或者设置通用对话框的 Action 属性为 6，当程序运行执行此语句时，便弹出帮助对话框。该对话框使用 Windows 标准的帮助窗口，为用户提供在线帮助。

### 10.4.7　自定义对话框

除了系统所提供的对话框以外，用户有时需要和系统交互一些自定义的信息，这时用户就可以根据自己的需要创建自定义对话框。例如，一个应用程序在访问之前要求用户输入用户名和密码，这时就需要一个自定义对话框，询问用户名和密码，如图 10–21 所示，检查其有效性，用户名与密码正确才允许用户在应用程序中继续工作。

根据自定义对话框的行为性质，自定义对话框可以分为两类：模式对话框和无模式对话框。

图 10–21　自定义对话框

- 模式对话框：必须关闭模式对话框，才能继续执行应用程序的其他部分。当显示一个模式对话框时，它不允许用户完成模式对话框以外的任何操作。
- 无模式对话框：可以使用户在对话框和其他窗体之间进行切换，而不必关闭对话框。

创建自定义对话框，先在窗体上添加对话框中所需要的控件，然后通过设置窗体的边框风格属性来定义窗体的外观，使其具有对话框风格，最后在代码窗口创建事件过程，编写代码实现对话框的功能。自定义对话框具体操作步骤如下：

① 在工程中建立一个窗体，设计窗体的边框风格属性（BorderStyle）为 3，使其具有对话框风格。

② 在对话框中添加所需要的控件，并设置控件的属性。

③ 在代码编辑器窗口中编写代码，来显示对话框，用 Show 方法实现，格式如下：

```
窗体名.Show [显示方式][,父窗体]
```

说明：显示方式是一个可选的整数，用于决定对话框是模式对话框还是无模式对话框，默认值为 0。如果该参数为 0（或 vbModaless），则为无模式对话框；如果该参数为 1（或 vbModal），则为模式对话框。如果要使对话框随其父窗体的关闭而关闭，需要定义父窗体参数。

④ 根据实际需求创建事件过程，编写代码实现对话框的功能。

⑤ 编写代码退出对话框。将对话框从内存中删除使用 Unload 语句实现，将对话框隐藏而没有从内存删除使用 Hide 方法实现。例如：

```
Form1.Show vbModaless            '将窗体 Form1 设置为无模式对话框
Form2.Show vbModal               '将窗体 Form2 设置为模式对话框
Form2.Show vbModalless, Form1    '将窗体 Form2 设置为无模式对话框，Form1 为其父窗体
Unload Form2                     '将对话框 Form2 从内存中删除
Fom1.Hide                        '将对话框 Form1 隐藏，并没有从内存中删除
```

## 10.5　ActiveX 控件

ActiveX 控件是 VB 和第三方开发商提供的控件，是 VB 标准控件的扩充，一般情况下，工具箱中没有 ActiveX 控件，用户需要将 ActiveX 控件添加到工具箱中，才能和标准控件一样使用。

### 10.5.1　Slider 控件

Slider 控件即滑动器控件，包含一个滑块和可选择刻度标记，与滚动条控件类似，可以通过拖动滑块和单击滑块两侧等操作，改变滑块位置。

将滑动器控件添加到工具箱中的操作方法如下：选择"工程"→"部件"命令，弹出"部件"

对话框，选择"控件"选项卡，在"控件"列表框中选择"Microsoft Windows Common Controls 6.0"选项，单击"确定"按钮，将若干控件添加到工具箱中。滑动器控件在工具箱中的图标是：⊩⊐。

### 1. Slider 控件的常用属性

Slider 控件除了具有 Enabled、Visible、Top、Left、Height、Width 等一些常用属性和与滚动条相似的 Value、Max、Min、SmallChange、LargeChange 等属性外，还具有以下几个属性：

① Name 属性：用来设置 Slider 控件的名称，第一个 Slider 控件的默认名称为 Slider1。

② Orientation 属性：用于设置 Slider 控件在窗体界面上的放置方向。共有两个属性值：0–ccOrientationHorizontal 表示水平方向；1 – ccOrientationVertical 表示垂直方向，默认值为 0。

③ TickStyle 属性：用于确定 Slider 控件上显示刻度标线的样式和位置，共有四个属性值：0–sldBottomRight 表示刻度线位于水平控件的底部或垂直控件的右侧；1 – sldTopLeft 表示刻度线位于水平控件的顶部或垂直控件的左侧；2 – sldBtoth 表示刻度线位于控件的两侧；3 – sldNoTicks 表示控件中没有刻度线，默认值为 0。

④ TickFrequency 属性：用于设置滑块的滑动频率，即 Slider 控件上刻度标记的增量。

⑤ TextPosition 属性：用于设置用鼠标操作时，对当前刻度值的提示位置。共有两个属性值：0 – sldAboveLeft 表示文本显示在水平控件的上边或垂直控件的左边，1 – sldBelowRight 表示文本显示在水平控件的下边或垂直控件的右边。

### 2. Slider 控件的常用事件

Slider 控件的常用事件有：Click、Change 和 Scroll。

拖动滑块或单击滑块两侧时会触发 Scroll 事件，拖动滑块或单击滑块两侧或改变 Value 属性值会触发 Change 事件。

【例 10-18】Slider 控件示例。在窗体上画一个计时器控件 Timer1，两个标签控件，名称分别为 Label1 与 Label2，标题分别为"低速"和"高速"，AutoSize 属性为 True，画一个图像控件 Image1，Stretch 属性设置为 True，加载任意一幅小汽车图片，适当调整其位置与大小，再画一个滑动器控件 Slider1，其 Max 属性值为 15，Min 属性值为 1，LargerChange 为 3，通过拖动滑块改变图像控件中小汽车的行驶速度。

程序代码如下：

```
Private Sub Slider1_Change()
    Timer1.Interval = 200 - Slider1.Value * 10
End Sub
Private Sub Timer1_Timer()
    If Image1.Left < Form1.Width Then
        Image1.Left = Image1.Left + 100
    Else
        Image1.Left = 0
    End If
End Sub
```

运行界面如图 10–22 所示。

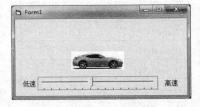

图 10–22　程序运行界面

### 10.5.2　SSTab 控件

SSTab 控件即选项卡控件，它是一个容器控件，使用 SSTab 控件，可以设计含有多个选项卡的界面，每个选项卡都可以像框架那样作为其他控件的容器，但同一时刻只有一个选项卡可以被激活，其余选项卡则被隐藏。

将选项卡控件添加到工具箱中的操作方法如下：选择"工程"→"部件"命令，弹出"部件"对话框，选择"控件"选项卡，在"控件"列表框中选择"Microsoft Tabbed Dialog Controls 6.0"选项，单击"确定"按钮，将若干控件添加到工具箱中。选项卡控件在工具箱中的图标是：∾。

SSTab 控件的常用属性有：

① Name 属性：用来设置 SSTab 控件的名称，第一个 SSTab 控件的默认名称为 SSTab1。

② Caption 属性：标题属性，用来设置选项卡的标题。

③ Tabs 属性：用于设置选项卡的个数。

④ TabsPerRow 属性：用于设置每一行上选项卡的个数。

⑤ Style 属性：用于设置选项卡的宽度，共有两个属性值：0 – ssStyleTabbedDialog 表示每行选项卡与 SSTab 控件等宽，1 –ssStypePropertyPage 表示每行选项卡自动适应标题宽度，默认值为 0。

⑥ Tab 属性：用于设置当前选项卡号。

⑦ TabOrientation 属性：用于设置选项卡的位置，共有四个属性值：0 – ssTabOrientationTop 表示选项卡在 SSTab 控件的顶部；1 – ssTabOrientationBotton 表示选项卡在 SSTab 控件的底部；2 – ssTabOrientationLeft 表示选项卡在 SSTab 控件的左边，3 – ssTabOrientation Right 表示选项卡在 SSTab 控件的右边，默认值为 0。

【例 10-19】SSTab 控件示例。通过选项卡选择字体、前景色和背景色。在窗体上画一个文本框 Text1，一个选项卡 SSTab1，选项卡的第一页画两个框架，每个框架内画一组单选按钮控件数组，含有三个元素；选项卡的第二页画一个框架，一个标签控件数组，含有三个元素，一个水平滚动条控件数组，含有三个元素；选项卡的第三页画一个框架，一个标签控件数组，含有三个元素，一个水平滚动条控件数组，含有三个元素，各个控件属性设置如表 10-11 所示。选择选项卡第一页上字体与字号，文本框中的文字被设置为相应的字体与字号；通过操作选项卡上第二页与第三页的滚动条数组进行红、绿、蓝三色配比，设置文本框的前景色和背景色。

表 10-11　控件属性设置

| 对　　　象 | 属　　　性 | 属　性　值 |
|---|---|---|
| Text1 | Alignment | 2 |
| | Text | 选项卡的使用 |
| | ForeColor | &H00000000 |
| | BackColor | &H00FFFFFF |
| SSTab1(第 1) | Caption | 字体 |
| Frame1 | Caption | 选择字体 |
| Option1(0) | Caption | 宋体 |
| Option1(1) | Caption | 楷体 |
| Option1(2) | Caption | 隶书 |
| Frame2 | Caption | 选择字号 |
| Option2(0) | Caption | 12 |
| Option2(1) | Caption | 16 |
| Option2(2) | Caption | 20 |
| SSTab1(第 2) | Caption | 前景色 |
| Frame3 | Caption | 选择前景色 |

续表

| 对　象 | 属　性 | 属　性　值 |
|---|---|---|
| Label1(0) | Caption | 红色 |
| | AutoSize | True |
| Label1(1) | Caption | 绿色 |
| | AutoSize | True |
| Label1(2) | Caption | 蓝色 |
| | AutoSize | True |
| HScroll1(0) | Min | 0 |
| | Max | 255 |
| | SmallChange | 1 |
| | LargeChang | 10 |
| HScroll1(1) | Min | 0 |
| | Max | 255 |
| | SmallChange | 1 |
| | LargeChang | 10 |
| HScroll1(2) | Min | 0 |
| | Max | 255 |
| | SmallChange | 1 |
| | LargeChang | 10 |
| SSTab1(第 3) | Caption | 背景色 |
| Frame3 | Caption | 选择背景色 |
| Label2(0) | Caption | 红色 |
| | AutoSize | True |
| Label2(1) | Caption | 绿色 |
| | AutoSize | True |
| Label2(2) | Caption | 蓝色 |
| | AutoSize | True |
| HScroll2(0) | Min | 0 |
| | Max | 255 |
| | SmallChange | 1 |
| | LargeChang | 10 |
| HScroll2(1) | Min | 0 |
| | Max | 255 |
| | SmallChange | 1 |
| | LargeChang | 10 |
| HScroll2(2) | Min | 0 |
| | Max | 255 |
| | SmallChange | 1 |
| | LargeChang | 10 |

程序代码如下：

```
Private Sub Form_Load()
    Option1(0).Value = True
    Option2(0).Value = True
    Text1.FontName = "宋体"
    Text1.Font.Size = 12
End Sub
Private Sub Option1_Click(Index As Integer)
    Select Case Index
        Case 0
            Text1.FontName = "宋体"
        Case 1
            Text1.FontName = "楷体"
        Case 2
            Text1.FontName = "隶书"
    End Select
End Sub
Private Sub Option2_Click(Index As Integer)
    Select Case Index
        Case 0
            Text1.FontSize = 12
        Case 1
            Text1.FontSize = 15
        Case 2
            Text1.FontSize = 18
    End Select
End Sub
Private Sub HScroll1_Change(Index As Integer)
    Text1.ForeColor = RGB(HScroll1(0), HScroll1(1), HScroll1(2))
End Sub
Private Sub HScroll2_Change(Index As Integer)
    Text1.BackColor = RGB(HScroll2(0), HScroll2(1), HScroll2(2))
End Sub
```

程序运行界面如图 10-23 所示。

图 10-23　程序运行界面

## 10.6　其他对象程序示例

【例 10-20】在窗体上画两个名称分别为 Command1 和 Command2、标题分别是"产生范文"和"结束"的命令按钮；两个名称分别为 Label1 和 Label2、标题分别为"范文"和"输入"；两个名称分别为 Text1 和 Text2，初始值为空的文本框；再画一个名称为 Label3、标题为"正确率"的标签，画一个名称为 Text3、初始内容为空的文本框。程序功能如下：单击"产生范文"命令按钮，则在 Text1 文本框中随机产生由 20 个字母组成的范文；用户可以在 Text2 文本框中依照范文输入相应字母，当输入字母达到 20 个之后，禁止向 Text2 输入内容，且在 Text3 文本框中显示输入的正确率；单击"结束"命令按钮，则结束程序运行。

程序代码如下：

```
Private Sub Command1_Click()
    Randomize
    Text2.Locked = False
    Text1 = "": Text2 = "": Text3 = ""
    For i = 1 To 20
        s = Chr$(Int(Rnd * 26) + 97)
        Text1 = Text1 + s
    Next
End Sub
Private Sub Text2_KeyPress(KeyAscii As Integer)
    Dim m As Integer, n As Integer
    If Len(Text2) = 20 Then
        Text2.Locked = True
        m = 0: n = 0
        For i = 1 To 20
            If Mid(Text2, i, 1) = Mid(Text1, i, 1) Then
                m = m + 1
            Else
                n = n + 1
            End If
        Next
        Text3 = m / (m + n) * 100 & "%"
    End If
End Sub
Private Sub Command2_Click()
    End
End Sub
```

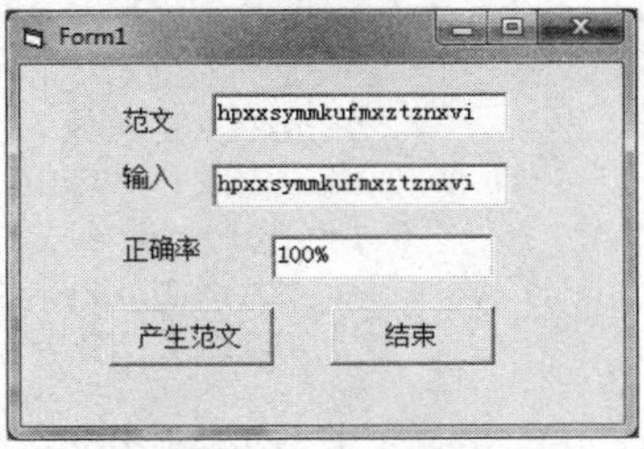

运行程序，单击"产生范文"按钮，在 Text2 中输入到第 21 个字符时结果在 Text3 中显示，如图 10-24 所示。

图 10-24  运行界面

【例 10-21】窗体上有个钟表图案，钟表上有一个名称 Shape1 的形状控件，其 Shape 属性为 3，Height 属性和 Width 属性为 1 500，Top 属性为 240，Left 属性为 720；代表指针的直线名称是 Line1，X1 与 X2 的值为 1 470，Y1 的值为 990，Y2 的值为 240，代表四个小刻度的直线名称分别为 Line2（X1 与 Y1 的值分别为 720、990，X2 与 Y2 的值分别为 820、990）、Line3（X1 与 Y1 的值分别为 1 470、240，X2 与 Y2 的值分别为 1 470、340）、Line4（X1 与 Y1 的值分别为 2 120、990，X2 与 Y2 的值分别为 2 220、990）和 Line5（X1 与 Y1 的值分别为 1 470、1 740，X2 与 Y2 的值分别为 1 470、1 640）；钟表下面有一个名称为 Label1 的标签，其 BorderStyle 属性为 1，还有表示钟表刻度值的四个标签，名称分别显 Label2、Label3、Label4 和 Label5，如图 10-2（a）所示。在运行时，若单击圆的边线，则指针指向单击的位置，如图 10-25（b）所示；若右击圆的边线，则指针恢复到起始位置，如图 10-25（a）所示；若单击或右击其他位置，则在标签上显示"鼠标位置不对"。程序中的 oncircle 函数的作用是判断单击的位置是否在圆的边线上（判断结果略有误差），是则返回 True，否则返回 False。

符号常量 x0、y0 是圆心距窗体左上角的距离；符号常量 radius 是圆的半径。

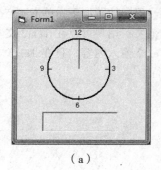
（a）

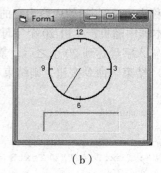
（b）

图 10-25　钟表

程序代码如下：

```
Option Explicit
Const y0& = 990, x0& = 1470, radius& = 750
Private Function oncircle(X As Single, Y As Single) As Boolean
    Dim precision As Long
    precision = 55000
    If Abs((X-x0) * (X-x0) + (y0-Y) * (y0-Y) - radius * radius) < precision Then
        oncircle = True
    Else
        oncircle = False
    End If
End Function

Private Sub Form_MouseDown(Button As Integer, Shift As Integer, X As Single, _
Y As Single)
    If oncircle(X, Y) Then
        Line1.X1 = x0
        Line1.Y1 = y0
        If Button = 1 Then
            Line1.X2 = X
            Line1.Y2 = Y
        Else
            Line1.X2 = Line1.X1
            Line1.Y2 = y0 - radius
        End If
        Label1.Caption = ""
    Else
        Label1.Caption = "鼠标位置不对"
    End If
End Sub
```

【例 10-22】在窗体上画两个选项按钮 Option1 与 Option2，标题分别为"阶乘"与"累加"，一个文本框 Text1，其 Text 属性为空，一个命令按钮 Command1，其标题为"计算"，建立一个下拉式菜单，菜单结构如图 10-26 所示。程序运行时，若选中"阶乘"单选按钮，则"1000"和"2000"菜单项不可用，若选中"累加"单选按钮，则"10"和"12"菜单项不可用。选中菜单中的一个菜单项后，单击"计算"按钮，则相应的计算结果显示在文本框中（例如：选中"阶乘"和"10"，则计算 10!，选中"累加"和"2000"，则计算 1+2+3+…+2000）。

程序代码如下：

```
Dim n As Integer
Private Sub Command1_Click()
    Dim p As Long, i As Integer
    If Option1.Value = True Then
        p = 1
        For i = 1 To n
            p = p * i
        Next i
    Else
        p = 0
        For i = 1 To n
            p = p + i
        Next i
    End If
    Text1.Text = Str(p)
End Sub

Private Sub m10_Click()
    n = 10
End Sub

Private Sub m2000_Click()
    n = 2000
End Sub

Private Sub m12_Click()
    n = 12
End Sub

Private Sub m1000_Click()
    n = 1000
End Sub

Private Sub Option1_Click()
    n = 0
    M1000.Enabled = False
    M2000.Enabled = False
    M10.Enabled = True
    M12.Enabled = True
End Sub

Private Sub Option2_Click()
    n = 0
    M10.Enabled = False
    M12.Enabled = False
    M1000.Enabled = True
    M2000.Enabled = True
End Sub
```

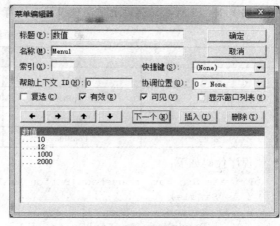

图 10-26　菜单

运行程序，选中"阶乘"单选按钮，单击菜单项"10"，再单击
"计算"按钮，结果如图 10-27 所示。

图 10-27　运行界面

【例 10-23】在窗体上建立一个弹出式菜单，菜单包括红色、绿色和蓝色，菜单的结构与属性

设置如表 10-12 所示，通过菜单实现设置窗体背景的功能。

**表 10-12　菜单结构与属性设置**

| 菜 单 标 题 | 菜 单 名 称 | 内 缩 符 号 | 可 见 性 |
|---|---|---|---|
| 背景 | PopBackColor | 无 | False |
| 红色 | PopRed | 1 | True |
| 绿色 | PopGreen | 1 | True |
| 蓝色 | PopBlue | 1 | True |

程序代码如下：

```
Private Sub Form_MouseDown(Button As Integer, Shift As Integer, X As Single, _
Y As Single)
    If Button = 2 Then
        PopupMenu PopBackColor
    End If
End Sub
Private Sub PopRed_Click()
    Form1.BackColor = vbRed
End Sub
Private Sub PopGreen_Click()
    Form1.BackColor = vbGreen
End Sub
Private Sub PopBlue_Click()
    Form1.BackColor = vbBlue
End Sub
```

运行程序，在窗体上右击，可显示弹出式菜单，分别选择不同颜色的菜单，即可看到窗体的背景色随之变化的效果。

【例 10-24】在窗体上画一个图像控件 Image1，Stretch 属性为 True，一个通用对话框控件，名称为 CD1，三个命令按钮，名称分别是为 Command1、Command2 与 Command3，标题分别为"加载图像""清除图像""结束"，程序的功能是单击"加载图像"按钮，通过通用对话框控件选择一个图像文件加载到图像控件中，单击"清除图像"按钮，清除图像控件中的图像，单击"结束"按钮，结束程序运行。

程序代码如下：

```
Private Sub Command1_Click()
    CD1.DialogTitle = "选择一个图片文件"
    CD1.Filter = "位图(*.bmp)|*.bmp|JPEG 图像(*.jpg)|*.jpg|GIF 图像(*.Gif)|*.Gif"
    CD1.FilterIndex = 2
    CD1.InitDir = "D:\"
    CD1.Action = 1
    Image1.Picture = LoadPicture(CD1.FileName)
End Sub

Private Sub Command2_Click()
    Image1.Picture = LoadPicture()
End Sub

Private Sub Command3_Click()
    End
End Sub
```

**习题**

**一、选择题**

1. 菜单编辑器建立菜单时，如果要在菜单中加入一个分隔符，菜单分隔符的标题必须设置为_____。

　　A. +　　　　　　　　B. -　　　　　　　　C. *　　　　　　　　D. /

2. 下列说法正确的是_____。

　　A. 任何时候都可以使用标准工具栏的"菜单编辑器"按钮打开菜单编辑器

　　B. 只有当代码窗口为当前活动窗口时，才能打开菜单编辑器

　　C. 只有当某个窗体为当前活动窗体时，才能打开菜单编辑器

　　D. 任何时候都可以选择"工具"→"菜单编辑器"命令，打开菜单编辑器

3. 假定有一个菜单项，名称为 MenuItem，为了在运行时使该菜单项失效（颜色变灰），应使用的语句为_____。

　　A. MenuItem.Enabled = False　　　　　　B. MenuItem.Enabled = True

　　C. MenuItem.Visible = True　　　　　　　D. MenuItem.Visible = False

4. 在用菜单编辑器设计菜单时，必须输入的项是_____。

　　A. 快捷键　　　　　B. 标题　　　　　　C. 索引　　　　　　D. 名称

5. 在 VB 中，要设置菜单项的访问键，应使用_____符号。

　　A. &　　　　　　　B. *　　　　　　　　C. $　　　　　　　　D. @

6. 设窗体的名称为 Form1，标题为 Win，则窗体的 MouseDown 事件过程的过程名是_____。

　　A. Form1_MouseDown　　　　　　　　　B. Win_MouseDown

　　C. Form_MouseDown　　　　　　　　　　D. MouseDown_Form1

7. 以下不属于键盘事件的是_____。

　　A. KeyDown　　　　B. KeyUp　　　　　C. Unload　　　　　D. KeyPress

8. 当用户按下并且释放一个键后，触发 KeyPress、KeyUp、KeyDown 事件，这三个事件先后发生的顺序是_____。

　　A. KeyPress、KeyDown、KeyUp　　　　　B. KeyPress、KeyUp、KeyDown

　　C. KeyDown、KeyPress、KeyUp　　　　　D. 没有规律

9. 下列说法正确的是_____。

　　A. KeyDown 事件在 KeyPress 事件前发生

　　B. KeyPress 过程不可以使用 Call 语句来调用

　　C. MouseUp 事件在 Click 事件之后发生

　　D. 控件响应 Click 事件后不再响应 MouseUp 事件

10. 以下说法中正确的是_____。

　　A. 当焦点在某个控件上时，按下一个字母键，就会执行该控件的 KeyPress 事件过程

　　B. 因为窗体不接受焦点，所以窗体不存在自己的 KeyPress 事件过程

　　C. 若按下的键相同，KeyPress 事件过程中的 KeyAscii 参数与 KeyDown 事件过程中的 KeyCode 参数的值也相同

　　D. 在 KeyPress 事件过程中，KeyAscii 参数可以省略

11. 要求当鼠标在图片框 P1 中移动时，立即在图片框中显示鼠标的位置坐标。下面能正确实现上述功能的事件过程是_____。

    A. `Private Sub P1_MouseMove(Button As Integer, Shift As Integer, X As Single, _`
       `Y As Single)`
         `Print X, Y`
       `End Sub`

    B. `Private Sub P1_MouseDown(Button As Integer, Shift As Integer, X As Single, _`
       `Y As Single)`
         `Picture.Print X, Y`
       `End Sub`

    C. `Private Sub P1_MouseMove(Button As Integer, Shift As Integer, X As Single, _`
       `Y As Single)`
         `P1.Print X, Y`
       `End Sub`

    D. `Private Sub Form_MouseMove(Button As Integer, Shift As Integer, X As Single, _`
       `Y As Single)`
         `P1.Print X, Y`
       `End Sub`

12. 以下关于菜单的叙述中，错误的是_____。

    A. 当前窗体为活动窗体时，按【Ctrl+E】键可以打开菜单编辑器

    B. 把菜单项的 Enabled 属性设置为 False，则可删除该菜单项

    C. 弹出式菜单在菜单编辑器中设计

    D. 程序运行时，利用控件数组可以实现菜单项的增加或减少

13. VB 中有三个键盘事件：KeyPress、KeyDown、KeyUp，若光标在 Text1 文本框中，则每输入一个字母_____。

    A. 这三个事件都会触发          B. 只触发 KeyPress 事件

    C. 只触发 KeyDown、KeyUp 事件    D. 不触发其中任何一个事件

14. 若有如下事件过程，当程序运行时，则可以肯定的是_____。

```
Private Sub Clk_MouseDown(Button As Integer, Shift As Integer, X As Single, _
Y As Single)
    Print "VB Program"
End Sub
```

    A. 单击名称为 Command1 的命令按钮时，执行此过程

    B. 单击名称为 MouseDown 的命令按钮时，执行此过程

    C. 右击名称为 MouseDown 的命令按钮时，执行此过程

    D. 单击或右击名称为 Clk 的控件时，执行此过程

15. 设工程中有两个窗体：Form1、Form2，Form1 为启动窗体，Form2 中有菜单。要求在程序运行时，在 Form1 的文本框 Text1 中输入口令并按【Enter】键（【Enter】键的 ASCII 码为 13）后，隐藏 Form1，显示 Form2。若口令为 Teacher，所有菜单项都可见，否则看不到"成绩录入"菜单项。为此，某人在 Form1 窗体文件中编写如下程序：

```
Private Sub Text1_KeyPress(KeyAscii As Integer)
    If KeyAscii = 13 Then
        If Text1.Text = "Teacher" Then
```

```
            Form2.input.Visible = True
        Else
            Form2.input.Visible = False
        End If
    End If
    Form1.Hide
    Form2.Show
End Sub
```

程序运行时发现刚输入口令时就隐藏了 Form1，显示了 Form2，程序需要修改。下面修改方案中正确的是_____。

A. 把 Form1 中 Text1 文本框及相关程序放到 Form2 窗体中

B. 把 Form1.Hide、Form2.Show 两行移到两个 End If 之间

C. 把 If KeyAscii=13 Then 改为 If KeyAscii="Teaeher" Then

D. 把两个 Form2.input.Visible 中的 "Form2" 删去

16. 有一个名称为 Form1 的窗体，设有以下程序（其中方法 PSet(X,Y)的功能是在坐标 X、Y 处画一个点）：

```
Dim cmdmave As Boolean
Private Sub Form_MouseDown(Button As Integer, Shift As Integer, X As Single, _
Y As Single)
    cmdmave = True
End Sub
Private Sub Form_MouseMove(Button As Integer, Shift As Integer, X As Single, _
Y As Single)
    If cmdmave Then
        Form1.PSet (X, Y)
    End If
End Sub
Private Sub Form_MouseUp(Button As Integer, Shift As Integer, X As Single, _
Y As Single)
    cmdmave = False
End Sub
```

此程序的功能是_____。

A. 每按下鼠标键一次，在鼠标所指位置画一个点

B. 按下鼠标键，则在鼠标所指位置画一个点；放开鼠标键，则此点消失

C. 不按鼠标键而拖动鼠标，则沿鼠标拖动的轨迹画一条线

D. 按下鼠标键并拖动鼠标，则沿鼠标拖动的轨迹画一条线，放开鼠标键则结束画线

17. 在窗体上画一个命令按钮和一个文本框（名称分别为 Command1 和 Text1），并把窗体的 KeyPreview 属性设置为 True，然后编写如下代码：

```
Dim SaveAll As String
Private Sub Form_Load()
    Show
    Text1.Text = ""
    Text1.SetFocus
End Sub
Private Sub Command1_Click()
    Text1.Text = LCase(SaveAll) + SaveAll
```

```
End Sub
Private Sub Form_KeyPress(KeyAscii As Integer)
    SaveAll = SaveAll + Chr(KeyAscii)
End Sub
```

程序运行后，直接用键盘输入 VB，再单击命令按钮，则文本框中显示的内容为_____。

    A．vbVB        B．不显示任何信息    C．VB        D．出错

18．把窗体的 KeyPreview 属性设置为 True，然后编写如下过程：

```
Private Sub Form_KeyDown(KeyCode As Integer, Shift As Integer)
    Print Chr(KeyCode)
End Sub
Private Sub Form_KeyUp(KeyCode As Integer, Shift As Integer)
    Print Chr(KeyCode + 2)
End Sub
```

程序运行后，如果按 A 键，则输出结果为_____。

    A．A            B．A            C．A            D．A

       A             B            C            D

19．编写如下事件过程：

```
Private Sub Form_MouseDown(Button As Integer, Shift As Integer, X As Single, _
Y As Single)
    If Shift = 6 And Button = 2 Then
        Print "BBBB"
    End If
End Sub
```

程序运行后，为了在窗体上输出 BBBB，应执行的操作为_____。

    A．同时按下【Shift】键和鼠标左键        B．同时按下【Shift】键和鼠标右键

    C．同时按下【Ctrl】、【Alt】键和鼠标左键    D．同时按下【Ctrl】、【Alt】键和鼠标右键

20．对窗体编写如下代码：

```
Option Base 1
Private Sub Form_KeyPress(KeyAscii As Integer)
    a = Array(237, 126, 87, 48, 498)
    m1 = a(1)
    m2 = 1
    If KeyAscii = 13 Then
        For i = 2 To 5
            If a(i) > m1 Then
                m1 = a(i)
                m2 = i
            End If
        Next i
    End If
    Print m1
    Print m2
End Sub
```

程序运行后，按【Enter】键，输出结果为_____。

    A．48          B．237          C．498          D．498

       4             1            5            4

21. 窗体的 MouseDown 事件过程 Form_MouseDown(Button As Integer,Shift As Integer,X As Single,Y As Single)有四个参数，关于这些参数，正确的描述是_____。

    A. 通过 Button 参数判定当前按下的是哪个鼠标键

    B. Shift 参数只能用来确定是否按下【Shift】键

    C. Shift 参数只能用来确定是否按下【Alt】和【Ctrl】键

    D. 参数 X、Y 用来设置鼠标当前位置的坐标

22. 在窗体上画一个名称为 Text1 的文本框，并编写如下程序：

```
Private Sub Form_Load()
    Show
    Text1.Text = ""
    Text1.SetFocus
End Sub
Private Sub Form_MouseUp(Button As Integer, Shift As Integer, X As Single, _
Y As Single)
    Print "程序设计"
End Sub
Private Sub Text1_KeyDown(KeyCode As Integer, Shift As Integer)
    Print "Visual Basic";
End Sub
```

程序运行后，如果按 A 键，然后单击窗体，则在窗体上显示的内容是_____。

    A. Visual Basic              B. Visual Basic 程序设计

    C. A 程序设计                  D. 程序设计

23. 在窗体上画一个文本框，然后编写如下事件过程：

```
Private Sub Text1_KeyPress(KeyAscii As Integer)
    Dim char As String
    char = Chr(KeyAscii)
    KeyAscii = Asc(UCase(char))
    Text1.Text = String(6, KeyAscii)
End Sub
```

程序运行后，如果在键盘上输入字母 a，则文本框中显示的内容为_____。

    A. a             B. A             C. aaaaaaa          D. AAAAAAA

24. 通用对话框控件可以显示_____种对话框。

    A. 4             B. 5             C. 6             D. 7

25. 为使程序运行时通用对话框 CD1 上显示的标题为"对话框窗口"，若通过程序设置该标题则应使用的语句是_____。

    A. CD1.DialogTitle ="对话框窗口"        B. CD1.Action ="对话框窗口"

    C. CD1.FileName ="对话框窗口"        D. CD1.Filter ="对话框窗口"

26. 以下叙述中错误的是_____。

    A. 在程序运行时，通用对话框控件是不可见的

    B. 调用同一个通用对话框控件的不同方法（如 ShowOpen 或 ShowSave）可以打开不同的对话框

    C. 调用通用对话框控件的 ShowOpen 方法，能够直接打开在该通用对话框中指定的文件

    D. 调用通用对话框控件的 ShowColor 方法，可以打开颜色对话框

27. 假定在窗体上建立了一个通用对话框，其名称为 CommonDialog1，用下面的语句可以建立一个对话框：CommonDialog1.Action=2，与此语句等价的语句是_____。

  A. CommonDialog1.ShowOpen       B. CommonDialog1.ShowSave

  C. CommonDialog1.ShowColor       D. CommonDialog1.ShowFont

28. 下列关于通用对话的描述错误的是_____。

  A. CommandDialog1.ShowFont 显示字体对话框

  B. 在打开或另存为对话框中，用户选择的文件名和路径可以经 FileName 属性返回

  C. 在打开或另存为对话框中，用户选择的文件名和路径可以经 FileTitle 属性返回

  D. 利用通用对话框可显示和制作帮助对话框

29. 通用对话框中能打开"颜色对话框"的方法是_____。

  A. ShowOpen    B. ShowColor    C. ShowSave     D. ShowPrinter

30. 在窗体上建立通用对话框需要添加的控件是_____。

  A. Data 控件           B. Form 控件

  C. CommonDialog 控件        D. VBComboBox 控件

31. 以下正确的语句是_____。

  A. CommonDialog1.Filter=All Files|*.*|Pictures(*.Bmp)|*.Bmp

  B. CommonDialog1.Filter="All Files"|"*.*"|"Pictures(*.Bmp)"|"*.Bmp"

  C. CommonDialog1.Filter="All Files|*.*|Pictures(*.Bmp)|*.Bmp"

  D. CommonDialog1.Filter={All Files|*.*|Pictures(*.Bmp)|*.Bmp}

32. 在窗体上画一个通用对话框，其名称为 CommonDialog1，然后画一个命令按钮，并编写如下事件过程：

```
Private Sub Command1_Click()
    CommonDialog1.Filter = "All Files(*.*)|*.*|Text Files(*.txt)" & _
                    "|*.txt|Batch Files(*.bat)|*.bat"
    CommonDialog1.FilterIndex = 2
    CommonDialog1.Action = 1
    MsgBox CommonDialog1.FileName
End Sub
```

运行程序单击命令按钮，将显示"打开"对话框，此时在"文件类型"框中显示的是_____。

  A. All Files(*.*)    B. Text Files(*.txt)    C. Batch Files(*.bat)   D. 不确定

33. 设窗体上有一个通用对话框控件 CD1，希望在执行下面程序时，打开如下图所示的文件对话框。

```
Private Sub Command1_Click()
    CD1.DialogTitle = "打开文件"
    CD1.InitDir = "C:\"
    CD1.Filter = "所有文件|*.*|Word 文档|*.doc|文本文件|*.txt"
    CD1.FileName = ""
    CD1.Action = 1
    If CD1.FileName = "" Then
        Print "未打开文件"
    Else
        Print "要打开文件" & CD1.FileName
    End If
End Sub
```

但实际显示的对话框中列出了 C:\下的所有文件和文件夹，"文件类型"一栏中显示的是"所有文件"。下面的修改方案中正确的是＿＿＿＿＿＿＿。

A. 把 CD1.Action=1 改为 CD1.Action=2

B. 把 "CD1.Filter=" 后面字符串中的 "所有文件" 改为 "文本文件"

C. 在语句 CD1.Action=1 的前面添加：CD1.FilterIndex=3

D. 把 CD1.FileName="" 改为 CD1.FileName="文本文件"

34. 在窗体上画一个名称为 CommonDialog1 的通用对话框，一个名称为 Command1 的命令按钮。然后编写如下事件过程：

```
Private Sub Command1_Click()
    CommonDialog1.FileName = ""
    CommonDialog1.Filter = "All File|*.*|(*.Doc)|*.Doc|(*.Txt)|*.Txt"
    CommonDialog1.FilterIndex = 2
    CommonDialog1.DialogTitle = "VBTest"
    CommonDialog1.Action = 1
End Sub
```

对于这个程序，以下叙述中错误的是＿＿＿＿＿＿＿。

A. 该对话框被设置为"打开"对话框

B. 在该对话框中指定的默认文件名为空

C. 该对话框的标题为 VBTest

D. 在该对话框中指定的默认文件类型为文本文件(*.Txt)

35. 窗体上有一个名称为 CD1 的通用对话框，一个名称为 Command1 的命令按钮。命令按钮的单击事件过程如下：

```
Private Sub Command1_Click()
    CD1.FileName = ""
    CD1.Filter = "All Files|*.*|(*.Doc)|*.Doc|(*.Txt)|*.txt"
    CD1.FilterIndex = 2
    CD1.Action = 1
End Sub
```

关于以上代码，错误的叙述是＿＿＿＿＿＿＿。

A. 执行以上事件过程，通用对话框被设置为"打开"文件对话框

B. 通用对话框的初始路径为当前路径

C. 通用对话框的默认文件类型为*.Txt

D. 以上代码不对文件执行读写操作

36. 在窗口上面画一个通用对话框，其名称为 CommonDialog1，然后画一个命令按钮，并编写如下事件过程：

```
Private Sub Command1_Click()
    CommonDialog1.Filter = "All Files(*.*)|*.*|Text Files" & _
        "(*.txt)|*.txt|Executable Files(*.exe)|*.exe"
    CommonDialog1.FilterIndex = 3
    CommonDialog1.ShowOpen
    MsgBox CommonDialog1.FileName
End Sub
```

程序运行后，单击命令按钮，将显示一个"打开"对话框，此时在"文件类型"框中显示的是_____。

A. All Files(*.*)
B. Text Files(*.txt)
C. Executable Files(*.exe)
D. 不确定

37. 窗体上有一个名称为 CD1 的通用对话框和由四个命令按钮组成的控件数组 Command1，其下标从左到右分别为 0、1、2、3，窗体外观如图 10-28 所示，命令按钮的事件过程如下：

```
Private Sub Command1_Click(Index As Integer)
    Select Case Index
        Case 0
            CD1.Action = 1
        Case 1
            CD1.ShowSave
        Case 2
            CD1.Action = 5
        Case 3
            End
    End Select
End Sub
```

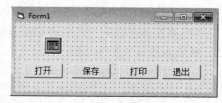

图 10-28　第 37 题图

对上述程序，下列描述中错误的是_____。

A. 单击"打印"按钮，能够设置打印选项，并执行打印操作
B. 单击"保存"按钮，显示保存文件的对话框
C. 单击"打开"按钮，显示打开文件的对话框
D. 单击"退出"按钮，结束程序的运行

二、填空题

1. 为了定义自己的鼠标光标，首先应把 MousePointer 属性设置为 99，然后把_____属性设置为一个图标文件。

2. 菜单编辑器可分为三个部分，即数据区、_____和菜单项显示区。

3. 在菜单编辑器中，菜单项前面的四个小点的含义是_____符号。

4. 在 MouseDown 和 MouseUp 事件过程中，当参数 Button 的值为十进制数 1、2、4 时，分别代表鼠标的左、_____、_____键。

5. 在执行 KeyPress 事件过程时，KeyAscii 是所按键的_____值。对于有上档字符和下档字符的键，当执行 KeyDown 事件过程时，KeyCode 是下档字符的 ASCII 值。

6. VB 中的对话框分为三类，即预定义对话框、自定义对话框和_____对话框。

7. 文件对话框分为两种，即打开对话框和_____对话框。

8. 建立打开文件、保存文件、颜色、字体、打印和帮助对话框所使用的方法分别为_____、_____、_____、_____、_____和_____。

9. 建立打开文件、保存文件、颜色、字体、打印和帮助对话框，使用 Action 属性，则应把相应的属性值分别设置为_____、_____、_____、_____、_____和_____。

10. 假定有一个名为 fname.exe 的文件，它位于 "D:\Shc\Lx" 子文件夹下，则 FileName 属性的值为_____，FileTitle 属性的值为_____。

11. 把窗体的 KeyPreview 属性设置为 True，并编写如下两个事件过程：

```
Private Sub Form_KeyDown(KeyCode As Integer, Shift As Integer)
    Print KeyCode;
End Sub
Private Sub Form_KeyPress(KeyAscii As Integer)
    Print KeyAscii
End Sub
```

程序运行后，如果按下 A 键，则在窗体上输出的数值为_____和_____。

12. 把窗体的 KeyPreview 属性设置为 True，然后编写如下两个事件过程：

```
Private Sub Form_KeyUp(KeyCode As Integer, Shift As Integer)
    Print Chr(KeyCode)
End Sub
Private Sub Form_KeyPress(KeyAscii As Integer)
    Print Chr(KeyAscii)
End Sub
```

程序运行后，如果直接按 A 键（即不按住【Shift】键），则在窗体上输出的字符分别是_____和_____。

13. 在菜单编辑器中建立一个菜单，其主菜单项的名称为 mnuEdit，Visible 属性为 False。程序运行后，如果右击窗体，则弹出与 mnuEdit 对应的菜单。以下是实现上述功能的程序，请填空。

```
Private Sub Form_____(Button As Integer, Shift As Integer, X As Single, _
    Y As Single)
    If Button = 2 Then
        _____ mnuEdit
    End If
End Sub
```

14. 在窗体上画两个文本框，其名称分别为 Text1 和 Text2，然后编写如下事件过程：

```
Private Sub Form_Load()
    Show
    Text1.Text = ""
    Text2.Text = ""
    Text2.SetFocus
End Sub
Private Sub Text2_KeyDown(KeyCode As Integer, Shift As Integer)
    Text1.Text = Text1.Text + Chr(KeyCode - 4)
End Sub
```

程序运行后，如果在 Text2 文本框中输入 "efghi"，则 Text1 文本框中的内容为_____。

15. 在窗体上画一个命令按钮和一个文本框，其名称分别为 Command1 和 Text1，然后编写如下代码：

```
Dim SaveAll As String
Private Sub Command1_Click()
```

```
    Text1.Text = Left(UCase(SaveAll), 4)
End Sub
Private Sub Text1_KeyPress(KeyAscii As Integer)
    SaveAll = SaveAll + Chr(KeyAscii)
End Sub
```

程序运行后，在文本框中输入 abcdefg，然后单击命令按钮，则在文本框中显示的内容是_____。

16. 在窗体上画一个通用对话框，名称为 CommanDialogl，画一个命令按钮，名称为 Commandl。程序运行时，单击命令按钮，在对话框内只允许显示文本文件，填上适当的内容，将程序补充完整。

```
Private Sub Command1_Click()
    CommanDialogl.Filter = _____
    CommanDialogl.ShowOpen
End Sub
```

17. 在窗体上画一个通用对话框，其名称为 CommonDialog1，然后画一个命令按钮，并编写如下事件过程：

```
Private Sub Command1_Click()
    CommonDialog1.Filter = "All Files(*.*)|*.*|Text Files" _
        & "(*.txt)|*.txt|Batch Files (*.Bat)| *.Bat"
    CommonDialog1.FilterIndex = 1
    CommonDialog1.ShowOpen
    MsgBox CommonDialog1.FileName
End Sub
```

程序运行后，单击命令按钮，将显示一个"打开"对话框，此时在"文件类型"框中显示的是_____；如果在对话框中选择 d 盘 temp 目录下的 tele.txt 文件，然后单击"确定"按钮，则在 MsgBox 信息框中显示的提示信息是_____。

18. 在窗体上画一个命令按钮控件和一个通用对话框控件，其名称分别为 Command1 和 CommonDialog1，然后编写如下事件过程：

```
Private Sub Command1_Click()
    CommonDialog1._____ = "打开文件"
    CommonDialog1.Filter = "All Files(*.*)|*.*"
    CommonDialog1.InitDir = "C:\"
    CommonDialog1.ShowOpen
End Sub
```

该程序的功能是，程序运行后，单击命令按钮，将显示"打开文件"对话框，其标题是"打开文件"，在"文件类型"栏内显示"AllFiles(*.*)"，并显示 C 盘根目录下的所有文件，请填空。

### 三、程序设计题

1. 创建一个应用程序，通过操作滚动条数组进行红、绿、蓝 3 色配比，设置标签的前景色和背景色，运行界面如图 10-29 所示。

2. 建立一个窗体，在窗体上画图，按下鼠标左键画直径为 1000 的绿色边缘和红色填充的实心圆，按下鼠标右键画直径为 1000 的红色边缘和绿色填充的实心圆。

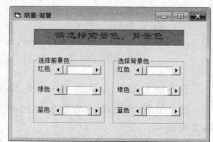

图 10-29　第 1 题图

# 第 11 章 | 文 件

文件是以计算机外存为载体存储在计算机上的相关信息集合,包括文本文档、图形图像、应用程序等。VB 为文件操作提供了多种方法和控件。本章将介绍文件管理控件、文件基本操作语句、文件的分类、读写操作以及常用文件处理函数与语句等内容。

## 11.1 文件管理控件

在许多应用程序中,当打开文件或保存文件时,需要显示和了解有关磁盘、目录和文件等信息。为此 VB 提供了几个与文件操作密切相关的控件,分别是驱动器列表框、目录列表框和文件列表框,这三个文件管理控件通常组合起来使用。

### 11.1.1 驱动器列表框

DriveListBox 控件即驱动器列表框控件,它是一个下拉式列表框,缺省状态时,顶端突出显示用户系统当前的驱动器名称。用于选择一个有效的磁盘驱动器,该控件用来显示用户系统中所有有效磁盘驱动器的列表。

**1. 常用属性**

① Name 属性:名称属性,用来表示驱动器列表框的名称,第一个驱动器列表框的默认名称为 Drive1。

② Drive 属性:用来返回用户在驱动器列表框中选取的驱动器,该属性是运行属性,只能在程序代码中设置,不能在属性窗口中设置。格式为:

```
对象名.Drive="驱动器名称"
例如:Drive1.Drive ="D"
```

说明:使用该语句或在驱动器列表框中选择驱动器不能改变当前工作驱动器(缺省驱动器)。

**2. 常用事件**

驱动器列表框的常用事件是:Change 事件。

当用户在驱动器列表框的下拉列表中选择一个驱动器或者在程序中给 Drive 属性赋一个新的值,都会改变列表框顶端显示的驱动器名称,Change 事件就会发生。

**3. ChDrive 语句**

驱动器列表框显示本机所有有效的磁盘驱动器。从驱动器列表框中可以选择驱动器,但并不能改变当前驱动器。在程序中可以使用 ChDrive 语句改变当前驱动器,格式为:

```
ChDrive Drive
```

说明:参数 Drive 为系统有效的磁盘驱动器名称,如果它是一个空字符串,则表示不改变当前驱动器;如果它是一个多字符的字符串,则取第一个字符作为语句参数。使用该语句不会改变驱动器列表框中 Drive 属性值，不会触发 Change 事件，也不会改变驱动器列表框顶端显示的内容，只能改变当前驱动器，即指定对文件存取操作时的缺省驱动器。

### 11.1.2　目录列表框

DirListBox 控件即目录列表框控件，用于显示用户系统的当前驱动器的目录结构和路径，并突出显示当前目录。在目录列表框中显示的目录结构是分层的目录列表，按目录结构的层次逐层排列，层层缩进的方式显示了从根目录开始到当前目录这条路径间的所有目录，以及当前目录的下属所有第一级子目录。

目录列表框中显示的目录结构都有一个与之对应的整型标识符，用以标识不同层次的目录，目录列表框的 Path 属性指定的目录（当前目录）的索引值为-1，它的上一级目录索引值为-2，再上一级目录索引值为-3，依此类推，直至它的根目录，它的第一级子目录中的第一个子目录索引为 0，第二个子目录的索引为 1，依此类推，直至它的第一级的最后一个子目录，如图 11-1 所示。

#### 1．常用属性

① Name 属性：名称属性，用来表示目录列表框的名称，第一个目录列表框的默认名称为 Dir1。

② Path 属性：用来设置目录列表框中所显示目录的路径。该属性是运行属性，只能在程序代码中设置，不能在属性窗口中设置。格式为：

对象名.Path ="路径"

例如：Dir1.Path ="D:\Shc"

图 11-1　目录结构

说明：上述语句的功能是将当前目录改为 D:\Shc，并突出显示 Shc。

单击目录列表框中的某一目录时，该目录就会突出显示，但这个操作没有改变 Path 属性值，即未改变当前目录；双击目录列表框中的某一目录时，则该目录路径就赋给了 Path 属性，这个目录变为当前目录，目录列表框中的显示内容也随之变化。

#### 2．常用事件

目录列表框的常用事件是：Change 事件。

当用户双击目录列表框中的目录，或在程序代码中通过赋值语句改变 Path 属性值时，都会发生 Change 事件。

#### 3．驱动器列表框和目录列表框之间的同步

用驱动器列表框的 Change 事件来实现驱动器列表框和目录列表框之间的同步变化。程序代码如下：

```
Private Sub Drive1_Change()
    Dir1.Path = Drive1.Drive
End Sub
```

#### 4．ChDir 语句

在程序中可以使用 ChDir 语句设置当前目录，格式为：

```
ChDir "路径"
```

例如：

```
ChDir "D:\Shc"          '将 D:\Shc 目录设置为当前目录
ChDir "\Shc"            '将当前驱动器的 Shc 目录设置为当前目录
```

### 11.1.3 文件列表框

FileListBox 控件即文件列表框控件，它在运行时显示由文件列表框控件的 Path 属性指定的目录中的文件。

**1. 常用属性**

① Name 属性：名称属性，用来表示文件列表框的名称，第一个文件列表框的默认名称为 File1。

② Path 属性：用来显示文件列表框中所显示的文件路径。该属性是运行属性，只能在程序代码中设置，不能在属性窗口中设置。格式为：

```
对象名.Path ="路径"
```

例如：File1.Path="D:\Shc" 或 File1.Path=Dir1.Path

说明：一旦文件列表框的 Path 属性发生变化，就会引发文件列表框控件的 PathChange 事件，文件列表框中的内容也会更新，显示由 Path 属性指定目录中的文件。

③ Pattern 属性：用来设置文件列表框中所显示的文件类型。该属性可以在属性窗口中设置也可以通过程序代码设置，缺省时 Pattern 属性值为*.*，显示所有文件；如将 Pattern 属性设置为*.exe，则显示扩展名为.exe 的文件；如要显示多种类型的文件，其扩展名之间用西文分号";"相隔，如将 Pattern 属性设置为*.exe;*.com，则显示扩展名为.exe 和.com 的文件。在程序代码中设置 Pattern 属性的格式为：

```
[窗体名.]对象名.Pattern=过滤器 1[;过滤器 2…]
```

说明：如果省略窗体名，则指的是当前窗体上的文件列表框控件；当 Pattern 属性发生变化时，会触发 PatternChange 事件。例如：

```
File1.Pattern="*.frm"          '只显示扩展名为.frm 的文件
File1.Pattern = "*.frm;*.vbp"  '显示扩展名为.frm 和.vbp 的文件
```

④ Filename 属性：用来设置和返回文件列表框中将显示的文件名称，该属性是运行属性，只能在程序代码中设置，不能在属性窗口中设置。格式为：

```
[窗体名.]对象名.FileName="文件名"
```

⑤ ListCount 属性：返回控件内所列项目的总数，可用于驱动器列表框控件、目录列表框控件和文件列表框控件。例如：

```
Print Drive1.ListCount        'Drive1 控件中的有效驱动器总数
Print Dir1.ListCount          'Dir1 控件中当前目录中子目录总数
Print File1.ListCount         'File1 控件中的文件总数
```

⑥ ListIndex 属性：用来设置和返回控件上所选择项目的索引值，可用于驱动器列表框控件、目录列表框控件和文件列表框控件。驱动器列表框和文件列表框中的第一项索引值为 0，第二项索引值为 1，依此类推；目录列表框控件中当前目录的索引值为-1，它的上一级目录索引值为-2，再上一级目录索引值为-3，依此类推，直至它的根目录，它的第一级子目录中的第一个子目录索引为 0，第二个子目录的索引为 1，依此类推，直至它的第一级的最后一个子目录。对于文件列表框而言，若在其中没有文件被显示，则 ListIndex 的返回值为-1。

⑦ List 属性：表属性，该属性是一个字符型数组，用于存放列表项目，可用于驱动器列表框控件、目录列表框控件和文件列表框控件，使用方法同 List 控件。

**2. 常用事件**

文件列表框控件常用的事件是：PathChange 事件和 PatternChange 事件。

① PathChange 事件：当文件列表框的 Path 属性改变时，就会触发该事件。下述两种情况均

会改变文件列表框控件的 Path 属性，从而触发 PathChange 事件。

改变驱动器列表框中的当前驱动器或在目录列表框中重新选取当前目录，会触发该事件。即在程序代码中使用：File1.Path = Drive1.Drive 或 File1.Path = Dir1.Path。

在程序代码中给文件列表框控件的 FileName 属性重新赋值，会自动改变文件列表框控件的 Path 属性，从而触发 PathChange 事件。

② PatternChange 事件：当文件列表框的 Pattern 属性在程序代码中被改变时，就会触发该事件。

③ Click 事件：当用户单击文件列表框时，触发文件列表框的 Click 事件，VB 激活其 Click 事件过程。

**3．目录列表框和文件列表框之间的同步**

用目录列表框的 Change 事件来实现目录列表框和文件列表框之间的同步变化。程序代码如下：

```
Private Sub Dir1_Change()
    File1.Path = Dir1.Path
End Sub
```

**4．文件属性**

可以使用文件属性（Archive、Hidden、Normal、ReadOnly、System）来指定在文件列表框中显示某一类文件。System 和 Hidden 属性的默认值为 False，而 Archive、Normal 和 ReadOnly 属性的默认值为 True。例如，要在列表框中只显示"只读"文件，只需将 ReadOnly 属性设置为 True，而将其他属性设置为 False。即在程序代码中有以下语句：

```
File1.ReadOnly = True
File1.Archive = False
File1.Normal = False
File1.System = False
File1.Hidden = False
```

当 Normal 属性为 True 时，具有 System 和 Hidden 属性的文件不显示。当 Normal 属性为 False 时，仍然可以显示具有 Readonly 和 Archive 属性的文件，不过必须将这些属性设置为 True。

### 11.1.4 组合使用文件管理控件

驱动器列表框控件、目录列表框控件和文件列表框控件通常组合在一起使用，如果同时使用这三个控件，则应通过下列两个事件过程实现驱动器列表框、目录列表框、文件列表框三者的同步。

```
Private Sub Dir1_Change()
    File1.Path = Dir1.Path
End Sub

Private Sub Drive1_Change()
    Dir1.Path = Drive1.Drive
End Sub
```

【例 11-1】文件管理控件示例，在窗体上画一个标签 Label1，标题为空，BorderStyle 为 1，一个驱动器列表框 Drive1、一个目录列表框 Dir1 和一个文件列表框 File1，在文件列表框中选择一个文件立即将路径及文件名显示在标签上。

程序代码如下：

```
Private Sub Dir1_Change()
    File1.Path = Dir1.Path
```

```
End Sub

Private Sub Drive1_Change()
    Dir1.Path = Drive1.Drive
End Sub

Private Sub File1_Click()
    Label1.Caption = Dir1.Path & "\" & File1.FileName
End Sub
```

运行程序，在驱动器列表框中选择"D:"，在目录列
表框中选择"国家二级\VB\Sy03"（双击子目录"国家二级"，
再双击其一级子目录"VB"，再双击其二级子目录"Sy03"，
最后单击文件列表框中的某个文件，结果如图 11-2 所示。

图 11-2　文件管理控件

## 11.2　文件的基本操作

文件的基本操作包含文件的删除、复制、移动、重命名等，VB 提供了相应的语句来执行这些基本操作。

### 11.2.1　删除文件

删除文件使用 Kill 语句，格式如下：

`Kill 文件名`

功能：删除指定的文件。

说明：格式中的文件名可以包含路径，如果没有路径，系统默认为当前路径；在文件名中可以使用通配符"*"和"？"；文件名必须用西文双引号括起来。例如：

`Kill"D:\Shc\*.txt"` '该语句的功能就是删除 D:\Shc 目录中扩展名为.txt 的文件。

### 11.2.2　复制文件

复制文件使用 FileCopy 语句，格式如下：

`FileCopy 源文件名,目标文件名`

功能：将源文件复制到目标文件。

说明：该语句不能复制一个已打开的文件。例如：

`FileCopy "d:\Shc\out1.txt", "d:\Shc\out2.txt"` '该语句的功能是复制d:\Shc\out1.txt
文件到d:\Shc 目录下，文件名为 out2.txt

### 11.2.3　文件或目录重命名

文件或目录重命名使用 Name 语句，格式如下：

`Name 原文件名或目录名 As 新文件名或目录名`

功能：对文件或目录重命名。

说明：该语句除了重命名以外，还可以将被命名的文件或目录移动到其他目录中，但是该语句对已经打开的文件无效。例如：

`Name "d:\Shc\out1.txt" As "d:\Shc\out3.txt"` '该语句的功能是将d:\Shc\out1.txt
文件重命名为 out3.txt，路径不变

`Name "d:\Shc" As "d:\ws"` '该语句的功能是将 d:\Shc 目录改名为 ws 目录，路径不变

```
Name "d:\ws\out3.txt" As "d:\Shc\out3.txt"  '该语句的功能是将 d:\ws\out3.txt 文
                                             件移动到 d:\Shc 目录下，文件名不变
```

### 11.2.4　建立目录

建立目录（文件夹）使用 MkDir 语句，格式如下：

```
MkDir 目录名
```

功能：创建一个新目录。例如：

```
MkDir "d:\Shc"                    '该语句的功能是在 D 盘上新建一个一级子目录 Shc
```

# 11.3　文 件 处 理

### 11.3.1　文件分类

计算机文件有多种分类方式，其中常见的分类方式有以下 4 种。

#### 1．按文件性质分类

根据计算机文件的不同性质，可将文件分为程序文件和数据文件两大类。程序文件是计算机指令的有序集合，由二进制代码组成，可在操作系统中独立运行。数据文件用于存放各种数据，它不能独立运行，必须通过特定的程序才能操作。

#### 2．按存储格式分类

根据计算机文件存储的不同格式，可将文件分为文本文件和二进制文件两大类。文本文件属于数据文件，文件中的数据全部由字符编码组成，在 Windows 操作系统中，最常见的文本文件扩展名为.txt。二进制文件含有特殊的格式和编码，图形、图像、音频、视频等数据文件以及程序文件都属于二进制文件。

#### 3．按读写方式分类

计算机文件的读写，是指文件中的数据在内存和外存间交换的过程，又称文件的输入和输出。读操作是指将文件数据从外存输入到内存，写操作是指将文件数据从内存输出到外存。根据文件读写的不同方式，计算机文件可分为顺序文件和随机文件。顺序文件只能按照文件中数据的先后顺序依次读写，随机文件可根据需要直接读写文件中指定位置的数据。

#### 4．按文件访问类型分类

为了有效地存取数据，应根据存放在文件中的方式，使用适当的文件访问类型。在 VB 中根据文件访问类型，文件可分为顺序访问、随机访问和二进制访问。顺序访问适用于普通的文本文件，文件中数据是以 ASCII 码存储的。随机访问的文件是由一组相同长度记录组成的，数据以二进制方式存储在文件中，允许用户任何时候访问文件的任意地方。二进制访问的文件可以存储任意希望存储的数据，但必须知道数据是如何写入文件的，以便正确读取它们。

### 11.3.2　文件处理步骤

在 VB 中，文件处理的一般步骤是打开文件、访问文件和关闭文件。

① 打开文件：要读取文件中的数据或将数据写入文件中，需要将文件的有关信息加载到内存，使得文件与内存中某个文件缓冲区相关连。从文件中读取数据到内存以及从内存向文件写入数据都必须通过文件缓冲区，每个文件缓冲区都有一个缓冲区号，这个缓冲区号又称文件号。

② 访问文件：就是对打开的文件进行各种数据的存或取操作，也就是从文件中读取数据或

将数据写入文件中。

③ 关闭文件：一个文件使用完毕，应该及时将其关闭。关闭文件实质上是将缓冲区中的内容写到外存上，释放文件所占用的文件缓冲区，以便其他文件使用该缓冲区。

### 11.3.3 文件处理语句与函数

计算机文件在使用过程中，往往需要了解文件的各种状态。VB 提供了丰富的文件处理语句和函数来实现这些功能。

#### 1．Open 语句

在对文件进行操作之前，必须用 Open 语句打开或建立一个文件。Open 语句的功能是为文件的输入/输出分配文件缓冲区，并确定缓冲区所使用的存取方式，定义与文件相关联的文件号，给出随机存取文件的记录长度。格式如下：

`Open 文件名[For 模式][Access 存取类型][Lock 锁定类型]As[#]文件号[Len=记录长度]`

说明：

① 文件名是要被打开的文件的名字，可用字符串或字符型变量表示，并可包含盘符和路径。省略盘符和路径表示当前盘符和路径，文件名必须用西文双引号括起来。例如：

`"d:\Shc\out1.txt"`            '表示要打开 D 盘 Shc 目录下的 out1.txt 文件
`"out1.txt" 或 App.Path &"\out1.txt"` '表示打开当前路径下的 out1.txt 文件

② 参数"For 模式"用以说明访问文件的方式，有以下 5 种：

- For Output：设定为顺序输出模式，即向顺序文件中写数据。
- For Append：设定为添加模式，即向顺序文件中添加数据，也就是将数据添加在顺序文件的尾部。
- For Input：设定为顺序输入模式，即从顺序文件中读数据。
- For Random：设定为随机访问模式，对文件能读能写。
- For Binary：设定为二进制访问模式，对文件能读能写。

如果缺省参数 For 模式，将以随机访问模式打开文件。

③ 参数"Access 存取类型"用来指定文件的存取权限，有以下 3 种：

- Access Read：对打开的文件只能进行读操作。
- Access Write：对打开的文件只能进行写操作。
- Access Read Write：对打开的文件既可进行读操作，也可进行写操作。

如果打开的是顺序文件，则不需要参数 Access 存取类型；如果用 For Random 或 For Binary 打开文件时，缺省参数 Access 存取类型，VB 将使用参数 Access Read Write 方式打开文件。

④ 参数"Lock 锁定类型"用于网络或多任务环境中，该参数的作用是防止其他计算机用户或其他程序对打开的文件进行读写，锁定类型有以下 4 种：

- Lock Shared：允许任何计算机上的任何进程对该文件进行读写操作。
- LockRead：防止读出，其他计算机可以对已打开的文件进行写操作，但不允许读操作。
- LockWrite：防止写入，其他计算机可以对已打开的文件进行读操作，但不允许写操作。
- LockReadWrite：防止读出与写入，禁止其他计算机和其他程序访问。

⑤ 文件号是一个整型表达式，其取值范围为 1～511。当打开一个文件并为其分配一个文件号后，该文件号就代表该文件，在相关文件处理语句和函数中，使用文件号而不能使用文件名。如果该文件被关闭后，该文件号才可以再分配给其他文件使用。

⑥ 记录长度是一个整型表达式，对于随机访问方式打开的文件，用该参数设置记录长度，默认值为 128 字节。一般情况下定义一个记录类型变量 p，然后用 Len=Len(p) 表示。

**注意：**

① 如果以 Output、Append、Random 和 Binary 模式打开一个不存在的文件，VB 会创建一个相应的文件；如果用 Input 模式打开一个不存在的文件，将产生一个"文件未找到"的实时错误。

② 在 Input、Random 和 Binary 模式下，可以用不同的文件号打开同一个文件，但以 Output 和 Append 模式打开的文件在关闭之前不能用不同的文件号重复打开它。

③ 如果以 Output 模式打开一个已存在的顺序文件，则该文件中的原来数据将被覆盖；如果以 Append 模式打开一个已存在的顺序文件，文件指针定位在文件末尾，写入的数据添加到原来文件的后面。

**2．Close 语句**

文件的读写操作结束后，应及时使用 Close 语句将文件关闭。格式如下：

```
Close[[#]文件号][,[#]文件号…]
```

说明：

① Close 语句用来关闭文件，它是在用 Open 语句打开文件之后进行的操作。格式中的"文件号"是 Open 语句中使用的文件号。

② Close 语句中的文件号是可选的。如果指定文件号，则把指定的文件关闭；如果不指定文件号，则把所有打开的文件全部关闭。

③ 除了使用 Close 语句关闭文件外，在程序结束时将自动关闭所有打开的数据文件。

④ 文件操作结束后，最好用 Close 语句将已打开的文件关闭。

**3．Reset 语句**

关闭所有用 Open 语句打开的文件用 Reset 语句。格式如下：

```
Reset
```

**4．文件指针**

文件被打开后，自动生成一个文件指针，文件的读或写就从这个指针所指的位置开始。用 Append 方式打开一个文件后，文件指针指向文件的末尾，用其他 4 种方式打开文件，则文件指针都指向文件的开头。读写一次后，文件指针自动移到下一个位置。在 VB 中，与文件指针有关的语句和函数是 Seek。

文件指针的定位通过 Seek 语句来实现，格式如下：

```
Seek#文件号,位置
```

功能：用来设置文件中下一个读或写的位置。

与 Seek 语句配合使用的是 Seek 函数，格式如下：

```
Seek(文件号)
```

功能：该函数返回文件指针的位置。

**5．文件处理函数**

（1）EOF 函数

在对文件进行读操作时通常需要知道文件指针有没有到达文件的尾部，可以使用 EOF 函数进行测试。格式如下：

```
EOF(文件号)
```

功能：当文件指针到达文件尾时返回 True，否则返回 False。

一般情况下 EOF() 函数使用方式如下：

`Do While Not EOF(文件号)` 或 `Do Until EOF(文件号)`

说明：这里用 EOF() 函数测试文件指针是否到达文件尾作为循环的判断条件，如果文件指针指向文件尾，离开循环结构。

（2）FileLen 函数

格式：`FileLen(文件名)`

功能：返回文件的长度（字节数）。

说明：文件名可包含盘符和路径。省略盘符和路径表示当前盘符和路径，文件名必须用西文双引号括起来，函数返回值为 Long 类型。

（3）LOF 函数

格式：`LOF(文件号)`

功能：返回用 Open 语句打开的文件长度（字节数）。

说明：函数返回值为 Long 类型。

（4）FreeFile 函数

格式：`FreeFile()`

功能：返回可供 Open 语句使用的下一个文件号。

说明：函数返回值为 Integer 类型。

# 11.4　顺 序 文 件

顺序文件中的数据只能按先后顺序依次读写，读写操作只能一个记录一个记录地顺序进行，因此它的写入顺序、存放顺序和读出顺序一致，即先写入的数据存放在文件的前面，在读取时先被读出。顺序文件只能依序读取数据，如果想读取文件尾部的数据，必须将前面的数据全部读过才能到达。

## 11.4.1　打开或建立顺序文件

打开或建立顺序文件使用 Open 语句，格式如下：

`Open 文件名 [For Input|Output|Append] As[#]文件号`

说明：如果以 For Input 模式打开一个已存在的顺序文件，可以从文件中读数据；如果以 For Output 模式打开一个已存在的顺序文件，则该文件中的原来数据将被覆盖；如果以 For Append 模式打开一个已存在的顺序文件，文件指针定位在文件末尾，写入的数据添加到原来文件的后面。用 For Input 模式打开，如果不存在该文件，将产生一个“文件未找到”的实时错误，用 For Output 或 For Append 模式打开，如果不存在该文件，则新建该顺序文件。例如：

`Open "d:\Shc\out1.txt" For Input As #1`

如果在 d:\Shc 目录中存在顺序文件 out1.txt，则这条语句就能打开该文件，并可从该文件中读取数据；如果不存在该文件，将产生一个“文件未找到”的实时错误。

`Open "d:\Shc\out2.txt" For Output As #2`

如果在 d:\Shc 目录中存在顺序文件 out2.txt，则这条语句就能打开该文件，新写入的数据覆盖原来的数据；如果不存在该文件，则这条语句就能建立新的顺序文件，并可以写入数据。

`Open "d:\Shc\out3.txt" For Append As #3`

如果在 d:\Shc 目录中存在顺序文件 out3.txt，则这条语句就能打开该文件，将新写入的数据添加到文件的尾部；如果不存在该文件，则这条语句就能建立新的顺序文件，并可以写入数据。

### 11.4.2 向顺序文件中写数据

向顺序文件写数据用 Print #语句和 Write #语句。

**1. Print #语句**

Print #语句的功能是将一个或多个数据写到顺序文件中。格式如下：

```
Print #文件号,[Spc(n)|Tab(n)][表达式表][;|,]
```

说明：

① Print #语句与 Print 方法功能相同。Print 方法所操作的对象是窗体、图片框、打印机或立即窗口，而 Print #语句操作的对象是文件。

② 如果缺省参数向文件输出一个空行或者回车换行，但文件号后面的逗号不可省略。

【例 11-2】Print #语句示例。有以下程序代码：

```
Private Sub Command1_Click()
    Open "d:\Shc\out1.txt" For Output As #1
    Print #1, 1, -2, 3, -4
    Print #1, "A", "B", "C", "D"
    Print #1, 1; -2; 3; -4
    Print #1, "A"; "B"; "C"; "D"
    Print #1, 1 < 2, 3 < 2
    Print #1, Now
    Close #1
End Sub
```

运行程序，打开顺序文件 out1.txt，文件内容如图 11-3 所示。

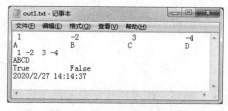

图 11-3　Print #语句示例

【例 11-3】For Append 模式示例。有以下程序代码：

```
Private Sub Command1_Click()
    Open "d:\Shc\out1.txt" For Append As #1
    Print #1, "欢迎学习 VB"
    Close #1
End Sub
```

运行程序，再次打开顺序文件 out1.txt，文件内容如图 11-4 所示（在原来文件的后面添加一行内容）。

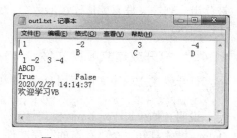

图 11-4　For Append 模式示例

**2. Write #语句**

Write #语句的功能与 Print #语句一样也是将数据写到文件中。但是用 Write #语句写到文件中的数据以紧凑格式存放，数据之间自动插入逗号作为分隔符；写入到文件中的正数不留符号位，也就是正数前面没有空格，写入到文件中的字符型数据，自动加上西文双引号作为限界符，写入到文件中的逻辑型数据或日期型数据，自动加上双"#"号作为限界符，并且对于逻辑值，总是以大写字母 TRUE 或 FALSE 表示。格式如下：

```
Write #文件号,[表达式表]
```

【例 11-4】Write #语句示例。有以下程序代码：

```
Private Sub Command1_Click()
    Open "d:\Shc\out2.txt" For Output As #1
    Write #1, 1, -2, 3, -4
```

```
    Write #1, "A", "B", "C", "D"
    Write #1, 1; -2; 3; -4
    Write #1, "A"; "B"; "C"; "D"
    Write #1, 1 < 2, 3 < 2
    Write #1, Now
    Close #1
End Sub
```

运行程序，打开顺序文件 out2.txt，文件内容如图 11-5 所示。

图 11-5　Write #语句示例

### 11.4.3　从顺序文件中读数据

从顺序文件中读数据用 Input #语句、Line Input #语句或 Input()函数。

#### 1. Input #语句

Input #语句的功能是从一个打开的顺序文件中读取数据，并将这些数据赋值给相应的变量。格式如下：

Input #文件号,变量表

说明：变量表由一个或多个变量组成，有多个变量时，各变量之间用逗号分隔。变量表中的变量可以是简单变量，也可以是数组元素，变量表中变量的类型应与文件中对应的数据类型一致（或相容）。

【例 11-5】Input #语句示例。在 d:\Shc 目录下有顺序文件 kscj.txt，文件内容如图 11-6 所示，第一列表示准考证号，第二列表示笔试成绩，第三列表示上机成绩（以标准格式写到文件中），用 Input #语句从文件中读出数据并显示在窗体上。

程序代码如下：

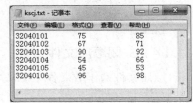

图 11-6　kscj.txt 文件内容

```
Option Explicit
Private Sub Command1_Click()
    Dim zkzh As Long, bscj As Long, sjcj As Long
    Open "d:\Shc\kscj.txt" For Input As #2
    Print "准考证号", "笔试成绩", "上机成绩"
    Do While Not EOF(2)
        Input #2, zkzh, bscj, sjcj
        Print zkzh, bscj, sjcj
    Loop
    Close #2
End Sub
```

运行程序，观察窗体上的输出信息。

#### 2. Line Input #语句

Line Input #语句的功能是从一个打开的顺序文件中读出一行数据赋值给一个字符型变量。格式如下：

Line Input #文件号,变量

说明：变量应为一个字符型变量或字符型数组元素。Line Input #语句从顺序文件的文件指针位置开始读取字符，直到遇到回车符为止，因此它读取文件中一整行数据

【例 11-6】Line Input #语句示例。将上例改用 Line Input #语句实现相同的功能，程序代码如下：

```
Option Explicit
Private Sub Command1_Click()
    Dim ch As String
```

```
      Open "d:\Shc\kscj.txt" For Input As #2
      Print "准考证号", "笔试成绩", "上机成绩"
      Do While Not EOF(2)
         Line Input #2, ch
         Print ch
      Loop
      Close #2
End Sub
```

### 3. Input()函数

Input()函数的功能是以字符串形式返回从打开的顺序文件中读出指定个数的字符。格式如下：

```
Input(n,[#]文件号)
```

说明：n 是一个数值型表达式，表示从文件中一次读出的字符个数。但 n 的值不得超出文件的长度，否则将产生一个"输入超出文件尾"的实时错误。

【例 11-7】Input()函数示例。将上例改用 Input()函数实现相同的功能，程序代码如下：

```
Option Explicit
Private Sub Command1_Click()
      Dim ch As String
      Open "d:\Shc\kscj.txt" For Input As #2
      Print "准考证号", "笔试成绩", "上机成绩"
      ch = Input(LOF(2), #2)
      Print ch
      Close #2
End Sub
```

### 11.4.4 关闭顺序文件

顺序文件操作结束后应及时关闭。关闭文件使用 Close 语句，语句格式及用法同上。

### 11.4.5 顺序文件示例

【例 11-8】在窗体上画两个命令按钮 Command1 与 Command2，标题分别为"产生随机数"和"找素数"，单击"产生随机数"按钮产生 100 个三位不同的随机整数，并存放到顺序文件 data1.txt 中（文件路径 d:\Shc，文件中每行存放十个数据）；单击"找素数"按钮，将文件 data1.txt 中的数据读出来，找出其中的素数并按从小到大的顺序存放到顺序文件 data2 中（文件路径 d:\Shc，文件中每行存放 5 个数据）。

程序代码如下：

```
Option Explicit
Option Base 1
Private Sub Command1_Click()
      Dim a(100) As Integer, i As Integer
      Dim j As Integer
      Randomize
      a(1) = Int(Rnd * 900) + 100
      For i = 2 To 100
         a(i) = Int(Rnd * 900) + 100
         For j = 1 To i - 1
            If a(i) = a(j) Then
               i = i - 1
```

```
            Exit For
        End If
    Next j
Next i
Open "d:\Shc\data1.txt" For Output As #1
For i = 1 To 100
    Print #1, a(i);
    If i Mod 10 = 0 Then Print #1,
Next i
Close #1
End Sub

Private Sub Command2_Click()
    Dim a(100) As Integer, b() As Integer
    Dim i As Integer, j As Integer
    Dim k As Integer, x As Integer
    k = 0
    Open "d:\Shc\data1.txt" For Input As #1
    For i = 1 To 100
        Input #1, a(i)
        For j = 2 To a(i) - 1
            If a(i) Mod j = 0 Then Exit For
        Next j
        If j > a(i) - 1 Then
            k = k + 1
            ReDim Preserve b(k)
            b(k) = a(i)
        End If
    Next i
    For i = 1 To k - 1
        For j = i + 1 To k
            If b(i) > b(j) Then
                x = b(i)
                b(i) = b(j)
                b(j) = x
            End If
        Next j
    Next i
    Open "d:\Shc\data2.txt" For Output As #2
    For i = 1 To k
        Print #2, b(i);
        If i Mod 5 = 0 Then Print #2,
    Next i
    Close #1, #2
End Sub
```

运行程序，单击"产生随机数"按钮，打开顺序文件 data1.txt，文件内容如图 11-7 所示；单击"找素数"按钮，打开顺序文件 data2.txt，文件内容如图 11-8 所示。

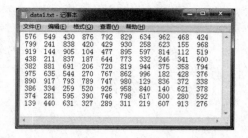

图 11-7 data1.txt 文件内容

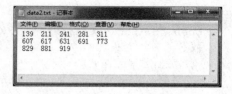

图 11-8 data2.txt 文件内容

【例 11-9】设有 6 个学生的学号及 3 门课程的考试成绩如表 11-1 所示，要求在 d:\Shc 目录下建立一个顺序文件 score1.txt，将学生的学号及考试成绩存入文件中；然后求每个学生的总分，并按总分从高到低的顺序排序，最后将排序后的结果存入到 d:\Shc 目录下的顺序文件 score2.txt 中。

表 11-1 考试成绩表

| 学　　号 | 语 文 成 绩 | 数 学 成 绩 | 英 语 成 绩 |
| --- | --- | --- | --- |
| 3201 | 88 | 72 | 74 |
| 3202 | 91 | 95 | 77 |
| 3203 | 75 | 85 | 82 |
| 3204 | 78 | 83 | 89 |
| 3205 | 86 | 92 | 96 |
| 3206 | 77 | 80 | 71 |

程序代码如下：

```vb
Option Explicit
Option Base 1
Private Sub Command1_Click()
    Dim a(6, 5) As Integer, i As Integer
    Dim j As Integer, x As Integer
    Open "d:\Shc\score1.txt" For Output As #1
    For i = 1 To 6
        For j = 1 To 4
            a(i, j) = InputBox("请输入a(" & i & "," & j & ")")
            Print #1, a(i, j),
        Next j
    Print #1,
    Next i
    Close #1
    For i = 1 To 6
        For j = 2 To 4
            a(i, 5) = a(i, 5) + a(i, j)
        Next j
    Next i
    Call sort(a())
    Open "d:\Shc\score2.txt" For Output As #1
    For i = 1 To 6
        For j = 1 To 5
            Print #1, a(i, j),
```

```
      Next j
      Print #1,
    Next i
    Close #1
End Sub

Sub sort(b() As Integer)
    Dim x As Integer, i As Integer
    Dim j As Integer, k As Integer
    For i = 1 To 5
      For j = i + 1 To 6
        If b(i, 5) < b(j, 5) Then
          For k = 1 To 5
            x = b(i, k)
            b(i, k) = b(j, k)
            b(j, k) = x
          Next k
        End If
      Next j
    Next i
End Sub
```

运行程序，输入上述表格中的 24 个数据，打开顺序文件 score1.txt，文件内容如图 11-9 所示；打开顺序文件 score2.txt，文件内容如图 11-10 所示。

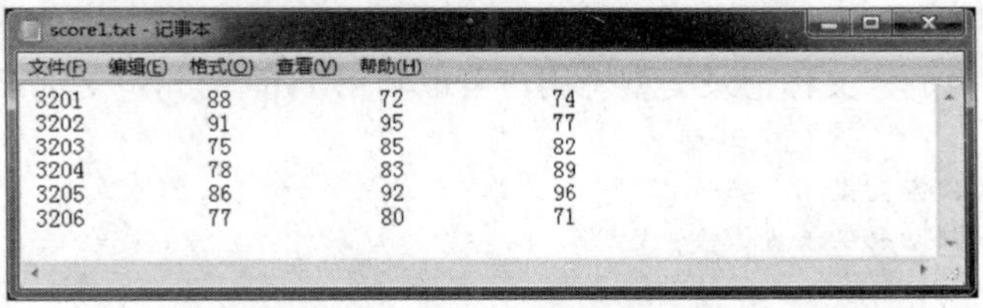

图 11-9　score1.txt 文件内容

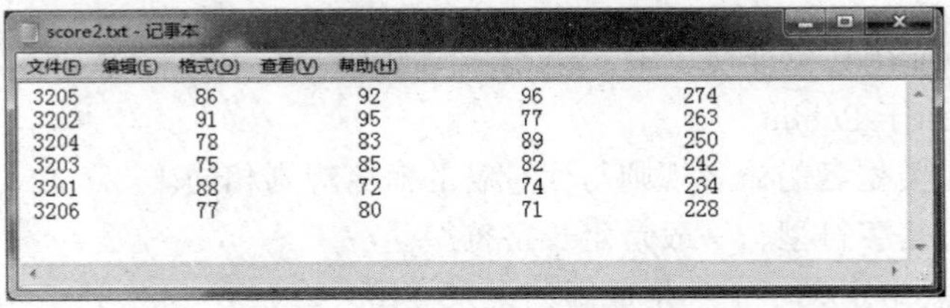

图 11-10　score2.txt 文件内容

## 11.5　随 机 文 件

随机文件与顺序文件不同，文件中的数据以记录为单位，而不是以字节为单位。随机文件中的每条记录长度都相同，且有唯一的记录号，记录可包含有一个或多个字段，只有一个字段的记录可以是任何一个标准数据类型，如果记录由多个字段组成，则记录必须是用户自定义类型。随机文件操作就是对记录的操作，随机文件打开后，既可读又可写，可以根据记录号访问文件中的任何一条记录，无须按顺序进行。

处理一个随机文件也要用 Open 语句先打开它，再用 Get #或 Put #语句进行读或写操作，操作完毕后，最后用 Close 语句将其关闭。

### 11.5.1　记录类型变量

#### 1. 记录

随机文件是由记录组成的，一般情况下，记录由若干个字段组成。例如：学生成绩由学号、姓名、语文成绩、数学成绩、英语成绩、总分 6 个字段组成，每个学生的成绩就是一条记录，如表 11-2 所示。

表 11-2　学生成绩表

| 学　号 | 姓　名 | 语 文 成 绩 | 数 学 成 绩 | 英 语 成 绩 | 总　分 |
|---|---|---|---|---|---|
| 3204010001 | 赵倩倩 | 92 | 80 | 84 | |
| 3204010002 | 王惠珍 | 88 | 81 | 83 | |
| 3204010003 | 高清芝 | 80 | 90 | 90 | |
| 3204010004 | 林媛媛 | 79 | 77 | 67 | |
| 3204010005 | 程东和 | 66 | 64 | 82 | |
| 3204010006 | 李大刚 | 82 | 58 | 66 | |
| 3204010007 | 王爱萍 | 76 | 80 | 82 | |

#### 2. 记录类型

VB 中不仅有各种标准数据类型，而且还提供了自定义数据类型。自定义数据类型是指由若干标准数据类型组合而成，又称记录类型。用户可以利用 Type 语句定义记录类型，格式如下：

```
[Public|Private]Type 记录类型名
    字段名 1 As 数据类型
    字段名 2 As 数据类型
    …
End Type
```

说明：

① Public 选项只能用在标准模块中，定义一个记录类型；Private 选项用于窗体模块中定义一个记录类型，缺省相当于 Public。

② 字段名与记录类型名的命名规则与变量名的命名规则相同。

③ 如果数据类型是字符型，一般是定长字符型。

例如：在窗体模块中定义一个学生成绩的记录类型。

```
Private Type StudentScore
    StudentID As String * 10
    StudentName As String * 8
    Chinese As Single
    Maths As Single
    English As Single
    Total As Single
End Type
```

#### 3. 声明记录类型变量

在处理包含多字段的随机文件时，除了需要定义记录类型外，还必须在相应的程序代码段中声明记录类型变量，格式如下：

```
Dim 变量名 As 记录类型名[,变量名 As 记录类型名,...]
```
如声明一个学生成绩记录类型的变量可以用下列语句：
```
Dim per As StudentScore
```
说明：在随机文件中读写数据直接使用记录类型变量名 per，其他位置使用记录类型变量是通过对记录类型变量中的字段名来实现的。使用格式如下：
```
记录类型变量名.字段名
```
如给某个学生的学号赋值可用下列语句：
```
per.StudentID = "3204010001"
```
输出某个学生的总分可用下列语句：
```
Print per.Total
```

#### 4. 声明记录类型数组

声明记录类型数组的格式如下：
```
Dim 数组名([[下界1To]上界1[,[下界2To]上界2]…]) As 记录类型名
```
如声明一个学生成绩记录类型的数组可以用下列语句：
```
Dim per(100) As StudentScore
```
说明：该语句定义一个由 100 个学生成绩组成的记录类型数组 per，可用来存放 100 条记录。

### 11.5.2　打开或建立随机文件

打开或建立随机文件也使用 Open 语句，格式如下：
```
Open 文件名 [For Random] As[#]文件号 Len = 记录长度
```
说明：

① 随机文件的读、写操作都以这种方式打开，文件打开后既可以进行读操作也可以进行写操作。

② 参数 For Random 可以缺省，表示按随机访问方式打开文件。

③ 记录长度是一个整型表达式，对于随机访问方式打开的文件，用该参数设置记录长度，默认值为 128 字节。一般情况下定义一个记录类型变量 p，然后用 Len=Len(p)表示。例如：
```
Open "d:\Shc\score.dat" For Random As #1 Len = Len(per)
```
打开 d:\Shc 目录中随机文件 score.dat，记录长度为上述定义的学生成绩记录类型变量 per 的长度。

### 11.5.3　向随机文件中写数据

Put #语句的功能是将记录类型变量的内容写到打开的随机文件中，格式如下：
```
Put [#]文件号,[记录号],记录类型变量
```
说明：

① 记录号为可选参数，记录号可以是整型或长整型常量也可以是已赋值的整型或长整型变量，取值范围为 $1 \sim 2^{31}-1$。记录号是要写入记录的位置，随机文件中第一条记录的位置序号为 1，即记录号为 1，第二条记录的位置为 2，即记录号为 2，依此类推。若缺省记录号，则表示将记录类型变量内容写入文件指针的当前位置。

② 若在 Put #语句中缺省记录号，语句中的逗号分隔符不可缺省。

③ 记录类型变量的数据类型必须同文件中记录的数据类型一致。

【例 11-10】Put #语句示例。有以下程序代码：
```
Private Type StudentScore
    StudentID As String * 10
```

```
    StudentName As String * 8
    Chinese As Single
    Maths As Single
    English As Single
    Total As Single
End Type

Private Sub Command1_Click()
    Dim per As StudentScore
    Static n As Integer
    n = n + 1
    per.StudentID = InputBox("请输入第" & n & "个人的学号")
    per.StudentName = InputBox("请输入第" & n & "个人的姓名")
    per.Chinese = InputBox("请输入第" & n & "个人的语文成绩")
    per.Maths = InputBox("请输入第" & n & "个人的数学成绩")
    per.English = InputBox("请输入第" & n & "个人的英语成绩")
    per.Total = per.Chinese + per.Maths + per.English
    Open "d:\Shc\score.dat" For Random As #1 Len = Len(per)
    Put #1, n, per
    Close #1
End Sub
```

运行程序，第一次单击命令按钮 Command1，输入表 11-2 中的第一行数据，在 d:\Shc 目录中建立随机文件 score.dat，并写入第一条记录，再次单击命令按钮，输入表 11-2 中的第二行数据，在随机文件 score.dat 中写入第二条记录，重复上述操作过程，输入 6 条记录，随机文件 score.dat 中写入了 6 个学生的成绩记录。

### 11.5.4　从随机文件中读数据

Get #语句的功能是从打开的随机文件中读取数据，并将这些数据赋值给记录类型变量，格式如下：

```
Get [#]文件号,[记录号],记录类型变量
```

【例 11-11】Get #语句示例。有以下程序代码：

```
Option Explicit
Private Type StudentScore
    StudentID As String * 10
    StudentName As String * 8
    Chinese As Single
    Maths As Single
    English As Single
    Total As Single
End Type

Private Sub Command1_Click()
    Dim per As StudentScore, i As Integer
    Dim Filenum As Integer, rec As Integer
    Filenum = FreeFile()
    Print "学号", "姓名", "语文成绩", "数学成绩", "英语成绩", "总分"
    Open "d:\Shc\score.dat" For Random As #Filenum Len = Len(per)
    rec = LOF(Filenum) / Len(per)
```

```
   For i = 1 To rec
       Get #Filenum, i, per
       Print per.StudentID,per.StudentName,per.Chinese,per.Maths,per.English, _
per.Total
   Next i
   Close #Filenum
End Sub
```

运行程序，单击命令按钮 Command1，窗体上的输出内容如图 11-11 所示。

图 11-11　Get #语句示例

### 11.5.5　向随机文件中添加、删除或修改记录

随机文件中的数据以记录为单位，而且与位置无关，因此很容易对随机文件进行添加记录、删除记录、修改记录与查询记录等操作。

**1．添加记录**

在随机文件中添加一条记录，实际上就是在文件的末尾添加新记录。添加记录的关键是获取文件最后一条记录的记录号，然后将记录号+1，再使用 Put #语句将要添加的记录写到随机文件中。

说明：最后一条记录的记录号=文件长度/记录长度。

【例 11-12】添加记录示例，有以下程序代码：

```
Option Explicit
Private Type StudentScore
    StudentID As String * 10
    StudentName As String * 8
    Chinese As Single
    Maths As Single
    English As Single
    Total As Single
End Type

Private Sub Command1_Click()
    Dim per As StudentScore, rec As Integer
    Open "d:\Shc\score.dat" For Random As #1 Len = Len(per)
    rec = LOF(1) / Len(per)
    rec = rec + 1
    per.StudentID = InputBox("请输入第" & rec & "个人的学号")
    per.StudentName = InputBox("请输入第" & rec & "个人的姓名")
    per.Chinese = InputBox("请输入第" & rec & "个人的语文成绩")
    per.Maths = InputBox("请输入第" & rec & "个人的数学成绩")
    per.English = InputBox("请输入第" & rec & "个人的英语成绩")
    per.Total = per.Chinese + per.Maths + per.English
    Put #1, rec, per
```

```
    Get #1, rec, per
    Print per.StudentID,per.StudentName,per.Chinese,per.Maths,per.English, _
per.Total
    Close #1
End Sub
```

运行程序，单击命令按钮 Command1，输入表 11-2 中的第七行数据，在 d:\Shc\score.dat 文件中添加一条记录，并将这条记录的内容读出来，显示在窗体上。

**2. 删除记录**

删除随机文件中的一条记录，分两步进行：

第一步：将被删除记录的下一条记录写到要删除的记录位置上，其后的所有记录依次前移。这样要删除的记录不复存在，但是文件中的最后两条记录是相同的，文件中记录数没有减少。

第二步：创建一个新的随机文件，将原文件中所有不删除的记录一条一条地复制到新文件中，注意最后一条不复制，关闭所有打开的文件，用 Kill 语句删除原文件，用 Name 语句将新文件重新命名为原文件。

说明：删除记录也可以直接使用第二步，即创建一个新随机文件，将原文件中所有不删除的记录一条一条地复制到新文件中，注意要删除的一条不复制，关闭所有打开的文件，用 Kill 语句删除原文件，用 Name 语句将新文件重新命名为原文件。

【例 11-13】删除记录示例。删除 d:\Shc\score.dat 文件中的第三条记录，程序代码如下：

```
Option Explicit
Private Type StudentScore
    StudentID As String * 10
    StudentName As String * 8
    Chinese As Single
    Maths As Single
    English As Single
    Total As Single
End Type

Private Sub Command1_Click()
    Dim per As StudentScore, rec As Integer
    Dim erasenum As Integer, i As Integer
    erasenum = InputBox("请输入要删除的记录号", "删除记录", 3)
    Open "d:\Shc\score.dat" For Random As #1 Len = Len(per)
    rec = LOF(1) / Len(per)
    If erasenum > rec Then
        MsgBox "输入的记录号超出文件的记录范围，请重新输入"
        Close #1
        Exit Sub
    End If
    For i = erasenum To rec - 1
        Get #1, i + 1, per
        Put #1, i, per
    Next i
    Open "d:\Shc\temp.dat" For Random As #2 Len = Len(per)
    For i = 1 To rec - 1
```

```
        Get #1, i, per
        Put #2, i, per
    Next i
    Close #1, #2
    Kill "d:\Shc\score.dat"
    Name "d:\Shc\temp.dat" As "d:\Shc\score.dat"
End Sub
```

### 3. 修改记录

在随机文件中修改记录的操作比较简单，通过 Put #语句将新记录用待修改记录的记录号写入文件即可。

【例 11-14】修改记录示例。修改 d:\Shc\score.dat 文件中的第二条记录，将王惠珍的语文成绩改为 93 分，程序代码如下：

```
Option Explicit
Private Type StudentScore
    StudentID As String * 10
    StudentName As String * 8
    Chinese As Single
    Maths As Single
    English As Single
    Total As Single
End Type

Private Sub Command1_Click()
    Dim per As StudentScore
    Dim changenum As Integer, rec As Integer
    changenum = InputBox("请输入要修改的记录号")
    Open "d:\Shc\score.dat" For Random As #1 Len = Len(per)
    rec = LOF(1) / Len(per)
    If changenum > rec Then
        MsgBox "输入的记录号超出文件的记录范围，请重新输入"
        Close #1
        Exit Sub
    End If
    Get #1, changenum, per
    per.Chinese = InputBox("请输入要修改的语文成绩", "修改记录", 93)
    per.Total = per.Chinese + per.Maths + per.English
    Put #1, changenum, per
    Close #1
End Sub
```

## 11.5.6　关闭随机文件

随机文件操作结束后，应及时关闭。关闭文件使用 Close 语句，语句格式及用法同上。

## 11.5.7　随机文件示例

【例 11-15】用随机文件建立一个通信录，通信录内容包含姓名、电话号码和邮政编码。设置的界面如图 11-12 所示，单击"添加记录"按钮，将三个文本框中的内容添加到 d:\Shc 目录下随机文件 address.dat 的末尾；单击"插入记录"按钮，弹出输入对话框，输入插入位置，将三个文本框中的内容插入到随机文件 address.dat 的指定位置；单击"删除记录"按钮，弹出输入对话框，输入删除的记录号，将该记录从随机文件 address.dat 中删除；单击"显示记录"按钮，弹出输入对话框，输入显示的记录号，将随机文件 address.dat 中的这条记录显示在三个文本框中；单击"显示上一条"按钮，将随机文件 address.dat 中的上条记录显示在三个文本框中；单击"显示下一条"按钮，将随机文件 address.dat 中的下一条记录显示在三个文本框中。

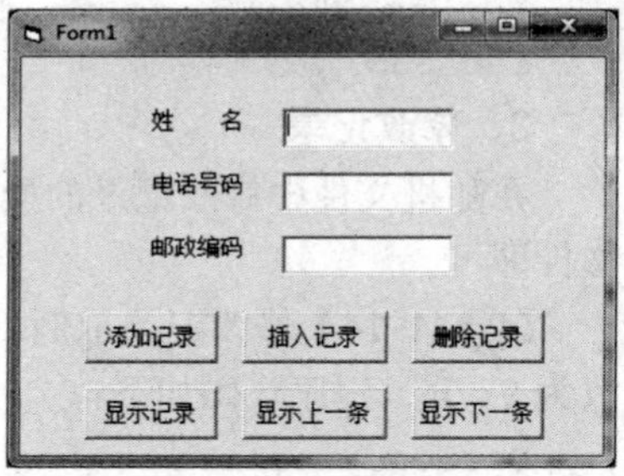

程序代码如下：

```
Option Explicit
Private Type RecordType
    Name As String * 10
    Tel As String * 11
    Post As String * 6
End Type
Dim displaynum As Integer

Private Sub Command1_Click()
    Dim person As RecordType, rec As Integer
    If Text1.Text = "" Then
        MsgBox "姓名不能为空，请输入姓名"
        Text1.SetFocus
        Exit Sub
    End If
    Open "d:\Shc\address.dat" For Random As #1 Len = Len(person)
    rec = LOF(1) / Len(person)
    rec = rec + 1
    person.Name = Text1.Text
    person.Tel = Text2.Text
    person.Post = Text3.Text
    Put #1, rec, person
    Close #1
    Text1.Text = ""
    Text2.Text = ""
    Text3.Text = ""
    Text1.SetFocus
End Sub

Private Sub Command2_Click()
    Dim person As RecordType, rec As Integer
    Dim i As Integer, insertnum As Integer
    If Text1.Text = "" Then
        MsgBox "姓名不能为空，请输入姓名"
        Text1.SetFocus
        Exit Sub
    End If
    insertnum = InputBox("请输入要插入位置的记录号")
    Open "d:\Shc\address.dat" For Random As #1 Len = Len(person)
    rec = LOF(1) / Len(person)
    For i = rec To insertnum Step -1
        Get #1, i, person
        Put #1, i + 1, person
    Next i
    person.Name = Text1.Text
```

图 11-12 初始界面

```
        person.Tel = Text2.Text
        person.Post = Text3.Text
        Put #1, insertnum, person
        Close #1
        Text1.Text = ""
        Text2.Text = ""
        Text3.Text = ""
        Text1.SetFocus
End Sub

Private Sub Command3_Click()
        Text1.Text = ""
        Text2.Text = ""
        Text3.Text = ""
        Dim person As RecordType, rec As Integer
        Dim erasenum As Integer, i As Integer, k As Integer
        erasenum = InputBox("请输入要删除的记录号")
        Open "d:\Shc\address.dat" For Random As #1 Len = Len(person)
        rec = LOF(1) / Len(person)
        If erasenum > rec Then
            MsgBox "输入的记录号超出文件的记录范围，请重新输入"
            Close #1
            Exit Sub
        End If
        Open "d:\Shc\temp.dat" For Random As #2 Len = Len(person)
        For i = 1 To rec
            Get #1, i, person
            If i <> erasenum Then
                k = k + 1
                Put #2, k, person
            End If
        Next i
        Close #1, #2
        Kill "d:\Shc\address.dat"
        Name "d:\Shc\temp.dat" As "d:\Shc\address.dat"
End Sub

Private Sub Command4_Click()
        Dim person As RecordType, rec As Integer
        Text1.Text = ""
        Text2.Text = ""
        Text3.Text = ""
        displaynum = InputBox("请输入要显示的记录号")
        Open "d:\Shc\address.dat" For Random As #1 Len = Len(person)
        rec = LOF(1) / Len(person)
        If displaynum = 1 Then Command5.Enabled = False Else Command5.Enabled = True
        If displaynum = rec Then Command6.Enabled = False Else Command6.Enabled = True
        If displaynum > rec Then
            MsgBox "输入的记录号超出文件的记录范围，请重新输入"
            Close #1
            Exit Sub
        End If
```

```
        Get #1, displaynum, person
        Text1.Text = person.Name
        Text2.Text = person.Tel
        Text3.Text = person.Post
        Close #1
    End Sub

    Private Sub Command5_Click()
        Dim person As RecordType, rec As Integer
        If displaynum = 0 Then
            Call Command4_Click
            Exit Sub
        End If
        Open "d:\Shc\address.dat" For Random As #1 Len = Len(person)
        rec = LOF(1) / Len(person)
        Command6.Enabled = True
        If displaynum = 1 Then
            MsgBox "当前记录是第一条记录"
            Command5.Enabled = False
            Close #1
            Exit Sub
        End If
        displaynum = displaynum - 1
        Get #1, displaynum, person
        Text1.Text = person.Name
        Text2.Text = person.Tel
        Text3.Text = person.Post
        Close #1
    End Sub

    Private Sub Command6_Click()
        Dim person As RecordType, rec As Integer
        If displaynum = 0 Then
            Call Command4_Click
            Exit Sub
        End If
        Open "d:\Shc\address.dat" For Random As #1 Len = Len(person)
        rec = LOF(1) / Len(person)
        Command5.Enabled = True
        If displaynum = rec Then
            MsgBox "当前记录是最后一条记录"
            Command6.Enabled = False
            Close #1
            Exit Sub
        End If
        displaynum = displaynum + 1
        Get #1, displaynum, person
        Text1.Text = person.Name
        Text2.Text = person.Tel
        Text3.Text = person.Post
        Close #1
    End Sub
```

```
Private Sub Form_Load()
    Form1.Show
    Text1.SetFocus
End Sub
```

# 11.6  二进制文件

二进制文件以字节为单位，存放的是二进制数据。图形、图像、声音、视频等文件都属于二进制文件，对二进制文件的操作就是对文件中指定字节的操作。二进制存取可以获取文件中的任一个字节，顺序文件和随机文件都可以以二进制文件方式打开并访问。二进制文件打开后，既能进行读操作也可以进行写操作。

## 11.6.1  打开或建立二进制文件

打开或建立二进制文件也使用 Open 语句。格式如下：

```
Open 文件名 For Binary As [#]文件号
```

## 11.6.2  二进制文件的读写操作

二进制文件与随机文件一样，使用 Get #语句读数据，用 Put #语句写数据。格式如下：

```
Get #文件号,[位置],变量
Put #文件号,[位置],表达式
```

说明：

① 参数位置表示读写数据的字节编号，如省略，从当前字节位置进行读写操作。

② 变量用于存放由二进制文件读出的数据，该变量的长度决定了从二进制文件中读取数据的长度。

③ 表达式表示写入文件中的数据。

如从#1 二进制文件的 10 字节处读取 20 字节的数据，并存入变量 t 中。程序代码段如下：

```
Dim t As String * 20
Get #1, 10, t
```

如在#1 二进制文件的 20 字节处写入字符串"Visual Basic"。程序代码段如下：

```
Put #1, 20, "Visual Basic"
```

## 11.6.3  关闭二进制文件

二进制文件操作结束后，应及时关闭。关闭文件使用 Close 语句，语句格式及用法同上。

## 11.6.4  二进制文件示例

【例 11-16】使用二进制访问模式，将例 11-9 中生成在 d:\Shc 目录下的顺序文件 score2.txt 复制为 score3.txt，仍然存放在 d:\Shc 目录下。

```
Option Explicit
Private Sub Command1_Click()
    Dim s As String * 1
    Open "d:\shc\score2.txt" For Binary As #1
    Open "d:\shc\score3.txt" For Binary As #2
    Do While Not EOF(1)
        Get #1, , s
        Put #2, , s
```

```
      Loop
      Close #1, #2
   End Sub
```

运行程序，打开 score2.txt 和 score3.txt 文件，进行比较，文件内容一致。

【例 11-17】使用二进制访问模式，将例 11-15 中生成在 d:\Shc 目录下的随机文件 address.dat 复制为 addressbak.dat，仍然存放在 d:\Shc 目录下。

```
Option Explicit
Private Sub Command1_Click()
   Dim s1 As String * 1, s2 As String * 1
   Open "d:\shc\address.dat" For Binary As #1
   Open "d:\shc\addressbak.dat" For Binary As #2
   Do While Not EOF(1)
      Get #1, , s1
      Put #2, , s1
   Loop
   Rem 下面的程序段验证复制的文件是否正确
   Seek #1, 1              '将文件指针移到原文件开始位置
   Seek #2, 1              '将文件指针移到新文件开始位置
   Do While Not EOF(1)
      Get #1, , s1
      Get #2, , s2
      Debug.Print Asc(s1), Asc(s2)
      If s1 <> s2 Then Exit Do
   Loop
   If EOF(1) Then
      Print "复制的文件无错误"
   Else
      Print "复制的文件有错误"
   End If
   Close #1, #2
End Sub
```

## 11.7   文 件 示 例

【例 11-18】在窗体上画一个驱动器列表框 Drive1、目录列表框 Dir1、文件列表框 File1 和图像控件 Image1（其 Stretch 属性设置为 True），文件列表框 File1 用于显示图片文件，图片文件类型为：*.bmp、*.jpg、*.jpeg、*.gif，单击文件列表框中的文件名，在图像控件中显示该图片，如图 11-13 所示。

程序代码如下：

```
Private Sub Dir1_Change()
    File1.Path = Dir1.Path
End Sub


Private Sub Drive1_Change()
    Dir1.Path = Drive1.Drive
End Sub
```

图 11-13   运行界面

```
Private Sub File1_Click()
    Image1.Picture = LoadPicture(Dir1.Path & "\" & File1.FileName)
End Sub

Private Sub Form_Load()
    File1.Pattern = "*.bmp;*.jpg;*.jpeg;*.gif"
End Sub
```

【例11-19】在窗体上画一个驱动器列表框 Drive1、
目录列表框 Dir1、文件列表框 File1、文本框 Text1（有
水平与垂直滚动条）和命令按钮 Command1（标题为"保
存"），如图 11-14 所示。当单击文件列表框 File1 中显
示的文本文件（*.txt、*.ini、*.log）时，在文本框 Text1
中显示文件内容；修改文本框中的内容，单击"保存"
按钮，将文本框 Text1 中的内容保存到当前目录下，文
件名在原来的名字前加 BAK。

图 11-14　文本文件内容

程序代码如下：

```
Option Explicit
Private Sub Command1_Click()
    Dim s As String
    s = Dir1.Path & "\BAK" & File1.FileName
    If Text1.Text = "" Then
        MsgBox "请在文件列表框中先选择文件"
    Else
        Open s For Output As #1
        Print #1, Text1.Text
        Close #1
    End If
End Sub


Private Sub Dir1_Change()
    File1.Path = Dir1.Path
End Sub


Private Sub Drive1_Change()
    Dir1.Path = Drive1.Drive
End Sub


Private Sub File1_Click()
    Dim s As String
    Text1.Text = ""
    Open Dir1.Path & "\" & File1.FileName For Input As #1
    Do While Not EOF(1)
        Line Input #1, s
        Text1.Text = Text1.Text & s & vbCrLf
    Loop
    Close #1
End Sub
```

```
Private Sub Form_Load()
    File1.Pattern = "*.txt;*.ini;*.log"
End Sub
```

【例 11-20】窗体上有一个名称为 Text1 的文本框，可以多行显示并有垂直滚动条，有一个名称为 CD1 的通用对话框，还有三个命令按钮，名称分别为 C1、C2、C3，标题分别为"打开文件"、"转换"和"存盘"，如图 11-15 所示。命令按钮的功能是："打开文件"——弹出"打开文件"对话框，默认打开文件的类型为"文本文件"，选择 D:\Shc 目录下的 in20.txt 文件后，该文件中的内容显示在 Text1 中；"转换"——把 Text1 中的所有小写英文字母转换成大写；"存盘"——把 Text1 中的内容存入 D:\Shc 目录下的 out20.txt 文件中。

程序代码如下：

```
Option Explicit
Private Sub C1_Click()
    Dim a As String
    CD1.Filter = "所有文件(*.*)|*.*|文本文件(*.txt)|*.txt|Word文件(*.docx)|*.docx"
    CD1.FilterIndex = 2
    CD1.InitDir = "D:\Shc"
    CD1.Action = 1
    Open CD1.FileName For Input As #1
    Input #1, a
    Close #1
    Text1.Text = a
End Sub

Private Sub C2_Click()
    Text1.Text = UCase(Text1.Text)
End Sub

Private Sub C3_Click()
    CD1.FileName = "out20.txt"
    CD1.InitDir = "D:\Shc"
    CD1.Action = 2
    Open CD1.FileName For Output As #1
    Print #1, Text1.Text
    Close #1
End Sub
```

图 11-15　转换为大写

【例 11-21】窗体上有一个名称为 Label1 的标签，标题为"数组 A"，AutoSize 为 True，有一个名称为 Text1 的文本框，可以多行显示并有垂直滚动条，还有三个命令按钮，名称分别为 Command1、Command2、Command3，标题分别为"读数据"、"输入"和"插入"，如图 11-16 所示。其功能是：单击"读数据"命令按钮，把 D:\Shc 目录下顺序文件 in21.txt 中已按升序方式排列的 60 个数读入数组 A，并显示在 Text1 中（每行 10 个数），单击"输入"按钮，弹出一个输入对话框，接收用户输入的任意一个三位整数；单击"插入"按钮，将输入的数插入 A 数组中合适的位置，使其仍保持 A 数组的升序排列，最后将 A 数组的内容重新显示在 Text1 中。

图 11-16　插入数据

程序代码如下：

```
Option Base 1
Option Explicit
Dim a() As Integer, num As Integer
Private Sub Command1_Click()
    Dim k As Integer
    Open App.Path & "\in5.txt" For Input As #1
    For k = 1 To 60
        ReDim Preserve a(k)
        Input #1, a(k)
        Text1 = Text1 + Str(a(k))
        If k Mod 10 = 0 Then Text1 = Text1 & vbCrLf
    Next k
    Close #1
End Sub

Private Sub Command2_Click()
    num = InputBox("请输入一个三位整数")
End Sub

Private Sub Command3_Click()
    Dim i As Integer, k As Integer, j As Integer
    k = UBound(a)
    For i = 1 To k
        If num < a(i) Then Exit For
    Next i
    ReDim Preserve a(k + 1)
    For j = k To i Step -1
        a(j + 1) = a(j)
    Next j
    a(i) = num
    Text1 = ""
    '以下程序段将插入后的数组 A 重新显示在 Text1 中
    For i = 1 To k + 1
        Text1 = Text1 + Str(a(i))
        If i Mod 10 = 0 Then Text1 = Text1 & vbCrLf
    Next i
End Sub
```

【例 11-22】窗体上有两个名称分别为 Command1 与 Command2，标题分别为"读数据"和"统计"的命令按钮；两个名称分别为 Text1 和 Text2，初始值为空的文本框，均可以多行显示并有垂直滚动条，有一个名称为 Label1 的标签，标题为"选中文本中未出现的字母有："，如图 11-17 所示。程序功能如下：单击"读数据"按钮，则把 D:\Shc 目录下顺序文件 in22.txt 中的内容（该文件中只含字母和空格）显示在 Text1 文本框中；在文本框中选中内容后，单击"统计"按钮，则自动统计选中文本中从未出现过的字母（统计过程中不区分大小写），并将这些字母以大写形式显示在 Text2 文本框内（每行显示 5 个）。

程序代码如下：

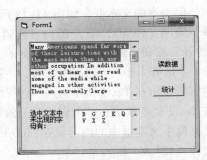

图 11-17　统计选中文本中未出现的字母

```
Option Base 1
Option Explicit
Private Sub Command1_Click()
    Dim s As String
    Open "d:\Shc\in22.txt" For Input As #1
    s = Input(LOF(1), #1)
    Close #1
    Text1.Text = s
End Sub
Private Sub Command2_Click()
    Dim slen As Integer, stxt As String
    Dim i As Integer, n As Integer
    Dim a(26) As Integer, c As String * 1
    slen = Text1.SelLength
    stxt = Text1.SelText
    Text2.Text = ""
    If slen = 0 Then
        MsgBox "请先选择文本！"
    Else
        For i = 1 To slen
            c = Mid(stxt, i, 1)
            If c <> " " Then
                n = Asc(UCase(c)) - Asc("A") + 1
                a(n) = a(n) + 1
            End If
        Next
        n = 0
        For i = 1 To 26
          If a(i) = 0 Then
            n = n + 1
            Text2.Text = Text2.Text + Space(2) + Chr(Asc("A") + i - 1)
            If n Mod 5 = 0 Then Text2.Text = Text2.Text & vbCrLf
          End If
        Next
    End If
End Sub
```

【例 11-23】窗体上有两个名称分别为 Command1 与 Command2，标题分别是"读数据"和"统计"的命令按钮，两个名称分别为 Label1 和 Label2，标题分别为"出现次数最多的字母是"和"它出现的次数为"的标签，它们的 AutoSize 属性值为 True，两个名称分别为 Text1 和 Text2，初始值为空的文本框，如图 11-18 所示。程序功能如下：单击"读数据"按钮，则将 D:\Shc 目录下顺序文件 in23.dat 中的内容读到变量 s 中；单击"统计"按钮，则自动统计 in23.dat 文件中所含各字母（不区分大小写）出现的次数，并将出现次数最多的字母显示在 Text1 文本框内，它所出现的次数显示在 Text2 文本框内；单击窗体右上角的"关闭"按钮时将两个文本框中的内容保存到 D:\Shc 目录下顺序文件 out23.dat 中。

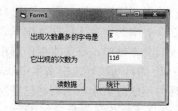

图 11-18　统计文本中出现次数最多的字母

程序代码如下：

```
Option Base 1
Option Explicit
Dim s As String
Private Sub Command1_Click()
    Open "d:\Shc\in23.dat" For Input As #1
    s = Input(LOF(1), #1)
    Close #1
End Sub

Private Sub Command2_Click()
    Dim a(26) As Integer, max As Integer
    Dim i As Integer, c As String * 1
    Dim n As Integer
    For i = 1 To Len(s)
        c = UCase(Mid(s, i, 1))
        If c >= "A" And c <= "Z" Then
            n = Asc(c) - Asc("A") + 1
            a(n) = a(n) + 1
        End If
    Next i
    max = a(1)
    For i = 2 To 26
        If max < a(i) Then max = a(i)
    Next i
    For i = 1 To 26
        If max = a(i) Then
            Text1 = Text1 & Chr(Asc("A") + i - 1) & Space(2)
            Text2 = Text2 & a(i) & Space(2)
        End If
    Next i
End Sub

Private Sub Form_Unload(Cancel As Integer)
    Open "d:\Shc\out23.dat" For Output As #1
    Print #1, Text1.Text, Text2.Text
    Close #1
End Sub
```

【例 11-24】窗体上有四个名称分别为 Command1、Command2、Command3 和 Command4，标题分别是"读数据"、"计算"、"显示"和"统计"的命令按钮，两个名称分别为 Label1 和 Label2，标题分别为"组号"和"平均值"的标签，它们的 AutoSize 属性值为 True，一个名称为 Text1 初始值为空的文本框，可以多行显示并有垂直滚动条，如图 11-19 所示。程序功能如下：单击"读数据"按钮，则把 D:\Shc 目录下顺序文件 in24.dat 中的 12 组整数（其中每组含有 10 个数，共计 120 个整数）读到数组 a 中；单击"计算"按钮，则对每组数求平均值，并将所求各组数的平均值截尾取整后存入 s 数组中；单击"显示"按钮，则将所求各组数的平均值显示在文本框 Text1

图 11-19　求每组数据的平均数

中；单击"存盘"按钮，则把计算结果保存到 D:\Shc 目录下顺序文件 out24.dat 中。

程序代码如下：

```
Option Explicit
Option Base 1
Dim a(12, 10) As Long, s(12) As Long
Private Sub Command1_Click()
    Dim i As Integer, j As Integer
    Open "d:\Shc\in24.dat" For Input As #1
    For i = 1 To 12
        For j = 1 To 10
            Input #1, a(i, j)
        Next j
    Next i
    Close #1
End Sub

Private Sub Command2_Click()
    Dim i As Integer, j As Integer
    For i = 1 To 12
        For j = 1 To 10
            s(i) = s(i) + a(i, j)
        Next j
        s(i) = Fix(s(i) / 10)
    Next i
End Sub

Private Sub Command3_Click()
    Dim i As Integer
    Text1.Text = ""
    For i = 1 To 12
        Text1 = Text1 + Right(Space(2) & i, 3) + Space(4) + Str(s(i)) + vbCrLf
    Next i
End Sub

Private Sub Command4_Click()
    Dim i As Integer
    Open "d:\Shc\out24.dat" For Output As #1
    For i = 1 To 12
        Print #1, i, s(i)
    Next i
    Close #1
End Sub
```

【例 11-25】在窗体上画一个文本框，其名称为 Text1，初始内容为空白，并设置成多行显示格式，再画两个命令按钮，其名称分别为 Command1 和 Command2，标题分别为"显示"和"保存"，如图 11-20 所示，编写适当的事件过程。程序运行后，如果单击"显示"命令按钮，则读取 D:\Shc 目录下的 in25.txt 文件，并在文本框中显示出来，该文件是一个用随机存取方式建立的文件，共有 5 个记录，要求按记录号顺序显示全部记录，每个记录一行；如果单击"保存"命令按钮，则把所有记录保存到 D:\Shc 目录下的顺序文件 out25.txt 中。随机文件 in25.txt 中的每个记录包括三个字段，分别为姓名、性别和年龄，其名称和长度分别为：

```
Name        字符串        8
Sex         字符串        4
Age         Integer
```

其类型定义为：

```
Private Type StudInfo
    Name  As String*8
    Sex  As  String*4
    Age  As Integer
End Type
```

程序代码如下：

```
Option Explicit
Private Type StudInfo
    Name As String * 8
    Sex As String * 4
    Age As Integer
End Type


Private Sub Command1_Click()
    Dim st As StudInfo, i As Integer
    Open "d:\Shc\in25.txt" For Random As #1 Len = Len(st)
    For i = 1 To 5
        Get #1, i, st
        Text1.Text = Text1.Text & st.Name & Space(5) & st.Sex & st.Age & vbCrLf
    Next i
    Close #1
End Sub


Private Sub Command2_Click()
    Open "d:\Shc\out25.txt" For Output As #1
    Print #1, Text1.Text
    Close #1
End Sub
```

图 11-20　显示随机文件内容

 习题

一、选择题

1. 下述四个控件中具有 FileName 属性的是_____。

  A. 驱动器列表框  B. 文件列表框  C. 目录列表框  D. 列表框

2. 使用驱动器列表框的_____属性可以返回或设置磁盘驱动器的名称。

  A. ChDrive  B. Drive  C. List  D. ListIndex

3. 下列控件中，不属于文件系统控件的是_____。

  A. 驱动器列表框  B. 文件列表框  C. 目录列表框  D. 图像列表框

4. 使用目录列表框的_____属性可以返回或设置当前工作目录的完整路径。

  A. Drive  B. ListIndex  C. Path  D. Dir

5. 改变驱动器列表框的 Drive 属性值将激活_____事件。

  A. Change  B. Scoll  C. KeyDown  D. KeyUp

6. 在窗体上画一个名称为 Drive1 的驱动器列表框，一个名称为 Dir1 的目录列表框。当改变当前驱动器时，目录列表框应该与之同步改变。设置两个控件同步的命令放在一个事件过程中，这个事件过程是_____。

    A. Drive1_Change    B. Drive1_Click    C. Dir1_Click    D. Dir1_Change

7. 要获得当前驱动器应使用驱动器列表框的属性是_____。

    A. Path    B. Dir    C. Pattern    D. Drive

8. 在窗体上画一个名称为 File1 的文件列表框，并编写如下程序：

```
Private Sub File1_DblClick()
    x = Shell(File1.FileName)
End Sub
```

以下关于该程序的叙述，错误的是_____。

    A. x 没有实际作用，因此可以将该语句写为：Call Shell(File1.FileName,1)

    B. 双击文件列表框中的文件，将触发该事件过程

    C. 要执行文件的名字通过 File1.FileName 指定

    D. File1 中显示的是当前驱动器、当前目录下的文件

9. 下面关于顺序文件的描述，正确的是_____。

    A. 每条记录的长度必须相同

    B. 可通过编程对文件中的某条记录方便地修改

    C. 数据以 ASCII 码形式存放在文件中，所以可通过文本编辑软件显示

    D. 文件的组织结构复杂

10. 在顺序文件中_____。

    A. 文件中按每条记录的记录号从小到大排序

    B. 文件中按每条记录的长度从小到大排序

    C. 文件中按记录的某关键数据项从小到大的顺序排序

    D. 记录是按写入的先后顺序存放的，读出也是按写入的先后顺序读出

11. 在随机文件中_____。

    A. 文件中的内容是通过随机数产生的

    B. 文件中的记录号是通过随机数产生的

    C. 可对文件中的记录根据记录号随机地读写

    D. 文件的每条记录的长度是随机的

12. 下面关于随机文件的描述，不正确的是_____。

    A. 每条记录的长度必须相同

    B. 一个文件中记录号不唯一

    C. 文件的组织结构比顺序文件复杂

    D. 可通过编程对文件中的某条记录方便地修改

13. 在下面选项中，不能完成对顺序文件的读操作的是_____。

    A. Line Input#语句    B. Input#语句    C. Input( )函数    D. Get#语句

14. 为了建立一个随机文件，其中每一条记录由多个不同数据类型的数据项组成，应使用的数据类型是_____。

    A. 记录类型    B. 数组    C. 字符串类型    D. 变体类型

15. Print #1，Str1$中的 Print 是_____。
    A. 顺序文件的写语句
    B. 在窗体上显示的方法
    C. 子程序名
    D. 打印命令

16. 文件号最大可取的值为_____。
    A. 255        B. 511        C. 512        D. 256

17. 在 VB 中，使用 Open 语句打开文件时，如果省略"For 方式"，则打开的文件的存取方式是_____。
    A. 二进制方式
    B. 随机存取方式
    C. 顺序存取方式
    D. 会提示错误

18. 如果准备读文件，打开顺序文件 text.dat 的正确语句是_____。
    A. Open "text.dat" For Input As #1
    B. Open "text.dat" For Write As #1
    C. Open "text.dat" For Binary As #1
    D. Open "text.dat" For Random As #1

19. 下面对文件打开语句 Open "Text.dat" For Output As #FreeFile 的功能说明中错误的是_____。
    A. 如果文件 Text.dat 已存在，则打开该文件，新写入的数据将覆盖原有数据
    B. 如果文件 Text.dat 已存在，则打开该文件，新写入的数据将增加到该文件中
    C. 如果文件 Text.dat 不存在，则建立一个新文件
    D. 以顺序输出模式打开文件 Text.dat

20. 将一个记录型变量的内容写入文件中指定的位置，所使用的语句格式为_____。
    A. Put 文件号,记录号,变量名
    B. Put 文件号,变量名,记录号
    C. Get 文件号,变量名,记录号
    D. Get 文件号,记录号,变量名

21. 下面关于文件的叙述中错误的是_____
    A. 随机文件中各条记录的长度是相同的
    B. 打开随机文件时采用的文件存取方式应该是 Random
    C. 向随机文件中写数据应使用语句 Print#文件号
    D. 打开随机文件与打开顺序文件一样，都使用 Open 语句

22. 下列有关文件的叙述中，正确的是_____。
    A. 以 Output 方式打开一个不存在的文件时，系统将显示出错信息
    B. 以 Append 方式打开的文件，既可以进行读操作，也可以进行写操作
    C. 在随机文件中，每个记录的长度是固定的。
    D. 无论是顺序文件还是随机文件，其打开的语句和打开方式都是完全相同的

23. 要从磁盘上读入一个文件名为"c:\my\file1.txt"的顺序文件，下面程序段中正确的是_____。
    A. F="c:\my\file1.txt"
       Open F For Input As #1
    B. F="c:\my\file1.txt"
       Open "F" For Input As #2
    C. Open "c:\my\file1.txt" For Output As #2
    D. Open c:\my\file1.txt For Input As #1

24. 假定在窗体 Form1 的代码窗口中定义如下记录类型：

```
Private Type animal
    animalName As String * 20
    acolor As String * 10
End Type
```

在窗体上画一个名称为 Command1 的命令按钮，然后编写如下事件过程：

```
Private Sub Command1_Click()
    Dim rec As animal
    Open "c:\vbTest.dat" For Random As #1 Len = Len(rec)
    rec.animalName = "cat"
    rec.acolor = "White"
    Put #1, , rec
    Close #1
End Sub
```

以下叙述正确的是_____。

A. 如果文件 c:\vbTest.dat 不存在，则 Open 命令执行失败

B. 记录类型 animal 不能在 Form1 中定义，必须在标准模块中定义

C. 由于 Put 命令中没有指明记录号，因此每次都把记录写到文件的末尾

D. 语句 "Put #1, , rec" 将 animal 类型的两个数据元素写到文件中

25. 下面的程序运行后，将产生的结果是_____。

```
Private Sub Form_Load()
    Dim Str As String, Anum As Integer
    Open "D:\Myfile.dat" For Output As #1
    Str = "ABCDEFG"
    Anum = 12345
    Print #1, Str, Anum
    Write #1, Str, Anum
    Close #1
End Sub
```

A. 建立一个 D:\Myfile.dat 的文本文件

B. 建立一个 D:\Myfile.dat 的文本文件，并写入一行数据，还在窗体上显示一行数据

C. 建立一个 D:\Myfile.dat 的文本文件，并写入两行数据

D. 打开一个 D:\Myfile.dat 的文本文件，并读出两行数据

26. 下列程序运行后，其结果为_____。

```
Dim char As Byte
Open "D:\Abc.dat" For Binary As #1
Open "C:\Myfile.dat" For Binary As #2
Do While Not EOF(1)
    Get #1, , char
    Put #2, , char
Loop
Close #1, #2
```

A. 将 C 盘上的文件 Myfile.dat 复制到 D 盘，文件名改为 Abc.dat

B. 将 C 盘上的文件 Myfile.dat 复制到 D 盘

C. 将 D 盘上的文件 Abc.dat 复制到 C 盘

D. 将 D 盘上的文件 Abc.dat 复制到 C 盘，文件名改为 Myfile.dat

27. 下列程序运行后，其结果为_____。

```
Private Sub Form_Click()
    FileName = "c:\testfile.txt"
    Open FileName For Output As #1
    Print #1, "ABCD 我是一个学生"
    Close #1
    Open FileName For Input As #1
    MsgBox Input(8, 1)
    Close #1
End Sub
```

A. 在对话框中显示 "ABCD 我是一个"　　　B. 在对话框中显示 "ABCD 我是"

C. 在窗体中显示 "ABCD 我是一个"　　　D. 在窗体中显示 "ABCD 我是"

28. 设在工程文件中有一个标准模块，其中定义了如下记录类型：

```
Type Books
    Name As String * 10
    TelNum As String * 20
End Type
```

在窗体上画一个名为 Command1 的命令按钮，要求当单击命令按钮时，在顺序文件 Person.txt 中写入一条 Books 类型的记录。下列能够完成该操作的事件过程是_____。

A.
```
Private Sub Command1_Click()
    Dim B As Books
    Open "Person.txt" For Output As #1
    B.Name = InputBox("输入姓名")
    B.TelNum = InputBox("输入电话号码")
    Write #1, B.Name, B.TelNum
    Close #1
End Sub
```

B.
```
Private Sub Command1_Click()
    Dim B As Books
    Open "Person.txt" For Input As #1
    B.Name = InputBox("输入姓名")
    B.TelNum = InputBox("输入电话号码")
    Print #1, B.Name, B.TelNum
    Close #1
End Sub
```

C.
```
Private Sub Command1_Click()
    Dim B As Books
    Open "Person.txt" For Output As #1
    B.Name = InputBox("输入姓名")
    B.TelNum = InputBox("输入电话号码")
    Write #1, B
    Close #1
End Sub
```

D.
```
Private Sub Command1_Click()
    Open "Person.txt" For Input As #1
    Name = InputBox("输入姓名")
    TelNum = InputBox("输入电话号码")
    Print #1, Name, TelNum
```

```
        Close #1
    End Sub
```

29. 某人编写了下面的程序，希望能把 Text1 文本框中的内容写到 out.txt 文件中。

```
Private Sub Command1_Click()
    Open "out.txt" For Output As #2
    Print "Text1"
    Close #2
End Sub
```

调试时发现没有达到目的，为实现上述目的，应做的修改是_____。

    A. 把 Print "Text1"改为 Print #2,Text1　　　B. 把 Print "Text1"改为 Print Text1

    C. 把 Print "Text1"改为 Write "Text1"　　　D. 把所有#2 改为#1

30. 在窗体上有两个名称分别为 Text1、Text2 的文本框和一个名称为 Command1 的命令按钮，设有如下的类型和变量声明：

```
Private Type Person
    name As String * 8
    major As String * 20
End Type
Dim p As Person
```

设文本框中的数据已正确地赋值给 Person 类型的变量 p，当单击"保存"按钮时，能够正确地把变量中的数据写入随机文件 Test2.dat 中的程序段是_____。

```
    A. Open "c:\Test2.dat" For Output As #1
       Put #1, 1, p
       Close #1
    B. Open "c:\Test2.dat" For Random As #1
       Get #1, 1, p
       Close #1
    C. Open "c:\Test2.dat" For Random As #1 Len=Len(p)
       Put #1, 1, p
       Close #1
    D. Open "c:\Test2.dat" For Random As #1 Len=Len(p)
       Get #1, 1, p
       Close #1
```

31. 若在窗体模块的声明部分声明了如下记录类型和数组：

```
Private Type rec
    Code As Integer
    Caption As String
End Type
Dim arr(5) As rec
```

则下面的输出语句中正确的是_____。

    A. Print arr.Code(2),arr.Caption(2)　　　B. Print arr.Code,arr.Caption

    C. Print arr(2).Code,arr(2).Caption　　　D. Print Code(2),Caption(2)

32. 某人定义一个含有 100 个元素的字符数组，每个元素里都存放了长度不相等的英文单词，并编写一个程序统计数组中包含字符串"VB"（不区分大小写）的单词个数，程序代码如下：

```
Option Base 1
Private Sub Command1_Click()
    Dim a(100) As String, i As Integer
```

```
    Dim n As Integer, c As String
    Open "aa.txt" For Input As #1
    For i = 1 To 100
        Input #1, a(i)
    Next i
    Close #1
    For i = 1 To 100
        c = UCase(a(i))
        If Left(c, 2) = "VB" Then
            n = n + 1
        End If
    Next i
    Text1.Text = Str(n)
End Sub
```

程序运行后，包含字符串"VB"的单词个数统计结果与实际个数不一致，以上程序代码存在问题，经过以下_____选项的修改后，可以得到正确的输出结果。

    A．将该语句 c=UCase(a(i))修改为 c=LCase(a(i))

    B．将该语句 Left(c,2) = "VB"修改为 Right(c,2) = "VB"

    C．将该语句 Left(c,2) = "VB"修改为 InStr(c, "VB") <> 0

    D．将该语句 Left(c,2) = "VB"修改为 Instr(c,"V") <> 0 And Instr(c,"B") <> 0

## 二、填空题

1. 打开文件所使用的语句为_____，其中可设置的模式包括_____、_____、_____、_____、_____，如果省略，则为_____模式。

2. 顺序文件通过_____和_____语句将缓冲区中的数据写入磁盘。

3. 随机文件的读写操作分别通过_____和_____语句实现。

4. 文件列表框中的_____属性决定显示文件的类型。

5. 打开文件前，可通过_____函数获得可利用的文件号。

6. 在 VB 中，顺序文件的读操作通过_____、_____语句或_____函数实现。

7. 已知 D:\ABCD.TXT 为一非空文件，下面程序的输出结果是_____。

```
Private Sub Command1_Click()
    Dim Flen, i, MyChar
    Open "D:\ABCD.TXT" For Input As #10
    Flen = LOF(10)
    For i = Flen To 1 Step -1
        Seek #10, i
        MyChar = Input(1, #10)
    Next i
    Print EOF(10)
    Close #10
End Sub
```

8. 当单击窗体时，下面程序的输出结果是_____。

```
Private Sub Form_Click()
    Dim x As String * 1, i As Integer
    Open "d:\abcd.txt" For Binary As #10
    For i = 1 To 15
        x = Chr(i + 64)
        Put #10, i, x
    Next i
```

```
    Seek #10, 12
    Get #10, , x
    Print x
End Sub
```

9. 在窗体上画一个文本框，名称为 Text1，然后编写如下程序：

```
Private Sub Form_Load( )
    Open "d:\temp\dat.txt" For Output As #1
    Text1.Text=""
End Sub
Private Sub Text1_KeyPress(KeyAscii As Integer)
    If KeyAscii=13 Then
        If UCase(Text1.Text)=_____Then
            Close #1
            End
        Else
            Write #1,_____
            Text1.Text=""
        End If
    End If
End Sub
```

以上程序的功能是：在 D 盘 temp 文件夹下建立一个名为 dat.txt 的文件，在文本框中输入字符，每次按【Enter】键都把当前文本框中的内容写入文件 dat.txt，并清除文本框中的内容；如果输入 END，则不写入文件，直接结束程序，请填空。

10. 在窗体上画一个文本框，其名称为 Text1，在属性窗口中把该文本框的 MultiLine 属性设置为 True，然后编写如下事件过程：

```
Private Sub Form_Click()
    Open "d:\test\smtext1.txt" For Input As #1
    Do While Not _____
        Line Input #1, aspect$
        whole$ = whole$ + aspect$ + Chr$(13) + Chr$(10)
    Loop
    Text1.Text = whole$
    _____
    Open "d:\test\smtext2.txt" For Output As #1
    Print #1,_____
    Close #1
End Sub
```

运行程序，单击窗体，将把磁盘文件 smtext1.txt 的内容读到内存并在文本框中显示出来，然后把该文本框中的内容存入磁盘文件 smtext2.txt，请填空。

11. 在当前目录下有一个名为 "myfile.txt" 的文本文件，其中有若干行文本。下面程序的功能是读入此文件中的所有文本行，按行计算每行字符的 ASCII 码之和，并显示在窗体上，请填空。

```
Private Sub Command1_Click()
    Dim ch$, ascii As Integer
    Open "myfile.txt" For _____ As #1
    While Not EOF(1)
        Line Input #1, ch
        ascii = toascii(_____)
        Print ascii
```

```
      Wend
      Close #1
   End Sub
   Private Function toascii(mystr$) As Integer
      n = 0
      For k = 1 To _____
          n = n + Asc(Mid(mystr, k, 1))
      Next k
      toascii = n
   End Function
```

12. 下述程序的功能是找出所有的四位整数，它的 9 倍恰好是其反序数（如 1089 与 9801），并将该数与其反序数写入一个随机文件中（d:\txt.dat）。阅读下列程序，请填空。

```
      Option Explicit
      Private Type num
          n1 As Long
          n2 As Long
      End Type
      Private Function Fun1(ByVal n As Long)
          Dim m As Long, new1 As Long, k As Integer
          m = n
          new1 = 0
          For k = 1 To 4
              new1 = _____
              n = n \ 10
          Next k
          If m * 9 = new1 Then
              Fun1 = new1
          Else
              Fun1 = 0
          End If
      End Function
      Private Sub Command1_Click()
          Dim k As Long, newk As Integer, n As num
          Open "d:\txt.dat" For Random As #1 Len = Len(n)
          For k = 1000 To 9999
              If _____ Then
                  newk = 9 * k
                  Print k, newk
                  n.n1 = k
                  n.n2 = newk
                  Put _____
              End If
          Next k
          Close #1
      End Sub
```

13. 下述程序的功能是建立一随机文件（d:\txt1.txt），用于存放学生的姓名和年龄，然后把该文件中数据读出并显示。阅读下列程序，请填空。

```
      Option Explicit
      Private Type Student
```

```
        name As String * 10
        age As Integer
    End Type
    Private Sub Command1_Click()
        Dim St1 As Student
        Open "d:\txt1.txt" For Random As #1 Len = Len(St1)
        St1.name = "WangPing"
        St1.age = 20
        _____
        Close #1
        Open "d:\txt1.txt" For Random As #1 Len = Len(St1)
        _____
        Print "Student1:", St1.name
        Print "Student1:", St1.age
        Close #1
    End Sub
```

### 三、程序设计题

1. 在窗体上画两个命令按钮 Command1（生成随机数）和 Command2（计算平均数），当单击命令按钮 Command1 时，生成 50 个小于 1 000 的随机整数并显示在窗体上（每行 10 个数），然后将这些数以顺序存取模式保存到 D:\num.txt 文件中；当单击命令按钮 Command2 时，从文件中读出这 50 个数，计算平均值并显示在窗体上，如图 11-21 所示。

2. 在窗体上画 4 个标签 Label1、Label2、Label3 和 Label4，4 个文本框 Text1、Text2、Text3 和 Text4，分别用于输入销售单号、产品名称、单价（元）和销售数量，画 2 个命令按钮 Command1（标题为保存）和 Command2（标题为销售额），如图 11-22 所示。当单击"保存"按钮时，将数据以随机存取模式保存到 D:\sales.dat 文件中；当单击"销售额"按钮时，从文件读取全部记录，计算总销售额（总销售额=Σ单价×数量），通过消息框输出，如图 11-23 所示。

图 11-21　求随机数平均值

图 11-22　运行界面

3. 建立一个二进制文件 data1.dat，随机写入 20 个小写英文字母到文件中，并显示在文本框 Text1 中，读出文件内容，将小字字母转换成大写字母存入二进制文件 data2.dat 中，并显示在文本框 Text2 中，如图 11-24 所示。

图 11-23　消息框输出界面

图 11-24　显示二进制文件内容

# 第 12 章 | 程 序 调 试

在程序设计过程中,不可避免地会出现这样那样的错误,特别是在进行大型应用程序设计时,随着程序规模和复杂程度的增大,出现错误的概率也会随之增大。程序调试就是对程序进行测试,查找程序中隐藏的错误,并最终将这些错误修正或排除,VB 提供了功能强大的程序调试手段。

## 12.1 程序调试的基本知识

### 12.1.1 错误类型

在 VB 程序设计及运行过程中所产生的错误通常分为三种类型:语法错误、运行错误和逻辑错误。

#### 1. 语法错误

语法错误是由于程序中出现不符合 VB 语法规则的语句所引起的错误。例如:语句格式错误、语句定义符输入错误、内部常量名输入错误、没有正确使用标点符号、括号不匹配、分支结构或循环结构不完整或不匹配等。

VB 提供了一个自动语法检查选项,如果设定了这个选项,就能在输入代码时自动检测和改正语法错误。属于语句使用格式的语法错误,在一行代码输入完后按【Enter】键时,系统即可检测到,并以红色显示,同时弹出一个对话框,在对话框中对错误作出解释以帮助编程者改正错误,如在 Print 方法中,输出项之间用中文的逗号或字符串用中文的双引号,会出现“无效字符”的编译错误的对话框,如图 12-1 所示;违反语法规则而产生的错误,则会在运行程序代码时,被快速检测并且也会立即给出相关的出错信息。

#### 2. 运行错误

运行错误是由于执行一个不可进行的操作引起的错误。例如:使用一个不存在的对象、数组下标越界、数据溢出、除数为 0、文件未找到等。

对于运行错误,系统也会在检测到后给出相应的错误信息,中断程序的运行,并弹出一个对话框,提示错误原因和代码。例如:当除数为 0 时,会显示“除数为零”的实时错误的对话框,如图 12-2 所示。

图 12-1　编译错误

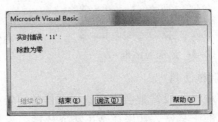

图 12-2　实时错误

### 3. 逻辑错误

逻辑错误是指程序运行时得不到正确的结果而产生的错误。例如：Print 方法中表达式错误、循环条件错误等。

对于逻辑错误，程序能正常运行，系统无法自动检测，只能由用户通过测试来验证程序结果的正确性，如果结果有误，则应检查是否有逻辑错误存在，并加以排除，如求 1+2+3+…+100 和，程序代码如下：

```
Private Sub Command1_Click()
    Dim s As Integer, i As Integer
    s = 0
    i = 1
    Do While i < 100
        s = s + i
        i = i + 1
    Loop
    Print "1+2+3+…+100 =" & Str(s)
End Sub
```

运行程序，结果为 4 950，不是 5 050，这是因为 Do While i < 100 这个语句中的循环条件有错误，应改为 Do While i <= 100，再运行程序就能得到正确结果 5 050。

## 12.1.2　调试工具

### 1. 设置自动语法检查

设置自动语法检查的方法如下：在 VB 集成开发环境中，选择"工具"→"选项"命令，弹出"选项"对话框，选择"编辑器"选项卡，在"代码设置"框架中选中"自动语法检查"复选框，如图 12-3 所示。

设置好自动语法检查后，在代码窗口中输入 For i=1 100，漏掉了 To 关键字，按【Enter】键，系统会打开"缺少：To"的编译错误对话框，如图 12-4 所示，编程者可以根据提示信息修改错误。

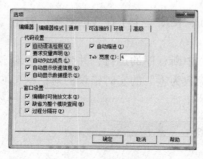

图 12-3　选项对话框

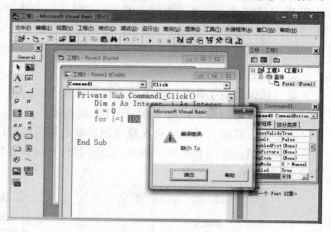

图 12-4　语法错误

### 2. 调试工具

程序调试阶段常常会出现这样那样的错误，因此调试工具是必不可少的。VB 提供了专用于程序调试的工具栏，如果在 VB 集成环境中未显示该工具栏，则可选择"视图"→"工具栏"→

"调试"命令（或右击标准工具栏，在弹出的快捷菜单中选择"调试"命令），就可以显示调试工具栏，如图 12-5 所示。

图 12-5　调试工具栏

编程者可利用该工具栏提供的按钮运行程序、中断程序的运行、在程序中设置断点、观察当前变量的值、单步调试、过程跟踪等，以查找并排除代码中存在的逻辑错误。调试工具栏上各个按钮的名称与功能如表 12-1 所示。

表 12-1　调试工具栏按钮名称与功能

| 按钮 | 按钮名称 | 功　　能 |
|---|---|---|
| ▶ | 启动 | 运行程序（执行程序），并使其进入运行模式 |
| II | 中断 | 中断程序运行，并使其进入中断模式（break 模式） |
| ■ | 结束 | 停止程序运行，并使其进入设计模式 |
| 🖑 | 切换断点 | 创建或删除断点，在程序代码中设置一个断点后，程序执行到该语句时将中断，以便进行调试 |
| ⛶ | 逐语句 | 执行下一条语句，单步执行后续的每条语句，如果调用了其他过程，则单步执行该过程中每一条语句 |
| ⛶ | 逐过程 | 执行下一条语句，单步执行后续的每条语句，如果调用了其他过程，则完整执行该过程，然后继续单步执行 |
| ⛶ | 跳出 | 执行当前过程中所有剩余代码，并在调用本过程的下一条语句处中断执行 |
| 🖥 | 本地窗口 | 显示本地窗口，在该窗口显示当前过程中所有变量的值 |
| 🖥 | 立即窗口 | 显示立即窗口，在中断模式下，可在该窗口中执行代码或查询变量的值 |
| 🖥 | 监视窗口 | 显示监视窗口，可在该窗口中显示选定表达式的值 |
| 👓 | 快速监视 | 处于中断模式时，可显示光标所在位置表达式的当前值 |
| 🖧 | 调用堆栈 | 处于中断模式时，弹出一个对话框，显示所有已被调用但尚未结束的过程 |

# 12.2　程序调试方法

## 12.2.1　中断状态的进入与退出

程序在执行的中途被停止执行，称为"中断"。在中断状态，用户可以查看各个变量及属性的当前值，从而了解程序执行是否正常。另外，还可以修改发生错误的程序代码、观察应用程序界面的状况、修改变量及属性值等。进入中断状态一般有以下四种方法：

① 程序在运行中，发生运行错误而进入中断状态。

② 程序在运行中，用户按【Ctrl+Break】组合键，或单击标准工具栏中的"中断"按钮，或选择"运行"→"中断"命令而进入中断状态。

③ 由于用户设置了断点，当程序执行到断点处而进入中断状态。

④ 在采用单步调试方式每运行一个可执行代码行就进入中断状态。

当程序进入中断状态后，即可使用 VB 提供的调试工具检查和发现错误及产生错误的原因。在修改了程序中的错误后，单击标准工具栏中的"继续"按钮或选择"运行"→"继续"命令或"重新启动"命令，可退出中断状态。

### 12.2.2  调试窗口的使用

VB 6.0 提供了三种用于调试的窗口：立即窗口、本地窗口、监视窗口。选择"视图"→"立即窗口"命令、"本地窗口"命令或"监视窗口"命令（或单击"调试"工具栏中的"立即窗口"按钮、"本地窗口"按钮或"监视窗口"按钮）即可打开相应的调试窗口。

【例 12-1】使用调试窗口调试求 1!+2!+3!+4!+5!值的程序代码。

使用按值传递与按地址传递两种不同参数传递方式，分析程序的运行结果。

按值传递的程序代码如下：

```
Private Sub Command1_Click()
    Dim sum As Integer, i As Integer
    For i = 5 To 1 Step -1
        sum = sum + fact1(i)
    Next i
    Print "1!+2!+3!+4!+5! = " & Str(sum)
End Sub

Private Function fact1(ByVal n As Integer) As Integer
    fact1 = 1
    Do While n > 0
        fact1 = fact1 * n
        n = n - 1
    Loop
End Function
```

按地址传递的程序代码如下：

```
Private Sub Command2_Click()
    Dim sum As Integer, i As Integer
    For i = 5 To 1 Step -1
        sum = sum + fact2(i)
    Next i
    Print "1!+2!+3!+4!+5! = " & Str(sum)
End Sub

Private Function fact2(n As Integer) As Integer
    fact2 = 1
    Do While n > 0
        fact2 = fact2 * n
        n = n - 1
    Loop
End Function
```

并对 Next 语句与 Loop 语句分别设置断点。

#### 1. 本地窗口

本地窗口可显示当前过程中所有过程级变量的当前值，不能显示全局变量在该过程中的值，本地窗口中的内容随过程的切换而变化。

单击标准工具栏中的"启动"按钮，运行程序，单击命令按钮 Command1，在本地窗口显示的内容如图 12-6（a）所示，即程序第一次执行到函数过程 fact1 中的 $n = n - 1$ 后的本地窗口；再单击标准工具栏中的"继续"按钮五次，在本地窗口显示的内容如图 12-6（b）所示，即程序第一次返回到主程序 Command1_Click()中时的本地窗口。

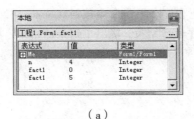
（a）

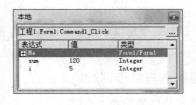
（b）

图 12-6 本地窗口

## 2. 监视窗口

监视窗口用于显示指定表达式的值，指定的表达式称为"监视表达式"。用户在监视窗口中随时观察这些表达式的值，以确定结果是否正确。

监视表达式需要用户自己添加，选择"调试"→"添加监视"命令，弹出"添加监视"对话框，如图 12-7 所示，在"表达式"文本框中输入表达式，在"上下文"框架中选择过程与模块，在"监视类型"框架中选择监视类型，单击"确定"按钮。本例分别添加变量 n（过程选择：fact1，模块选择：Form1）与变量 i（过程选择：Command1_Click，模块选择：Form1）作为监视表达式。

单击标准工具栏中的"启动"按钮，运行程序，单击命令按钮 Command1，在监视窗口显示的内容如图 12-8 所示，即程序第一次执行到函数过程 fact1 中的 n = n − 1 后的监视窗口。

图 12-7 添加监视对话框

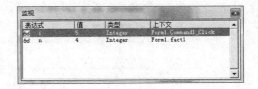

图 12-8 监视窗口

## 3. 立即窗口

立即窗口用于显示当前过程中的有关信息。当测试一个过程时，可在立即窗口中输入代码并立即执行，也可利用 Print 方法显示表达式或变量的值。

在立即窗口中显示信息有两种方法：

① 在应用程序中，可以使用 Debug.Print 语句，将信息输出到立即窗口中。

② 在中断模式时，在立即窗口中使用 Print 方法或问号，将信息输出到立即窗口中。

单击标准工具栏中的"启动"按钮，运行程序，单击命令按钮 Command1，在立即窗口中输入?fact 和?n，显示的内容如图 12-9 所示，即程序第一次执行到函数过程 fact1 中的 n = n − 1 后的立即窗口。

单击标准工具栏中的"启动"按钮，运行程序，单击命令按钮 Command1，连续单击"继续"按钮，观察三个窗口中内容的变化，直到程序运行结束，输出正确的结果。

图 12-9 立即窗口

思考：单击标准工具栏中的"启动"按钮，运行程序，单击命令按钮 Command2，连续单击"继续"按钮，观察三个窗口中内容的变化，直到程序运行结束，输出了错误的结果，请修改使其得到正确的结果。

### 12.2.3　设置断点与单步调试

#### 1. 设置断点与取消断点

在设计模式时，根据需要可在应用程序中设置一个或多个断点，当应用程序运行到断点时将暂停程序运行而进入中断模式，这时可以检查变量或参数的当前值，从而找出错误的原因。所以在程序中设置断点，是检查并排除逻辑错误和比较复杂的运行错误的重要手段。

设置断点主要有以下三种方法：

① 在代码窗口中选择一条可执行语句或将插入点放在该代码行中，选择"调试"→"切换断点"命令，或按【F9】键。

② 单击调试工具栏中的"切换断点"按钮。

③ 直接单击该执行语句左侧的阴影区。

此时，设置断点的语句将加粗反白显示，并在左侧阴影区上显示一圆点，如图 12-10 所示。

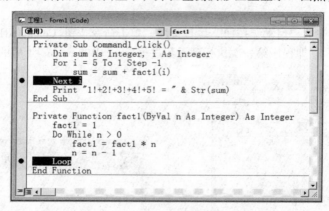

图 12-10　设置断点

通过调试，改正了错误，就可以取消断点，取消断点的方法与设置断点的方法相同。即取消断点也有以下三种方法：

① 在代码窗口中选择设置了断点的代码行或将插入点放在该代码行中，选择"调试"→"切换断点"命令，或按【F9】键。

② 单击调试工具栏中的"切换断点"按钮。

③ 直接单击该执行语句左侧的阴影区。

如果要取消程序代码中的所有断点，选择"调试"→"清除所有断点"命令。

#### 2. 单步调试

单步调试即逐个语句或逐个过程的执行程序，每执行完一个语句或一个过程，就发生中断，因此可逐个语句或逐个过程地检查每个语句的执行状况或每个过程的执行结果。

（1）逐语句调试

选择"调试"→"逐语句"命令或单击调试工具栏中的"逐语句"按钮，即可进行单步调试。逐语句调试过程中，经常采用【F8】键进行操作，每按一次【F8】键，程序就执行一条语句，在代码编辑器窗口，标志下一条要执行语句的黄色箭头和黄色背景也随之移向下一条可执行语句。当逐语句调试要执行的下一条语句是另一个过程时，系统会自动转向过程再逐条语句执行。

（2）逐过程调试

当确认某个过程不存在错误时，则不必对该过程再进行逐语句调试，而可直接执行整个过程，这就是逐过程调试。

如果要对某个过程实行单步调试，则选择"调试"→"逐过程"命令或单击调试工具栏中的"逐过程"按钮。

## 习题

### 一、填空题

1. 在开发 VB 应用程序时，有可能发生的错误有_____、_____和_____。

2. VB 中工具栏有编辑、_____、窗体编辑器和_____四种。

3. 调试工具栏中共有_____个按钮。

### 二、简答题

1. 本地窗口、监视窗口与立即窗口的功能分别是什么？

2. 为什么要在程序中设置断点？如何设置断点？如何取消断点？

3. 逐语句调试与逐过程调试有什么区别？

4. VB 中哪些错误可以自动检查发现？

### 三、程序改错题

1. 下面程序的功能是将一个正整数序列重新排序，新序列的排序规则是：奇数在序列左边，偶数在序列右边，奇偶数依次从序列的两端向序列中间排序。如原序列是：71 54 58 29 31 78 2 77 82 71，重新排列后新序列是：71 29 31 77 71 82 2 78 58 54，界面如图 12-11 所示，请调试程序并改正错误。

错误的程序代码如下：

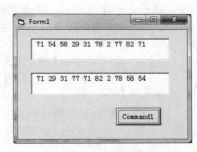

图 12-11　重排序列

```
Option Explicit
Option Base 1
Private Sub Command1_Click()
    Dim a
    Dim b(10) As Integer, k As Integer
    Dim i As Integer, j As Integer
    a = Array(71, 54, 58, 29, 31, 78, 2, 77, 82, 71)
    For i = 1 To UBound(a)
        Text1.Text = Text1.Text & Str(a(i))
    Next i
    j = 1: k = 5
    For i = 1 To 10
        If a(i) Mod 2 = 0 Then
            b(j) = a(i)
            j = j + 1
        Else
            b(k) = a(i)
            k = k + 1
```

```
        End If
    Next i
    For i = 1 To 10
        Text2.Text = Text2.Text & Str(b(i))
    Next i
End Sub
```

2. 下面的三个过程都是判断某个整数是否为素数的函数过程，问哪个过程是正确的，哪个过程是错误的？指出错误的原因并改正错误。

主程序如下：

```
Option Explicit
Private Sub Command1_Click()
    Dim n As Integer, i As Long
    n = InputBox("请输入一个正整数")
    If prime(n) Then
        Print n & "是素数"
    Else
        Print n & "不是素数"
    End If
End Sub
```

函数过程一：

```
Private Function prime(n As Integer) As Boolean
    Dim i As Integer
    For i = 1 To Sqr(n)
        If n Mod i = 0 Then Exit Function
    Next i
    prime = True
End Function
```

函数过程二：

```
Private Function prime(n As Integer) As Boolean
    Dim i As Integer
    prime = True
    For i = 2 To Sqr(n)
        If n Mod i = 0 Then prime = False
    Next i
End Function
```

函数过程三：

```
Private Function prime(n As Integer) As Boolean
    Dim i As Integer
    prime = False
    For i = 2 To Sqr(n)
        If n Mod i = 0 Then Exit For
    Next i
    prime = True
End Function
```

3. 下面程序的功能是查找所有 3 位数整数中的升序数, 界面如图 12-12 所示, 请调试程序并改正错误。

错误的程序代码如下:

```
Option Explicit
Option Base 1
Private Sub Command1_Click()
    Dim n As Integer, i As Integer
    Dim st As Long, fi As Long
    n = Val(Text1.Text)
    st = 10 ^ (n - 1): fi = 10 ^ n - 1
    For i = st To fi
        If ff(i) Then List1.AddItem i
    Next i
End Sub

Private Function ff(n As Long) As Boolean
    Dim k As Integer, a() As Integer, i As Integer
    k = Len(CStr(n))
    ReDim a(k)
    For i = k To 1
        a(i) = n Mod 10
        n = n \ 10
    Next i
    For i = 1 To k - 1
        If a(i) >= a(i + 1) Then Exit For
    Next i
    ff = True
End Function
```

图 12-12 升序列

# 13.1 数据结构与算法

## 13.1.1 算法

### 1. 算法的定义

所谓算法是指解题方案的准确而完整的描述，是一组严谨地定义运算顺序的规则，并且每一个规则都是有效的、明确的，此顺序将在有限的次数后终止。

### 2. 算法的基本特征

作为一个算法，一般应具有以下几个基本特征：

① 可行性：针对实际问题设计的算法，人们总是希望能够得到满意的结果。但一个算法又总是在某个特定的计算工具上执行的，因此，算法在执行过程中往往要受到计算工具的限制，使执行结果产生偏差。在设计一个算法时，必须考虑它的可行性，否则不会得到满意的结果。

② 确定性：算法中的每一个步骤都必须是有明确定义的，不允许有模棱两可的解释，也不允许有多义性。

③ 有穷性：算法的有穷性是指算法必须能在有限的时间内做完，即算法必须能在执行有限个步骤之后终止。

④ 输入/输出性：输入/输出性又称拥有足够的情报，即一个算法是否有效，还取决于为算法所提供的输入信息是否足够。

### 3. 算法的基本要素

一个算法通常由两个基本要素组成：对数据的运算和操作、算法的控制结构。

（1）算法中对数据的运算和操作

算法中对数据的基本运算和操作有以下四类：

① 算术运算：主要包括加、减、乘、除等运算。

② 逻辑运算：主要包括"与""或""非"等运算。

③ 关系运算：主要包括"大于""小于""等于""不等于""大于或等于""小于或等于"等运算。

④ 数据传输：主要包括赋值、输入、输出等操作。

（2）算法的控制结构

算法的控制结构是指算法中各操作之间的执行顺序。它包含顺序结构、选择（分支）结构和循环（重复）结构三种，如图 13-1 所示。

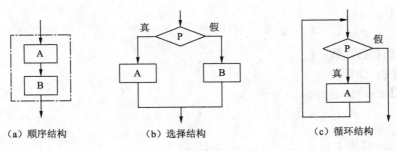

（a）顺序结构　　　　（b）选择结构　　　　（c）循环结构

图 13-1　三种基本结构

#### 4. 算法设计基本方法

① 列举法：列举法的基本思想是根据提出的问题，列举所有可能的情况，并用问题中给定的条件检验哪些是需要的，哪些是不需要的。

② 归纳法：归纳法的基本思想是通过列举少量的特殊情况，经过分析，最后找出一般的关系。归纳法要比列举法更能反映问题的本质，并且可以解决列举量为无限的问题。归纳是一种抽象，即从特殊现象中找出一般关系。

③ 递推：所谓递推是指从已知的初始条件出发，逐次推出所要求的中间结果和最后结果。其中初始条件或是问题本身已经给定，或是通过问题的分析与化简而确定。

④ 递归：在工程实际中，有许多问题就是用递归来定义的，数学中的许多函数也是用递归来定义的。递归分为直接递归与间接递归两种。

| 直接递归 | 间接递归 |
|---|---|

```
直接递归
Private Sub Test(x As Integer)
    …
    Call Test(x)
    …
End Sub
```

```
间接递归
Private Sub Test1(x As Integer)
    …
    Call Test2(x)
    …
End Sub
Private Sub Test2(x As Integer)
    …
    Call Test1(x)
    …
End Sub
```

⑤ 回溯法：在工程上，有些实际问题很难归纳出一组简单的递推公式或直观的求解步骤，并且也不能进行无限的列举。对于这类问题，一种有效的方法是"试"。通过对问题的分析，找出一个解决问题的线索，然后沿着这个线索逐步试探，对于每一步的试探，若试探成功，就得到问题的解，若试探失败，就逐步回退，换别的路线再进行试探，这种方法称为回溯法。

#### 5. 算法的复杂度

算法复杂度主要包含时间复杂度与空间复杂度。

（1）算法的时间复杂度

算法的时间复杂度是指执行算法所需要的计算工作量，算法的工作量用算法所执行的基本运算次数来度量，即算法的时间复杂度是指算法执行过程中所需要的基本运算次数。

① 平均性态分析：是指用各种特定输入下的基本运算次数的加权平均值来度量算法的工作量。

② 最坏情况分析：最坏情况分析是指在规模一定时，算法所执行的基本运算的最大次数。

③ 例题分析。

【例 13-1】 x=x+1

基本运算：x 增加 1

基本运算的执行次数：1

时间复杂度：$O(1)$

【例 13-2】 For i=1 To n
          x = x + 1
       Next i

基本运算：x 增加 1

基本运算的执行次数：$n$

时间复杂度：$O(n)$

【例 13-3】 For i=2 To n
          For j=2 To i-1
             x = x + 1
          Next j
       Next i

基本运算：x 增加 1

基本运算的执行次数：

| | | |
|---|---|---|
| $i=2$ | 0 次 |
| $i=3$ | 1 次 |
| $i=4$ | 2 次 |
| ... | |
| $i=n$ | $n-2$ 次 |

总的次数=$1+2+3+\cdots+(n-2)=(n-1)(n-2)/2=(n*n-3*n+2)/2$

时间复杂度：$O((n*n-3*n+2)/2)$ $\longrightarrow$ $O(n^2)$

（2）算法的空间复杂度

一个算法的空间复杂度一般是指执行这个算法所需要的内存空间。一个算法所占用的存储空间包括算法程序所占用的空间、输入的初始数据所占用的存储空间以及算法执行过程中所需要的额外空间。

### 13.1.2 数据结构

#### 1. 数据结构研究和讨论的问题

数据结构主要研究和讨论以下三个方面的问题：

（1）数据的逻辑结构。数据集合中各数据元素之间固有的逻辑关系。

（2）数据的存储结构。对数据进行处理时，各数据元素在计算机中的存储关系。

（3）对各种数据结构进行的运算。

#### 2. 数据元素及其联系

数据元素具有广泛的含义，一般来说，现实世界中客观存在的一切个体都可以是数据元素。在具有相同特征的数据元素集合中，各个数据元素之间存在着某种关系，这种关系反映了该集合中的数据元素所固有的一种结构。在数据处理领域中，通常把数据元素之间这种固有的关系简单地用前后件关系来描述。前后件关系是数据元素之间的一个基本关系，但前后件关系所表示的实际意义随具体对象的不同而不同。一般来说，数据元素之间的任何关系都可以用前后件关系来描述。

### 3．数据的逻辑结构

数据的逻辑结构是指反映数据元素之间逻辑关系的数据结构。数据的逻辑结构有两个要素：数据元素的集合、各数据元素之间的前后件关系。

### 4．数据的存储结构

数据的逻辑结构在计算机存储空间中的存放方式称为数据的存储结构，又称数据的物理结构。

一般来说，一种数据的逻辑结构根据需要可以表示成多种存储结构，常用的存储结构有顺序、链接、索引等存储结构。而采用不同的存储结构，其数据处理的效率是不同的。

### 5．数据结构的图形表示

一个数据结构除了用二元关系表示外，还可以直观地用图形表示。在数据结构的图形表示中，对于数据集合中每一个数据元素用中间标有元素值的方框表示，一般称为数据结点，简称结点。为了进一步表示各数据元素之间的前后件关系，用一条有向线段从前件结点指向后件结点。

在数据结构中，没有前件的结点称为根结点；没有后件的结点称为终端结点（又称叶子结点）。数据结构中除了根结点与终端结点外的其他结点一般称为内部结点。

例如：描述一年四季的季节名，如图 13-2 所示。

春是夏的前件，夏是春的后件，春是根，冬是终端结点（叶子结点）。

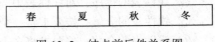

| 春 | 夏 | 秋 | 冬 |

图 13-2　结点前后件关系图

### 6．线性结构与非线性结构

根据数据结构中各数据元素之间前后件关系的复杂程度，分为线性结构与非线性结构，如果一个非空的数据结构满足下列两个条件：① 有且仅有一个根结点；② 每一个结点最多有一个前件，也最多有一个后件，则称该数据结构为线性结构，又称线性表。

如果一个数据结构不是线性结构，则称为非线性结构，如图 13-3 所示。对非线性结构的存储与处理比线性结构要复杂得多。

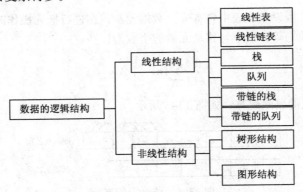

图 13-3　线性结构与非线性结构

## 13.1.3　线性表及其顺序存储结构

### 1．线性表的概念

线性表由一组数据元素构成，数据元素之间的相对位置是线性的。非空线性表 $L=\{a_1,a_2,a_3,\cdots,a_n\}$ 的结构特征有：

① 有且只有一个根结点 $a_1$，它无前件。

② 有且只有一个终端结点 $a_n$，它无后件。

③ 除根结点与终端结点外，其他所有结点有且只有一个前件，也有且只有一个后件。结点个数 $n$ 称为线性表的长度，当结点个数为 0 时，称为空表。

**2. 线性表顺序存储结构的基本特点**

① 线性表中数据元素类型一致，只有数据域，存储空间利用率高。
② 所有元素所占的存储空间是连续的。
③ 各数据元素在存储空间中是按逻辑顺序依次存放的。
④ 做插入、删除时需移动大量元素。
⑤ 空间估计不明时，按最大空间分配。

**3. 线性表的主要运算**

在线性表的顺序存储结构下，可以对线性表进行各种处理。主要的运算有：

① 线性表的插入：在线性表的指定位置处加一个新的元素。
② 线性表的删除：在线性表中删除指定的元素。
③ 线性表的查找：在线性表中查找某个（或某些）特定的元素。
④ 线性表的排序：对线性表中的元素进行排序。
⑤ 线性表的分解：按要求将一个线性表分解成多个线性表。
⑥ 线性表的合并：按要求将多个线性表合并成一个线性表。

【例 13-4】线性表的插入运算，如图 13-4 所示。

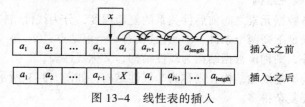

图 13-4　线性表的插入

插入算法的分析：假设线性表中含有 $n$ 个数据元素，在进行插入操作时，若假定在 $n+1$ 个位置上插入元素的可能性均等，则平均移动元素的个数为：

$$\frac{1}{n+1}\sum_{i=1}^{n+1}(n-i+1)=\frac{n}{2}$$

【例 13-5】线性表的删除运算，如图 13-5 所示。

图 13-5　线性表的删除

删除算法的分析：在进行删除操作时，若假定删除每个元素的可能性均等，则平均移动元素的个数为：

$$\frac{1}{n}\sum_{i=1}^{n}(n-i)=\frac{n-1}{2}$$

由此可见，顺序存储结构表示的线性表，在做插入或删除操作时，平均需要移动一半的数据元素。

### 13.1.4  栈和队列

#### 1. 栈及其基本运算

（1）栈的基本概念

栈是一种特殊的线性表，其插入与删除操作都只在线性表的一端进行。在栈中，允许插入与删除的一端称为栈顶，而不允许插入与删除的另一端称为栈底。栈顶元素总是最后被插入的元素，也是最先被删除的元素；栈底元素总是最先被插入的元素，也是最后才被删除的元素，如图 13-6 所示。栈是按照"先进后出（FILO）"或"后进先出（LIFO）"的原则组织数据的。

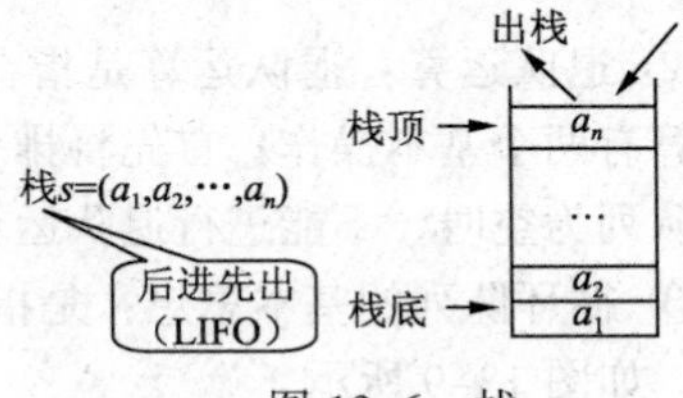

栈的描述：

栈：是限定仅在表尾进行插入或删除操作的线性表。

栈顶：表尾。

栈底：表头。

空栈：不含元素的空表。

图 13-6  栈

（2）栈的运算

通常用指针 top 表示栈顶的位置，用指针 bottom 指向栈底，向栈中插入一个元素称为入栈运算，从栈中删除一个元素称为退栈运算，栈顶指针 top 动态地反映了栈中元素的变化情况。在栈的顺序存储空间 $S(1:m)$ 中，$S(bottom)$ 称为栈底元素，$S(top)$ 称为栈顶元素，top=0 表示栈空，top=m 表示栈满，如图 13-7 所示。

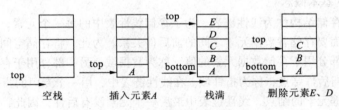

图 13-7  栈的动态示意图

#### 2. 队列及其基本运算

（1）队列的基本概念

队列是指允许在一端进行插入、在另一端进行删除的线性表。允许插入的一端称为队尾，通常用一个队尾指针 rear 指向最后被插入的元素；允许删除的一端称为队头（排头），通常用一个排头指针 front 指向排头元素的前一个位置，如图 13-8 所示。在队列这种数据结构中，最先插入的元素最先被删除，反之，最后插入的元素将最后被删除。因此，队列是"先进先出（FIFO）"或"后进后出（LILO）"的线性表，它体现了"先来先服务"的原则。

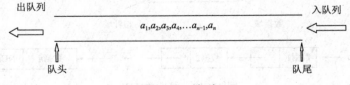

图 13-8  队列

（2）循环队列的运算

① 入队运算：入队运算是指在循环队列的队尾加入一个新元素。这个运算有两个基本操作：首先将队尾指针加 1；然后将新元素插入队尾指针指向的位置。当循环队列非空且队尾指针等于排头指针时，说明循环队列已满，不能进行入队运算，若此时进入入队运算，这种情况称为"上溢"。

② 退队运算：退队运算是指在循环队列的排头位置退出一个元素并赋值给指定的变量。这个运算有两个基本操作：首先将排头指针加 1，然后将排头指针指向的元素赋给指定的变量。当循环队列为空时，不能进行退队运算，若此时进行退队运算，这种情况称为"下溢"。

③ 循环队列的基本思想：是指把队列设想为一个循环的表，即 elem[0]接在 elem[maxsize−1]之后，如图 13-9 所示。

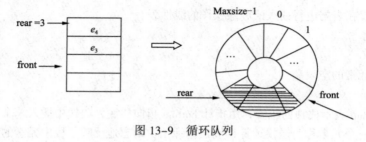

图 13-9　循环队列

### 13.1.5　线性链表

**1. 线性链表的基本概念**

线性表的链式存储结构称为线性链表。为了存储线性表中的每一个元素，一方面要存储数据元素的值，另一方面要存储各数据元素之间的前后件关系。为此，将存储空间中的每一个存储结点分为两部分：一部分用于存储数据元素的值，称为数据域，另一部分用于存放下一个数据元素的存储序号，即指向后件结点，称为指针域。在线性链表中，用一个专门的指针 HEAD 指向线性链表中的第一个数据元素的结点，线性链表中最后一个元素没有后件，因此，线性链表中最后一个结点的指针为空，用 NULL 或 0 表示，表示链表终止。

在线性链表中，各数据元素之间的前后件关系是由各结点的指针域来指示的，指向线性表中第一个结点的指针 HEAD 称为头指针，当 HEAD=NULL（或 0）时称为空表。对于线性链表，可以从头指针开始，沿各结点的指针扫描到链表中的所有结点。

线性单链表：在这种链表中，每一个结点只有一个指针域，由这个指针只能找到后件结点，但不能找到前件结点，即在线性单链表中，只能顺指针向链尾方面进行扫描，如图 13-10 所示。

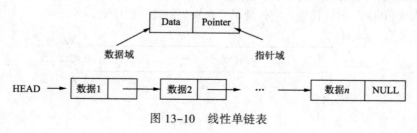

图 13-10　线性单链表

　　双向链表：线性链表中的每个结点设置两个指针，一个称为左指针（Llink），用以指向其前件结点，另一个称为右指针（Rlink），用以指向其后件结点，如图 13-11 所示。

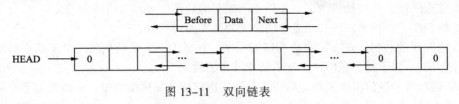

图 13-11　双向链表

**2．线性链表的基本运算**

（1）在线性链表中查找指定元素

　　在线性链表中查找包含指定元素值的前一个结点，当找到包含指定元素的前一个结点，就可以在该结点后插入新结点或删除该结点后的一个结点。

（2）线性链表的插入

　　在线性链表中插入一个新元素，首先要给该元素分配一个新结点，以便用于存储该元素的值，新结点可以从可利用栈中取得，然后将存放新元素值的结点链接到线性链表中指定的位置。

【例 13-6】单链表的插入运算，如图 13-12 所示。

（3）线性链表的删除

　　在线性链表中删除包含指定元素的结点，首先要在线性链表中找到这个结点，然后将要删除的结点放回到可利用栈。

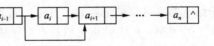

【例 13-7】单链表的删除运算。要求删除结点 $a_i$，如图 13-13 所示。

图 13-12　单链表的插入

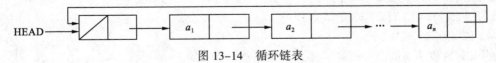

图 13-13　单链表的删除

**3．循环链表及其基本运算**

循环链表（见图 13-14）的结构与线性链表相比，具体以下两个特点：

① 在循环链表中增加了一个表头结点，循环链表的头指针指向表头结点。

② 循环链表中最后一个结点的指针域不是空，而是指向表头结点。

循环链表的基本运算主要有插入和删除，循环链表的插入和删除的方法与线性单链表基本相同。

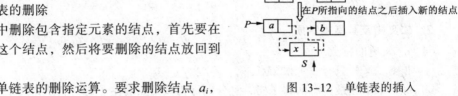

图 13-14　循环链表

## 13.1.6　树与二叉树

**1．树的基本概念**

　　树是一种简单的非线性结构，所有数据元素之间的关系具有明显的层次特性，如图 13-15 所示。有关树结构的基本术语如下：

① 根结点与叶子结点：在树结构中，每一个结点只有一个前件，称为父结点，没有前件的

结点只有一个，称为树的根结点。在树结构中，每一个结点可以有多个后件，它们都称为该结点的子结点，没有后件的结点称为叶子结点。

② 结点的度：在树结构中，一个结点所拥有的后件个数称为该结点的度。

③ 树的度：在树中，所有结点中的最大的度称为树的度。

④ 树的深度：树的最大层次称为树的深度。在树中，以某结点的一个子结点为根构成的树称为该结点的一棵子树。在树中，叶子结点没有子树。

树结构具有明显的层次关系，即树是一种层次结构。在树结构中，一般按如下原则分层：根结点在第 1 层。同一层上所有结点的所有子结点都在下一层。

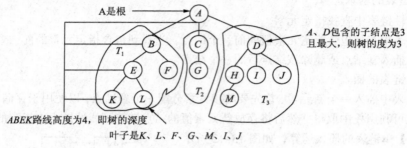

图 13-15   树

### 2．二叉树及其基本性质

（1）二叉树的特点

① 非空二叉树只有一个根结点。

② 每一个结点最多有两棵子树，且分别称为该结点的左子树与右子树。

在二叉树中，每一个结点的度最大为 2，即所有子树（左子树或右子树）也均为二叉树，而树结构中的每一个结点的度可以是任意的。另外，二叉树中的每一个结点的子树被明显地分为左子树与右子树。在二叉树中，一个结点可以只有左子树而没有右子树，也可以只有右子树而没有左子树。当一个结点既没有左子树也没有右子树时，该结点即是叶子结点。

（2）二叉树的基本性质

性质 1：在二叉树的第 $k$ 层上，最多有 $2^{k-1}$ 个结点。

如图 13-16 所示的二叉树上：

第一层上（$i=1$），有 $2^{1-1}=1$ 个结点。

第二层上（$i=2$），有 $2^{2-1}=2$ 个结点。

第三层上（$i=3$），有 $2^{3-1}=4$ 个结点。

第四层上（$i=4$），有 $2^{4-1}=8$ 个结点。

$$2^0+2^1+2^2+\cdots+2^{k-1}=2^k-1$$

性质 2：深度为 $k$ 的二叉树最多有 $2^k-1$ 个结点。

性质 3：在任意一棵二叉树中，度为 0 的结点（即叶子结点）总是比度为 2 的结点多一个，如图 13-17 所示。

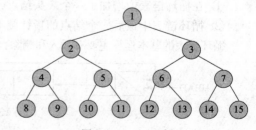

图 13-16   二叉树 1

性质 4：具有 $n$ 个结点的二叉树，其深度至少为 $[\log_2 n]+1$，其中 $[\log_2 n]$ 表示取 $\log_2 n$ 的整数部分，如图 13-18 所示。

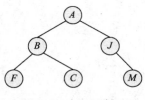

图 13-17　二叉树 2

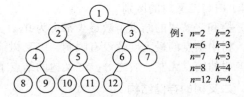

图 13-18　二叉树 3

（3）满二叉树与完全二叉树

满二叉树与完全二叉树是两种特殊形态的二叉树。

① 满二叉树。所谓满二叉树是指这样的一种二叉树，除最后一层外，每一层上的所有结点都有两个子结点，如图 13-19 所示。也就是说，在满二叉树中，每一层上的结点数都达到最大值，即在满二叉树的第 $k$ 层上有 $2^{k-1}$ 个结点，且深度为 $m$ 的满二叉树有 $2^m-1$ 个结点。

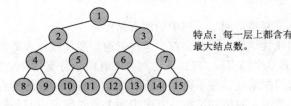

图 13-19　满二叉树

② 完全二叉树。所谓完全二叉树是指这样的二叉树，除最后一层外，每一层上的结点数均达到最大值，在最后一层上只缺少右边的若干结点，如图 13-20 所示。

更确切地说，如果从根结点起，对二叉树的结点自上而下、自左至右用自然数进行连续编号，则深度为 $m$ 且有 $n$ 个结点的二叉树，当且仅当其每一个结点都与深度为 $m$ 的满二叉树中编号从 1 到 $n$ 的结点一一对应时，称为完全二叉树。

对于完全二叉树来说，叶子结点只可能在层次最大的两层上出现；对于任何一个结点，若其右分支下的子孙结点的最大层次为 $p$，则其左分支下的子孙结点的最大层次或为 $p$，或为 $p+1$。

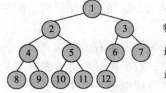

图 13-20　完全二叉树

满二叉树也是完全二叉树，而完全二叉树一般不是满二叉树。

性质 5：具有 $n$ 个结点的完全二叉树的深度为 $[\log_2 n]+1$。

性质 6：设完全二叉树共有 $n$ 个结点。如果从根结点开始，按层序（每一层从左到右）用自然数 1，2，…，$n$ 给结点进行编号，则对于编号为 $k$（$k=1,2,\cdots,n$）的结点有以下结论：

① 若 $k=1$，则该结点为根结点，它没有父结点；若 $k>1$，则该结点的父结点编号为 INT($k/2$)。

② 若 $2k\leqslant n$，则编号为 $k$ 的结点的左子结点编号为 $2k$；否则该结点无左子结点（也无右子结点）。

③ 若 $2k+1\leqslant n$，则编号为 $k$ 的结点的右子结点编号为 $2k+1$；否则该结点无右子结点。

（4）树与二叉树的区别

① 树和二叉树的结点个数最少都可为 0。

② 树中结点的最大度数没有限制，二叉树结点最大度数为 2。

③ 树的结点无左、右之分，二叉树的结点子树有明确的左、右之分。

### 3．二叉树的存储结构

在计算机中，二叉树通常采用链式存储结构。与线性链表类似，用于存储二叉树中各元素的存储结点也由两部分组成：数据域与指针域。但在二叉树中，由于每一个元素可以有两个后件（即两个子结点），因此，用于存储二叉树的存储结点的指针域有两个：一个用于指向该结点的左子结点的存储地址，称为左指针域；另一个用于指向该结点的右子结点的存储地址，称为右指针域。由于二叉树的存储结构中每一个存储结点有两个指针域，因此，二叉树的链式存储结构又称二叉链表。

### 4．二叉树的遍历

二叉树的遍历是指不重复地访问二叉树中的所有结点。

由于二叉树是一种非线性结构，因此，对二叉树的遍历要比线性表的遍历复杂得多。在遍历二叉树的过程中，当访问到某个结点时，再往下访问可能有两个分支，那么先访问哪一个分支呢？对于二叉树来说，需要访问根结点、左子树上的所有结点、右子树上的所有结点，在这三者中，究竟先访问哪一个？也就是说，遍历二叉树的方法实际上是要确定访问各结点的顺序，以便不重不漏地访问到二叉树中的所有结点。

在遍历二叉树的过程中，一般先遍历左子树，然后再遍历右子树。在先左后右的原则下，根据访问根结点的次序，二叉树的遍历可以分为三种：前序遍历、中序遍历、后序遍历。下面分别介绍这三种遍历的方法。

（1）前序遍历（根左右 DLR）

所谓前序遍历是指在访问根结点、遍历左子树与遍历右子树这三者中，首先访问根结点，然后遍历左子树，最后遍历右子树；并且在遍历左、右子树时，仍然先访问根结点，然后遍历左子树，最后遍历右子树。因此，前序遍历二叉树的过程是一个递归过程。

非空二叉树前序遍历的简单描述：访问根结点、前序遍历左子树、前序遍历右子树。

（2）中序遍历（左根右 LDR）

所谓中序遍历是指在访问根结点、遍历左子树与遍历右子树这三者中，首先遍历左子树，然后访问根结点，最后遍历右子树；并且在遍历左、右子树时，仍然先遍历左子树，然后访问根结点，最后遍历右子树。因此，中序遍历二叉树的过程也是一个递归过程。

非空二叉树中序遍历的简单描述：中序遍历左子树、访问根结点、中序遍历右子树。

（3）后序遍历（左右根 LRD）

所谓后序遍历是指在访问根结点、遍历左子树与遍历右子树这三者中，首先遍历左子树，然后遍历右子树，最后访问根结点；并且在遍历左、右子树时，仍然先遍历左子树，然后遍历右子树，最后访问根结点。因此，后序遍历二叉树的过程也是一个递归的过程。

非空二叉树后序遍历的简单描述：后序遍历左子树、后序遍历右子树、访问根结点。

【例 13-8】用如图 13-21 所示的二叉树，写出三种遍历的遍历结果。

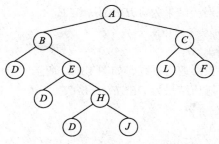

图 13-21　二叉树遍历

① 前序遍历：根→左子树→右子树。

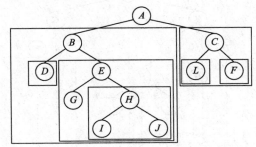

遍历过程如下：

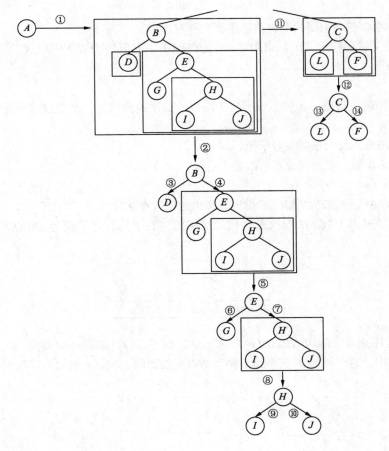

根据以上遍历过程，前序遍历结果为 *ABDEGHIJCLF*。

② 中序遍历：左子树→根→右子树。

遍历方法同前序遍历（略）。

下面介绍中序遍历的一种投影遍历过程，如图 13-22 所示。

根据以上遍历过程，中序遍历结果为 *DBGEIHJALCF*。

③ 后序遍历：左子树→右子树→根。

遍历方法同前序遍历（略）。

根据后序遍历方法，后序遍历结果为 *DGIJHEBLFCA*。

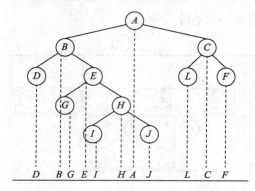

图 13-22　二叉树投影遍历

【例 13-9】根据三种遍历的两种遍历求第三种遍历结果。

已知一棵二叉树的前序遍历是 *ABDEGHIJCLF*，中序遍历是 *DBGEIHJALCF*，则该二叉树的后序遍历是什么？

分析：

① 根据前序遍历找出二叉树（或子树）的根（前序遍历的第一个结点或后序遍历的最后一个结点）。

② 根据中序遍历找出根的左右子树。

③ 重复①②步骤，直到完成建树的整个过程。

建树过程如下：

① 根据前序遍历 *ABDEGHIJCLF* 得出二叉树的根结点是 *A*。

② 根据中序遍历 *DBGEIHJALCF* 得出二叉树的左右子树，左子树为 *DBGEIHJ*；右子树为 *LCF*。

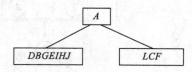

③ 根据前序遍历 *ABDEGHIJCLF* 和右子树 *LCF* 得出右子树的根是 *C*（在前序遍历 *ABDEGHIJCLF* 中，右子树 *LCF* 三个结点哪个结点先被访问，该结点就是右子树的根）。

④ 根据中序遍历 *DBGEIHJALCF* 得出根 C 的左右子树，左子树为 *L*；右子树为 F。

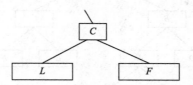

⑤ 根据前序遍历 *ABDEGHIJCLF* 和左子树 *DBGEIHJ* 得出左子树的根是 **B**（在前序遍历 *ABDEGHIJCLF* 中，左子树 *DBGEIHJ* 七个结点哪个结点先被访问，该结点就是左子树的根）。

⑥ 根据中序遍历 *DBGEIHJALCF* 得出根 B 的左右子树，左子树为 *D*；右子树为 *GEIHJ*。

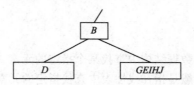

⑦ 根据前序遍历 *ABDEGHIJCLF* 和右子树 *GEIHJ* 得出根 B 的右子树根是 **E**（在前序遍历 *ABDEGHIJCLF* 中，右子树 *GEIHJ* 五个结点哪个结点先被访问，该结点就是右子树的根）。

⑧ 根据中序遍历 *DBGEIHJALCF* 得出根 E 的左右子树，左子树为 *G*；右子树为 *IHJ*。

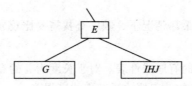

⑨ 根据前序遍历 *ABDEGHIJCLF* 和右子树为 *IHJ* 得出根 E 的右子树根是 **H**（在前序遍历 *ABDEGHIJCLF* 中，右子树 *IHJ* 三个结点哪个结点先被访问，该结点就是右子树的根）。

⑩ 根据中序遍历 *DBGEIHJALCF* 得出根 H 的左右子树，左子树为 *I*；右子树为 *J*。

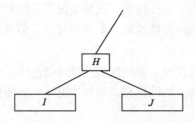

综合以上建树步骤所述，最终所得到的二叉树如图 13-23 所示。

则该二叉树的后序遍历为 *DGIJHEBLFCA*。

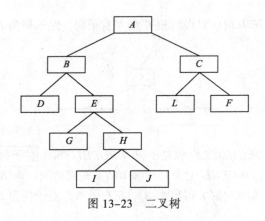

图 13-23　二叉树

### 13.1.7　查找技术

#### 1．顺序查找

所谓查找是指在一个给定的数据结构中查找某个指定的元素。

顺序查找又称顺序搜索，一般是指在线性表中查找指定的元素。其基本方法是从线性表的第一个元素开始，依次将线性表中的元素与被查元素进行比较，若相等则表示找到（即查找成功）；若线性表中的所有元素都与被查元素进行了比较但都不相等，则表示线性表中没有要找的元素（即查找失败）。

对于大的线性表来说，顺序查找的效率是很低的，但线性表为无序表或有序线性表采用链式存储结构，只能采用顺序查找。

对于长度为 $n$ 的线性表，在最坏情况下，顺序查找需要比较 $n$ 次。

#### 2．二分法查找

二分查找只适用于顺序存储的有序线性表。对于长度为 $n$ 的有序线性表，最坏情况下，二分查找需要比较 $\log_2 n$ 次，二分查找的效率要比顺序查找高得多。

### 13.1.8　排序技术

排序是指将一个无序序列整理成按值非递减顺序排列的有序序列。

#### 1．交换类排序法

① 冒泡排序法：对于长度为 $n$ 的线性表，最坏情况下，需要比较 $n(n-1)/2$ 次。

② 快速排序法：对于长度为 $n$ 的线性表，最坏情况下，需要比较 $n\log_2 n$ 次。

#### 2．插入类排序法

① 简单插入排序法：对于长度为 $n$ 的线性表，最坏情况下，需要比较 $n(n-1)/2$ 次。

② 希尔排序法：对于长度为 $n$ 的线性表，最坏情况下，需要比较 $n^{1.5}$ 次。

#### 3．选择类排序法

① 简单选择排序法：对于长度为 $n$ 的线性表，最坏情况下，需要比较 $n(n-1)/2$ 次。

② 堆排序法：对于长度为 $n$ 的线性表，最坏情况下，需要比较 $n\log_2 n$ 次。

## 4．各种排序比较（见表 13-1）

### 表 13-1　各种排序比较

| 类　别 | 排序方法 | 基本思想 | 时间复杂度 |
|---|---|---|---|
| 交换类 | 冒泡排序 | 相邻元素比较，不满足条件时交换 | $n(n-1)/2$ |
| | 快速排序 | 选择基准元素，通过交换，划分成两个子序列 | $O(n\log_2 n)$ |
| 插入类 | 简单插入排序 | 待排序的元素看成为一个有序表和一个元序表，将无序表中元素插入到有序表中 | $n(n-1)/2$ |
| | 希尔排序 | 分割成若干个子序列分别进行直接插入排序 | $O(n^{1.5})$ |
| 选择类 | 简单选择排序 | 扫描整个线性表，从中选出最小的元素，将它交换到表的最前面 | $n(n-1)/2$ |
| | 增排序 | 选建堆，然后将堆顶元素与堆中最后个元素交换，再调整为堆 | $O(n\log_2 n)$ |

## 习题

### 一、选择题

1. 在计算机中，算法是指_____。
   A. 加工方法　　　　　　　　　　B. 查询方法
   C. 排序方法　　　　　　　　　　D. 解题方案的准确而完整的描述

2. 在下列选项中，_____不是一个算法一般应该具有的基本特征。
   A. 确定性　　　　B. 可行性　　　　C. 无穷性　　　　D. 输入/输出性

3. 算法分析的目的是_____。
   A. 找出数据结构的合理性　　　　B. 找出算法中输入和输出之间的关系
   C. 分析算法的易懂性和可靠性　　D. 分析算法的效率以求改进

4. 下面叙述正确的是_____。
   A. 算法的执行效率与数据的存储结构无关
   B. 算法的空间复杂度是指算法程序中指令（或语句）的条数
   C. 算法的有穷性是指算法必须能在执行有限个步骤之后终止
   D. 以上三种描述都不对

5. 算法的有穷性是指_____。
   A. 算法程序的运行时间是有限的　　B. 算法程序所处理的数据量是有限的
   C. 算法程序的长度是有限的　　　　D. 算法只能被有限的用户使用

6. 算法的时间复杂度是指_____。
   A. 算法的执行时间　　　　　　　　B. 算法所处理的数据量
   C. 算法执行过程中所需要的基本运算次数　D. 算法程序中的语句或指令条数

7. 算法的空间复杂度是指_____。
   A. 算法程序中的语句或指令条数
   B. 算法在执行过程中所需要的计算机存储空间
   C. 算法所处理的数据量
   D. 算法在执行过程中所需要的临时工作单元数

8. 算法的时间复杂度取决于_____。
   A. 问题的规模
   B. 待处理数据的初态
   C. 问题的难度
   D. A 和 B

9. 数据结构作为计算机的一门学科，主要研究数据的存储结构、对各种数据结构进行的运算，以及_____。
   A. 数据的逻辑结构
   B. 计算方法
   C. 数据映象
   D. 逻辑存储

10. 数据在计算机存储中的表示是指_____。
   A. 数据的存储结构
   B. 数据结构
   C. 数据的逻辑结构
   D. 数据元素之间的关系

11. 数据的存储结构是指_____。
   A. 存储在外存中的数据
   B. 数据所占的存储空间量
   C. 数据在计算机中的顺序存储方式
   D. 数据的逻辑结构在计算机中的表示

12. 下列叙述中错误的是_____。
   A. 数据的存储结构与数据处理的效率密切相关
   B. 数据的存储结构与数据处理的效率无关
   C. 数据的存储结构在计算机中所占的空间不一定是连续的
   D. 一种数据的逻辑结构可以有多种存储结构

13. 数据结构中，与所使用的计算机无关的是数据的_____。
   A. 存储结构
   B. 物理结构
   C. 逻辑结构
   D. 物理和存储结构

14. 根据数据结构中各数据元素之间前后件关系的复杂程度，一般将数据结构分成_____。
   A. 动态结构和静态结构
   B. 线性结构和非线性结构
   C. 紧凑结构和非紧凑结构
   D. 内部结构和外部结构

15. 下列叙述中正确的是_____。
   A. 线性表是线性结构
   B. 栈与队列是非线性结构
   C. 线性链表是非线性结构
   D. 二叉树是线性结构

16. 以下数据结构中不属于线性数据结构的是_____。
   A. 队列
   B. 线性表
   C. 二叉树
   D. 带链的栈

17. 下列关于栈的叙述中正确的是_____。
   A. 在栈中只能插入数据
   B. 栈是先进后出的线性表
   C. 栈是先进先出的线性表
   D. 在栈中只能删除数据

18. 下列数据结构中，按后进先出原则组织数据的是_____。
   A. 线性链表
   B. 栈
   C. 循环链表
   D. 队列

19. 下列叙述中正确的是_____。
   A. 线性表的链式存储结构与顺序存储结构所需要的存储空间是相同的
   B. 线性表的链式存储结构所需要的存储空间一般要多于顺序存储结构
   C. 线性表的链式存储结构所需要的存储空间一般要少于顺序存储结构
   D. 上述三种说法都不对

20. 以下不是栈的基本运算的是_____。
　　A. 读栈顶元素　　　B. 读栈底元素　　　C. 判断栈是否为空　　D. 将栈置为空栈

21. 栈通常采用的两种存储结构是_____。
　　A. 线性存储结构和链表存储结构　　　　B. 散列方式和索引方式
　　C. 链表存储结构和数组　　　　　　　　D. 线性存储结构和非线性存储结构

22. 如果进栈序列为 $A$、$B$、$C$、$D$，则可能的出栈序列是_____。
　　A. $CADB$　　　　B. $CDAB$　　　　C. $BDCA$　　　　D. $CABD$

23. 栈底至栈顶依次存放元素 $A$、$B$、$C$、$D$、$E$，在第六个元素 $F$ 入栈前，栈中元素可以出栈，则出栈序列可能是_____。
　　A. $ABCEDF$　　　B. $FDCBEA$　　　C. $EDFCBA$　　　D. $FCDABE$

24. 若进栈序列为 $a_1$、$a_2$、$a_3$、$a_4$，进栈过程中可以出栈，则下列不可能的一个出栈序列是_____。
　　A. $a_1, a_4, a_3, a_2$　　B. $a_2, a_3, a_4, a_1$　　C. $a_3, a_1, a_4, a_2$　　D. $a_3, a_4, a_2, a_1$

25. 由两个栈共享一个存储空间的好处是_____。
　　A. 减少存取时间，降低下溢发生的概率
　　B. 节省存储空间，降低上溢发生的概率
　　C. 减少存取时间，降低上溢发生的概率
　　D. 节省存储空间，降低下溢发生的概率

26. 下列叙述中正确的是_____。
　　A. 在栈中，栈中元素随栈底指针与栈顶指针的变化而动态变化
　　B. 在栈中，栈顶指针不变，栈中元素随栈底指针的变化而动态变化
　　C. 在栈中，栈底指针不变，栈中元素随栈顶指针的变化而动态变化
　　D. 上述三种说法都不对

27. 一些重要的程序语言（如 C 语言和 Pascal 语言）允许过程的递归调用。而实现递归调用中的存储分配通常用_____。
　　A. 链表　　　　　B. 堆　　　　　C. 数组　　　　　D. 栈

28. 下列关于队列的叙述中正确的是_____。
　　A. 在队列中在队头插入数据　　　　　B. 在队列中在队尾删除数据
　　C. 队列是先进后出的线性表　　　　　D. 队列是先进先出的线性表

29. 一个队列的入队序列是 $A$, 1，$B$, 2，$C$, 3，$D$, 4，$E$, 5 则队列的输出字母序列是_____。
　　A. $E,D,C,B,A$　　B. $A,B,C,D,E$　　C. $A,D,E,C,B$　　D. $C,B,D,A,E$

30. 下列叙述中正确的是_____。
　　A. 循环队列有队头和队尾两个指针，因此，循环队列是非线性结构
　　B. 在循环队列中，只需要队头指针就能反映队列中元素的动态变化情况
　　C. 在循环队列中，只需要队尾指针就能反映队列中元素的动态变化情况
　　D. 循环队列中元素的个数由队头指针和队尾指针共同决定

31. 线性表 $L=(a_1, a_2, a_3,...,a_i,...,a_n)$，下列说法正确的是_____。
　　A. 每个元素都有一个直接前件和直接后件
　　B. 线性表中至少要有一个元素
　　C. 除第一个元素和最后一个元素外，其余每个元素都有一个且只有一个直接前件和后件

    D. 表中诸元素的排列顺序必须是由小到大或由大到小

32. 栈和队列的共同特点是＿＿＿＿。
    A. 都是后进后出
    B. 都是后进先出
    C. 没有共同点
    D. 只允许在端点处插入和删除元素

33. 对线性表，在下列情况下应当采用链表表示的是＿＿＿＿。
    A. 经常需要随机地存取元素
    B. 经常需要进行插入和删除操作
    C. 表中元素需要占据一片连续的存储空间
    D. 表中元素的个数不变

34. 用链表表示线性表的优点是＿＿＿＿。
    A. 便于随机存取
    B. 花费的存储空间较顺序存储少
    C. 便于插入和删除操作
    D. 数据元素的物理顺序与逻辑顺序相同

35. 链表不具有的特点是＿＿＿＿。
    A. 不必事先估计存储空间
    B. 可随机访问任一元素
    C. 插入、删除不需要移动元素
    D. 所需空间与线性表长度成正比

36. 线性表若采用链式存储结构时，要求内存中可用存储单元的地址＿＿＿＿。
    A. 必须是连续的
    B. 连续不连续都可以
    C. 一定是不连续的
    D. 部分地址必须是连续的

37. 线性表的顺序存储结构和线性表的链式存储结构分别是＿＿＿＿。
    A. 顺序存取的存储结构、顺序存取的存储结构
    B. 随机存取的存储结构、顺序存取的存储结构
    C. 随机存取的存储结构、随机存取的存储结构
    D. 任意存取的存储结构、任意存取的存储结构

38. 循环链表的主要优点是＿＿＿＿。
    A. 从表中任一结点出发都能访问到整个链表
    B. 不再需要头指针
    C. 在进行插入、删除运算时，能更好地保证链表不断开
    D. 已知某个结点的位置后，能够容易地找到它的直接前件

39. 在单链表中，增加头结点的目的是＿＿＿＿。
    A. 方便运算的实现
    B. 使单链表至少有一个结点
    C. 标识表结点中首结点的位置
    D. 说明单链表是线性表的链式存储实现

40. NULL 是指＿＿＿＿。
    A. 0
    B. 空格
    C. 未知的值或无任何值
    D. 空字符串

41. 与单链表相比，双向链表的优点之一是＿＿＿＿。
    A. 插入、删除操作更加简单
    B. 顺序访问相邻结点更加灵活
    C. 可以省略表头指针或表尾指针
    D. 可以随机访问

42. 树是结点的集合，它的根结点数目是＿＿＿＿。
    A. 1 或多于 1
    B. 有且只有 1
    C. 0 或 1
    D. 至少 2

43. 下列有关树的概念错误的是_____。
   A. 一棵树中只有一个无前驱的结点
   B. 一棵树的度为树中各个结点的度数之和
   C. 一棵树中，每个结点的度数之和等于结点总数减 1
   D. 一棵树中每个结点的度数之和与边的条数相等

44. 树最适合用来表示_____。
   A. 有序数据元素　　　　　　　　　　B. 无序数据元素
   C. 元素之间具有分支层次关系的数据　　D. 元素之间无联系的数据

45. 下面关于二叉树描述正确的是_____。
   A. 一棵二叉树中叶子结点的个数等于度为 2 的结点的个数加 1
   B. 一棵二叉树中的结点个数大于 0
   C. 二叉树中任何一个结点要么是叶，要么恰有两个子女
   D. 二叉树中，任何一个结点的左子树和右子树上的结点个数一定相等

46. 具有 3 个结点的树有_____种形态。
   A. 1　　　　　　　B. 2　　　　　　　C. 3　　　　　　　D. 4

47. 具有 3 个结点的二叉树有_____。
   A. 2　　　　　　　B. 4　　　　　　　C. 5　　　　　　　D. 7

48. 设树 $T$ 的深度为 4，其中度为 1、2、3、4 的结点个数分别为 4、3、2、1，则 $T$ 中的叶子结点为_____。
   A. 11　　　　　　B. 10　　　　　　C. 9　　　　　　　D. 8

49. 一棵二叉树中共有 70 个叶子结点与 80 个度为 1 的结点，则该二叉树中的结点总数应该为_____。
   A. 219　　　　　　B. 221　　　　　　C. 229　　　　　　D. 231

50. 在一棵二叉树上第 7 层的结点数最多是_____。
   A. 16　　　　　　B. 32　　　　　　C. 64　　　　　　D. 128

51. 在深度为 6 的满二叉树中，叶子结点的个数为_____。
   A. 32　　　　　　B. 31　　　　　　C. 16　　　　　　D. 15

52. 在深度为 7 的满二叉树中，度为 2 的结点个数为_____。
   A. 64　　　　　　B. 63　　　　　　C. 32　　　　　　D. 31

53. 下面关于完全二叉树的叙述中，错误的是_____。
   A. 除了最后一层外，每一层上的结点数均达到最大值
   B. 可能缺少若干个左右叶子结点
   C. 完全二叉树一般不是满二叉树
   D. 具有 $n$ 个结点的完全二叉树的深度至少为 $[\log_2 n]+1$

54. 在一棵非空二叉树的中序遍历中，根结点的右边_____。
   A. 只有右子树上的所有结点　　　　　B. 只有右子树上的部分结点
   C. 只有左子树上的部分结点　　　　　D. 只有左子树上的所有结点

55. 设 $t$，$k$ 为一棵二叉树上的两个结点，在中序遍历中，$t$ 在 $k$ 后的条件是_____。
   A. $t$ 在 $k$ 右树上　　　　　　　　　B. $t$ 是 $k$ 的祖先
   C. $t$ 在 $k$ 左树上　　　　　　　　　D. $t$ 是 $k$ 的子孙

56. 设有下列二叉树:

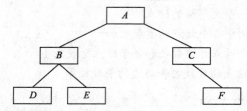

对此二叉树的中序遍历结果为_____。

    A. *ABCDEF*          B. *DBEACF*          C. *ABDECF*          D. *DEBFCA*

57. 设有下列二叉树:

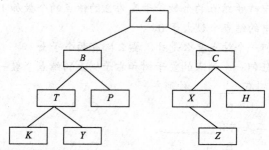

对此二叉树前序遍历的结果为_____。

    A. *ZBTYCPKXAH*                B. *ABTKYPCXZH*

    C. *ZBTACYXPKH*                D. *ATBZXCPKYH*

58. 已知二叉树后序遍历序列是 *DABEC*,中序遍历序列是 *DEBAC*,它的前序遍历序列是_____。

    A. *ACBED*          B. *DCABE*          C. *CEDBA*          D. *DEABC*

59. 已知一棵二叉树前序遍历和中序遍历分别为 *ABDEGCFH* 和 *DBGEACHF*,则该二叉树的后序遍历为_____。

    A. *DGEBHFCA*          B. *GEDHFBCA*          C. *ACBFEDHG*          D. *ABCDEFGH*

60. 若某二叉树的后序遍历访问顺序是 *gdbehfca*,中序遍历访问顺序是 *dgbaechf*,则其前序遍历的结点访问顺序是_____。

    A. *bdgcefha*          B. *gdbecfha*          C. *abdgechf*          D. *abdgcefh*

61. 任何一棵二叉树的叶子结点在先序、中序和后序遍历序列中的相对次序_____。

    A. 发生改变          B. 不发生改变          C. 不能确定          D. 以上都不对

62. 设有两个串 *p* 和 *q*,求 *q* 在 *p* 中首次出现位置的运算称作_____。

    A. 连接          B. 模式匹配          C. 求子串          D. 求串长

63. 串的长度是_____。

    A. 串中不同字符的个数                B. 串中不同字母的个数

    C. 串中所含字符的个数且字符个数大于零    D. 串中所含字符的个数

64. 对长度为 *n* 的线性表进行顺序查找,在最坏情况下所需要的比较次数为_____。

    A. *n*+1          B. *n*          C. (*n*+1)/2          D. *n*/2

65. 对长度为 *n* 的线性表进行二分查找,在最坏情况下所需要的比较次数为_____。

    A. *n*+1          B. $\log_2 n$          C. $\log_2(n+1)/2$          D. n/2

66. 下列叙述中正确的是_____。

　　A. 对长度为 $n$ 的有序链表进行查找，最坏情况下需要的比较次数为 $n$

　　B. 对长度为 $n$ 的有序链表进行对分查找，最坏情况下需要的比较次数为 $n/2$

　　C. 对长度为 $n$ 的有序链表进行对分查找，最坏情况下需要的比较次数为 $\log_2 n$

　　D. 对长度为 $n$ 的有序链表进行对分查找，最坏情况下需要的比较次数为 $n\log_2 n$

67. 对长度为 $n$ 的线性表排序，在最坏情况下，比较次数不是 $n(n-1)/2$ 的排序方法是_____。

　　A. 快速排序　　　　　B. 冒泡排序　　　　　C. 直接插入排序　　　　D. 堆排序

68. 顺序查找适合于存储结构为_____的线性表。

　　A. 散列存储　　　　　　　　　　　　B. 顺序存储或链式存储

　　C. 压缩存储　　　　　　　　　　　　D. 索引存储

69. 下列数据结构中，能用二分法进行查找的是_____。

　　A. 顺序存储的有序线性表　　　　　　B. 线性链表

　　C. 二叉链表　　　　　　　　　　　　D. 有序线性链表

70. 对线性表进行折半查找时，要求线性表必须_____。

　　A. 以顺序方式存储

　　B. 以链接方式存储

　　C. 以顺序方式存储，且结点按关键字有序排列

　　D. 以链接方式存储，且结点按关键字有序排列

71. 堆排序属于_____。

　　A. 交换排序　　　　　B. 归并排序　　　　　C. 选择排序　　　　　D. 插入排序

72. 最简单的交换排序方法是_____。

　　A. 快速排序　　　　　B. 选择排序　　　　　C. 堆排序　　　　　　D. 冒泡排序

73. 在待排序的元素序列基本有序的前提下，效率最高的排序方法是_____。

　　A. 冒泡排序　　　　　B. 选择排序　　　　　C. 快速排序　　　　　D. 归并排序

74. 在下列几种排序方法中，要求内存量最大的是_____。

　　A. 插入排序　　　　　B. 选择排序　　　　　C. 快速排序　　　　　D. 归并排序

75. 已知数据表 $A$ 中每个元素距其最终位置不远，为节省时间，应采用的算法是_____。

　　A. 堆排序　　　　　　B. 直接插入排序　　　　C. 快速排序　　　　　D. 直接选择排序

二、填空题

1. 算法的基本特征是可行性、确定性、_____和_____。

2. 算法的工作量大小和实现算法所需的存储单元多少分别称为算法的_____和_____。

3. 数据结构包括数据的逻辑结构、数据的_____以及对数据的操作运算。

4. 数据的逻辑结构有线性结构和_____两大类。

5. 在复杂的线性表中，一个数据元素可以由若干个数据项组成，由若干个数据项组成的数据元素称为_____，而由多个记录构成的线性表称为_____。

6. 数据结构分为逻辑结构与存储结构，线性链表属于_____。

7. 顺序存储方法是把逻辑上相邻的结点存储在物理位置_____的存储单元中。

8. 栈的基本运算有三种：入栈、退栈和_____。

9. 栈和队列通常采用的存储结构是_____。

10. 当循环队列非空且队尾指针等于队头指针时，说明循环队列已满，不能进行入队运算，这种情况称为_____。

11. 用链表表示线性表的突出优点是_____。

12. 当线性表采用顺序存储结构实现存储时，其主要特点是在存储结构中_____。

13. 访问单链表中的结点，必须沿着_____依次进行。

14. 长度为 n 的顺序存储线性表中，当在任何位置上插入一个元素概率都相等时，插入一个元素所需移动元素的平均个数为_____。

15. 假设用一个长度为 50 的数组（数组元素的下标从 0 到 49）作为栈的存储空间，栈底指针 bottom 指向栈底元素，栈顶指针 top 指向栈顶元素，如果 bottom=49，top=30（数组下标），则栈中具有_____个元素。

16. 一个栈的初始状态为空。首先将元素 5、4、3、2、1 依次入栈，然后退栈一次，再将元素 A、B、C、D 依次入栈，之后将所有元素全部退栈，则所有元素退栈（包括中间退栈的元素）的顺序为_____。

17. 一个队列的初始状态为空。现将元素 A、B、C、D、E、F、5、4、3、2、1 依次入队，然后再依次退队，则元素退队的顺序为_____。

18. 在一个容量为 15 的循环队列中，若头指针 front=6，尾指针 rear=9，则该循环队列中共有_____个元素。

19. 设某循环队列的容量为 50，如果头指针 front=45（指向队头元素的前一位置），尾指针 rear=10（指向队尾元素），则该循环队列中共有_____个元素。

20. 在树形结构中，树根结点没有_____。

21. 在树形结构中，树叶结点没有_____。

22. 设一棵完全二叉树共有 700 个结点，则在该二叉树中有_____个叶子结点，有_____个度为 2 的结点，有_____个度为 1 的结点。

23. 设一棵完全二叉树共有 599 个结点，则在该二叉树中有_____个叶子结点，有_____个度为 2 的结点，有_____个度为 1 的结点。

24. 设有下列二叉树：

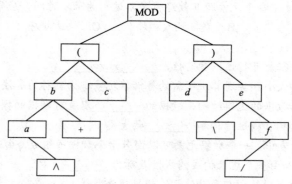

对此二叉树中序遍历的结果为_____。

25. 设一棵二叉树的中序遍历结果为 CBDEAGFIHJ，后序遍历结果为 CEDBGIJHFA，则前序遍历为_____。

26. 设一棵二叉树的前序遍历结果为 *YMFALI*，中序遍历结果为 *FMAYIL*，则后序遍历结果为_____。

27. 在长度为 *n* 的线性表中，寻找最大项至少需要比较_____次。

28. 在长度为 *n* 的线性表中进行顺序查找，最坏情况下需要的比较次数为_____。

29. 在长度为 *n* 的有序线性表中进行二分法查找，最坏情况下需要的比较次数为_____。

30. 设有一个顺序存储的有序线性表 *L*={18,20,25,31,38,45,67,75,89,95}，若在线性表中查找数 67，采用二分查找的方法，则比较_____次。

31. 排序是计算机程序设计中的一种重要操作，常见的排序方法有插入排序、_____和选择排序等。

32. 在长度为 *n* 的线性表中，在最坏情况下，冒泡排序的时间复杂度为_____。

33. 在长度为 *n* 的线性表中，在最坏情况下，快速排序的时间复杂度为_____。

34. 在长度为 *n* 的线性表中，在最坏情况下，简单插入排序的时间复杂度为_____。

35. 在长度为 *n* 的线性表中，在最坏情况下，希尔排序的时间复杂度为_____。

36. 在长度为 *n* 的线性表中，在最坏情况下，简单选择排序需要比较的次数为_____。

37. 在长度为 *n* 的线性表中，在最坏情况下，堆排序需要比较的次数为_____。

38. 在长度为 *n* 的线性表中，在最好情况下，插入类排序的时间复杂度为_____。

39. 若串 s="VisualBasic"，则其子串的数目是_____。

# 13.2　程序设计基础

## 13.2.1　程序设计方法与风格

程序设计是一门技术，需要相应的理论、技术、方法和工具来支持。除了好的程序设计方法和技术之外，程序设计风格也是很重要的。因为程序设计风格会深刻地影响软件的质量和可维护性，良好的程序设计风格可以使程序结构清晰合理，使程序代码便于维护，因此，程序设计风格对保证程序的质量是很重要的。

一般来讲，程序设计风格是指编写程序时所表现出的特点、习惯和逻辑思路。程序是由人编写的，为了测试和维护程序，往往还要阅读和跟踪程序，因此程序设计的风格总体而言应该强调简单和清晰，程序必须是可以理解的。可以认为，著名的"清晰第一，效率第二"的论点已成为当今主导的程序设计风格。

要形成良好的程序设计风格，主要应注重和考虑下列一些因素：

（1）源程序文档化

① 符号名的命名：符号名的命名应具有一定的实际含义，以便于对程序功能的理解。

② 程序注释：正确的注释能够帮助读者理解程序。注释一般分为序言性注释和功能性注释。序言性注释通常位于每个程序的开头部分，它给出程序的整体说明，主要描述内容包括：程序标题、程序功能说明、主要算法、接口说明、程序位置、开发简历、程序设计者、复审者、复审日期、修改日期等。功能性注释的位置一般嵌在源程序体之中，主要描述其后的语句或程序做什么。

③ 视觉组织：为使程序的结构一目了然，可以在程序中利用空格、空行、缩进等技巧使程序层次清晰。

（2）数据说明的方法

① 数据说明的次序规范化。

② 说明语句中变量安排有序化。

③ 使用注释来说明复杂的数据结构。

（3）语句的结构

① 在一行内只写一条语句。

② 程序编写优先考虑清晰性。

③ 程序编写要做到"清晰第一，效率第二"。

④ 首先要保证程序正确，然后才要求提高速度。

⑤ 避免使用临时变量而使程序的可读性下降。

⑥ 避免不必要的转移，避免采用复杂的条件语句。

⑦ 尽可能使用库函数，尽量减少使用"否定"条件的条件语句。

⑧ 数据结构要有利于程序的简化。

⑨ 要模块化，使模块功能尽可能单一化；利用信息隐蔽，确保每一个模块的独立性。

⑩ 从数据出发去构造程序；不要修改不好的程序，要重新编写。

（4）输入和输出

输入和输出信息是用户直接关心的，输入和输出方式和格式应尽可能方便用户的使用。无论哪种输入和输出方式，在设计和编程时都应该考虑如下原则：

① 对所有的输入数据都要检验数据的合法性。

② 检查输入项的各种重要组合的合理性。

③ 输入格式要简单，以使得输入的步骤和操作尽可能简单。

④ 输入数据时，应允许使用自由格式，应允许默认值。

⑤ 输入一批数据时，最好使用输入结束标志。

### 13.2.2　结构化程序设计

#### 1. 结构化程序设计的原则

结构化程序设计方法的主要原则为自顶向下、逐步求精、模块化、限制使用 GOTO 语句。

① 自顶向下：程序设计时，应先考虑总体，后考虑细节；先考虑全局目标，后考虑局部目标。

② 逐步求精：对复杂问题，应设计一些子目标作过渡，逐步细化。

③ 模块化：一个复杂问题，肯定是由若干简单的问题构成。模块化是把程序要解决的总目标分解为分目标，再进一步分解为具体的小目标，把每个小目标称为一个模块。

④ 限制使用 GOTO 语句：滥用 GOTO 语句确实有害，应尽量避免。

#### 2. 结构化程序的基本结构

结构化程序设计方法是程序设计的先进方法和工具。采用结构化程序设计方法编写程序，可使程序结构良好、易读、易理解、易维护。1966 年，Boehm 和 Jacopini 证明了程序设计语言仅仅使用顺序结构、选择结构和重复结构三种基本控制结构就足以表达出各种其他形式结构的程序设计方法。

① 顺序结构：顺序结构是一种简单的程序设计，它是最基本、最常用的结构。顺序结构是顺序执行结构，所谓顺序执行，就是按照语句行的自然顺序，一条语句一条语句地执行程序。

② 选择结构：选择结构又称分支结构，它包括简单选择结构和多分支选择结构，这种结构可以根据设定的条件，判断应该选择哪一条分支来执行相应的语句序列。

③ 重复结构：重复结构又称循环结构，它根据给定的条件，判断是否需要重复执行某一相

同的或类似的程序段。在程序设计语言中，循环结构对应两类循环语句：条件成立时执行循环体的称为当型循环结构，条件成立时离开循环结构的称为直到型循环结构。

### 13.2.3　面向对象的程序设计

#### 1. 面向对象方法的优点

（1）与人类习惯的思维方法一致

传统的程序设计方法是面向过程的，其核心方法是以算法为核心。面向对象的设计方法与传统的面向过程的方法有本质不同，这种方法的基本原理是，使用现实世界的概念抽象地思考问题从而自然地解决问题。

（2）稳定性好

面向对象方法基于构造问题领域的对象模型，以对象为中心构造软件系统。以对象为中心构造的软件系统也是比较稳定的。而传统的软件开发方法以算法为核心，开发过程基于功能分析和功能分解。用传统方法所建立起来的软件系统的结构紧密地依赖于系统所要完成的功能，当功能需求发生变化时将引起软件结构的整体修改。事实上，用户需求变化大部分是针对功能的，因此，这样的软件系统是不稳定的。

（3）可重用性好

软件重用是指在不同的软件开发过程中重复使用相同或相似软件元素的过程。重用是提高软件生产率的最主要的方法。

传统的软件重用技术是利用标准函数库，也就是试图用标准函数库中的函数作为"预制件"来建造新的软件系统。但是，标准函数缺乏必要的"柔性"，不能适应不同应用场合的不同需要，并不是理想的可重用的软件成分。实际的库函数往往仅提供最基本、最常用的功能，在开发一个新的软件系统时，通常多数函数是开发者自己编写的，甚至绝大多数函数都是新编的。

（4）易于开发大型软件产品

当开发大型软件产品时，组织开发人员的方法不恰当往往是出现问题的主要原因。用面向对象方法开发软件时，可以把一个大型产品看作一系列本质上相互独立的小产品来处理，这就不仅降低了开发的技术难度，而且也使得对开发工作的管理变得容易。

（5）可维护性好

对用面向对象的方法开发的软件进行维护，往往是通过从已有类派生出一些新类来实现。因此，维护后的测试和调试工作也主要围绕这些新派生出来的类进行。类是独立性很强的模块，向类的实例发消息即可运行它，观察它是否能正确地完成相应的工作，因此对类的测试通常比较容易实现。

#### 2. 面向对象方法的基本概念

（1）对象

对象可以用来表示客观世界中的任何实体，也就是说，应用领域中有意义的、与所要解决的问题有关系的任何事物都可以作为对象。

面向对象的程序设计方法中涉及的对象是系统中用来描述客观事物的一个实体，是构成系统的一个基本单位，它由一组表示其静态特征的属性和它可执行的一组操作组成。

例如，一辆汽车是一个对象，它包含了汽车的属性（如颜色、型号、载重量等）及其操作（如启动、制动等）。一个窗口是一个对象，它包含了窗口的属性（如大小、颜色、位置等）及其操作（如打开、关闭等）。

客观世界中的实体通常都既具有静态的属性，又具有动态的行为，因此，面向对象方法学中的对象是由描述该对象属性的数据以及可以对这些数据施加的所有操作封装在一起构成的统一体。对象可以做的操作表示它的动态行为，在面向对象分析和面向对象设计中，通常把对象的操作称为方法或服务。

属性即对象所包含的信息，它在设计对象时确定，一般只能通过执行对象的操作来改变。如对象 Person 的属性有姓名、年龄、性别、身高、体重等。不同对象的同一属性可以具有相同或不同的属性值。如张三的年龄为 19，李四的年龄为 20。张三、李四是两个不同的对象，他们共同的属性"年龄"的值不同。要注意的是，属性值应该指的是纯粹的数据值，而不能指对象。

操作描述了对象执行的功能，若通过消息传递，还可以为其他对象使用。操作的过程对外是封闭的，即用户只能看到这一操作实施后的结果。这相当于事先已经设计好的各种过程，只需要调用就可以了，用户不必去关心这一过程是如何编写的。事实上，这个过程已经封装在对象中，用户也看不到。对象的这一特性，即是对象的封装性。

（2）对象的基本特点

① 标识唯一性：指对象是可区分的，并且由对象的内在本质来区分，而不是通过描述来区分。

② 分类性：指可以将具有相同属性和操作的对象抽象成类。

③ 多态性：指同一个操作可以是不同对象的行为。

④ 封装性：从外面看只能看到对象的外部特性，即只需知道数据的取值范围和可以对该数据施加的操作，根本无须知道数据的具体结构以及实现操作的算法。对象的内部，即处理能力的实行和内部状态，对外是不可见的。从外面不能直接使用对象的处理能力，也不能直接修改其内部状态，对象的内部状态只能由其自身改变。

⑤ 模块独立性好：对象是面向对象的软件的基本模块，它是由数据及可以对这些数据施加的操作所组成的统一体，而且对象是以数据为中心的，操作围绕对其数据所需做的处理来设置，没有无关的操作。从模块的独立性考虑，对象内部各种元素彼此结合得很紧密，内聚性强。

**3．类和实例**

类是具有共同属性、共同方法的对象的集合。所以，类是对象的抽象，它描述了属于该对象类型的所有对象的性质，而一个对象则是其对应类的一个实例。

**4．消息**

面向对象的世界是通过对象与对象间彼此的相互合作来推动的，对象间的这种相互合作需要一个机制协助进行，这样的机制称为"消息"。消息是一个实例与另一个实例之间传递的信息，它请求对象执行某一处理或回答某一要求的信息，它统一了数据流和控制流。

通常，一个消息由接收消息的对象的名称、消息标识符（又称消息名）、零个或多个参数三部分组成。

**5．继承**

继承是面向对象的方法的一个主要特征。继承是使用已有的类定义作为基础建立新类的定义技术。已有的类可当作基类来引用，则新类相应地可当作派生类来引用。

广义地说，继承是指能够直接获得已有的性质和特征，而不必重复定义它们。

继承具有传递性，如果类 C 继承类 B，类 B 继承类 A，则类 C 继承类 A。因此，一个类实际上继承了它上层的全部基类的特性，也就是说，属于某类的对象除了具有该类所定义的特性外，还具有该类上层全部基类定义的特性。

　　继承分为单继承与多重继承。单继承是指，一个类只允许有一个父类，即类等级为树形结构。多重继承是指，一个类允许有多个父类。多重继承的类可以组合多个父类的性质构成所需要的性质。因此，功能更强，使用更方便；但是，使用多重继承时要注意避免二义性。继承性的优点是，相似的对象可以共享程序代码和数据结构，从而大大减少了程序中的冗余信息，提高软件的可重用性，便于软件修改维护。另外，继承性使得用户在开发新的应用系统时不必完全从零开始，可以继承原有的相似系统的功能或者从类库中选取需要的类，再派生出新的类以实现所需要的功能。

**6．多态性**

　　对象根据所接受的消息而做出动作，同样的消息被不同的对象接受时可导致完全不同的行动，该现象称为多态性。在面向对象的软件技术中，多态性是指子类对象可以像父类对象那样使用，同样的消息既可以发送给父类对象也可以发送给子类对象。

 **习题**

**一、选择题**

1．结构化程序设计主要强调的是_____。

  A．程序的规模        B．程序的易读性

  C．程序的执行效率       D．程序的可移植性

2．对建立良好的程序设计风格，下面描述正确的是_____。

  A．程序应简单、清晰、可读性好    B．符号名的命名只要符合语法

  C．充分考虑程序的执行效率     D．程序的注释可有可无

3．在结构化程序设计思想提出之前，在程序设计中曾强调程序的效率，现在，与程序的效率相比，人们更重视程序的_____。

  A．安全性     B．一致性     C．可理解性     D．合理性

4．下列选项中不属于结构化程序设计原则的是_____。

  A．可封装     B．自顶向下     C．模块化     D．逐步求精

5．在面向对象方法中，实现信息隐蔽是依靠_____。

  A．对象的继承    B．对象的多态    C．对象的封装    D．对象的分类

6．下列叙述中，不符合良好程序设计风格要求的是_____。

  A．程序的效率第一、清晰第二     B．程序的可读性好

  C．程序中要有必要的注释      D．输入数据前要有提示信息

7．结构化程序设计的三种基本结构是_____。

  A．顺序结构、选择结构、转移结构    B．分支结构、等价结构、循环结构

  C．顺序结构、选择结构、循环结构    D．多分支结构、赋值结构、等价结构

8．下面描述中，符合结构化程序设计风格的是_____。

  A．使用顺序、选择和重复（循环）三种基本控制结构表示程序的控制逻辑

  B．模块只有一个入口，可以有多个出口

  C．注重提高程序的执行效率

  D．不使用 GOTO 语句

9．在设计程序时，应采纳的原则之一是_____。

  A．不限制 GOTO 语句的使用     B．减少或取消注解行

  C．程序越短越好        D．程序结构应有助于读者理解

10. 下面对对象概念描述错误的是_____。
　　A. 对象是属性和方法的封装体　　　　　　B. 任何对象都必须有继承性
　　C. 对象间的通信靠消息传递　　　　　　　D. 操作是对象的动态属性

11. 程序设计语言的基本成分是数据成分、运算成分、控制成分和_____。
　　A. 对象成分　　　　B. 变量成分　　　　C. 语句成分　　　　D. 传输成分

12. 下面概念中，不属于面向对象方法的是_____。
　　A. 对象　　　　　　B. 继承　　　　　　C. 过程　　　　　　D. 类

13. 以下不属于对象的基本特点的是_____。
　　A. 分类性　　　　　B. 多态性　　　　　C. 继承性　　　　　D. 封装性

14. 在面向对象方法中，一个对象请求另一对象为其服务的方式是通过发送_____。
　　A. 命令　　　　　　B. 调用语句　　　　C. 口令　　　　　　D. 消息

15. 对象实现了数据和操作的结合，是指对数据和数据的操作进行_____。
　　A. 结合　　　　　　B. 封装　　　　　　C. 隐藏　　　　　　D. 抽象

16. 面向对象的设计方法与传统的面向过程的方法有本质不同，它的基本原理是_____。
　　A. 模拟现实世界中不同事物之间的联系
　　B. 强调模拟现实世界中的算法而不强调概念
　　C. 鼓励开发者在软件开发的绝大部分中都用实际领域的概念去思考
　　D. 使用现实世界的概念抽象地思考问题从而自然地解决问题

## 二、填空题

1. 源程序文档化要求程序应加注释。注释一般分为序言性注释和_____。

2. 结构化程序设计的三种基本结构为顺序结构、选择结构和_____。

3. 结构化程序设计方法的主要原则可以概括为自顶向下、逐步求精、_____和限制使用 GOTO 语句。

4. 在程序设计阶段应该采取_____和逐步求精的方法，把一个模块的功能逐步分解，细化为一系列具体的步骤，进而用某种程序设计语言写成程序。

5. 程序设计模块化的目的是_____。

6. 可以把具有相同属性的一些不同对象归类，称为_____。

7. 面向对象的程序设计方法中涉及的对象是系统中用来描述客观事物的一个_____。

8. 类是一个支持集成的抽象数据类型，而对象是类的_____。

9. 在面向对象的程序设计中，类描述的是具有相似性质的一组_____。

10. 面向对象的模型中，最基本的概念是对象和_____。

11. 在面向对象的设计中，请求对象执行某一处理或回答某些信息的要求称为_____。

12. 在面向对象方法中，信息隐蔽是通过对象的_____来实现的。

13. 在面向对象方法中，类之间共享属性和操作的机制称为_____。

14. _____是一种信息隐蔽技术，目的在于将对象的使用者和对象的设计者分开。

15. 一个类可以从直接或间接的祖先中继承所有属性和方法。采用这个方法提高了软件的_____。

# 13.3　软件工程基础

## 13.3.1　软件工程基本概念

### 1. 软件的定义、特点与分类

（1）软件的定义

计算机软件是包括程序、数据及相关文档的完整集合。其中，程序是软件开发人员根据用户需求开发的、用程序设计语言描述的、适合计算机执行的指令（语句）序列；数据是使程序能正常操纵信息的数据结构；文档是与程序开发、维护和使用有关的图文资料。

国标中对计算机软件的定义为：与计算机系统的操作有关的计算机程序、规程、规则，以及可能有的文件、文档及数据。

（2）软件的特点

① 软件是一种逻辑实体，而不是物理实体，具有抽象性。

② 软件的生产与硬件不同，它没有明显的制作过程。一旦研制开发成功，可以大量制作同一内容的副本。

③ 软件在运行、使用期间不存在磨损、老化问题。软件虽然在生存周期后期不会因为磨损而老化，但为了适应硬件、环境以及需求的变化要进行修改，而这些修改又会不可避免地引入错误，导致软件失效率升高，从而使得软件退化。

④ 软件的开发、运行对计算机系统具有依赖性，受计算机系统的限制，这导致了软件移植的问题。

⑤ 软件复杂性高，成本昂贵。软件是人类有史以来生产的复杂度最高的工业产品。软件涉及人类社会的各行各业、方方面面，软件开发常常涉及其他领域的专门知识。软件开发需要投入大量、高强度的脑力劳动，成本高，风险大。

⑥ 软件开发涉及诸多的社会因素。许多软件的开发和运行涉及软件用户的机构设置，体制问题以及管理方式等，甚至涉及人们的观念和心理，软件知识产权及法律等问题。

（3）软件的分类

软件按功能可以分为应用软件、系统软件、支撑软件（或工具软件）。应用软件是为解决特定领域的应用而开发的软件，如文字处理软件 Word、电子表格软件 Excel 等。系统软件是计算机管理自身资源，提高计算机使用效率并为计算机用户提供各种服务的软件，如操作系统、程序设计语言处理系统、数据库管理系统等。支撑软件是介于系统软件和应用软件之间，协助用户开发软件的工具性软件，包括帮助程序人员开发和维护应用软件的工具软件，如需求分析工具软件、设计工具软件、编码工具软件、测试工具软件、维护工具软件等。

### 2. 软件危机与软件工程

（1）软件危机的概念

所谓软件危机是泛指在计算机软件的开发和维护过程中所遇到的一系列严重问题。实际上，几乎所有软件都不同程度地存在这些问题。

软件危机主要表现在以下几个方面：

① 软件需求的增长得不到满足。用户对系统不满意的情况经常发生。

② 软件开发成本和进度无法控制。开发成本超出预算，开发周期大大超过规定日期的情况经常发生。

③ 软件质量难以保证。

④ 软件不可维护或维护程度非常低。

⑤ 软件的成本不断提高。

⑥ 软件开发生产率的提高赶不上硬件的发展和应用需求的增长。

总之，可以将软件危机归结为成本、质量、生产率等问题。

（2）软件工程的定义

国标中指出，软件工程是应用于计算机软件的定义、开发和维护的一整套方法、工具、文档、实践标准和工序。

1993 年，IEEE 给出了一个更加综合的定义："将系统化的、规范的、可度量的方法应用于软件的开发、运行和维护的过程，即将工程化应用于软件中。"

（3）软件工程的三要素

软件工程包括三个要素：方法、工具和过程。方法是完成软件工程项目的技术手段；工具是支持软件的开发、管理、文档生成；过程是支持软件开发的各个环节的控制、管理。

软件工程的核心思想是把软件产品看作一个工程产品来处理。把需求计划、可行性研究、工程审核、质量监督等工程化的概念引入软件生产当中，以期达到工程项目的三个基本要素：进度、经费和质量的目标。同时，软件工程也注重研究不同于其他工业产品生产的一些独特特性，并针对软件的特点提出了许多有别于一般工业工程技术的一些技术方法。

### 3. 软件工程过程

软件工程过程是把输入转换为输出的一组彼此相关的资源和活动。

软件工程过程通常包含 4 种基本活动：

① P（Plan）——软件规格说明，规定软件的功能及其运行时的限制。

② D（Do）——软件开发，产生满足规格说明的软件。

③ C（Check）——软件确认，确认软件能够满足客户提出的要求。

④ A（Action）——软件演进，为满足客户的变更要求，软件必须在使用的过程中演进。

事实上，软件工程过程是一个软件开发机构针对某类软件产品为自己规定的工作步骤，它应当是科学的、合理的，否则必将影响软件产品的质量。

通常把用户的要求转变成软件产品的过程称为软件开发过程。此过程包括对用户的要求进行分析，解释成软件需求，把需求变换成设计，把设计用代码来实现并进行代码测试，有些软件还需要进行代码安装和交付运行。

软件工程过程是将软件工程的方法和工具综合起来，以达到合理、及时地进行计算机软件开发的目的。

### 4. 软件生命周期

将软件产品从提出、实现、使用维护到停止使用退役的过程称为软件生命周期。也就是说，软件产品从考虑其概念开始，到该软件产品不能使用为止的整个时期都属于软件生命周期。一般包括可行性研究与需求分析、设计、实现、测试、交付使用以及维护等活动。

软件生命周期分为软件定义、软件开发及软件运行维护三个阶段。

软件生命周期的主要活动阶段是：

① 可行性研究与计划制定。确定待开发软件系统的开发目标和总的要求，给出它的功能、性能、可靠性以及接口等方面的可能方案，制定完成开发任务的实施计划。

②　需求分析。对待开发软件提出的需求进行分析并给出详细定义，编写软件规格说明书及初步的用户手册，提交评审。

③　软件设计。系统设计人员和程序设计人员应该在反复理解软件需求的基础上，给出软件的结构、模块的划分、功能的分配以及处理流程。在系统比较复杂的情况下，设计阶段可分解成概要设计阶段和详细设计阶段。编写概要设计说明书、详细设计说明书和测试计划初稿，提交评审。

④　软件实现。把软件设计转换成计算机可以接受的程序代码。即完成源程序的编码，编写用户手册、操作手册等面向用户的文档，编写单元测试计划。

⑤　软件测试。在设计测试用例的基础上，检验软件的各个组成部分，编写测试分析报告。

⑥　运行和维护。将已交付的软件投入运行，并在运行使用中不断地维护，根据新提出的需求进行必要而且可能的扩充和删改。

**5．软件工程的目标与原则**

（1）软件工程的目标

软件工程的目标是，在给定成本、进度的前提下，开发出具有有效性、可靠性、可理解性、可维护性、可重用性、可适应性、可移植性、可追踪性和可互操作性且满足用户需求的产品。

软件工程需要达到的基本目标应是：付出较低的开发成本；达到要求的软件功能；取得较好的软件性能；开发的软件易于移植；需要较低的维护费用；能按时完成开发，及时交付使用。

软件工程的理论和技术性研究的内容主要包括：软件开发技术和软件工程管理。

①　软件开发技术：包括软件开发方法学、开发过程、开发工具和软件工程环境，其主体内容是软件开发方法学。

②　软件工程管理：包括软件管理学、软件工程经济学、软件心理学等内容。

（2）软件工程的原则

为了达到软件工程目标，在软件开发过程中，必须遵循软件工程的基本原则，这些原则适用于所有的软件项目。这些基本原则包括抽象、信息隐蔽、模块化、局部化、确定性、一致性、完备性和可验证性。

## 13.3.2　结构化分析方法

**1．需求分析及其方法**

（1）需求分析的定义

软件需求是指用户对目标软件系统在功能、行为、性能、设计约束等方面的期望。需求分析的任务是发现需求、求精、建模和定义需求的过程。需求分析将创建所需的数据模型、功能模型和控制模型。

（2）需求分析阶段的工作

需求分析阶段的工作，可以概括为 4 个方面：

①　需求获取。需求获取的目的是确定对目标系统的各方面需求。需求获取涉及的关键问题有：对问题空间的理解；人与人之间的通信；不断变化的需求。

②　需求分析。对获取的需求进行分析和综合，最终给出系统的解决方案和目标系统的逻辑模型。

③　编写需求规格说明书。需求规格说明书作为需求分析的阶段成果，可以为用户、分析人员和设计人员之间的交流提供方便，可以直接支持目标软件系统的确认，又可以作为控制软件开

发进程的依据。

④ 需求评审。在需求分析的最后一步，对需求分析阶段的工作进行复审，验证需求文档的一致性、可行性、完整性和有效性。

（3）需求分析方法

① 结构化分析方法。主要包括：面向数据流的结构化分析方法（SA）、面向数据结构的 Jackson 方法（JSD）、面向数据结构的结构化数据系统开发方法（DSSD）。

② 面向对象的分析方法（OOA）。

### 2．结构化分析方法

（1）结构化分析方法的概念

结构化分析方法是结构化程序设计理论在软件需求分析阶段的运用。对于面向数据流的结构化分析方法，按照 DeMarco 的定义，"结构化分析就是使用数据流图（DFD）、数据字典（DD）、结构化英语、判定表和判定树等工具，来建立一种新的、称为结构化规格说明的目标文档。"

结构化分析方法的实质是着眼于数据流，自顶向下、逐层分解，建立系统的处理流程，以数据流图和数据字典为主要工具，建立系统的逻辑模型。

（2）结构化分析的常用工具

① 数据流图（DFD）。数据流图是描述数据处理过程的工具，是需求理解的逻辑模型的图形表示。数据流图中的主要图形元素如图 13-24 所示。

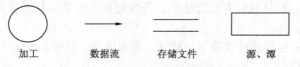

加工　　　　　　数据流　　　　存储文件　　　　源、潭

图 13-24　数据流图中的图形元素

- 加工（转换）：输入数据经加工变换产生输出。
- 数据流：沿箭头方向传送数据的通道，一般在旁边标注数据流名。
- 存储文件（数据源）：表示处理过程中存放各种数据的文件。
- 源、潭：表示系统和环境的接口，属系统之外的实体。
- 画数据流图的基本步骤是：自外向内、自顶向下、逐层分解。

图 13-25 所示为一个数据流图的示例。

② 数据字典（DD）。数据字典是结构化分析方法的核心。数据字典是对所有与系统相关的数据元素的一个有组织的列表，以及精确的、严格的定义，使得用户和系统分析员对于输入、输出、存储成分和中间计算结果有共同的理解。

概括地说，数据字典的作用是对 DFD 中出现的被命名的图形元素的确切解释。

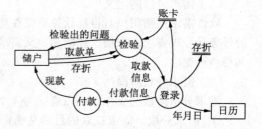

图 13-25　银行取款业务的数据流图

③ 判定树。从问题定义的文字描述中分清哪些是判定的条件，哪些是判定的结论，根据描述材料中的连接词找出判定条件之间的从属关系、并列关系、选择关系，根据它们构造判定树。

④ 判定表。与判定树相似，当数据流图中的加工要依赖于多个逻辑条件的取值，即完成该加工的一组动作是由于某一组条件取值的组合而引发的，使用判定表描述比较适宜。

### 3. 软件需求规格说明书

软件需求规格说明书（SRS）是需求分析阶段的最后成果，是软件开发中的重要文档之一。

（1）软件需求规格说明书的作用

① 便于用户、开发人员进行理解和交流。

② 反映出用户问题的结构，可以作为软件开发工作的基础和依据。

③ 作为确认测试和验收的依据。

（2）软件需求规格说明书的内容

软件需求规格说明书是作为需求分析的一部分而制定的可交付文档。该说明把在软件计划中确定的软件范围加以展开，制定出完整的信息描述、详细的功能说明、恰当的检验标准以及其他与要求有关的数据。软件需求规格说明书所包括的内容有概述、数据描述（数据流图、数据字典、系统接口说明、内部接口）、功能描述（功能、处理说明、设计的限制）、性能描述（性能参数、测试种类、预期的软件响应、应考虑的特殊问题）、参考文献目录、附录。其中，概述是从系统的角度描述软件的目标和任务；数据描述是对软件系统所必须解决的问题作出的详细说明；功能描述中描述了为解决用户问题所需要的每一项功能的过程细节，对每一项功能要给出处理说明和在设计时需要考虑的限制条件；性能描述应说明系统达到的性能和满足的限制条件、检测的方法和标准、预期的软件响应和可能需要考虑的特殊问题。

（3）软件需求规格说明书的特点

① 正确性，体现待开发系统的真实要求。

② 无歧义性，对每一个需求只有一种解释，其陈述具有唯一性。

③ 完整性，包括全部有意义的需求，功能的、性能的、设计的、约束的、属性或外部接口等方面的需求。

④ 可验证性，描述的每一个需求都是可以验证的，即存在有限代价的有效过程验证确认。

⑤ 一致性，各个需求的描述不矛盾。

⑥ 可理解性，需求说明书必须简明易懂，尽量少包含计算机的概念和术语，以便用户和软件人员都能接受它。

⑦ 可修改性，软件需求规格说明书的结构风格在需求有必要改变时是易于实现的。

⑧ 可追踪性，每一个需求的来源、流向是清晰的，当产生和改变文件编制时，可以方便地引用每一个需求。

## 13.3.3　结构化设计方法

### 1. 软件设计的基本概念

（1）软件设计的基础

软件设计是软件工程的重要阶段，是一个把软件需求转换为软件表示的过程。软件设计的基本目标是用比较抽象概括的方式确定目标系统如何完成预定的任务，即软件设计是确定系统的物理模型。

软件设计的重要性和地位概括为以下几点：

① 软件开发阶段（设计、编码、测试）占据软件项目开发总成本绝大部分，是在软件开发中形成质量的关键环节。

② 软件设计是开发阶段最重要的步骤，是将需求准确地转换为完整的软件产品或系统的唯一途径。

③ 软件设计作出的决策，最终影响软件实现的成败。

④ 软件设计是软件工程和软件维护的基础。

从技术观点来看，软件设计包括软件结构设计、数据设计、接口设计、过程设计。

从工程管理角度来看，软件设计包括概要设计和详细设计。概要设计（又称结构设计）将软件需求转换为软件体系结构、确定系统级接口、全局数据结构或数据库模式；详细设计确立每个模块的实现算法和局部数据结构，用适当方法表示算法和数据结构的细节。

软件设计的一般过程是：软件设计是一个迭代的过程，先进行高层次的结构设计，后进行低层次的过程设计，穿插进行数据设计和接口设计。

（2）软件设计的基本原理

① 抽象：抽象是一种思维工具，就是把事物本质的共同特性提取出来而不考虑其他细节。软件设计中考虑模块化解决方案时，可以定出多个抽象级别。抽象的层次从概要设计到详细设计逐步降低。在软件概要设计中的模块分层也是由抽象到具体逐步分析和构造出来的。

② 模块化：模块是指把一个待开发的软件分解成若干小的简单的部分。每个模块可以完成一个特定的子功能，各个模块可以按一定的方法组装起来成为一个整体，从而实现整个系统的功能。模块化是指解决一个复杂问题时自顶向下逐层把软件系统划分成若干模块的过程。

③ 信息隐蔽：信息隐蔽是指在一个模块内包含的信息（过程或数据），对于不需要这些信息的其他模块来说是不能访问的。

④ 模块独立性：模块独立性是指每个模块只完成系统要求的独立的子功能，并且与其他模块的联系最少且接口简单。

（3）模块独立性的度量标准

模块的独立程度是评价设计好坏的重要度量标准。衡量软件的模块独立性使用耦合性和内聚性两个定性的度量标准。

① 内聚性：内聚性是一个模块内部各个元素间彼此结合的紧密程度的度量。内聚是从功能角度来度量模块内的联系。

内聚有如下的种类，它们之间的内聚性由弱到强排列为：偶然内聚、逻辑内聚、时间内聚、过程内聚、通信内聚、顺序内聚、功能内聚。

一个模块的内聚性越强则该模块的模块独立性越强。作为软件结构设计的设计原则，要求每一个模块的内部都具有很强的内聚性，它的各个组成部分彼此都密切相关。

② 耦合性：耦合性是模块间互相连接的紧密程度的度量。耦合性取决于各个模块之间接口的复杂度、调用方式以及哪些信息通过接口。

耦合度由高到低排列为：内容耦合、公共耦合、外部耦合、控制耦合、标记耦合、数据耦合、非直接耦合。

耦合性与内聚性是模块独立性的两个定性标准，耦合与内聚是相互关联的。在程序结构中，各模块的内聚性越强，则耦合性越弱。一般较优秀的软件设计，应尽量做到高内聚低耦合，即减弱模块之间的耦合性和提高模块内的内聚性，有利于提高模块的独立性。

（4）结构化设计方法

结构化设计就是采用最佳的可能方法设计系统的各个组成部分以及各成分之间的内部联系的技术。也就是说，结构化设计是这样一个过程，它决定用哪些方法把哪些部分联系起来，才能解决好某个具体有清楚定义的问题。

结构化设计方法的基本思想是将软件设计成由相对独立、单一功能的模块组成的结构。

**2. 概要设计**

（1）软件概要设计的基本任务

① 设计软件系统结构。在需求分析阶段，已经把系统分解成层次结构，而在概要设计阶段，需要进一步分解，划分为模拟以及模块的层次结构。

② 数据结构及数据库设计。数据设计是实现需求定义和规格说明过程中提出的数据对象的逻辑表示。

③ 编写概要设计文档。在概要设计阶段，需要编写的文档有概要设计说明书、数据库设计说明书、集成测试计划等。

④ 概要设计文档评审。在概要设计中，对设计部分是否完整地实现了需求中规定的功能、性能等要求，设计方案的可行性，关键的处理及内外部接口定义正确性、有效性，各部分之间的一致性等都要进行评审，以免在以后的设计中出现大的问题而返工。

常用的软件结构设计工具是结构图（SC），又称程序结构图。使用结构图描述软件系统的层次和分块结构关系，它反映了整个系统的功能实现以及模块与模块之间的联系与通信，是未来程序中的控制层次体系。结构图是描述软件结构的图形工具，它的基本图符如图 13-26 所示。

模块用一个矩形表示，矩形内注明模块的功能和名字；箭头表示模块间的调用关系。在结构图中还可以用带注释的箭头表示模块调用过程中来回传递的信息，还可用带实心圆的箭头表示传递的是控制信息，用带空心圆的箭头表示传递的是数据。

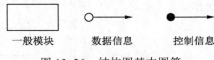

一般模块　　　　数据信息　　　　控制信息

图 13-26　结构图基本图符

结构图的基本形式有顺序形式、重复形式、选择形式。

结构图的模块类型有传入模块、传出模块、变换模块和协调模块，如图 13-27 所示。

传入模块：从下属模块取得数据，经处理再将其传送给上级模块。

传出模块：从上级模块取得数据，经处理再将其传送给下属模块。

变换模块：从上级模块取得数据，进行特定的处理，转换成其他形式，再传给上级模块。

协调模块：对所有下属模块进行协调和管理的模块。

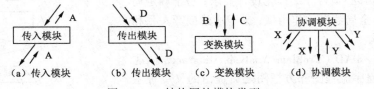

（a）传入模块　　（b）传出模块　　（c）变换模块　　（d）协调模块

图 13-27　结构图的模块类型

（2）面向数据流的设计方法

在需求分析阶段，主要是分析信息在系统中加工和流动的情况。

典型的数据流类型有变换型和事务型。

（3）设计的准则

① 提高模块独立性。

② 模块规模适中。

③ 深度、宽度、扇入和扇出适当。

④ 使模块的作用域在该模块的控制域内。

⑤ 应减少模块的接口和界面的复杂性。

⑥ 设计成单入口、单出口的模块。

⑦ 设计功能可预测的模块。

### 3. 详细设计

详细设计的任务，是为软件结构图中的每一个模块确定实现算法和局部数据结构，用某种选定的表达工具表示算法和数据结构的细节。表达工具可以由设计人员自由选择，但它应该具有描述过程细节的能力，而且能够使程序员在编程时便于直接翻译成程序设计语言的源程序。

在过程设计阶段，要对每个模块规定的功能以及算法的设计，给出适当的算法描述，即确定模块内部的详细执行过程，包括局部数据组织、控制流、每一步具体处理要求和各种实现细节等。

常见的过程设计工具有：图形工具（程序流程图、N–S、PAD、HIPO）、表格工具（判定表）、语言工具（PDL）。

① 程序流程图。程序流程图是一种传统的、应用广泛的软件过程设计表示工具，通常又称程序框图。程序流程图表达直观、清晰，易于学习掌握，且独立于任何一种程序设计语言。程序流程图的最基本图符及含义如图13–28所示,求两个自然数的最大公约数的程序流程图如图13–29所示。

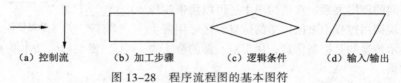

（a）控制流　　　（b）加工步骤　　　（c）逻辑条件　　　（d）输入/输出

图 13-28　程序流程图的基本图符

② N–S 图。为了避免流程图在描述程序逻辑时的随意性与灵活性，1973 年 Nossi 和 Shneiderman 发表了题为"结构化程序的流程图技术"的文章，提出了用方框图来代替传统的程序流程图，通常也把这种图称为 N–S 图，如图 13–30 所示。N–S 图的特征有：每个构件具有明确的功能域；控制转移必须遵守结构化设计要求；易于确定局部数据和（或）全局数据的作用域；易于表达嵌套关系和模块的层次结构。

③ PAD 图。PAD（Problem Analysis Diagram，问题分析图）是继程序流程图和方框图之后提出的又一种主要用于描述软件详细设计的图形表示工具，如图 13–31 所示。PAD 图的特征有：结构清晰，结构化程度高；易于阅读。

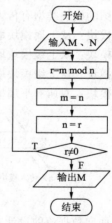

图 13-29　两个自然数的最大公约数

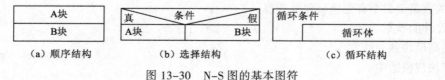

（a）顺序结构　　　（b）选择结构　　　（c）循环结构

图 13-30　N–S 图的基本图符

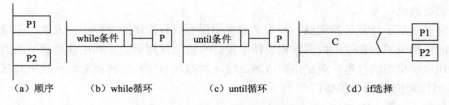

|   P1   |   | while条件 |—| P |   | until条件 |—| P |   | C |＜| P1 |
|   P2   |   |        |  |   |   |        |  |   |   |   |  | P2 |

（a）顺序　　　（b）while循环　　　（c）until循环　　　（d）if选择

图 13-31　PAD 图的基本图符

④ 过程设计语言（PDL）。PDL 又称结构化的英语和伪码，它是一种混合语言，采用英语的词汇和结构化程序设计语言的语法，类似编程语言。

### 13.3.4　软件测试

#### 1．软件测试的目的

软件测试是在软件投入运行前对软件需求、设计、编码的最后审核。软件测试的投入，包括人员和资金投入是巨大的，通常其工作量、成本占软件开发总工作量、总成本的 40% 以上，而且具有很高的组织管理和技术难度。软件测试是保证软件质量的重要手段，其主要过程涵盖了整个软件生命期的过程，包括需求定义阶段的需求测试、编码阶段的单元测试、集成测试以及后期的确认测试、系统测试，验证软件是否合格、能否交付用户使用等。

软件测试的目的是发现错误。

#### 2．软件测试的基本准则

（1）所有测试都应追溯到需求

软件测试的目的是发现错误，而最严重的错误就是导致程序无法满足用户需求的错误。

（2）严格执行测试计划，排除测试的随意性

软件测试应当制定明确的测试计划并按照计划执行。测试计划应包括：所测软件的功能、输入和输出、测试内容、各项测试的目的和进度安排、测试资料、测试工具、测试用例的选择、资源要求、测试的控制方式和过程等。

（3）充分注意测试中的群集现象

经验表明，程序中存在错误的概率与该程序中已发现的错误数成正比。为了提高测试的效率，测试人员应该集中对付那些错误群集的程序。

（4）程序员应避免检查自己的程序

为了达到好的测试效果，应该由独立的第三方来构造测试。因为从心理学角度讲，程序人员或设计方在测试自己的程序时，要采取客观的态度是不同程度地存在障碍的。

（5）穷举测试不可能

所谓穷举测试是指把程序所有可能的执行路径都进行检查的测试。

#### 3．软件测试技术与方法

软件测试的技术与方法是多种多样的，若从是否需要执行被测试软件的角度，可以分为静态测试与动态测试；若按照功能划分的角度，可以分为白盒（白箱）测试和黑盒（黑箱）测试。

（1）静态测试

静态测试不实际运行软件，主要通过人工进行。静态测试包括代码检查、静态结构分析、代码质量度量等。静态测试可以由人工进行，充分发挥人的逻辑思维优势，也可以借助软件工具自动进行。经验表明，使用人工测试能够有效地发现 30%～70% 的逻辑设计和编码错误。

（2）动态测试

动态测试是基于计算机的测试，是为了发现错误而执行程序的过程。或者说，是根据软件开发各阶段的规格说明和程序的内部结构而精心设计一批测试用例，并利用这些测试用例去运行程序，以发现程序错误的过程。测试用例由测试输入数据和与之对应的预期输出结果两部分组成，其格式为：[输入值集,输出值集]。

（3）白盒（白箱）测试

白盒测试又称结构测试或逻辑驱动测试。它是根据软件产品的内部工作过程，检查内部成分，以确认每种内部操作符合设计规格要求。白盒测试把测试对象看作一个打开的盒子，允许测试人员利用程序内部的逻辑结构及有关信息来设计或选择测试用例，对程序所有的逻辑路径进行测试。通过在不同点检查程序的状态来了解实际的运行状态是否与预期的一致。所以，白盒测试是在程序内部进行，主要用于完成软件内部操作的验证。

白盒测试的基本原则是保证所测模块中每一独立路径至少执行一次；保证所测模块所有判断的每一分支至少执行一次；保证所测模块每一循环都在边界条件和一般条件下至少各执行一次；验证所有内部数据结构的有效性。按照白盒测试的基本原则，"白盒"法是穷举路径测试。

白盒测试的主要方法有逻辑覆盖（语句覆盖、路径覆盖、判定覆盖、条件覆盖、判定-条件覆盖）、基本路径测试等。

（4）黑盒（黑箱）测试

黑盒测试又称功能测试或数据驱动测试。黑盒测试是对软件已经实现的功能是否满足需求进行测试和验证。黑盒测试完全不考虑程序内部的逻辑结构和内部特性，只依据程序的需求和功能规格说明，检查程序的功能是否符合它的功能说明。所以，黑盒测试是在软件接口处进行，完成功能验证。黑盒测试只检查程序功能是否按照需求规格说明书的规定正常使用，程序是否能适当地接收输入数据而产生正确的输出信息，并且保持外部信息的完整性。

黑盒测试主要诊断功能不对或遗漏、界面错误、数据结构或外部数据库访问错误、性能错误、初始化和终止条件错误。

黑盒测试方法主要有等价类划分法、边界值分析法、错误推测法、因果图等，主要用于软件确认测试。

**4．软件测试的实施**

软件测试过程一般按四个步骤进行，即单元测试、集成测试、验收测试（确认测试）和系统测试。

（1）单元测试

单元测试是对软件设计的最小单位——模块（程序单元）进行正确性检验的测试，单元测试的目的是发现各模块内部可能存在的各种错误。单元测试的依据是详细设计说明书和源程序。单元测试的技术可以采用静态分析和动态测试。对动态测试通常以白盒动态测试为主，辅之以黑盒测试。

（2）集成测试

集成测试是测试和组装软件的过程。它是把模块在按照设计要求组装起来的同时进行测试，主要目的是发现与接口有关的错误。集成测试的依据是概要设计说明书。

集成测试所涉及的内容包括软件单元的接口测试、全局数据结构测试、边界条件和非法输入的测试等。

（3）确认测试

确认测试的任务是验证软件的功能和性能及其他特性是否满足了需求规格说明中确定的各种需求，以及软件配置是否完全、正确。

确认测试的实施首先运用黑盒测试方法，对软件进行有效性测试，即验证被测软件是否满足需求规格说明确认的标准。复审的目的在于保证软件配置齐全、分类有序，以及软件配置所有成分的完备性、一致性、准确性和可操作性，并且包括软件维护所必需的细节。

（4）系统测试

系统测试是将通过测试确认的软件，作为整个基于计算机系统的一个元素，与计算机硬件、外设、支持软件、数据和人员等其他系统元素组合在一起，在实际运行（使用）环境下对计算机系统进行一系列的集成测试和确认测试。系统测试必须在目标环境下运行，其功用在于评估系统环境下软件的性能，发现和捕捉软件中潜在的错误。

系统测试的目的是在真实的系统工作环境下检验软件是否能与系统正确连接，发现软件与系统需求不一致的地方。系统测试的具体实施一般包括：功能测试、性能测试、操作测试、配置测试、外部接口测试、安全性测试等。

### 13.3.5　程序调试

#### 1. 程序调试的概念

程序调试的任务是诊断和改正程序中的错误。它与软件测试不同，软件测试是尽可能多地发现软件中的错误。先要发现软件的错误，然后借助于一定的调试工具去执行找出软件错误的具体位置。软件测试贯穿整个软件生命期，调试主要用于开发阶段。

程序调试活动由两部分组成，一是根据错误的迹象确定程序中错误的确切性质、原因和位置；二是对程序进行修改，排除这个错误。

（1）程序调试的基本步骤

① 错误定位。从错误的外部表现形式入手，研究有关部分的程序，确定错误中出错位置，找出错误的内在原因，确定错误位置占据了软件调试绝大部分的工作量。

② 修改设计和代码，以排除错误。排错是软件开发过程中一项艰苦的工作，这也决定了调试工作是一个具有很强技术性和技巧性的工作。软件工程人员在分析测试结果的时候会发现，软件运行失效或出现问题，往往只是潜在错误的外部表现，而外部表现与内在原因之间常常没有明显的联系。

③ 进行回归测试，防止引进新的错误。因为修改程序可能带来新的错误，重复进行暴露这个错误的原始测试或某些有关测试，以确认该错误是否被排除、是否引进了新的错误。如果所做的修正无效，则撤销这次改动，重复上述过程，直到找到一个有效的解决办法为止。

（2）程序调试的原则

确定错误的性质和位置时的注意事项如下：

① 分析思考与错误征兆有关的信息。

② 避开死胡同。如果程序调试人员在调试中陷入困境，最好暂时把问题抛开，留到后面适当的时间去考虑，或者向其他人讲解这个问题，去寻求新的解决思路。

③ 只把调试工具当作辅助手段来使用。利用调试工具，可以帮助思考，但不能代替思考。因为调试工具给人提供的是一种无规律的调试方法。

④ 避免用试探法，最多只能把它当作最后手段。

修改错误的原则如下：

① 在出现错误的地方，很可能还有别的错误。经验表明，错误有群集现象，当在某一程序段发现有错误时，在该程序段中还存在别的错误的概率也很高。因此，在修改一个错误时，还要观察和检查相关的代码，看是否还有别的错误。

② 修改错误的一个常见失误是只修改了这个错误的征兆或这个错误的表现，而没有修改错误本身。如果提出的修改不能解释与这个错误有关的全部现象，那就表明只修改了错误的一部分。

③ 注意修正一个错误的同时有可能会引入新的错误。人们不仅需要注意不正确的修改，而且还要注意看起来是正确的修改可能会带来的副作用，即引进新的错误。因此在修改了错误之后，必须进行回归测试。

④ 修改错误的过程将迫使人们暂时回到程序设计阶段。修改错误也是程序设计的一种形式。一般说来，在程序设计阶段所使用的任何方法都可以应用到错误修正的过程中来。

⑤ 修改源程序代码，不要改变目标代码。

**2．软件调试方法**

（1）强行排错法

作为传统的调试方法，其过程可概括为，设置断点、程序暂停、观察程序状态、继续运行程序。这是目前使用较多、效率较低的调试方法。涉及的调试技术主要是设置断点和监视表达式。

（2）回溯法

该方法适合于小规模程序的排错。即一旦发现了错误，先分析错误征兆，确定最先发现"症状"的位置。然后，从发现"症状"的地方开始，沿程序的控制流程，逆向跟踪源程序代码，直到找到错误根源或确定错误产生的范围。

（3）原因排除法

该方法是通过演绎和归纳，以及二分法来实现的。

 习题

**一、选择题**

1．开发软件所需高成本和产品的低质量之间有着尖锐的矛盾，这种现象称作_____。

　　A．软件投机　　　　B．软件工程　　　　C．软件危机　　　　D．软件产生

2．下列叙述中正确的是_____。

　　A．软件包括程序、数据和文档　　　　　B．软件就是存放在计算机中的文件

　　C．软件应包括程序清单及运行结果　　　D．软件就是程序清单

3．软件工程的出现是由于_____。

　　A．程序设计方法学的影响　　　　　　　B．软件产业化的需要

　　C．软件危机的出现　　　　　　　　　　D．计算机的发展

4．开发大型软件时，产生困难的根本原因是_____。

　　A．大系统的复杂性　　　　　　　　　　B．人员知识不足

　　C．客观世界千变万化　　　　　　　　　D．时间紧、任务重

5．开发软件时对提高开发人员工作效率至关重要的是_____。

　　A．程序人员的数量　　　　　　　　　　B．计算机的并行处理能力

　　C．操作系统的资源管理功能　　　　　　D．先进的软件开发工具和环境

6. 软件开发离不开系统环境资源的支持，其中必要的测试数据属于_____。

    A. 通信资源        B. 硬件资源        C. 支持软件        D. 辅助资源

7. 软件工程的理论和技术性研究的内容主要包括软件开发技术和_____。

    A. 消除软件危机                B. 软件工程管理

    C. 程序设计自动化               D. 实现软件可重用

8. 下面不属于软件工程的三个要素的是_____。

    A. 工具             B. 环境             C. 方法           D. 过程

9. 软件开发的结构化生命周期方法将软件生命周期划分成_____。

    A. 总体设计、详细设计、编程调试      B. 设计阶段、编程阶段、测试阶段

    C. 定义期、开发期、运行维护期        D. 需求分析、功能定义、系统设计

10. 在软件生命周期中，能准确地确定软件系统必须做什么和必须具备哪些功能的阶段是_____。

    A. 概要设计        B. 详细设计        C. 可行性分析       D. 需求分析

11. 软件生命周期可分为定义阶段、开发阶段和运行维护阶段。详细设计属于_____。

    A. 定义阶段        B. 开发阶段        C. 维护阶段       D. 上述三个阶段

12. 软件按功能可以分为应用软件、系统软件和支撑软件（工具软件）。下面属于应用软件的是_____。

    A. 编译程序        B. 操作系统        C. 教务管理系统      D. 汇编程序

13. 下列叙述中正确的是_____。

    A. 软件交付使用后还需要进行维护      B. 软件一旦交付使用就不需要再进行维护

    C. 软件交付使用后其生命周期就结束    D. 软件维护是指修复程序中被破坏的指令

14. 软件生命周期中所花费用最多的阶段是_____。

    A. 详细设计        B. 软件编码        C. 软件测试       D. 软件维护

15. 在结构化方法中，软件功能分解属于下列软件开发中的阶段是_____。

    A. 详细设计        B. 需求分析        C. 总体设计       D. 编程调试

16. 下列叙述中，不属于结构化分析方法的是_____。

    A. 面向数据流的结构化分析方法      B. 面向数据结构的 Jackson 方法

    C. 面向对象的分析方法          D. 面向数据结构的结构化数据系统开发方法

17. 需求分析阶段的任务是确定_____。

    A. 软件开发方法    B. 软件开发工具     C. 软件开发费用     D. 软件系统功能

18. 软件需求分析阶段的工作，可以分为 4 个方面：需求获取、需求分析、编写需求规格说明书、_____。

    A. 阶段性报告        B. 需求评审        C. 需求总结       D. 都不正确

19. 需求分析中开发人员要从用户那里了解_____。

    A. 软件做什么        B. 输入的信息       C. 用户使用界面     D. 软件的规模

20. 下列叙述中，不属于软件需求规格说明书的作用的是_____。

    A. 便于用户、开发人员进行理解和交流

    B. 反映出用户问题的结构，可以作为软件开发工作的基础和依据

    C. 作为确认测试和验收的依据

    D. 便于开发人员进行需求分析

21. 在数据流图（DFD）中，带有名字的箭头表示_____。

　　A. 模块之间的调用关系　　　　　　　　B. 程序的组成成分

　　C. 控制程序的执行顺序　　　　　　　　D. 数据的流向

22. 数据流程图（DFD 图）是_____。

　　A. 软件概要设计的工具　　　　　　　　B. 软件详细设计的工具

　　C. 结构化方法的需求分析工具　　　　　D. 面向对象方法的需求分析工具

23. 数据流图用于抽象描述一个软件的逻辑模型，数据流图由一些特定的图符构成。下列图符名标识的图符不属于数据流合法图符的是_____。

　　A. 源和潭　　　　　B. 加工　　　　　C. 数据存储　　　　　D. 控制流

24. 在结构化方法中，用数据流程图（DFD）作为描述工具的软件开发阶段是_____。

　　A. 程序编码　　　　B. 需求分析　　　　C. 详细设计　　　　D. 可行性分析

25. 下列工具中为需求分析常用工具的是_____。

　　A. PAD　　　　　B. N-S　　　　　C. PFD　　　　　D. DFD

26. 信息隐蔽的概念与下述_____概念直接相关。

　　A. 软件结构定义　　B. 模块类型划分　　C. 模块独立性　　　D. 模块耦合度

27. 下面不属于软件设计原则的是_____。

　　A. 模块化　　　　　B. 抽象　　　　　C. 自底向上　　　　D. 信息隐蔽

28. 在结构化设计方法中，生成的结构图（SC）中，带有箭头的连线表示_____。

　　A. 数据的流向　　　　　　　　　　　　B. 程序的组成成分

　　C. 控制程序的执行顺序　　　　　　　　D. 模块之间的调用关系

29. 下列选项中，不属于模块间耦合的是_____。

　　A. 外部耦合　　　　B. 数据耦合　　　　C. 异构耦合　　　　D. 公共耦合

30. 两个或两个以上模块之间关联的紧密程度称为_____。

　　A. 耦合度　　　　　B. 内聚度　　　　　C. 复杂度　　　　　D. 数据传输特性

31. 耦合性和内聚性是对模块独立性度量的两个标准。下列叙述中正确的是_____。

　　A. 提高耦合性降低内聚性有利于提高模块的独立性

　　B. 降低耦合性提高内聚性有利于提高模块的独立性

　　C. 耦合性是指一个模块内部各个元素间彼此结合的紧密程度

　　D. 内聚性是指模块间互相连接的紧密程度

32. 模块独立性是软件模块化所提出的要求，衡量模块独立性的度量标准则是模块的_____。

　　A. 局部化和封装化　　　　　　　　　　B. 抽象和信息隐蔽

　　C. 内聚性和耦合性　　　　　　　　　　D. 激活机制和控制方法

33. 详细设计的结果基本决定了最终程序的_____。

　　A. 可维护性　　　　B. 代码的规模　　　C. 运行速度　　　　D. 质量

34. 软件设计中，有利于提高模块独立性的一个准则是_____。

　　A. 高内聚高耦合　　　　　　　　　　　B. 低内聚高耦合

　　C. 高内聚低耦合　　　　　　　　　　　D. 低内聚低耦合

35. 软件设计包括软件的结构、数据接口和过程设计，其中软件的过程设计是指_____。

　　A. 模块间的关系　　　　　　　　　　　B. 软件开发过程

C.　软件层次结构　　　　　　　　　　　　D.　系统结构部件转换成软件的过程描述

36.　在软件开发中，下面任务不属于设计阶段的是_____。

A.　定义模块算法　　　　　　　　　　　　B.　给出系统模块结构

C.　数据结构设计　　　　　　　　　　　　D.　定义需求并建立系统模型

37.　程序流图（PFD）中箭头代表的是_____。

A.　组成关系　　　　B.　控制流　　　　C.　调用关系　　　　D.　数据流

38.　为了避免流程图在描述程序逻辑时的灵活性，提出了用方框图来代替传统的程序流程图，通常也把这种图称为_____。

A.　PAD 图　　　　　　B.　N–S 图　　　　C.　结构图　　　　D.　数据流图

39.　下列不属于软件调试技术的是_____。

A.　集成测试法　　　　B.　强行排错法　　　　C.　回溯法　　　　D.　原因排除法

40.　下列叙述中，不属于测试特征的是_____。

A.　测试的挑剔性　　　　　　　　　　　　B.　完全测试的不可能性

C.　测试的可靠性　　　　　　　　　　　　D.　测试的经济性

41.　软件详细设计过程如图 13–32 所示，该图是_____。

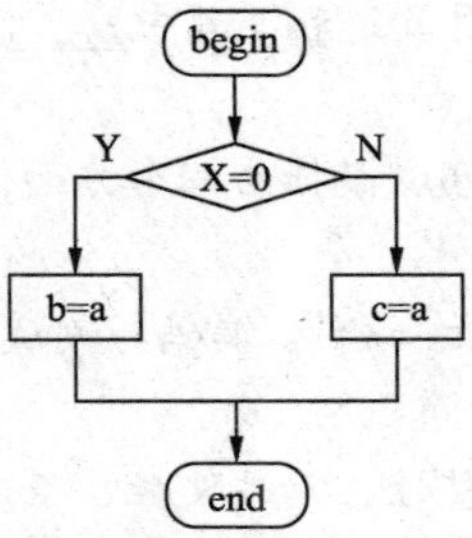

图 13–32　第 41 题图

A.　N–S 图　　　　B.　PAD 图　　　　C.　程序流程图　　　　D.　E–R 图

42.　检查软件产品是否符合需求定义的过程称为_____。

A.　集成测试　　　　B.　确认测试　　　　C.　验证测试　　　　D.　验收测试

43.　在软件测试设计中，软件测试的主要目的是_____。

A.　实验性运行软件　　　　　　　　　　　B.　找出软件中全部错误

C.　证明软件正确　　　　　　　　　　　　D.　发现软件错误而执行程序

44.　完全不考虑程序的内部结构和内部特征，而只是根据程序功能导出测试用例的测试方法是_____。

A.　安装测试法　　　　B.　白箱测试法　　　　C.　错误推测法　　　　D.　黑箱测试法

45.　为了提高测试的效率，应该_____。

A.　随机选取测试数据　　　　　　　　　　B.　取一切可能的输入数据作为测试数据

C.　集中对付那些错误群集的程序　　　　　D.　在完成编程后制定软件的测试计划

46.　软件复杂性度量的参数包括_____。

A.　效率　　　　B.　规模　　　　C.　完整性　　　　D.　容错性

47.　在软件工程中，白箱（白盒）测试法可用于测试程序的内部结构。此方法将程序看作_____的集合。

　　　A. 路径　　　　　　　B. 循环　　　　　C. 目标　　　　　　　D. 地址

48. 下列叙述中正确的是_____。
　　A. 软件维护只包括对程序代码的维护　　　B. 软件经调试后一般不需要再测试
　　C. 软件测试应该由程序开发者来完成　　　D. 以上三种说法都不对

49. 软件调试的目的是_____。
　　A. 发现错误　　　　B. 改正错误　　　C. 改善软件的性能　　　D. 编程调试

50. 下列不属于静态测试方法的是_____。
　　A. 静态结构分析　　B. 白盒法　　　C. 代码检查　　　　D. 代码质量度量

## 二、填空题

1. 软件是_____、数据和文档的集合。

2. 软件危机出现于 20 世纪 60 年代末，为了解决软件危机，人们提出了_____的原理来设计软件，这就是软件工程诞生的基础。

3. 软件工程研究的内容主要包括_____技术和软件工程管理。

4. 软件开发环境是全面支持软件开发全过程的_____集合。

5. 软件工程包括三个要素，分别为方法、工具和_____。

6. 软件工程三要素包括方法、工具和过程，其中_____支持软件开发的各个环节的控制和管理。

7. 软件的需求分析阶段的工作，可以概括为四个方面：_____、需求分析、编写需求规格说明书和需求评审。

8. 软件开发过程主要分为需求分析、设计、编码与测试 4 个阶段，其中_____阶段产生"软件需求规格说明书"。

9. 软件需求规格说明书应具有完整性、无歧义性、正确性、可验证性、可修改性等特性，其中最重要的是_____。

10. 典型的数据流类型有_____和事务型。

11. 程序流程图中的菱形框表示的是_____。

12. 与结构化需求分析方法相对应的是_____方法。

13. Jackson 方法是一种面向_____的结构化方法。

14. 通常将软件产品从提出、实现、使用维护到停止使用退役的过程称为_____。

15. 软件维护活动包括以下几类：改正性维护、适应性维护、_____维护和预防性维护。

16. 软件结构是以_____为基础而组成的一种控制层次结构。

17. 耦合和内聚是评价模块独立性的两个主要标准，其中_____反映了模块内部成分之间的联系。

18. 软件的_____设计又称总体结构设计，其主要任务是建立软件系统的总体结构。

19. 单元测试又称模块测试，一般采用_____测试。

20. 在两种基本测试方法中，_____测试的原则之一是保证所测模块中每一个独立路径至少要执行一次。

21. 对软件是否能达到用户所期望的要求的测试称为_____。

22. 若按功能划分，软件测试的方法通常分为白盒测试方法和_____测试方法。

23. 软件测试可分为白盒测试和黑盒测试。基本路径测试属于_____测试。

24. 常用的黑箱测试有等价划分法、_____、因果图法和错误推测法。

25. 为了便于对照检查，测试用例应由输入数据和预期的_____两部分组成。

26. 在进行模块测试时，要为每个被测试的模块另外设计两类模块：驱动模块和承接模块（桩模块），其中_____的作用是将测试数据传送给被测试的模块，并显示被测试模块所产生的结果。

27. 软件的调试方法主要有强行排错法、_____和原因排除法。

28. 测试的目的是暴露错误，评价程序的可靠性；而_____的目的是发现错误的位置并改正错误。

29. 按照软件测试的一般步骤，集成测试应在_____测试之后进行。

30. _____贯穿软件开发的生命周期。

# 13.4 数据库设计基础

## 13.4.1 数据库的基本概念

### 1. 数据、数据库

（1）数据

数据（Data）实际上就是描述事物的符号记录。计算机中的数据一般分为两部分，其中一部分与程序仅有短时间的交互关系，随着程序的结束而消亡，它们称为临时性数据，这类数据一般存放于计算机内存中；而另一部分数据则对系统起着长期持久的作用，它们称为持久性数据。数据库系统中处理的就是这种持久性数据。

（2）数据库

数据库（Database，DB）是数据的集合，它具有统一的结构形式并存放于统一的存储介质内，是多种应用数据的集成，并可被各个应用程序所共享。

数据库中的数据具有"集成""共享"的特点，数据库集中了各种应用的数据，进行统一的构造与存储，而使它们可被不同应用程序所使用。

### 2. 数据库管理系统

数据库管理系统（Database Management System，DBMS）是数据库的机构，它是一种系统软件，负责数据库中的数据组织、数据操纵、数据维护、控制及保护和数据服务等。

（1）数据库管理系统的功能

数据库管理系统是数据库系统的核心，它主要有如下几方面的功能：

① 数据模式定义。数据库管理系统负责为数据库构建模式，也就是为数据库构建其数据框架。

② 数据存取的物理构建。数据库管理系统负责为数据模式的物理存取及构建提供有效的存取方法与手段。

③ 数据操纵。数据库管理系统为用户使用数据库中的数据提供方便，它一般提供查询、插入、修改以及删除数据的功能。此外，它自身还具有做简单算术运算及统计的能力，而且还可以与某些过程性语言结合，使其具有强大的过程性操作能力。

④ 数据的完整性、安全性定义与检查。数据库中的数据具有内在语义上的关联性与一致性，它们构成了数据的完整性，数据的完整性是保证数据库中数据正确的必要条件，因此必须经常检查以维护数据的正确。数据库中的数据具有共享性，而数据共享可能会引发数据的非法使用作出必要的规定，并在使用时做检查，这就是数据的安全性。

数据完整性与安全性的维护是数据库管理系统的基本功能。

⑤ 数据库的并发控制与故障恢复。数据库是一个集成、共享的数据集合体，它能为多个应用程序服务，所以就存在着多个应用程序对数据库的并发操作。在并发操作中如果不加控制和管理，多个应用程序间就会相互干扰，从而对数据库中的数据造成破坏。因此，数据库管理系统必须对多个应用程序的并发操作做必要的控制以保证数据不受破坏，这就是数据库的并发控制。数据库中的数据一旦遭受破坏，数据库管理系统必须有能力及时进行恢复，这就是数据库的故障恢复。

⑥ 数据的服务。数据库管理系统提供对数据库中数据的多种服务功能，如数据复制、转存、重组、性能监测、分析等。

（2）数据库管理系统的语言

为了完成上述六大功能，数据库管理系统一般提供相应的数据语言（Data Language），这些语言有：

① 数据定义语言（Data Definition Language，DDL）。该语言负责数据的模式定义与数据的物理存取构建。

② 数据操纵语言（Data Manipulation Language，DML）。该语言负责数据的操纵，包括查询及增加、删除、修改等操作。

③ 数据控制语言（Data Control Language，DCL）。该语言负责数据完整性、安全性的定义与检查以及并发控制、故障恢复等功能，包括系统初启程序、文件读写与维护程序、存取路径管理程序、缓冲区管理程序、安全性控制程序、完整性检查程序、并发控制程序、事务管理程序、运行日志管理程序、数据库恢复程序等。

上述数据语言按其使用方式具有两种结构形式：

● 交互式命令语言。它的语言简单，能在终端上即时操作，又称为自含型或自主型语言。
● 宿主型语言。它一般可嵌入某些宿主语言（Host Language）中，如 C、C++ 和 COBOL 等高级过程性语言中。

### 3. 数据库管理员

由于数据库的共享性，因此对数据库的规划、设计、维护、监视等需要有专人管理，称他们为数据库管理员（Database Administrator，DBA）。其主要工作如下：

① 数据库设计（Database Design）。DBA 的主要任务之一是做数据库设计，具体地说是进行数据模式的设计。由于数据库的集成与共享性，因此需要有专门人员（即 DBA）对多个应用的数据需求作全面的规划、设计与集成。

② 数据库维护。DBA 必须对数据库中的数据安全性、完整性、并发控制及系统恢复、数据定期转存等进行实施与维护。

③ 改善系统性能，提高系统效率。DBA 必须随时监视数据库运行状态，不断调整内部结构，使系统保持最佳状态与最高效率。当效率下降时，DBA 需采取适当的措施，如进行数据库的重组、重构等。

### 4. 数据库系统

数据库系统（Database System，DBS）由数据库（数据）、数据库管理系统（软件）、数据库管理员（人员）、硬件平台（硬件）、软件平台（软件）5 部分组成。这 5 部分构成了一个以数据库为核心的完整的运行实体，称为数据库系统，如图 13-33 所示。

### 5. 数据库应用系统

利用数据库系统进行应用开发可构成一个数据库应用系统（Database Application System，DBAS），数据库应用系统由数据库系统、应用软件及应用界面 3 部分所组成，具体包括：数据库、数据库管理系统、数据库管理员，硬件平台、软件平台、应用软件、应用界面。其中应用软件是由数据库系统所提供的数据库管理系统（软件）及数据系统开发工具所书写而成，而应用界面大多由相关的可视化工具开发而成。

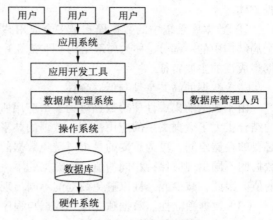

图 13-33　数据库系统

### 6. 数据库系统的发展

数据管理发展至今已经历了三个阶段：人工管理阶段、文件系统阶段和数据库系统阶段。人工管理阶段是在 20 世纪 50 年代中期以前，主要用于科学计算，硬件无磁盘，直接存取，软件没有操作系统。20 世纪 50 年代后期到 20 世纪 60 年代中期，进入文件系统阶段。20 世纪 60 年代之后，数据管理进入数据库系统阶段。随着计算机应用领域不断扩大，数据库系统的功能和应用范围愈来愈广，到目前已成为计算机系统的基本及主要的支撑软件。

（1）文件系统阶段

文件系统是数据库系统发展的初级阶段，它提供了简单的数据共享与数据管理能力，但是它无法提供完整的、统一的、管理和数据共享的能力。由于它的功能简单，因此它附属于操作系统而不成为独立的软件，目前一般将其看成仅是数据库系统的雏形，而不是真正的数据库系统。

（2）层次数据库与网状数据库系统阶段

从 20 世纪 60 年代末期起，真正的数据库系统——层次数据库与网状数据库开始发展，它们为统一管理与共享数据提供了有力支撑，这个时期数据库系统蓬勃发展形成了有名的"数据库时代"。但是这两种系统也存在不足，主要是它们脱胎于文件系统，受文件的物理影响较大，对数据库使用带来诸多不便，同时，此类系统的数据模式构造烦琐不宜于推广使用。

（3）关系数据库系统阶段

关系数据库系统出现于 20 世纪 70 年代，在 80 年代得到蓬勃发展，并逐渐取代前两种系统。关系数据库系统结构简单，使用方便，逻辑性强物理性少，因此在 80 年代以后一直占据数据库领域的主导地位。但是由于此系统来源于商业应用，适合于事务处理领域而对非事务处理领域应用受到限制，因此在 80 年代末期兴起与应用技术相结合的各种专用数据库系统。

### 7. 数据库系统的特点

数据库技术是在文件系统基础上发展产生的，两者都以数据文件的形式组织数据，但由于数据库系统在文件系统之上加入了 DBMS 对数据进行管理，从而使得数据库系统具有以下特点：

（1）数据的集成性

数据库系统的数据集成性主要表现在如下几个方面：

① 在数据库系统中采用统一的数据结构方式，如在关系数据库中采用二维表作为统一结构方式。

② 在数据库系统中按照多个应用的需要组织全局的统一的数据结构（即数据模式），数据模式不仅可以建立全局的数据结构，还可以建立数据间的语义联系从而构成一个内在紧密联系的数

据整体。

③ 数据库系统中的数据模式是多个应用共同的、全局的数据结构，而每个应用的数据则是全局结构中的一部分，称为局部结构（即视图），这种全局与局部的结构模式构成了数据库系统数据集成性的主要特征。

（2）数据的高共享性与低冗余性

由于数据的集成性使得数据可为多个应用所共享，特别是在网络发达的今天，数据库与网络的结合扩大了数据关系的应用范围。数据的共享自身又可极大地减少数据冗余性，不仅减少了不必要的存储空间，更为重要的是可以避免数据的不一致性。所谓数据的一致性是指在系统中同一数据的不同出现应保持相同的值，而数据的不一致性指的是同一数据在系统的不同副本处有不同的值。因此，减少冗余性以避免数据的不同出现是保证系统一致性的基础。

（3）数据独立性。数据独立性是数据与程序间的互不依赖性，即数据库中数据独立于应用程序而不依赖于应用程序。也就是说，数据的逻辑结构、存储结构与存取方式的改变不会影响应用程序。数据独立性一般分为物理独立性与逻辑独立性。

① 物理独立性：物理独立性即是数据的物理结构（包括存储结构、存取方式等）的改变，如存储设备的更换、物理存储的更换、存取方式改变等都不影响数据库的逻辑结构，从而不致引起应用程序的变化。

② 逻辑独立性：数据库总体逻辑结构的改变，如修改数据模式、联系等，不需要相应修改应用程序，这就是数据的逻辑独立性。

（4）数据统一管理与控制

数据库系统不仅为数据提供高度集成环境，同时它还为数据提供统一管理的手段，主要包括三个方面：

① 数据的完整性检查：检查数据库中数据的正确性以保证数据的正确。

② 数据的安全性保护：检查数据库访问者以防止非法访问。

③ 并发控制：控制多个应用的并发访问所产生的相互干扰以保证其正确性。

**8. 数据库系统的三级模式与两级映射**

数据库系统在其内部具有三级模式及两级映射，三级模式分别是概念级模式、内部级模式与外部级模式；两级映射分别是概念级到内部级的映射以及外部级到概念级的映射。

（1）数据库系统的三级模式

① 概念模式。概念模式（Conceptual Schema）是数据库系统中全局数据逻辑结构的描述，是全体用户（应用）公共数据视图。此种描述是一种抽象的描述，它不涉及具体的硬件环境与平台，也与具体的软件环境无关。概念模式主要描述数据的概念记录类型以及它们间的关系，它还包括一些数据间的语义约束，对它的描述可用 DBMS 中的 DDL 语言定义。

② 外模式。外模式（External Schema）又称子模式（Sub Schema）或用户模式（User's Schema）。它是用户的数据视图，也就是用户所见到的数据模式，它由概念模式推导而出。概念模式给出了系统全局的数据描述而外模式则给出每个用户的局部数据描述。一个概念模式可以有若干个外模式，每个用户只关心与它有关的模式，这样不仅可以屏蔽大量无关信息而且有利于数据保护。在一般的 DBMS 中都提供有相关的外模式描述语言（外模式 DDL）。

③ 内模式。内模式（Internal Schema）又称物理模式（Physical Schema），它给出了数据库物理存储结构与物理存取方法，如数据存储的文件结构、索引、集簇及 hash 等存取方式与存取路径，内模式的物理性主要体现在操作系统及文件级上，它还未深入到设备级上（如磁盘及磁盘操作）。

内模式对一般用户是透明的，但它的设计直接影响数据库的性能。DBMS 一般提供相关的内模式描述语言（内模式 DDL）。

（2）数据库系统的两级映射

数据库系统的三级模式是对数据的三个级别抽象，它把数据的具体物理实现留给物理模式，使用户与全局设计者不必关心数据库的具体实现与物理背景；同时，它通过两级映射建立了模式间的联系与转换，使得概念模式与外模式虽然并不具备物理存在，但是也能通过映射而获得其实体。此外，两级映射也保证了数据库系统中数据的独立性，亦即数据的物理组织改变与逻辑概念级改变相互独立，使得只要调整映射方式而不必改变用户模式。

① 概念模式到内模式的映射。该映射给出了概念模式中数据的全局逻辑结构到数据的物理存储结构间的对应关系，这种映射由 DBMS 实现。

② 外模式到概念模式的映射。概念模式是一个全局模式而外模式是用户的局部模式。一个概念模式中可以定义多个外模式，而每个外模式是概念模式的一个基本视图。外模式到概念模式的映射给出了外模式与概念模式的对应关系，这种映射由 DBMS 实现。

## 13.4.2　数据模型

### 1. 数据模型的概念

数据是现实世界符号的抽象，而数据模型（Data Model）则是数据特征的抽象，它从抽象层次上描述了系统的静态特征、动态行为和约束条件，为数据库系统的信息表示与操作提供一个抽象的框架。数据模型所描述的内容有 3 部分，它们是数据结构、数据操作与数据约束。

① 数据结构：数据模型中的数据结构主要描述数据的类型、内容、性质以及数据间的联系等。数据结构是数据模型的基础，数据操作与约束均建立在数据结构上。不同数据结构有不同的操作与约束，因此，一般数据模型的分类均以数据结构的不同而分。

② 数据操作：数据模型中的数据操作主要描述在相应数据结构上的操作类型与操作方式。

③ 数据约束：数据模型中的数据约束主要描述数据结构内数据间的语法、语义联系，它们之间的制约与依存关系，以及数据动态变化的规则，以保证数据的正确、有效与相容。

数据模型按不同的应用层次分成三种类型，它们是概念数据模型、逻辑数据模型、物理数据模型。

概念数据模型简称概念模型，它是一种面向客观世界、面向用户的模型，它与具体的数据库管理系统无关，与具体的计算机平台无关。概念模型着重于对客观世界复杂事物的结构描述及它们之间的内在联系的刻画，概念模型是整个数据模型的基础。目前，较为有名的概念模型有 E-R 模型、扩充的 E-R 模型、面向对象模型及谓词模型等。

逻辑数据模型又称数据模型，它是一种面向数据库系统的模型，该模型着重于在数据库系统一级的实现。概念模型只有在转换成数据模型后才能在数据库中得以表示。目前，逻辑数据模型也有很多种，较为成熟并先后被人们大量使用过的有层次模型、网状模型、关系模型、面向对象模型等。

物理数据模型又称物理模型，它是一种面向计算机物理表示的模型，此模型给出了数据模型在计算机上物理结构的表示。

### 2. E-R 模型

（1）实体

现实世界中的事物可以抽象成为实体，实体是概念世界中的基本单位，它们是客观存在的且又能相互区别的事物。凡是有共性的实体可组成一个集合称为实体集。

（2）属性

现实世界中事物均有一些特性，这些特性可以用属性来表示。属性刻画了实体的特征，一个实体往往可以有若干个属性。每个属性可以有值，一个属性的取值范围称为该属性的值域或值集。

（3）联系

现实世界中事物间的关联称为联系，在概念世界中联系反映了实体集间的一定关系。

实体集间联系的个数可以是单个也可以是多个，两个实体集间的联系实际上是实体集间的函数关系，这种函数关系可以分为 3 种：

① 一对一联系，简记为 $1:1$。这种函数关系是常见的函数关系之一，如学校与校长间的联系，一个学校与一个校长间相互一一对应，如图 13-34 所示。

图 13-34　一对一的联系

② 一对多或多对一联系，简记为 $1:M$（$1:m$）或 $M:1$（$m:1$）。这两种函数关系实际上是一种函数关系，如学生与其宿舍房间的联系是多对一的联系（反之，则为一对多联系），即多个学生对应一个房间，如图 13-35 所示。

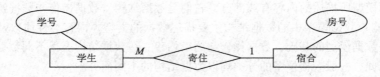

图 13-35　一对多或多对一的联系

③ 多对多联系，简记为 $M:N$ 或 $m:n$。这是一种较为复杂的函数关系，如教师与学生这两个实体集间的教与学的联系是多对多的，因为一个教师可以教多个学生，而一个学生又可以受教于多个教师，如图 13-36 所示。

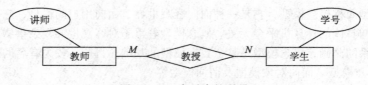

图 13-36　多对多的联系

（4）E-R 模型的图示法

E-R 模型可以用一种直观的图的形式表示，这种图称为 E-R 图（Entity-Relationship Diagram）。在 E-R 图中分别用不同的几何图形表示 E-R 模型中的三个概念与两个连接关系。

① 实体集表示法：在 E-R 图中用矩形表示实体集，在矩形内写上该实体集的名字。

② 属性表示法：在 E-R 图中用椭圆形表示属性，在椭圆形内写上该属性的名称。

③ 联系表示法：在 E-R 图中用菱形表示联系。

④ 实体集与属性间的连接关系：在 E-R 图中这种关系可用连接这两个图形间的无向线段表示。

⑤ 实体集与联系间的连接关系：在 E-R 图中这种关系可用连接这两个图形间的无向线段表示。

由矩形、椭圆形、菱形以及按一定要求相互间连接的线段构成了一个完整的 E-R 图，如图 13-37 所示。

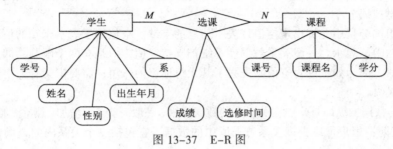

图 13-37　E-R 图

### 3. 层次模型

层次模型是最早发展起来的数据库模型。层次模型（Hierarchical Model）的基本结构是树形结构，这种结构方式在现实世界中很普遍，如家族结构、行政组织机构，它们自顶向下、层次分明。

层次模型的特点：

① 每棵树有且仅有一个无双亲结点，称为根。

② 树中除根外所有结点有且仅有一个双亲。

层次数据模型支持的操作主要有查询、插入、删除和更新。在对层次模型进行插入、删除、更新操作时，要满足层次模型的完整性约束条件。

### 4. 网状模型

网状模型的出现略晚于层次模型。从图论观点看，网状模型是一个不加任何条件限制的无向图。网状模型在结构上较层次模型好，不像层次模型那样要满足严格的条件。

在实现中，网状模型将通用的网络拓扑结构分成一些基本结构。一般采用的分解方法是将一个网络分成若干个二级树，即只有两个层次的树。换句话说，这种树是由一个根及若干个叶所组成。为实现的方便，一般规定根结点与任一叶子结点间的联系均是一对多的联系（包含一对一联系）。

### 5. 关系模型

（1）关系的数据结构

关系模型采用二维表来表示，简称表。二维表由表框架及表的元组组成。表框架由 $n$ 个命名的属性组成，$n$ 称为属性元数。每个属性有一个取值范围称为值域。表框架对应了关系的模式，即类型的概念。在表框架中按行可以存放数据，每行数据称为元组，实际上，一个元组是由 $n$ 个元组分量所组成，每个元组分量是表框架中每个属性的投影值。一个表框架可以存放 $m$ 个元组，$m$ 称为表的基数。一个 $n$ 元表框架及框架内 $m$ 个元组构成了一个完整的二维表。二维表要满足以下七个性质：

① 二维表中元组个数是有限的——元组个数有限性。

② 二维表中元组均不相同——元组的唯一性。

③ 二维表中元组的次序可以任意交换——元组的次序无关性。

④ 二维表中元组的分量是不可分割的基本数据项——元组分量的原子性。

⑤ 二维表中属性名各不相同——属性名唯一性。

⑥ 二维表中属性与次序无关，可任意交换——属性的次序无关性。

⑦ 二维表属性的分量具有与该属性相同的值域——分量值域的同一性。

满足以上七个性质的二维表称为关系，以二维表为基本结构所建立的模型称为关系模型。关系模型中的一个重要概念是键或码。键具有标识元组、建立元组间联系等重要作用。

在二维表中凡能唯一标识元组的最小属性集称为该表的键或码。二维表中可能有若干个键，它们称为该表的候选码或候选键。从二维表的所有候选键中选取一个作为用户使用的键称为主键或主码，简称键或码。

在关系元组的分量中允许出现空值以表示信息的空缺。空值用于表示未知的值或不可能出现的值，一般用 NULL 表示。一般关系数据库系统都支持空值，但是有两个限制，即关系的主键中不允许出现空值，因为如主键为空值则失去了其元组标识的作用；需要定义有关空值的运算。

（2）关系操纵

关系模型的数据操纵即是建立在关系上的数据操纵，一般有查询、增加、删除及修改 4 种操作。

① 数据查询：用户可以查询关系数据库中的数据，它包括一个关系内的查询以及多个关系间的查询。

② 数据删除：数据删除的单位是一个关系内的元组，它的功能是将指定关系内的指定元组删除。

③ 数据插入：数据插入仅对一个关系而言，在指定关系中插入一个或多个元组。

④ 数据修改：数据修改是在一个关系中修改指定的元组与属性。

以上 4 种操作的对象都是关系，而操作结果也是关系，因此都是建立在关系上的操作。

（3）关系中的数据约束

关系模型允许定义三类数据约束，它们是实体完整性约束、参照完整性约束以及用户定义的完整性约束，其中前两种完整性约束由关系数据库系统自动支持。对于用户定义的完整性约束，则由关系数据库系统提供完整性约束语言，用户利用该语言写出约束条件，运行时由系统自动检查。

① 实体完整性约束：该约束要求关系的主键中属性值不能为空值，这是数据库完整性的最基本要求，因为主键是唯一决定元组的，如为空值则其唯一性就成为不可能的了。

② 参照完整性约束：该约束是关系之间相关联的基本约束，它不允许关系引用不存在的元组，即在关系中的外键要么是所关联关系中实际存在的元组，要么就为空值。

③ 用户定义的完整性约束：这是针对具体数据环境与应用环境由用户具体设置的约束，它反映了具体应用中数据的语义要求。

### 13.4.3　关系代数

#### 1. 关系模型的基本操作

关系数据库系统的特点之一是它建立在数学理论的基础之上，有很多数学理论可以表示关系模型的数据操作，其中最为著名的是关系代数与关系演算。数学上已经证明两者在功能上是等价的。

关系是由若干不同的元组所组成，因此关系可视为元组的集合，$n$ 元关系是一个 $n$ 元有序组的集合。关系模型的基本操作有：

① 关系的属性指定：指定一个关系内的某些属性，用它确定关系中的列，它主要用于检索或定位。

② 关系的元组的选择：用一个逻辑表达式给出关系中所满足此表达式的元组，用它确定关系的行，它主要用于检索或定位。

③ 两个关系的合并：将两个关系合并成一个关系。用此操作可以不断合并从而可以将若干个关系合并成一个关系，以建立多个关系间的检索与定位。

④ 关系的查询：在一个关系或多个关系间做查询，查询的结果也为关系。

⑤ 关系元组的插入：在关系中增添一些元组，用它完成插入与修改。

⑥ 关系元组的删除：在关系中删除一些元组，用它完成删除与修改。

**2. 关系模型的基本运算**

由于操作是对关系的运算，而关系是有序组的集合，因此，可以将操作看成是集合的运算，这些运算主要有插入、删除、修改、查询（查询中包括投影运算、选择运算、笛卡儿积运算）。

**3. 关系代数中的扩充运算**

常用的扩充运算有交运算、除运算、连接运算（Join）和自然连接运算（Natural Join）。

**4. 集合运算及选择、投影、连接运算**

① 并（∪）：关系 $R$ 和 $S$ 具有相同的关系模式，$R$ 和 $S$ 的并是由属于 $R$ 或属于 $S$ 的元组构成的集合。

② 交（∩）：关系 $R$ 和 $S$ 具有相同的关系模式，$R$ 和 $S$ 的交是由属于 $R$ 且属于 $S$ 的元组构成的集合。

③ 差（−）：关系 $R$ 和 $S$ 具有相同的关系模式，$R$ 和 $S$ 的差是由属于 $R$ 但不属于 $S$ 的元组构成的集合。

④ 笛卡儿积（×）：有 $n$ 元关系 $R$ 及 $m$ 元关系 $S$，它们分别有 $p$、$q$ 个元组，则关系 $R$ 与 $S$ 经笛卡儿积记为 $R×S$，该关系是一个 $n+m$ 元关系，元组个数是 $p×q$，由 $R$ 与 $S$ 的有序组组合而成。

⑤ 除（÷）：如果将笛卡儿积运算看作乘运算的话，那么除运算就是它的逆运算。$R$ 是 $S$ 中满足下列条件的元组在 $X$ 属性列上的投影。

$$R÷S = \left\{ t_r \mid X \| t_r \in \mathbf{R} \wedge \pi_y(S) \subseteq Y_x \right\}$$

⑥ 选择：选择运算是一个一元运算，关系 $R$ 通过选择运算后仍为一个关系，它是由 $R$ 中满足条件的元组所组成的。

⑦ 投影：投影运算是一个一元运算，关系 $R$ 通过投影运算后仍为一个关系，它是由 $R$ 中投影运算的列所组成的。

⑧ 连接：连接运算是一个二元运算，通过它可以将两个关系合并成一个大关系。

$$R \underset{A\theta B}{\infty} S = \left\{ t_r t_s \mid t_r \in \mathbf{R} \wedge t_s \in S t_r[A] \vartheta t_s[B] \right\}$$

**【例13-10】** 有两个关系 $R$ 和 $S$，分别进行并、差、交和广义笛卡儿积运算的结果如图 13-38 所示。

$R$

| $A$ | $B$ | $C$ |
| --- | --- | --- |
| $a_1$ | $b_1$ | $c_1$ |
| $a_1$ | $b_2$ | $c_2$ |
| $a_2$ | $b_2$ | $c_1$ |

(a)

$S$

| $A$ | $B$ | $C$ |
| --- | --- | --- |
| $a_1$ | $b_1$ | $c_2$ |
| $a_1$ | $b_3$ | $c_2$ |
| $a_2$ | $b_2$ | $c_1$ |

(b)

$R∪S$

| $A$ | $B$ | $C$ |
| --- | --- | --- |
| $a_1$ | $b_1$ | $c_1$ |
| $a_1$ | $b_2$ | $c_2$ |
| $a_2$ | $b_2$ | $c_1$ |
| $a_1$ | $b_3$ | $c_2$ |

(c)

$R-S$

| $A$ | $B$ | $C$ |
| --- | --- | --- |
| $a_1$ | $b_1$ | $c_1$ |

(d)

$R∩S$

| $A$ | $B$ | $C$ |
| --- | --- | --- |
| $a_1$ | $b_2$ | $c_2$ |
| $a_2$ | $b_2$ | $c_1$ |

(e)

$R×S$

| $R.A$ | $R.B$ | $R.C$ | $S.A$ | $S.B$ | $S.C$ |
| --- | --- | --- | --- | --- | --- |
| $a_1$ | $b_1$ | $c_1$ | $a_1$ | $b_2$ | $c_2$ |
| $a_1$ | $b_1$ | $c_1$ | $a_1$ | $b_3$ | $c_2$ |
| $a_1$ | $b_1$ | $c_1$ | $a_2$ | $b_2$ | $c_1$ |
| $a_1$ | $b_2$ | $c_2$ | $a_1$ | $b_2$ | $c_2$ |
| $a_1$ | $b_2$ | $c_2$ | $a_1$ | $b_3$ | $c_2$ |
| $a_1$ | $b_2$ | $c_2$ | $a_2$ | $b_2$ | $c_1$ |
| $a_2$ | $b_2$ | $c_1$ | $a_1$ | $b_2$ | $c_2$ |
| $a_2$ | $b_2$ | $c_1$ | $a_1$ | $b_3$ | $c_2$ |
| $a_2$ | $b_2$ | $c_1$ | $a_2$ | $b_2$ | $c_1$ |

(f)

图 13-38　集合运算

【例13-11】查询信息系（IS 系）的全体学生（选择运算），如图 13-39 所示。

$$\delta_{sdept='IS'}(student)$$

$$\delta_{5='IS'}(student)$$

| Sno | Sname | Ssex | Sage | Sdept |
|---|---|---|---|---|
| ~~95001~~ | ~~李勇~~ | ~~男~~ | ~~20~~ | ~~CS~~ |
| 95002 | 刘晨 | 女 | 19 | IS |
| ~~95003~~ | ~~王敏~~ | ~~女~~ | ~~18~~ | ~~MA~~ |
| 95004 | 张立 | 男 | 19 | IS |

| Sno | Sname | Ssex | Sage | Sdept |
|---|---|---|---|---|
| 95002 | 刘晨 | 女 | 19 | IS |
| 95004 | 张立 | 男 | 19 | IS |

图 13-39　选择运算

【例13-12】查询学生的姓名和所在系（投影运算），如图 13-40 所示。

$$\pi_{sname,sdept}(student)$$

$$\pi_{2,5}(student)$$

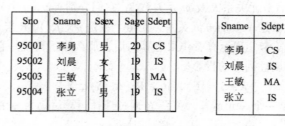

| Sno | Sname | Ssex | Sage | Sdept |
|---|---|---|---|---|
| 95001 | 李勇 | 男 | 20 | CS |
| 95002 | 刘晨 | 女 | 19 | IS |
| 95003 | 王敏 | 女 | 18 | MA |
| 95004 | 张立 | 男 | 19 | IS |

| Sname | Sdept |
|---|---|
| 李勇 | CS |
| 刘晨 | IS |
| 王敏 | MA |
| 张立 | IS |

图 13-40　投影运算

### 13.4.4　数据库设计与管理

#### 1. 数据库设计概述

数据库设计是数据库应用的核心。数据库设计的基本任务是根据用户对象的信息需求、处理需求和数据库的支持环境（包括硬件、操作系统与 DBMS）设计出数据模式。所谓信息需求主要是指用户对象的数据及其结构，它反映了数据库的静态要求；所谓处理需求则表示用户对象的行为和动作，它反映了数据库的动态要求。数据库设计中有一定的制约条件，它们是系统设计平台，包括系统软件、工具软件以及设备、网络等硬件。因此，数据库设计即是在一定平台制约下，根据信息需求与处理需求设计出性能良好的数据模式。

在数据库设计中有两种方法，一种是以信息需求为主，兼顾处理需求，称为面向数据的方法；另一种方法是以处理需求为主，兼顾信息需求，称为面向过程的方法。这两种方法目前都有使用，在早期由于应用系统中处理多于数据，因此以面向过程的方法使用较多，而近期由于大型系统中数据结构复杂、数据量庞大，而相应处理流程趋于简单，因此用面向数据的方法较多。由于数据在系统中稳定性高，数据已成为系统的核心，因此面向数据的设计方法已成为主流方法。

数据库设计目前一般采用生命周期法，即将整个数据库应用系统的开发分解成目标独立的若干阶段。它们是需求分析阶段、概念设计阶段、逻辑设计阶段、物理设计阶段、编码阶段、测试阶段、运行阶段、进一步修改阶段。在数据库设计中采用上面几个阶段中的前四个阶段，并且重点以数据结构与模型的设计为主线。

#### 2. 数据库设计的需求分析

需求收集和分析是数据库设计的第一阶段，这一阶段收集到的基础数据和一组数据流图是下一步设计概念结构的基础。需求分析阶段的任务是通过详细调查现实世界要处理的对象（组织、部门、企业等），充分了解原系统的工作概况，明确用户的各种需求，然后在此基础上确定新系统的功能。新系统必须充分考虑今后可能的扩充和改变，不能仅按当前应用需求来设计数据库。对数据库设计来讲，数据字典是进行详细的数据收集和数据分析所获得的主要结果。

数据字典是各类数据描述的集合，它通常包括 5 部分，即数据项：是数据的最小单位；数据结构：是若干数据项有意义的集合；数据流：可以是数据项，也可以是数据结构，表示某一处理过程的输入或输出；数据存储：处理过程中存取的数据，常常是手工凭证、手工文档或计算机文件；处理过程。

数据字典是在需求分析阶段建立，在数据库设计过程中不断修改、充实、完善的。

### 3．数据库概念设计

数据库概念设计的目的是分析数据间内在语义关联，在此基础上建立一个数据的抽象模型。数据库概念设计的方法有：集中式模式设计法和视图集成设计法。

### 4．数据库的逻辑设计

（1）从 E-R 图向关系模式转换

数据库的逻辑设计主要工作是将 E-R 图转换成指定 RDBMS 中的关系模式。首先，从 E-R 图到关系模式的转换是比较直接的，实体与联系都可以表示成关系，E-R 图中属性也可以转换成关系的属性，实体集也可以转换成关系。

（2）逻辑模式规范化及调整、实现

① 规范化：在逻辑设计中还需对关系做规范化验证。

② RDBMS：对逻辑模式进行调整以满足 RDBMS 的性能、存储空间等要求，同时对模式做适应 RDBMS 限制条件的修改。

（3）关系视图设计

逻辑设计的另一个重要内容是关系视图的设计，它又称为外模式设计。关系视图是在关系模式基础上所设计的直接面向操作用户的视图，它可以根据用户需求随时创建，一般 RDBMS 均提供关系视图的功能。

### 5．数据库的物理设计

数据库的物理设计的主要目标是对数据库内部物理结构作调整并选择合理的存取路径，以提高数据库访问速度及有效利用存储空间。

### 6．数据库管理

数据库是一种共享资源，它需要维护与管理，这种工作称为数据库管理，而实施此项管理的人则称为数据库管理员（DBA）。数据库管理包含的内容有数据库的建立、数据库的调整、数据库的重组、数据库的安全性控制与完整性控制、数据库的故障恢复和数据库的监控。

（1）数据库的建立

数据库的建立包括两部分内容，数据模式的建立及数据加载。

① 数据模式建立。数据模式由 DBA 负责建立，DBA 利用 RDBMS 中的 DDL 语言定义数据库名，定义表及相应属性，定义主关键字、索引、集簇、完整性约束、用户访问权限，申请空间资源，定义分区等，此外还需定义视图。

② 数据加载。在数据模式定义后即可加载数据，DBA 可以编制加载程序将外界数据加载至数据模式内，从而完成数据库的建立。

（2）数据库的调整

在数据库建立并经一段时间运行后往往会产生一些不适应的情况，此时需要对其作调整，数据库的调整一般由 DBA 完成。

（3）数据库的重组

数据库在经过一定时间运行后，其性能会逐步下降，下降的原因主要是由于不断地修改、删除与插入所造成的。由于不断地删除而造成盘区内废块的增多而影响 I/O 速度，由于不断地删除与插入而造成集簇的性能下降，同时也造成了存储空间分配的零散化，使得一个完整表的空间分散，从而造成存取效率下降。基于这些原因需要对数据库进行重新整理，重新调整存储空间，这种工作称为数据库重组。一般数据库重组需花大量时间，并做大量的数据搬迁工作。目前一般 RDBMS 都提供一定手段，以实现数据重组功能。

（4）数据库安全性控制与完整性控制

数据库是一个单位的重要资源，它的安全性是极端重要的，DBA 应采取措施保证数据不受非法盗用与破坏。此外，为保证数据的正确性，使录入库内的数据均能保持正确，需要有数据库的完整性控制。

（5）数据库的故障恢复

一旦数据库中的数据遭受破坏，需要及时进行恢复，RDBMS 提供这种功能，并由 DBA 负责执行故障恢复功能。

（6）数据库监控

DBA 需随时观察数据库的动态变化，并在发生错误、故障或产生不适应情况时随时采取措施，如数据库死锁、对数据库的误操作等；同时还需监视数据库的性能变化，在必要时对数据库作调整。

 习题

**一、选择题**

1. 在数据管理技术发展的三个阶段中，数据共享最好的是_____。

    A. 人工管理阶段                 B. 文件系统阶段

    C. 数据库系统阶段             D. 三个阶段相同

2. 应用数据库的主要目的是_____。

    A. 解决数据保密问题           B. 解决数据共享问题

    C. 解决数据完整性问题         D. 解决数据量大的问题

3. 相对于数据库系统，文件系统的主要缺陷有数据关联差、数据不一致性和_____。

    A. 非持久性      B. 安全性差      C. 可重用性差      D. 冗余性

4. 下列有关数据库的描述，正确的是_____。

    A. 数据库是一组文件          B. 数据库是一个关系

    C. 数据库是一个结构化的数据集合     D. 数据库是一个 DBF 文件

5. 下列说法不正确的是_____。

    A. 数据库减少了数据冗余        B. 数据库中的数据可以共享

    C. 数据库避免了一切数据的重复     D. 数据库具有较高的数据独立性

6. 在数据管理技术发展过程中，文件系统与数据库系统的主要区别是数据库系统具有_____。

A. 特定的数据模型　　　　　　　　　　B. 数据可共享

C. 数据无冗余　　　　　　　　　　　　D. 专门的数据管理软件

7. 在数据管理技术的发展过程中，经历了人工管理阶段、文件系统阶段和数据库管理阶段。其中数据独立性最高的阶段是_____。

A. 数据库系统　　　B. 文件系统　　　C. 人工管理　　　D. 数据项管理

8. 数据独立性是数据库技术的重要特点之一。所谓数据独立性是指_____。

A. 数据与程序独立存放

B. 不同的数据被存放在不同的文件中

C. 不同的数据只能被对应的应用程序所使用

D. 以上三种说法都不对

9. 下列叙述中正确的是_____。

A. 数据库系统是一个独立的系统，不需要操作系统的支持

B. 数据库技术的根本目标是要解决数据的共享问题

C. 数据库管理系统就是数据库系统

D. 以上三种说法都不对

10. 下述关于数据库系统的叙述中正确的是_____。

A. 数据库系统减少了数据冗余

B. 数据库系统避免了一切冗余

C. 数据库系统中数据的一致性是指数据类型一致

D. 数据库系统比文件系统能管理更多的数据

11. 分布式数据库系统不具有的特点是_____。

A. 数据分布性和逻辑整体性　　　　　　B. 位置透明性和复制透明性

C. 数据冗余　　　　　　　　　　　　　D. 分布性

12. 数据库管理系统是_____。

A. 操作系统的一部分　　　　　　　　　B. 在操作系统支持下的系统软件

C. 一种编译系统　　　　　　　　　　　D. 一种操作系统

13. 下列叙述中，不属于数据库系统的是_____。

A. 数据库管理员　　　　　　　　　　　B. 数据库管理系统

C. 数据库　　　　　　　　　　　　　　D. 数据库应用系统

14. 数据库系统的核心是_____。

A. 数据库　　　　　　　　　　　　　　B. 数据库管理系统

C. 软件工具　　　　　　　　　　　　　D. 数据模型

15. 数据库、数据库系统和数据库管理系统之间的关系是_____。

A. 数据库包括数据库系统和数据库管理系统

B. 数据库系统包括数据库和数据库管理系统

C. 数据库管理系统包括数据库和数据库系统

D. 三者没有明显的包含关系

16. 数据库管理系统中负责数据模式定义的语言是_____。

A. 数据定义语言　　　B. 数据管理语言　　　C. 数据操纵语言　　　D. 数据控制语言

17. 实体是信息世界中广泛使用的一个术语，它用于表示_____。

A. 有生命的事物　　B. 无生命的事物　　C. 实际存在的事物　　D. 一切事物

18. 为用户与数据库系统提供接口的语言是_____。

A. 高级语言　　　　　　　　　　　　B. 数据定义语言（DDL）

C. 数据操纵语言（DML）　　　　　　D. 汇编语言

19. 数据库管理系统 DBMS 中用来定义模式、内模式和外模式的语言为_____。

A. C　　　　　　B. BASIC　　　　　　C. DDL　　　　　　D. DML

20. 单个用户使用的数据视图的描述称为_____。

A. 外模式　　　　B. 概念模式　　　　C. 内模式　　　　D. 存储模式

21. 索引属于_____。

A. 模式　　　　　B. 内模式　　　　　C. 外模式　　　　D. 概念模式

22. 下列说法中，不属于数据模型所描述的内容的是_____。

A. 数据结构　　　B. 数据操作　　　　C. 数据查询　　　D. 数据约束

23. 用树形结构来表示实体之间联系的模型称为_____。

A. 关系模型　　　B. 层次模型　　　　C. 网状模型　　　D. 数据模型

24. 下列数据模型中，具有坚实理论基础的是_____。

A. 关系模型　　　B. 网状模型　　　　C. 层次模型　　　D. 以上三个都是

25. 数据库设计中，用 E-R 图来描述信息结构但不涉及信息在计算机中的表示，它属于数据库设计的_____。

A. 需求分析阶段　　B. 逻辑设计阶段　　C. 概念设计阶段　　D. 物理设计阶段

26. 最常用的一种基本数据模型是关系数据模型，它的表示应采用_____。

A. 图　　　　　　B. 网络　　　　　　C. 二维表　　　　D. 树

27. 下列叙述中正确的是_____。

A. 为了建立一个关系，首先要构造数据的逻辑关系

B. 表示关系的二维表中各元组的每一个分量还可以分成若干数据项

C. 一个关系的属性名表称为关系模式

D. 一个关系可以包括多个二维表

28. 每个职员只能属于一个部门，一个部门可以有多名职员，从部门到职员的联系类型是_____。

A. 多对多　　　　B. 一对一　　　　　C. 多对一　　　　D. 一对多

29. 一个关系中属性个数为 1 时，称此关系为_____。

A. 对应关系　　　B. 一元关系　　　　C. 单一关系　　　D. 二元关系

30. 在关系数据库中，用来表示实体之间联系的是_____。

A. 树结构　　　　B. 网结构　　　　　C. 线性表　　　　D. 二维表

31. 关系表中的每一横行称为一个_____。

A. 元组　　　　　B. 字段　　　　　　C. 属性　　　　　D. 码

32. 下列关系模型中，能使经运算后得到的新关系中属性个数多于原来关系中属性个数的是_____。

A. 连接　　　　　B. 投影　　　　　　C. 选择　　　　　D. 并

33. 关系模型允许定义三类数据约束，下列不属于数据约束的是_____。

A. 参照完整性约束　　　　　　　　　B. 实体完整性约束

C.　用户自定义的完整性约束　　　　　　　D.　域完整性约束

34.　下列有关数据库的描述，正确的是_____。

A.　关系中的每一列称为元组，一个元组就是一个字段

B.　数据的物理独立性是指当数据的逻辑结构改变时，数据的存储结构不变

C.　数据处理是将信息转换为数据的过程

D.　如果一个关系中的属性或属性组并非该关系的关键字，但它是另一个关系的关键字，则称其为本关系的外关键字

35.　关系数据库管理系统能实现的专门关系运算包括_____。

A.　选择、投影、连接　　　　　　　　　　B.　排序、索引、统计

C.　关联、更新、排序　　　　　　　　　　D.　显示、打印、制表

36.　下列 4 项中，必须进行查询优化的是_____。

A.　非关系模型　　　　　B.　网状数据库　　　　C.　层次数据库　　　　D.　关系数据库

37.　下列关系运算的叙述中正确的是_____。

A.　投影、选择、连接是从二维表列的方向进行的运算

B.　投影、选择、连接是从二维表行的方向进行的运算

C.　并、交、差是从二维表列的方向进行的运算

D.　以上三种说法都不对

38.　设有如下关系表：

R

| A | B | C |
|---|---|---|
| 1 | 1 | 2 |
| 2 | 2 | 3 |

S

| A | B | C |
|---|---|---|
| 3 | 1 | 3 |

T

| A | B | C |
|---|---|---|
| 1 | 1 | 2 |
| 2 | 2 | 3 |
| 3 | 1 | 3 |

则下列操作中正确的是_____。

A.　$T = R \cap S$　　　B.　$T = R \cup S$　　　C.　$T = R \times S$　　　D.　$T = R/S$

39.　有两个关系 R 和 T 如下：

R

| A | B | C |
|---|---|---|
| a | 1 | 2 |
| b | 2 | 2 |
| c | 3 | 2 |
| d | 3 | 2 |

T

| A | B | C |
|---|---|---|
| c | 3 | 2 |
| d | 3 | 2 |

则由关系 R 得到关系 T 的操作是_____。

A.　选择　　　　　　　B.　投影　　　　　　　C.　交　　　　　　　D.　并

40.　有两个关系 R 和 S 如下：

R

| A | B | C |
|---|---|---|
| a | 3 | 2 |
| b | 0 | 1 |
| c | 2 | 1 |

S

| A | B |
|---|---|
| a | 3 |
| b | 0 |
| c | 2 |

由关系 $R$ 通过运算得到关系 $S$，则所使用的运算为_____。

    A. 选择        B. 投影        C. 插入        D. 连接

41. 有三个关系 $R$、$S$ 和 $T$ 如下：

$R$

| $A$ | $B$ |
| --- | --- |
| $m$ | 1 |
| $n$ | 2 |

$S$

| $B$ | $C$ |
| --- | --- |
| 1 | 3 |
| 3 | 5 |

$T$

| $A$ | $B$ | $C$ |
| --- | --- | --- |
| $m$ | 1 | 3 |

由关系 $R$ 和 $S$ 通过运算得到关系 $T$，则所使用的运算为_____。

    A. 笛卡儿积        B. 交        C. 并        D. 自然连接

42. 有三个关系 $R$、$S$ 和 $T$ 如下：

$R$

| $A$ | $B$ |
| --- | --- |
| $m$ | 1 |
| $n$ | 2 |

$S$

| $C$ | $D$ |
| --- | --- |
| 1 | 3 |
| 3 | 5 |

$T$

| $A$ | $B$ | $C$ | $D$ |
| --- | --- | --- | --- |
| $m$ | 1 | 1 | 3 |
| $m$ | 1 | 3 | 5 |
| $n$ | 2 | 1 | 3 |
| $n$ | 2 | 3 | 5 |

由关系 $R$ 和 $S$ 通过运算得到关系 $T$，则所使用的运算为_____。

    A. 笛卡儿积        B. 交        C. 并        D. 自然连接

43. 按条件 $f$ 对关系 $R$ 进行选择，其关系代数表达式是_____。

    A. $R|\times|R$        B. $R\underset{f}{|\times|}R$        C. $\sigma_f(R)$        D. $\pi_f(R)$

44. "年龄在 $18\sim25$ 岁" 这种约束是属于数据库当中的_____。

    A. 原子性措施        B. 一致性措施        C. 完整性措施        D. 安全性措施

45. 将 E-R 图转换到关系模式时，实体与联系都可以表示成_____。

    A. 关系        B. 属性        C. 键        D. 域

46. 在 E-R 图中，用来表示实体的图形是_____。

    A. 三角形        B. 椭圆形        C. 菱形        D. 矩形

47. 下列叙述中正确的是_____。

    A. 用 E-R 图表示的概念数据模型只能转换为关系数据模型

    B. 用 E-R 图只能表示实体集之间一对多的联系

    C. 用 E-R 图能够表示实体集间一对一、一对多和多对多的联系

    D. 用 E-R 图只能表示实体集之间一对一的联系

48. 在数据库设计中，将 E-R 图转换成关系数据模型的过程属于_____。

    A. 物理设计阶段        B. 逻辑设计阶段

    C. 概念设计阶段        D. 需求分析阶段

49. SQL 又称为_____。

    A. 结构化定义语言        B. 结构化控制语言

    C. 结构化查询语言        D. 结构化操纵语言

50. 下列 SQL 语句中，用于修改表结构的是_____。

  A. CREATE    B. ALTER    C. UPDATE    D. INSERT

51. 数据库设计的根本目标是要解决_____。

  A. 数据安全问题        B. 数据共享问题

  C. 大量数据存储问题      D. 简化数据维护

52. 数据库设计包括两个方面的设计内容，它们是_____。

  A. 内模式设计和物理设计    B. 模式设计和内模式设计

  C. 结构特性设计和行为特性设计  D. 概念设计和逻辑设计

53. 视图设计一般有三种设计次序，下列不属于视图设计的是_____。

  A. 自顶向下  B. 由外向内  C. 由内向外  D. 自底向上

54. 数据库的故障恢复一般是由_____完成的。

  A. DBA          B. 数据字典

  C. 数据流图        D. PAD 图

55. 数据库的物理设计是为一个给定的逻辑结构选取一个适合应用环境的_____的过程，包括确定数据库在物理设备上的存储结构和存取方法。

  A. 物理结构  B. 层次结构  C. 概念结构  D. 逻辑结构

## 二、填空题

1. 数据库系统中实现各种数据管理功能的核心软件称为_____。

2. 数据库系统阶段的数据具有较高独立性，数据独立性包括物理独立性和_____两个含义。

3. 数据独立性分为逻辑独立性与物理独立性。当数据的存储结构改变时，其逻辑结构可以不变，因此，基于逻辑结构的应用程序不必修改，称为_____。

4. 数据模型按不同应用层次分成三种类型，它们是概念数据模型、_____和物理数据模型。

5. 用树形结构表示实体类型及实体间联系的数据模型称为_____。

6. 数据库管理系统常见的数据模型有层次模型、网状模型和_____。

7. 由关系数据库系统支持的完整性约束是指_____和参照完整性。

8. 在关系数据模型中，把数据看成一个二维表，每个二维表称为一个_____。

9. 关系模型的完整性规则是对关系的某种约束条件，包括实体完整性、_____和自定义完整性。

10. 关系操作的特点是_____操作。

11. 关系数据库的关系演算语言是以_____为基础的 DML 语言。

12. 在 E-R 图中，矩形表示_____。

13. 在 E-R 图中，菱形表示_____。

14. 在 E-R 图中，椭圆形表示_____。

15. 在二维表中，元组的_____不能再分成更小的数据项。

16. 有一个学生选课的关系，其中学生的关系模式为：学生(学号,姓名,班级,年龄)，课程的关系模式为：课程(课号,课程名,学时)，其中两个关系模式的键分别是学号和课号，则关系模式选课可定义为：选课(学号,_____,成绩)。

17. 人员基本信息一般包括：身份证号、姓名、性别、年龄等。其中可以作为主关键字的是_____。

18. 实体之间的联系可以归结为一对一联系、一对多（或多对一）联系与多对多联系。如果一个学校有许多教师，而一个教师只归属于一个学校，则实体集学校与实体集教师之间的联系属于_____的联系。

19. 一个项目具有一个项目主管，一个项目主管可管理多个项目，则实体"项目主管"与实体"项目"的联系属于_____的联系。

20. 在数据库技术中，实体集之间的联系可以是一对一、一对多（或多对一）或多对多的，那么"学生"和"可选课程"的联系为_____。

21. _____是从二维表列的方向进行的运算。

22. 数据的最小单位是_____。

23. 数据库设计分为若干个阶段，它们是需求分析阶段、_____、逻辑设计阶段、物理设计阶段、实施阶段、运行和维护阶段。

24. _____是数据库设计的核心。

25. 关键字 ASC 和 DESC 分别表示_____的含义。

26. 数据库恢复是将数据库从_____状态恢复到某一已知的正确状态。

27. 数据库保护分为：安全性控制、_____、并发性控制和数据的恢复。

# 第 13 章习题参考答案

## 13.1 习题参考答案

### 一、选择题

| 题号 | 1 | 2 | 3 | 4 | 5 | 6 | 7 | 8 | 9 | 10 | 11 | 12 | 13 | 14 | 15 |
|---|---|---|---|---|---|---|---|---|---|---|---|---|---|---|---|
| 答案 | D | C | D | C | A | C | B | D | A | A | D | B | C | B | A |
| 题号 | 16 | 17 | 18 | 19 | 20 | 21 | 22 | 23 | 24 | 25 | 26 | 27 | 28 | 29 | 30 |
| 答案 | C | B | B | B | B | A | C | C | C | B | C | D | D | B | D |
| 题号 | 31 | 32 | 33 | 34 | 35 | 36 | 37 | 38 | 39 | 40 | 41 | 42 | 43 | 44 | 45 |
| 答案 | C | D | B | C | B | D | B | A | C | B | B | B | B | C | A |
| 题号 | 46 | 47 | 48 | 49 | 50 | 51 | 52 | 53 | 54 | 55 | 56 | 57 | 58 | 59 | 60 |
| 答案 | B | C | A | A | C | A | B | B | A | A | B | C | B | A | D |
| 题号 | 61 | 62 | 63 | 64 | 65 | 66 | 67 | 68 | 69 | 70 | 71 | 72 | 73 | 74 | 75 |
| 答案 | B | B | D | B | B | A | D | B | A | C | C | D | A | D | C |

### 二、填空题

1. 有穷性、输入输出性（拥有足够的信息）　　　2. 时间复杂度、空间复杂度

3. 存储结构（物理结构）　　4. 非线性结构　　5. 记录、文件　　6. 存储结构

7. 相邻　　8. 读栈顶元素　　9. 顺序存储结构和链式存储结构　　10. 上溢

11. 便于插入和删除操作　　12. 仍相邻　　13. 指针域　　14. $n/2$

15. 20　　16. 1DCBA2345　　17. ABCDEF54321　　18. 3　　19. 15

20. 前件　　21. 后件　　22. 350 349 1　　23. 300 299 0

24. $a{\wedge}b+(c \bmod d)\backslash e/f$　　25. ABCDEFGHIJ　　26. FAMILY　　27. $n-1$

28. $n$　　29. $\log_2 n$　　30. 4　　31. 交换排序　　32. $n(n-1)/2$

33. $n\log_2 n$　　34. $n(n-1)/2$　　35. $n^{1.5}$　　36. $n(n-1)/2$

37. $n\log_2 n$　　38. 0　　39. 67

## 13.2 习题参考答案

### 一、选择题

| 题号 | 1 | 2 | 3 | 4 | 5 | 6 | 7 | 8 |
|---|---|---|---|---|---|---|---|---|
| 答案 | B | A | C | A | C | A | C | A |
| 题号 | 9 | 10 | 11 | 12 | 13 | 14 | 15 | 16 |
| 答案 | D | B | D | C | C | D | B | D |

### 二、填空题

1. 功能性注释　2. 循环结构　3. 模块化　4. 自顶向下　5. 降低复杂度
6. 对象类　7. 实体　8. 实例　9. 对象　10. 类
11. 消息　12. 封装　13. 继承　14. 封装　15. 可重用性

## 13.3 习题参考答案

### 一、选择题

| 题号 | 1 | 2 | 3 | 4 | 5 | 6 | 7 | 8 | 9 | 10 |
|---|---|---|---|---|---|---|---|---|---|---|
| 答案 | C | A | C | A | D | D | B | B | C | D |
| 题号 | 11 | 12 | 13 | 14 | 15 | 16 | 17 | 18 | 19 | 20 |
| 答案 | B | C | A | A | C | C | D | B | A | D |
| 题号 | 21 | 22 | 23 | 24 | 25 | 26 | 27 | 28 | 29 | 30 |
| 答案 | D | C | D | B | D | C | C | D | C | A |
| 题号 | 31 | 32 | 33 | 34 | 35 | 36 | 37 | 38 | 39 | 40 |
| 答案 | B | C | D | C | D | D | D | B | A | A |
| 题号 | 41 | 42 | 43 | 44 | 45 | 46 | 47 | 48 | 49 | 50 |
| 答案 | C | B | D | D | C | B | A | D | D | B |

### 二、填空题

1. 程序　2. 软件工程学　3. 软件开发　4. 软件工具　5. 过程
6. 过程　7. 需求获取　8. 需求分析　9. 无歧义性　10. 变换型
11. 逻辑条件　12. 结构化设计　13. 数据结构　14. 软件生命周期　15. 完善性
16. 模块　17. 内聚　18. 概要　19. 白盒测试　20. 白盒
21. 确认测试　22. 黑盒　23. 白盒　24. 边界值分析法　25. 输出结果
26. 驱动模块　27. 回溯法　28. 调试　29. 单元　30. 软件测试

## 13.4 习题参考答案

### 一、选择题

| 题号 | 1 | 2 | 3 | 4 | 5 | 6 | 7 | 8 | 9 | 10 | 11 |
|---|---|---|---|---|---|---|---|---|---|---|---|
| 答案 | C | B | D | C | C | A | A | D | B | A | C |
| 题号 | 12 | 13 | 14 | 15 | 16 | 17 | 18 | 19 | 20 | 21 | 22 |
| 答案 | B | D | B | B | A | C | C | C | A | B | C |

| 题号 | 23 | 24 | 25 | 26 | 27 | 28 | 29 | 30 | 31 | 32 | 33 |
|------|----|----|----|----|----|----|----|----|----|----|----|
| 答案 | B | A | C | C | A | D | B | D | A | A | D |
| 题号 | 34 | 35 | 36 | 37 | 38 | 39 | 40 | 41 | 42 | 43 | 44 |
| 答案 | D | A | D | D | B | A | B | D | A | C | C |
| 题号 | 45 | 46 | 47 | 48 | 49 | 50 | 51 | 52 | 53 | 54 | 55 |
| 答案 | A | D | C | B | C | B | B | D | B | A | A |

## 二、填空题

1. 数据库管理系统或 DBMS  2. 逻辑独立性  3. 物理独立性  4. 逻辑数据模型

5. 层次模型  6. 关系模型  7. 实体完整性  8. 关系  9. 参照完整性

10. 集合  11. 谓词演算  12. 实体集  13. 联系  14. 属性

15. 分量  16. 课号  17. 身份证号  18. 一对多(或 1:$m$)

19. 一对多(或 1:$m$)  20. 多对多  21. 投影  22. 数据项

23. 概念设计阶段  24. 数据模型  25. 升序排序和降序排序

26. 错误  27. 完整性控制

# 参 考 文 献

[ 1 ] 邵洪成，董琴. 全国计算机等级考试教程：二级公共基础与 Visual Basic[M]. 北京：中国铁道出版社，2015.

[ 2 ] 赵雪梅，邵洪成. Visual Basic 程序设计实验与上机考试教程[M]. 苏州：苏州大学出版社，2017.

[ 3 ] 牛又奇，孙建国. Visual Basic 程序设计教程[M]. 苏州：苏州大学出版社，2016.

[ 4 ] 教育部考试中心. 全国计算机等级考试教程：Visual Basic 语言程序设计[M]. 北京：高等教育出版社，2019.